3일
끝장 합격

3 개년
과년도 | 소방설비기사

공하성 우석대학교 소방방재학과 교수

기계❶-3
필기

BM (주)도서출판 성안당

자문위원

■ 도서 A/S 안내

God loves you, and has a wonderful plan for you.

안녕하십니까?

우석대학교 소방방재학과 교수 공하성입니다.

지난 28년간 보내주신 독자 여러분의 아낌없는 찬사에 진심으로 감사드립니다.

앞으로도 변함없는 성원을 부탁드리며, 여러분들의 성원에 힘입어 항상 더 좋은 책으로 거듭나겠습니다.

본 책의 특징은 학원 강의를 듣듯 정말 자세하게 설명해 놓았다는 것입니다.

시험의 기출문제를 분석해 보면 문제은행식으로 과년도 문제가 매년 거듭 출제되고 있음을 알 수 있습니다. 그러므로 과년도 문제만 충실히 풀어보아도 쉽게 합격할 수 있을 것입니다.

그런데, 2004년 5월 29일부터 소방관련 법령이 전면 개정됨으로써 "소방관계법규"는 2005년부터 신법에 맞게 새로운 문제들이 출제되고 있습니다.

본 서는 여기에 중점을 두어 국내 최다의 과년도 문제와 신법에 맞는 출제 가능한 문제들을 최대한 많이 수록하였습니다.

또한, 각 문제마다 아래와 같이 중요도를 표시하였습니다.

별표없는것	출제빈도 10%	★	출제빈도 30%
★★	출제빈도 70%	★★★	출제빈도 90%

그리고 해답의 근거를 다음과 같이 약자로 표기하여 신뢰성을 높였습니다.

- 기본법 : 소방기본법
- 기본령 : 소방기본법 시행령
- 기본규칙 : 소방기본법 시행규칙
- 소방시설법 : 소방시설 설치 및 관리에 관한 법률
- 소방시설법 시행령 : 소방시설 설치 및 관리에 관한 법률 시행령
- 소방시설법 시행규칙 : 소방시설 설치 및 관리에 관한 법률 시행규칙
- 화재예방법 : 화재의 예방 및 안전관리에 관한 법률
- 화재예방법 시행령 : 화재의 예방 및 안전관리에 관한 법률 시행령
- 화재예방법 시행규칙 : 화재의 예방 및 안전관리에 관한 법률 시행규칙
- 공사업법 : 소방시설공사업법
- 공사업령 : 소방시설공사업법 시행령
- 공사업규칙 : 소방시설공사업법 시행규칙
- 위험물법 : 위험물안전관리법
- 위험물령 : 위험물안전관리법 시행령
- 위험물규칙 : 위험물안전관리법 시행규칙
- 건축령 : 건축법 시행령
- 위험물기준 : 위험물안전관리에 관한 세부기준
- 피난·방화구조 : 건축물의 피난·방화구조 등의 기준에 관한 규칙

본 책에는 잘못된 부분이 있을 수 있으며, 잘못된 부분에 대해서는 발견 즉시 카페(cafe.daum.net/firepass, cafe.naver.com/fireleader)에 올리도록 하고, 새로운 책이 나올 때마다 늘 수정·보완하도록 하겠습니다.

이 책의 집필에 도움을 준 이종화·안재천 교수님, 임수란님에게 고마움을 표합니다.

끝으로 이 책에 대한 모든 영광을 그 분께 돌려 드립니다.

공하성 올림

1

소방설비기사 필기(기계분야) 출제경향분석

제1과목 소방원론

1. 화재의 성격과 원인 및 피해		9.1% (2문제)
2. 연소의 이론		16.8% (4문제)
3. 건축물의 화재성상		10.8% (2문제)
4. 불 및 연기의 이동과 특성		8.4% (1문제)
5. 물질의 화재위험		12.8% (3문제)
6. 건축물의 내화성상		11.4% (2문제)
7. 건축물의 방화 및 안전계획		5.1% (1문제)
8. 방화안전관리		6.4% (1문제)
9. 소화이론		6.4% (1문제)
10. 소화약제		12.8% (3문제)

제2과목 소방유체역학

1. 유체의 일반적 성질		26.2% (5문제)
2. 유체의 운동과 법칙		17.3% (4문제)
3. 유체의 운동과 계측		20.1% (4문제)
4. 유체정역학 및 열역학		20.1% (4문제)
5. 유체의 마찰 및 펌프의 현상		16.3% (3문제)

제3과목 소방관계법규

1. 소방기본법령		20% (4문제)
2. 소방시설 설치 및 관리에 관한 법령		14% (3문제)
3. 화재의 예방 및 안전관리에 관한 법령		21% (4문제)
4. 소방시설공사업법령		30% (6문제)
5. 위험물안전관리법령		15% (3문제)

제4과목 소방기계시설의 구조 및 원리

1. 소화기구		2.2% (1문제)
2. 옥내소화전설비		11.0% (2문제)
3. 옥외소화전설비		6.3% (1문제)
4. 스프링클러설비		15.9% (3문제)
5. 물분무소화설비		5.6% (1문제)
6. 포소화설비		9.7% (2문제)
7. 이산화탄소 소화설비		5.3% (1문제)
8. 할론·할로겐화합물 및 불활성기체 소화설비		5.9% (1문제)
9. 분말소화설비		7.8% (2문제)
10. 피난구조설비		8.4% (2문제)
11. 제연설비		7.2% (1문제)
12. 연결살수설비		5.3% (1문제)
13. 연결송수관설비		6.6% (1문제)
14. 소화용수설비		2.8% (1문제)

+ + + + + + + + + + +
+ + + + + + + + + + 차 례

과년도 기출문제

책선정시유의사항 ✛✛✛✛✛✛✛✛

첫째 **저자의 지명도를 보고 선택할 것**
(저자가 책의 모든 내용을 집필하기 때문)

둘째 **문제에 대한 100% 상세한 해설이 있는지 확인할 것**
(해설이 없을 경우 문제 이해에 어려움이 있음)

셋째 **과년도문제가 많이 수록되어 있는 것을 선택할 것**
(국가기술자격시험은 대부분 과년도문제에서 출제되기 때문)

단위환산표 ✛✛✛✛✛✛✛✛✛✛✛✛

단위환산표(기계분야)

명 칭	기 호	크 기	명 칭	기 호	크 기
테라(tera)	T	10^{12}	피코(pico)	p	10^{-12}
기가(giga)	G	10^{9}	나노(nano)	n	10^{-9}
메가(mega)	M	10^{6}	마이크로(micro)	μ	10^{-6}
킬로(kilo)	k	10^{3}	밀리(milli)	m	10^{-3}
헥토(hecto)	h	10^{2}	센티(centi)	c	10^{-2}
데카(deka)	D	10^{1}	데시(deci)	d	10^{-1}

〈보기〉
- $1km=10^{3}m$
- $1mm=10^{-3}m$
- $1pF=10^{-12}F$
- $1\mu m=10^{-6}m$

++++++++++
++++++++++ 이 책의 특징

〈과년도 출제문제〉

각 문제마다 중요도를 표시하여 ★
이 많은 것은 특별히 주의깊게 볼
수 있도록 하였음!

★★★
08 자기연소를 일으키는 가연물질로만 짝지어진 것은?
① 니트로셀룰로오즈, 유황, 등유
② 질산에스테르, 셀룰로이드, 니트로화합물
③ 셀룰로이드, 발연황산, 목탄
④ 질산에스테르, 황린, 염소산칼륨

각 문제마다 100% 상세한 해설을
하고 꼭 알아야 될 사항은 고딕체
로 구분하여 표시하였음.

해설 위험물 **제4류 제2석유류**(등유, 경유)의 특성
(1) 성질은 **인화성 액체**이다.
(2) 상온에서 안정하고, 약간의 자극으로는 쉽게 폭발하지
　　않는다.
(3) 용해하지 않고, **물보다 가볍다.**
(4) 소화방법은 **포말소화**가 좋다.　　　　　　　**답** ①

용어에 대한 설명을 첨부하여 문
제를 쉽게 이해하여 답안작성이
용이하도록 하였음.

소방력 : 소방기관이 소방업무를 수행하는 데 필요
한 인력과 장비

소방설비기사 필기(기계분야)의 가장 효율적인 공부방법을 소개합니다. 이 책으로 이대로만 공부하면 반드시 한 번에 합격할 수 있습니다.

첫째, 본 책의 출제문제 수를 파악하고, 시험 때까지 3번 정도 반복하여 공부할 수 있도록 1일 공부 분량을 정한다.

둘째, 해설란에 특히 관심을 가지며 부담없이 한 번 정도 읽은 후, 처음부터 차근차근 문제를 풀어 나간다.

(해설을 보며 암기할 사항이 있으면 그것을 다시 한번 보고 여백에 기록한다.)

셋째, 시험 전날에는 책 전체를 한 번 쭉 훑어보며 문제와 답만 체크(check)하며 보도록 한다.

(가능한 한 시험 전날에는 책 전체 내용을 밤을 세우더라도 꼭 점검하기 바란다. 시험 전날 본 문제가 의외로 많이 출제된다.)

넷째, 시험장에 갈 때에도 책은 반드시 지참한다.

(가능한 한 대중교통을 이용하여 시험장으로 향하는 동안에도 책을 계속 본다.)

다섯째, 시험장에 도착해서는 책을 다시 한번 훑어본다.

(마지막 5분까지 최선을 다하면 반드시 한 번에 합격할 수 있다.)

++++++++++
++++++++++ 시험안내

소방설비기사 필기(기계분야) 시험내용

1. 필기시험

구 분	내 용
시험 과목	1. 소방원론 2. 소방유체역학 3. 소방관계법규 4. 소방기계시설의 구조 및 원리
출제 문제	과목당 20문제(전체 80문제)
합격 기준	과목당 40점 이상 평균 60점 이상
시험 시간	2시간
문제 유형	객관식(4지선택형)

2. 실기시험

구 분	내 용
시험 과목	소방기계시설 설계 및 시공실무
출제 문제	9~18 문제
합격 기준	60점 이상
시험 시간	3시간
문제 유형	필답형

단위읽기표(기계분야)

여러분들이 고민하는 것 중 하나가 단위를 어떻게 읽느냐 하는 것일 듯 합니다. 그 방법을 속시원하게 공개해 드립니다.

(알파벳 순)

단 위	단위 읽는 법	단위의 의미(물리량)
Aq	아쿠아(**Aq**ua)	물의 높이
atm	에이 티 엠(**atm** osphere)	기압, 압력
bar	바(**bar**)	압력
barrel	배럴(**barrel**)	부피
BTU	비티유(**B**ritish **T**hermal **U**nit)	열량
cal	칼로리(**cal**orie)	열량
cal/g	칼로리 퍼 그램(**cal**orie per **g**ram)	융해열, 기화열
cal/g·℃	칼로리 퍼 그램 도 씨(**cal**orie per **g**ram degree **C**elsius)	비열
dyn, dyne	다인(**dyne**)	힘
g/cm^3	그램 퍼 세제곱 센티미터(**g**ram per **C**enti**m**eter cubic)	비중량
gal, gallon	갈론(**gallon**)	부피
H_2O	에이치 투 오(water)	물의 높이
Hg	에이치 지(mercury)	수은주의 높이
HP	마력(**H**orse **P**ower)	일률
J/s, J/sec	줄 퍼 세컨드(**J**oule per **se**cond)	일률
K	케이(**K**elvin temperature)	켈빈온도
kg/m^2	킬로그램 퍼 제곱 미터(**k**ilo**g**ram per **m**eter square)	화재하중
kg_f	킬로그램 포스(**k**ilogram **f**orce)	중량
kg_f/cm^2	킬로그램 포스 퍼 제곱 센티미터 (**k**ilo**g**ram **f**orce per **C**enti**m**eter square)	압력
l	리터(**l**eter)	부피
lb	파운드(pound)	중량
lb_f/in^2	파운드 포스 퍼 제곱 인치 (pound **f**orce per **i**nch square)	압력

단위읽기표

단 위	단위 읽는 법	단위의 의미(물리량)
m/min	미터 퍼 미니트(meter per minute)	속도
m/sec^2	미터 퍼 제곱 세컨드(meter per second square)	가속도
m^3	세제곱 미터(meter cubic)	부피
m^3/min	세제곱 미터 퍼 미니트(meter cubic per minute)	유량
m^3/sec	세제곱 미터 퍼 세컨드(meter cubic per second)	유량
mol, mole	몰(mole)	물질의 양
m^{-1}	매미터(per meter)	감광계수
N	뉴턴(Newton)	힘
N/m^2	뉴턴 퍼 제곱 미터(Newton per meter square)	압력
P	푸아즈(Poise)	점도
Pa	파스칼(Pascal)	압력
PS	미터 마력(PferdeStärke)	일률
PSI	피 에스 아이(Pound per Square Inch)	압력
s, sec	세컨드(second)	시간
stokes	스토크스(stokes)	점도
vol%	볼륨 퍼센트(volume percent)	농도
W	와트(Watt)	동력
W/m^2	와트 퍼 제곱 미터(Watt per meter square)	대류열
W/m$^2 \cdot$ K^4	와트 퍼 제곱 미터 케이 네제곱 (Watt per meter square Kelvin)	스테판–볼츠만 상수
W/m$^2 \cdot$ ℃	와트 퍼 제곱 미터 도 씨 (Watt per meter square degree Celsius)	열전달률
W/m $\cdot$ K	와트 퍼 미터 케이(Watt per meter Kelvin)	열전도율
W/sec	와트 퍼 세컨드(Watt per Second)	전도열
℃	도 씨(degree Celsius)	섭씨온도
℉	도 에프(degree Fahrenheit)	화씨온도
℉R	도 알(Rankine temperature)	랭킨온도

중력단위(공학단위)와 SI단위

중력단위	SI단위	비고
1kg_f	$9.8\text{N}=9.8\text{kg}\cdot\text{m/s}^2$	힘
$1\text{kg}_f/\text{m}^2$	$9.8\text{kg/m}\cdot\text{s}^2$	-
-	$1\text{kg/m}\cdot\text{s}=1\text{N}\cdot\text{s/m}^2$	점성계수
-	$1\text{m}^3/\text{kg}=1\text{m}^4/\text{N}\cdot\text{s}^2$	비체적
-	$1000\text{kg/m}^3=1000\text{N}\cdot\text{s}^2/\text{m}^4$ (물의 밀도)	밀도
$1000\text{kg}_f/\text{m}^3$ (물의 비중량)	9800N/m^3 (물의 비중량)	비중량
$PV=mRT$ 여기서, P : 압력[kg_f/m^2] V : 부피[m^3] m : 질량[kg] $R:\dfrac{848}{M}$[$\text{kg}_f\cdot\text{m/kg}\cdot\text{K}$] T : 절대온도(273+℃)[K]	$PV=mRT$ 여기서, P : 압력[N/m^2] V : 부피[m^3] m : 질량[kg] $R:\dfrac{8314}{M}$[$\text{N}\cdot\text{m/kg}\cdot\text{K}$] T : 절대온도(273+℃)[K]	이상기체 상태방정식
$P=\dfrac{\gamma QH}{102\eta}K$ 여기서, P : 전동력[kW] γ : 비중량(물의 비중량 $1000\text{kg}_f/\text{m}^3$) Q : 유량[m^3/s] H : 전양정[m] K : 전달계수 η : 효율	$P=\dfrac{\gamma QH}{1000\eta}K$ 여기서, P : 전동력[kW] γ : 비중량(물의 비중량 9800N/m^3) Q : 유량[m^3/s] H : 전양정[m] K : 전달계수 η : 효율	전동력
$P=\dfrac{\gamma QH}{102\eta}$ 여기서, P : 축동력[kW] γ : 비중량(물의 비중량 $1000\text{kg}_f/\text{m}^3$) Q : 유량[m^3/s] H : 전양정[m] η : 효율	$P=\dfrac{\gamma QH}{1000\eta}$ 여기서, P : 전동력[kW] γ : 비중량(물의 비중량 9800N/m^3) Q : 유량[m^3/s] H : 전양정[m] η : 효율	축동력
$P=\dfrac{\gamma QH}{102}$ 여기서, P : 수동력[kW] γ : 비중량(물의 비중량 $1000\text{kg}_f/\text{m}^3$) Q : 유량[m^3/s] H : 전양정[m]	$P=\dfrac{\gamma QH}{1000}$ 여기서, P : 수동력[kW] γ : 비중량(물의 비중량 9800N/m^3) Q : 유량[m^3/s] H : 전양정[m]	수동력

＋＋＋＋＋＋＋＋＋ 시험안내 연락처

기관명	주 소	검정안내 전화번호			
		DDD	기술자격	전문자격	자격증발급
서울지역본부	02512 서울특별시 동대문구 장안벚꽃로 279	02	2137-0502~5 2137-0521~4 2137-0512	2137-0552~9	2137-0509 2137-0516
서울서부지사	03302 서울시 은평구 진관3로 36	02	(정기) 2024-1702 2024-1704~12 (상시) 2024-1718 2024-1723, 1725	2024-1721	2024-1728
서울남부지사	07225 서울특별시 영등포구 버드나루로 110	02	6907-7152~6, 6907-7133~9		6907-7135
강원지사	24408 강원도 춘천시 동내면 원창고개길 135	033	248-8511~2		248-8516
강원동부지사	25440 강원도 강릉시 사천면 방동길 60	033	650-5700		650-5700
부산지역본부	46519 부산광역시 북구 금곡대로 441번길 26	051	330-1910		330-1910
부산남부지사	48518 부산광역시 남구 신선로 454-18	051	620-1910		620-1910
울산지사	44538 울산광역시 중구 종가로 347	052	220-3211~8, 220-3281~2		220-3223
경남지사	51519 경남 창원시 성산구 두대로 239	055	212-7200		212-7200
대구지역본부	42704 대구광역시 달서구 성서공단로 213	053	(정기) 580-2357~61 (상시) 580-2371, 3, 7	580-2372, 2380, 2382~5	580-2362
경북지사	36616 경북 안동시 서후면 학가산온천길 42	054	840-3032~3, 3035~9		840-3033
경북동부지사	37580 경북 포항시 북구 법원로 140번길 9	054	230-3251~9, 230-3261~2, 230-3291		230-3259
경북서부지사	39371 경북 구미시 산호대로 253(구미첨단의료기술타워 2층)	054	713-3022~3027		713-3025
인천지역본부	21634 인천시 남동구 남동서로 209	032	820-8600		820-8600
경기지사	16626 경기도 수원시 권선구 호매실로 46-68	031	249-1212~9, 1221, 1226, 1273	249-1222~3, 1260, 1, 2, 5, 8	249-1228
경기북부지사	11780 경기도 의정부시 추동로 140	031	850-9100		850-9127
경기동부지사	13313 경기도 성남시 수정구 성남대로 1217	031	750-6215~7, 6221~5, 6227~9		750-6226
경기남부지사	17561 경기도 안성시 공도읍 공도로 51-23 더스페이스1 2~3층	031	615-9001~7		615-9001
광주지역본부	61008 광주광역시 북구 첨단벤처로 82	062	970-1761~7, 1769, 1799 (상시) 1776~9	970-1771~5, 1794~5	970-1769
전북지사	54852 전북 전주시 덕진구 유상로 69	063	(정기) 210-9221~9229 (상시) 210-9281~9286	210-9281~6	210-9223
전남지사	57948 전남 순천시 순광로 35-2	061	720-8530~5, 8539, 720-8560~2		720-8533
전남서부지사	58604 전남 목포시 영산로 820	061	288-3323		288-3325
제주지사	63220 제주 제주시 복지로 19	064	729-0701~2		729-0701~2
대전지역본부	35000 대전시 중구 서문로 25번길 1	042	580-9131~9 (상시) 9142~4	580-9152~5	580-9147
충북지사	28456 충북 청주시 흥덕구 1순환로 394번길 81	043	279-9041~7		279-9044
충남지사	31081 충남 천안시 서북구 천일고1길 27	041	620-7632~8 (상시) 7690~2	620-7644	620-7639
세종지사	30128 세종특별자치시 한누리대로 296 밀레니엄 빌딩 5층	044	410-8021~3		440-8023

※ 청사이전 및 조직변동 시 주소와 전화번호가 변경, 추가될 수 있음

기사 : 다음 각 호의 어느 하나에 해당하는 사람

1. **산업기사** 등급 이상의 자격을 취득한 후 응시하려는 종목이 속하는 동일 및 유사 직무분야에서 **1년 이상** 실무에 종사한 사람
2. **기능사** 자격을 취득한 후 응시하려는 종목이 속하는 동일 및 유사 직무분야에서 **3년 이상** 실무에 종사한 사람
3. 응시하려는 종목이 속하는 동일 및 유사 직무분야의 다른 종목의 기사 등급 이상의 자격을 취득한 사람
4. 관련학과의 대학졸업자 등 또는 그 졸업예정자
5. **3년제 전문대학** 관련학과 졸업자 등으로서 졸업 후 응시하려는 종목이 속하는 동일 및 유사 직무분야에서 **1년 이상** 실무에 종사한 사람
6. **2년제 전문대학** 관련학과 졸업자 등으로서 졸업 후 응시하려는 종목이 속하는 동일 및 유사 직무분야에서 **2년 이상** 실무에 종사한 사람
7. 동일 및 유사 직무분야의 **기사** 수준 기술훈련과정 이수자 또는 그 이수예정자
8. 동일 및 유사 직무분야의 **산업기사** 수준 기술훈련과정 이수자로서 이수 후 응시하려는 종목이 속하는 동일 및 유사 직무분야에서 **2년 이상** 실무에 종사한 사람
9. 응시하려는 종목이 속하는 동일 및 유사 직무분야에서 **4년 이상** 실무에 종사한 사람
10. 외국에서 동일한 종목에 해당하는 자격을 취득한 사람

산업기사 : 다음 각 호의 어느 하나에 해당하는 사람

1. **기능사** 등급 이상의 자격을 취득한 후 응시하려는 종목이 속하는 동일 및 유사 직무분야에 **1년 이상** 실무에 종사한 사람
2. 응시하려는 종목이 속하는 동일 및 유사 직무분야의 다른 종목의 산업기사 등급 이상의 자격을 취득한 사람
3. 관련학과의 **2년제** 또는 **3년제 전문대학**졸업자 등 또는 그 졸업예정자
4. 관련학과의 대학졸업자 등 또는 그 졸업예정자
5. 동일 및 유사 직무분야의 산업기사 수준 기술훈련과정 이수자 또는 그 이수예정자
6. 응시하려는 종목이 속하는 동일 및 유사 직무분야에서 **2년 이상** 실무에 종사한 사람
7. 고용노동부령으로 정하는 기능경기대회 입상자
8. 외국에서 동일한 종목에 해당하는 자격을 취득한 사람
※ 세부사항은 한국산업인력공단 **1644-8000**으로 문의바람

과년도 기출문제

2022년

소방설비기사 필기(기계분야)

✱✱ 수험자 유의사항 ✱✱

1. 문제지를 받는 즉시 **본인**이 **응시한 종목**이 맞는지 확인하시기 바랍니다.
2. 문제지 표지에 본인의 **수험번호**와 **성명**을 기재하여야 합니다.
3. 문제지의 **총면수, 문제번호 일련순서, 인쇄상태, 중복 및 누락 페이지 유무**를 확인하시기 바랍니다.
4. 답안은 각 문제마다 요구하는 가장 적합하거나 가까운 답 1개만을 선택하여야 합니다.
5. 답안카드는 뒷면의 「수험자 유의사항」에 따라 작성하시고, 답안카드 작성 시 형별누락, 마킹착오로 인한 불이익은 전적으로 수험자에게 책임이 있음을 알려드립니다.
6. 문제지는 시험 종료 후 본인이 가져갈 수 있습니다.

✱✱ 안내사항 ✱✱

- 가답안/최종정답은 큐넷(www.q-net.or.kr)에서 확인하실 수 있습니다. 가답안에 대한 의견은 큐넷의 [가답안 의견 제시]를 통해 제시할 수 있으며, 확정된 답안은 최종정답으로 갈음합니다.
- 공단에서 제공하는 자격검정서비스에 대해 개선할 점이 있으시면 고객참여(http://hrdkorea.or.kr/7/1/1)를 통해 건의하여 주시기 바랍니다.

▌2022년 기사 제1회 필기시험 ▌

수험번호	성명

자격종목	종목코드	시험시간	형별	
소방설비기사(기계분야)		**2시간**		

※ 답안카드 작성시 시험문제지 형별누락, 마킹착오로 인한 불이익은 전적으로 수험자의 귀책사유임을 알려드립니다.
※ 각 문항은 4지택일형으로 질문에 가장 적합한 보기 항을 선택하여 마킹하여야 합니다.

제1과목   소방원론

★★★
01 소화원리에 대한 설명으로 틀린 것은?

19.09.문13
18.09.문19
17.05.문06
16.03.문08
15.03.문17
14.03.문19
11.10.문19
03.08.문11

① 억제소화 : 불활성기체를 방출하여 연소범위 이하로 낮추어 소화하는 방법
② 냉각소화 : 물의 증발잠열을 이용하여 가연물의 온도를 낮추는 소화방법
③ 제거소화 : 가연성 가스의 분출화재시 연료공급을 차단시키는 소화방법
④ 질식소화 : 포소화약제 또는 불연성기체를 이용해서 공기 중의 산소공급을 차단하여 소화하는 방법

유사문제부터 풀어보세요. 실력이 팍!팍! 올라갑니다.

해설 ① 억제소화 → 희석소화

소화의 형태

구 분	설 명
냉각소화	① **점**화원을 냉각하여 소화하는 방법 ② **증**발잠열을 이용하여 열을 빼앗아 가연물의 온도를 떨어뜨려 화재를 진압하는 소화방법 ③ **다**량의 **물**을 뿌려 소화하는 방법 ④ 가연성 물질을 **발화점 이하**로 **냉**각하여 소화하는 방법 ⑤ **식**용유화재에 신선한 **야**채를 넣어 소화하는 방법 ⑥ 용융잠열에 의한 **냉각효과**를 이용하여 소화하는 방법 **기억법** 냉점증발
질식소화	① 공기 중의 **산소농도**를 16%(10~15%) 이하로 희박하게 하여 소화하는 방법 ② 산화제의 농도를 낮추어 연소가 지속될 수 없도록 소화하는 방법 ③ 산소공급을 차단하여 소화하는 방법 ④ 산소의 농도를 낮추어 소화하는 방법 ⑤ 화학반응으로 발생한 **탄산가스**에 의한 소화방법 **기억법** 질산

제거소화	**가연물**을 **제거**하여 소화하는 방법
부촉매 소화 (억제소화, 화학소화)	① **연쇄반응**을 **차단**하여 소화하는 방법 ② 화학적인 방법으로 화재를 억제하여 소화하는 방법 ③ **활성기**(free radical, 자유라디칼)의 **생성**을 **억제**하여 소화하는 방법 ④ 할론계 소화약제 **기억법** 부억(부엌)
희석소화	① 기체·고체·액체에서 나오는 분해가스나 증기의 농도를 낮춰 소화하는 방법 ② 불연성 가스의 **공기 중** 농도를 높여 소화하는 방법 ③ 불활성기체를 방출하여 연소범위 이하로 낮추어 소화하는 방법 보기 ①

🔦 **중요**

화재의 소화원리에 따른 소화방법

소화원리	소화설비
냉각소화	① 스프링클러설비 ② 옥내·외소화전설비
질식소화	① 이산화탄소 소화설비 ② 포소화설비 ③ 분말소화설비 ④ 불활성기체 소화약제
억제소화 (부촉매효과)	① 할론소화약제 ② 할로겐화합물 소화약제

답 ①

★★★
02 위험물의 유별에 따른 분류가 잘못된 것은?

19.04.문44
16.05.문46
16.05.문52
15.09.문03
15.09.문18
15.05.문10
15.05.문42
15.03.문51
14.09.문18
14.03.문18
11.06.문54

① 제1류 위험물 : 산화성 고체
② 제3류 위험물 : 자연발화성 물질 및 금수성 물질
③ 제4류 위험물 : 인화성 액체
④ 제6류 위험물 : 가연성 액체

해설 ④ 가연성 액체 → 산화성 액체

위험물령 [별표 1]
위험물

유 별	성 질	품 명
제1류	**산**화성 **고체**	• 아염소산염류 • 염소산염류(**염소산나트륨**) • 과염소산염류 • 질산염류 • 무기과산화물 **기억법** 1산고염나
제2류	가연성 고체	• **황화**린 • **적**린 • **유**황 • **마**그네슘 **기억법** 황화적유마
제3류	자연발화성 물질 및 금수성 물질	• **황**린 • **칼**륨 • **나**트륨 • **알**칼리토금속 • **트**리에틸알루미늄 **기억법** 황칼나알트
제4류	인화성 액체	• 특수인화물 • 석유류(벤젠) • 알코올류 • 동식물유류
제5류	**자**기반응성 물질	• 유기과산화물 • 니트로화합물 • 니트로소화합물 • 아조화합물 • 질산에스테르류(셀룰로이드) **기억법** 5자(**오자**탈자)
제6류	산화성 액체	• 과염소산 • 과산화수소 • 질산

답 ④

03 고층건축물 내 연기거동 중 굴뚝효과에 영향을 미치는 요소가 아닌 것은?

17.03.문01
16.05.문16
04.03.문19
01.06.문11

① 건물 내외의 온도차
② 화재실의 온도
③ 건물의 높이
④ 층의 면적

해설

④ 해당없음

연기거동 중 **굴뚝효과**(연돌효과)와 관계있는 것
(1) 건물 내외의 온도차
(2) 화재실의 온도
(3) 건물의 높이

용어

굴뚝효과와 같은 의미
(1) 연돌효과
(2) Stack effect

중요

굴뚝효과(stack effect)
(1) 건물 내외의 **온도차**에 따른 공기의 흐름현상이다.
(2) 굴뚝효과는 **고층건물**에서 주로 나타난다.
(3) 평상시 건물 내의 기류분포를 지배하는 중요 요소이며 화재시 **연기**의 **이동**에 큰 영향을 미친다.
(4) 건물 외부의 온도가 내부의 온도보다 높은 경우 저층부에서는 내부에서 외부로 공기의 흐름이 생긴다.

답 ④

04 화재에 관련된 국제적인 규정을 제정하는 단체는?

19.03.문19

① IMO(International Maritime Organization)
② SFPE(Society of Fire Protection Engineers)
③ NFPA(Nation Fire Protection Association)
④ ISO(International Organization for Standardization) TC 92

해설

단체명	설 명
IMO(International Maritime Organization)	• 국제해사기구 • 선박의 항로, 교통규칙, 항만시설 등을 국제적으로 통일하기 위하여 설치된 유엔전문기구
SFPE(Society of Fire Protection Engineers)	• 미국소방기술사회
NFPA(National Fire Protection Association)	• 미국방화협회 • 방화 · 안전설비 및 산업안전 방지장치 등에 대해 약 270규격을 제정
ISO(International Organization for Standardization)	• 국제표준화기구 • 지적 활동이나 과학 · 기술 · 경제 활동 분야에서 세계 상호간의 협력을 위해 1946년에 설립한 국제기구 ※ TC 92 : Fire Safety, ISO의 237개 전문기술위원회(TC)의 하나로서, 화재로부터 인명 안전 및 건물 보호, 환경을 보전하기 위하여 건축자재 및 구조물의 **화재**시험 및 시뮬레이션 개발에 필요한 세부지침을 **국제규격**으로 제 · 개**정**하는 것 보기 ④

답 ④

05 제연설비의 화재안전기준상 예상제연구역에 공기가 유입되는 순간의 풍속은 몇 m/s 이하가 되도록 하여야 하는가?

20.06.문76
16.10.문70
15.03.문80
10.05.문76

① 2
② 3
③ 4
④ 5

해설 제연설비의 **풍속**(NFPC 501 8~10조, NFTC 501 2.5.5, 2.6.2.2, 2.7.1)

조 건	풍 속
• 예상제연구역의 공기유입 풍속	→ 5m/s 이하 보기 ④
• 배출기의 흡입측 풍속	15m/s 이하
• 배출기의 배출측 풍속 • 유입풍도 안의 풍속	20m/s 이하

 용어

풍도
공기가 유동하는 덕트

답 ④

★★★
06 물에 황산을 넣어 묽은 황산을 만들 때 발생되는 열은?
16.03.문17
15.03.문04
① 연소열   ② 분해열
③ 용해열   ④ 자연발열

해설 **화학열**

종 류	설 명
연소열	어떤 물질이 완전히 **산**화되는 과정에서 발생하는 열
용해열	어떤 물질이 액체에 **용해**될 때 발생하는 열(농**황산**, **묽은 황산**) 보기 ③
분해열	화합물이 **분해**할 때 발생하는 열
생성열	발열반응에 의한 화합물이 **생성**할 때의 열
자연발열 (자연발화)	어떤 물질이 **외**부로부터 열의 공급을 받지 아니하고 온도가 상승하는 현상

기억법 연산, 용황, 자외

답 ③

★★★
07 화재의 정의로 옳은 것은?
14.05.문04
11.06.문18
① 가연성 물질과 산소와의 격렬한 산화반응이다.
② 사람의 과실로 인한 실화나 고의에 의한 방화로 발생하는 연소현상으로서 소화할 필요성이 있는 연소현상이다.
③ 가연물과 공기와의 혼합물이 어떤 점화원에 의하여 활성화되어 열과 빛을 발하면서 일으키는 격렬한 발열반응이다.
④ 인류의 문화와 문명의 발달을 가져오게 한 근본 존재로서 인간의 제어수단에 의하여 컨트롤할 수 있는 연소현상이다.

해설 ① ③ ④ 연소의 정의

화재의 정의	연소의 정의
① 자연 또는 인위적인 원인에 의하여 불이 물체를 연소시키고, **인명**과 **재산**에 손해를 주는 현상 ② 불이 그 사용목적을 넘어 다른 곳으로 연소하여 사람들에게 예기치 않은 경제상의 손해를 발생시키는 현상 ③ 사람의 의도에 **반**(反)하여 출화 또는 방화에 의해 불이 발생하고 확대하는 현상 ④ 불을 사용하는 사람의 부주의와 불안정한 상태에서 발생되는 것 ⑤ 실화, 방화로 발생하는 연소현상을 말하며 사람에게 유익하지 못한 **해로운 불** ⑥ 사람의 의사에 반한, 즉 대부분의 사람이 원치 않는 상태의 불 ⑦ 소화의 필요성이 있는 불 보기 ② ⑧ 소화에 효과가 있는 어떤 물건(소화시설)을 사용할 필요가 있다고 판단되는 불	① **가연성 물질**과 **산소**와의 격렬한 **산화반응**이다. ② 가연물과 공기와의 혼합물이 어떤 점화원에 의하여 활성화되어 **열**과 **빛**을 발하면서 일으키는 격렬한 **발열반응**이다. ③ 인류의 문화와 문명의 발달을 가져오게 한 근본 존재로서 인간의 제어수단에 의하여 **컨트롤**할 수 있는 연소현상이다.

기억법 화인 재반해

답 ②

★★★
08 이산화탄소 소화약제의 임계온도는 약 몇 ℃인가?
19.03.문11
16.03.문15
14.05.문08
13.06.문20
11.03.문06
① 24.4
② 31.4
③ 56.4
④ 78.4

해설 **이산화탄소**의 **물성**

구 분	물 성
임계압력	72.75atm
임계온도	→ 31.35℃(약 31.4℃) 보기 ②
3중점	**-56**.3℃(약 -56℃)
승화점(비점)	**-78**.5℃
허용농도	0.5%
증기비중	**1.5**29
수분	0.05% 이하(함량 99.5% 이상)

기억법 이356, 이비78, 이증15

답 ②

09

★★★

상온·상압의 공기 중에서 탄화수소류의 가연물을 소화하기 위한 이산화탄소 소화약제의 농도는 약 몇 %인가? (단, 탄화수소류는 산소농도가 10%일 때 소화된다고 가정한다.)

21.09.문03
19.04.문13
17.03.문14
15.03.문14
14.05.문07
12.05.문14

① 28.57 　　　② 35.48
③ 49.56 　　　④ 52.38

해설 (1) **기호**

　　• O_2 : 10%

(2) **CO_2의 농도**(이론소화농도)

$$CO_2 = \frac{21 - O_2}{21} \times 100$$

여기서, CO_2 : CO_2의 이론소화농도[vol%] 또는 약식으로 [%]

　　　　O_2 : 한계산소농도[vol%] 또는 약식으로 [%]

$CO_2 = \dfrac{21 - O_2}{21} \times 100$

　　　$= \dfrac{21 - 10}{21} \times 100 ≒ 52.38\%$

답 ④

10

★

과산화수소 위험물의 특성이 아닌 것은?

① 비수용성이다.
② 무기화합물이다.
③ 불연성 물질이다.
④ 비중은 물보다 무겁다.

해설 ① 비수용성 → 수용성

과산화수소(H_2O_2)의 성질

(1) 비중이 1보다 **크며**(물보다 무겁고), 물에 잘 녹는다. 보기 ④
(2) **산화성 물질**로 다른 물질을 산화시킨다.
(3) **불연성 물질**이다. 보기 ③
(4) 상온에서 **액체**이다.
(5) **무기화합물**이다. 보기 ②
(6) **수용성**이다. 보기 ①

답 ①

11

★★

건축물의 피난·방화구조 등의 기준에 관한 규칙상 방화구획의 설치기준 중 스프링클러를 설치한 10층 이하의 층은 바닥면적 몇 m² 이내마다 방화구획을 구획하여야 하는가?

19.03.문15
18.04.문04

① 1000 　　　② 1500
③ 2000 　　　④ 3000

해설 ④ 스프링클러소화설비를 설치했으므로 1000m²× 3배=**3000m²**

건축령 46조, 피난·방화구조 14조
방화구획의 기준

대상 건축물	대상 규모	층 및 구획방법		구획부분의 구조
주요 구조부가 내화구조 또는 불연재료로 된 건축물	연면적 1000m² 넘는 것	10층 이하	• 바닥면적 **1000m²** 이내마다	• 내화구조로 된 바닥·벽 • 60분+방화문, 60분 방화문 • 자동방화셔터
		매 층 마다	• 지하 1층에서 지상으로 직접 연결하는 경사로 부위는 제외	
		11층 이상	• 바닥면적 **200m²** 이내마다(실내 마감을 불연재료로 한 경우 **500m²** 이내마다)	

• **스프링클러**, 기타 이와 유사한 **자동식 소화설비**를 설치한 경우 바닥면적은 위의 **3배** 면적으로 산정한다.
• **필로티**나 그 밖의 비슷한 구조의 부분을 주차장으로 사용하는 경우 그 부분은 건축물의 다른 부분과 구획할 것

답 ④

12

★★★

다음 중 분진폭발의 위험성이 가장 낮은 것은 어느 것인가?

18.03.문01
15.05.문03
13.03.문03
12.09.문17
11.10.문01
10.05.문16
03.05.문08
01.03.문20
00.10.문02
00.07.문15

① 시멘트가루
② 알루미늄분
③ 석탄분말
④ 밀가루

해설 **분진폭발**을 **일으키지 않는 물질**(=물과 반응하여 가연성 기체를 발생하지 않는 것)

(1) **시**멘트(시멘트가루) 보기 ①
(2) **석**회석
(3) **탄**산칼슘($CaCO_3$)
(4) **생**석회(CaO)=산화칼슘

기억법 분시석탄생

🔊 **중요**

분진폭발의 **위험성**이 있는 것

(1) 알루미늄분
(2) 유황
(3) 소맥분(밀가루)
(4) 석탄분말

답 ①

13

★★

백열전구가 발열하는 원인이 되는 열은?

① 아크열 　　　② 유도열
③ 저항열 　　　④ 정전기열

해설 전기열

종 류	설 명
유도열	도체 주위에 **자장**이 존재할 때 전류가 흘러 발생하는 열
유전열	전기**절**연불량에 의한 발열
저항열	도체에 전류가 흘렀을 때 전기저항 때문에 발생하는 열(예 **백**열전구)

기억법 유도자
유전절
저백

중요

열에너지원의 **종류**

기계열 (기계적 에너지)	**전기열** (전기적 에너지)	**화학열** (화학적 에너지)
압축열, **마**찰열, 마찰 스파크 **기억법** **기압마**	유도열, 유전열, 저항열, 아크열, 정전기열, 낙뢰 에 의한 열	**연**소열, **용**해열, **분**해열, **생**성열, **자**연발화열 **기억법** 화연용분생자

- 기계열=기계적 에너지=기계에너지
- 전기열=전기적 에너지=전기에너지
- 화학열=화학적 에너지=화학에너지
- 유도열=유도가열
- 유전열=유전가열

답 ③

★★★
14 동식물유류에서 "요오드값이 크다."라는 의미를 옳게 설명한 것은?
17.03.문07
14.05.문16
11.06.문16
① 불포화도가 높다.
② 불건성유이다.
③ 자연발화성이 낮다.
④ 산소와의 결합이 어렵다.

해설
② 불건성유 → 건성유
③ 낮다. → 높다.
④ 어렵다. → 쉽다.

"**요오드값**이 **크다.**"라는 **의미**
(1) **불포**화도가 높다. 보기 ①
(2) **건성유**이다.
(3) **자연발화성**이 높다.
(4) 산소와 결합이 쉽다.

기억법 요불포

요오드값
(1) 기름 100g에 첨가되는 요오드의 g수
(2) 기름에 염화요오드를 작용시킬 때 기름 100g에 흡수되는 염화요오드의 양에서 요오드의 양을 환산하여 그램수로 나타낸 값

답 ①

★★
15 단백포 소화약제의 특징이 아닌 것은?
18.03.문17
15.05.문09
① 내열성이 우수하다.
② 유류에 대한 유동성이 나쁘다.
③ 유류를 오염시킬 수 있다.
④ 변질의 우려가 없어 저장 유효기간의 제한이 없다.

해설
④ 변질의 우려가 없어 저장 유효기간의 제한이 없다. → 변질에 의한 저장성이 불량하고 유효기간이 존재한다.

(1) **단백포**의 장단점

장 점	단 점
① **내열성** 우수 보기 ①	① 소화기간이 길다.
② **유면봉쇄성** 우수	② 유동성이 좋지 않다. 보기 ②
③ 내화성 향상(우수)	③ 변질에 의한 저장성 불량 보기 ④
④ 내유성 향상(우수)	④ 유류오염 보기 ③

(2) **수성막포**의 장단점

장 점	단 점
① 석유류 표면에 신속히 **피막**을 형성하여 유류증발을 억제한다. ② **안전성**이 좋아 장기보존이 가능하다. ③ **내약품성**이 좋아 타약제와 겸용사용도 가능하다. ④ **내유염성**이 우수하다(기름에 의한 오염이 적다). ⑤ **불소계 계면활성제**가 주성분이다.	① 가격이 비싸다. ② 내열성이 좋지 않다. ③ 부식방지용 저장설비가 요구된다.

(3) **합성계면활성제포**의 장단점

장 점	단 점
① **유동성**이 우수하다. ② **저장성**이 우수하다.	① 적열된 기름탱크 주위에는 효과가 적다. ② 가연물에 양이온이 있을 경우 발포성능이 저하된다. ③ 타약제와 겸용시 소화효과가 좋지 않을 수 있다.

답 ④

16 이산화탄소 소화약제의 주된 소화효과는?

15.05.문12
14.03.문04

① 제거소화 ② 억제소화

③ 질식소화 ④ 냉각소화

해설 **소화약제**의 **소화작용**

소화약제	소화효과	주된 소화효과
① 물(스프링클러)	• 냉각효과 • 희석효과	• 냉각효과 (냉각소화)
② 물(무상)	• 냉각효과 • 질식효과 • 유화효과 • 희석효과	• **질식효과** 보기 ③ (질식소화)
③ 포	• 냉각효과 • 질식효과	
④ 분말	• 질식효과 • 부촉매효과 (억제효과) • 방사열 차단효과	
⑤ **이**산화탄소	• 냉각효과 • 질식효과 • 피복효과	
⑥ **할**론	• 질식효과 • 부촉매효과 (억제효과)	• **부**촉매효과 (연쇄반응차단 소화)

기억법 **할부**(**할**아**버**지)
이질(**이질**적이다)

답 ③

17 전기불꽃, 아크 등이 발생하는 부분을 기름 속에 넣어 폭발을 방지하는 방폭구조는?

19.03.문12
17.09.문17
12.03.문02
97.07.문15

① 내압방폭구조

② 유입방폭구조

③ 안전증방폭구조

④ 특수방폭구조

해설 **방폭구조의 종류**

(1) **내압**(內壓)**방폭구조**(압력방폭구조) : p
용기 내부에 **질소** 등의 보호용 가스를 충전하여 외부에서 폭발성 가스가 침입하지 못하도록 한 구조

| 내압(內壓)방폭구조(압력방폭구조) |

(2) **내압**(耐壓)**방폭구조** : d 보기 ①
폭발성 가스가 용기 내부에서 폭발하였을 때 용기가 그 압력에 견디거나 또는 **외부**의 **폭발성 가스**에 인화될 우려가 없도록 한 구조

| 내압(耐壓)방폭구조 |

(3) **유입방폭구조** : o 보기 ②
전기불꽃, **아크** 또는 고온이 발생하는 부분을 **기름** 속에 넣어 폭발성 가스에 의해 인화가 되지 않도록 한 구조

| 유입방폭구조 |

기억법 **유기**(**유기** 그릇)

(4) **안전증방폭구조** : e 보기 ③
기기의 정상운전 중에 폭발성 가스에 의해 **점화원**이 될 수 있는 전기불꽃 또는 고온이 되어서는 안 될 부분에 기계적, 전기적으로 특히 **안전도**를 **증가**시킨 구조

| 안전증방폭구조 |

(5) **본질안전방폭구조** : i
폭발성 가스가 **단선**, **단락**, **지락** 등에 의해 발생하는 전기불꽃, 아크 또는 고온에 의하여 점화되지 않는 것이 확인된 구조

| 본질안전방폭구조 |

(6) **특수방폭구조** : s 보기 ④
위에서 설명한 구조 이외의 방폭구조로서 폭발성 가스에 의해 점화되지 않는 것이 시험 등에 의하여 확인된 구조

| 특수방폭구조 |

답 ②

18 다음 중 자연발화의 방지방법이 아닌 것은 어느 것인가?

20.09.문05
18.04.문02
16.10.문05
16.03.문14
15.05.문09
15.03.문09
14.09.문09
14.09.문17
12.03.문09
10.03.문13

① 통풍이 잘 되도록 한다.

② 퇴적 및 수납시 열이 쌓이지 않게 한다.

③ 높은 습도를 유지한다.

④ 저장실의 온도를 낮게 한다.

해설

③ 높은 습도를 → 건조하게(낮은 습도를)

(1) 자연발화의 방지법

- ㉠ **습**도가 높은 곳을 **피**할 것(건조하게 유지할 것) 보기 ③
- ㉡ 저장실의 온도를 낮출 것 보기 ④
- ㉢ 통풍이 잘 되게 할 것(**환기**를 원활히 시킨다) 보기 ①
- ㉣ 퇴적 및 수납시 열이 쌓이지 않게 할 것(**열축적 방지**) 보기 ②
- ㉤ 산소와의 접촉을 차단할 것(**촉매물질**과의 접촉을 피한다)
- ㉥ **열전도성**을 좋게 할 것

기억법 자습피

(2) 자연발화 조건

- ㉠ 열전도율이 작을 것
- ㉡ 발열량이 클 것
- ㉢ 주위의 온도가 높을 것
- ㉣ 표면적이 넓을 것

답 ③

19 소화약제의 형식승인 및 제품검사의 기술기준상 강화액소화약제의 응고점은 몇 ℃ 이하이어야 하는가?

① 0

② −20

③ −25

④ −30

해설 소화약제의 **형식승인** 및 **제품검사**의 **기술기준 6조** 강화액소화약제

(1) 알칼리 금속염류의 수용액 : **알칼리성 반응**을 나타낼 것

(2) 응고점 : **−20℃** 이하

중요

소화약제의 형식승인 및 **제품검사**의 **기술기준 36조** 소화기의 사용온도

종 류	사용온도
• **분말** • **강화액**	**−20~40℃** 이하
• 그 밖의 소화기	0~40℃ 이하

기억법 강분24온(**강변**에서 **이사온** 나)

답 ②

20 상온에서 무색의 기체로서 암모니아와 유사한 냄새를 가지는 물질은?

① 에틸벤젠

② 에틸아민

③ 산화프로필렌

④ 사이클로프로판

해설

물 질	특 징
에틸아민 ($C_2H_5NH_2$) 보기 ②	상온에서 **무색**의 **기체**로서 **암모니아**와 유사한 냄새를 가지는 물질
에틸벤젠 ($C_6H_5CH_2CH_3$) 보기 ①	**유기화합물**로, **휘발유**와 비슷한 냄새가 나는 가연성 무색액체
산화프로필렌 (CH_3CHCH_2O) 보기 ③	**급성 독성** 및 **발암성** 유기화합물
사이클로프로판 (C_3H_6) 보기 ④	결합각이 60도여서 **불안정**하므로 **첨가반응**을 잘하지만 브로민수 탈색반응은 잘 하지 못한다.

답 ②

제 2 과목 소방유체역학

21 30℃에서 부피가 10L인 이상기체를 일정한 압력으로 0℃로 냉각시키면 부피는 약 몇 L로 변하는가?

19.03.문26
18.09.문11
14.09.문07
12.03.문19
06.09.문13
97.03.문03

① 3

② 9

③ 12

④ 18

해설 **(1) 기호**

- T_1 : $(273+℃)=(273+30)K$
- V_1 : 10L
- T_2 : $(273+℃)=(273+0)K$
- V_2 : ?

(2) 이상기체 상태방정식

$$PV = nRT$$

여기서, P : 기압[atm]

V : 부피[m³]

n : 몰수$\left(n=\dfrac{W(질량)\,[kg]}{M(분자량)\,[kg/kmol]}\right)$

R : 기체상수(0.082atm · m³/kmol · K)

T : 절대온도(273+℃)[K]

$PV = nRT$에서

$$V \propto T$$

$$V_1 : T_1 = V_2 : T_2$$

$$10\text{L} : (273+30)\text{K} = V_2 : (273+0)\text{K}$$

$$(273+30)V_2 = 10 \times (273+0)$$

$$V_2 = \frac{10 \times (273+0)}{(273+30)} \fallingdotseq 9\text{L}$$

답 ②

★ 22

[12.03.문26] 비중이 0.6이고 길이 20m, 폭 10m, 높이 3m인 직육면체 모양의 소방정 위에 비중이 0.9인 포소화약제 5톤을 실었다. 바닷물의 비중이 1.03일 때 바닷물 속에 잠긴 소방정의 깊이는 몇 m인가?

① 3.54 ② 2.5
③ 1.77 ④ 0.6

해설 **(1) 기호**

- s_1 : 0.6
- V : $(20 \times 10 \times 3)\text{m}^3$
- s_2 : 0.9
- G : 5톤
- s_3 : 1.03
- h : ?

(2) 비중량

$$\gamma = \rho g \qquad \cdots\cdots\cdots\cdots\cdots ㉠$$

여기서, γ : 비중량[N/m³]
ρ : 밀도[N·s²/m⁴]
g : 중력가속도[m/s²]

(3) 부력

$$F_B = \gamma V = \rho_o g V_1 = \rho g V$$

여기서, F_B : 부력[N]
γ : 물질의 비중량[N/m³]
V : 물체가 잠긴 체적[m³]
ρ_o : 바닷물의 밀도[N·s²/m⁴]
g : 중력가속도(9.8m/s²)
V_1 : 바닷물 속에 잠긴 체적[m³]
ρ : 소방정의 밀도[N·s²/m⁴]

$$V_1 = Ah \qquad \cdots\cdots\cdots\cdots\cdots ㉡$$

여기서, V_1 : 바닷물 속에 잠긴 체적[m³]
A : 소방정 면적[m²]
h : 물에 잠긴 소방정의 깊이[m]

$$V = AH \qquad \cdots\cdots\cdots\cdots\cdots ㉢$$

여기서, V : 소방정 체적[m³]
A : 소방정 면적[m²]
H : 소방정의 높이[m]

$$F_B = \gamma V = \rho_o g V_1 = \rho g V$$

$$\rho_o g V_1 = \rho g V$$

$$V_1 = \frac{\rho \cancel{g} V}{\rho_o \cancel{g}} = \frac{\rho V}{\rho_o} \qquad \cdots\cdots ㉣$$

바닷물

㉣식에 ㉡, ㉢식을 각각 대입하면

$$V_1 = \frac{\rho V}{\rho_o}$$

$$\cancel{A}h = \frac{\rho \cdot \cancel{A}H}{\rho_o}$$

$$h = \frac{\rho H}{\rho_o} \qquad \cdots\cdots\cdots\cdots\cdots ㉤$$

(4) 비중

$$s = \frac{\rho}{\rho_w} = \frac{\gamma}{\gamma_w} \qquad \cdots\cdots\cdots\cdots ㉥$$

여기서, s : 비중
ρ : 물체의 밀도[N·s²/m⁴]
ρ_w : 물의 밀도(1000kg/m³)
γ : 어떤 물질의 비중량[N/m³]
γ_w : 물의 비중량(9800N/m³)

포소화약제의 질량 = 비중 × 5톤 = 0.9 × 5톤
= 4.5톤 = 4500kg(1톤 = 1000kg)

소방정의 밀도 ρ는
$$\rho = s_1 \times \rho_w = 0.6 \times 1000\text{kg/m}^3 = 600\text{kg/m}^3$$

(5) 밀도

$$\rho = \frac{m}{V}$$

여기서, ρ : 물체의 밀도[kg/m³]
m : 질량[kg]
V : 부피[m³]

소방정 질량 m은
$$m = \rho \times V$$
$$= 600\text{kg/m}^3 \times (20\text{m} \times 10\text{m} \times 3\text{m}) = 360000\text{kg}$$

총질량 = 포소화약제의 질량 + 소방정 질량
$$= 4500\text{kg} + 360000\text{kg} = 364500\text{kg}$$

총밀도(포소화약제가 적재된 소방정 밀도)
$$= \frac{364500\text{kg}}{(20\text{m} \times 10\text{m} \times 3\text{m})} = 607.5\text{kg/m}^3$$

㉤식을 ㉥식에 대입하면
바닷물 속에 잠긴 소방정 깊이 h는

$$h = \frac{\rho H}{\rho_o} = \frac{\rho H}{s_3 \times \rho_w}$$

$$= \frac{607.5\text{kg/m}^3 \times 3\text{m}}{1.03 \times 1000\text{kg/m}^3} = 1.769 \fallingdotseq 1.77\text{m}$$

답 ③

23

21.05.문24
18.04.문24

그림과 같이 대기압 상태에서 V의 균일한 속도로 분출된 직경 D의 원형 물제트가 원판에 충돌할 때 원판이 U의 속도로 오른쪽으로 계속 동일한 속도로 이동하려면 외부에서 원판에 가해야 하는 힘 F는? (단, ρ는 물의 밀도, g는 중력가속도이다.)

① $\dfrac{\rho\pi D^2}{4}(V-U)^2$

② $\dfrac{\rho\pi D^2}{4}(V+U)^2$

③ $\rho\pi D^2(V-U)(V+U)$

④ $\dfrac{\rho\pi D^2(V-U)(V+U)}{4}$

(1) 유량

$$Q=AV=\left(\dfrac{\pi D^2}{4}\right)V \quad \cdots\cdots\cdots\cdots ㉠$$

여기서, Q : 유량[m³/s]
　　　　A : 단면적[m²]
　　　　V : 유속[m/s]
　　　　D : 지름[m]

(2) 평판에 작용하는 힘

$$F=\rho A(V-u)^2 \quad \cdots\cdots\cdots\cdots ㉡$$

여기서, F : 평판에 작용하는 힘[N]
　　　　ρ : 밀도(물의 밀도 1000N · s²/m⁴)
　　　　V : 액체의 속도[m/s]
　　　　u : 평판의 이동속도[m/s]

식 ㉠을 식 ㉡에 대입하면 **평판에 작용하는 힘** F는

$$F=\rho A(V-u)^2=\dfrac{\rho\pi D^2}{4}(V-U)^2$$

답 ①

24

그림과 같이 폭이 넓은 두 평판 사이를 흐르는 유체의 속도분포 $u(y)$가 다음과 같을 때, 평판벽에 작용하는 전단응력은 약 몇 Pa인가? (단, u_m=1m/s, h=0.01m, 유체의 점성계수는 0.1N · s/m²이다.)

$$u(y)=u_m\left[1-\left(\dfrac{y}{h}\right)^2\right]$$

① 1
② 2
③ 10
④ 20

(1) 기호

- u_m : 1m/s
- h : 0.01m
- μ : 0.1N · s/m²

(2) 전단응력

$$\tau=\mu\dfrac{du(u_m)}{dy(h)}$$

여기서, τ : 전단응력[N/m²]
　　　　μ : 점성계수[N · s/m²]
　　　　$\dfrac{du(u_m)}{dy(h)}$: 속도구배(속도기울기)$\left[\dfrac{1}{\mathrm{s}}\right]$

$\tau=\mu\dfrac{du(u_m)}{dy(h)}=0.1\mathrm{N}\cdot\mathrm{s/m^2}\times\dfrac{1\mathrm{m/s}}{0.01\mathrm{m}}$
　$=10\mathrm{N/m^2}=10\mathrm{Pa}(1\mathrm{N/m^2}=1\mathrm{Pa})$

답 ③

25

20.08.문33
18.04.문27
16.05.문34
13.03.문35
99.04.문32

-15℃의 얼음 10g을 100℃의 증기로 만드는 데 필요한 열량은 약 몇 kJ인가? (단, 얼음의 융해열은 335kJ/kg, 물의 증발잠열은 2256kJ/kg, 얼음의 평균비열은 2.1kJ/kg · K이고, 물의 평균비열은 4.18kJ/kg · K이다.)

① 7.85
② 27.1
③ 30.4
④ 35.2

(1) 기호

- r_1 : 335kJ/kg
- r_2 : 2256kJ/kg
- c_i : 2.1kJ/kg · K
- c_w : 4.18kJ/kg · K
- $\Delta T_{-15\sim 0℃}$: (0-(-15))K
- $\Delta T_{0\sim 100℃}$: (100-0)K
- m : 10g=10×10⁻³kg(1000g=1kg, 1g=10⁻³kg)

(2) 열량

$$Q=r_1 m+mc\Delta T+r_2 m$$

여기서, Q : 열량[kJ]
　　　　m : 질량[kg]
　　　　c : 비열[kJ/kg · K]
　　　　ΔT : 온도차[℃]
　　　　r_1 : 융해열(융해잠열)[kJ/kg]
　　　　r_2 : 기화열(증발잠열)[kJ/kg]

㉠ −15℃ 얼음 → 0℃ 얼음

$Q_1 = mc\Delta T$
$= (10 \times 10^{-3})\text{kg} \times 2.1\text{kJ/kg} \cdot \text{K} \times (0 - (-15))\text{K}$
$= 0.315\text{kJ}$

㉡ 0℃ 얼음 → 0℃ 물

$Q_2 = r_1 m = 335\text{kJ/kg} \times (10 \times 10^{-3})\text{kg} = 3.35\text{kJ}$

㉢ 0℃ 물 → 100℃ 물

$Q_3 = mc\Delta T$
$= (10 \times 10^{-3})\text{kg} \times 4.18\text{kJ/kg} \cdot \text{K} \times (100 - 0)\text{K}$
$= 4.18\text{kJ}$

㉣ 100℃ 물 → 100℃ 수증기

$Q_4 = r_2 m = 2256\text{kJ/kg} \times (10 \times 10^{-3})\text{kg} = 22.56\text{kJ}$

전열량 $Q = Q_1 + Q_2 + Q_3 + Q_4$
$= 0.315\text{kJ} + 3.35\text{kJ} + 4.18\text{kJ} + 22.56\text{kJ}$
$≒ 30.4\text{kJ}$

답 ③

26 포화액−증기 혼합물 300g이 100kPa의 일정한 압력에서 기화가 일어나서 건도가 10%에서 30%로 높아진다면 혼합물의 체적 증가량은 약 몇 m³인가? (단, 100kPa에서 포화액과 포화증기의 비체적은 각각 0.00104m³/kg과 1.694m³/kg이다.)

① 3.386
② 1.693
③ 0.508
④ 0.102

해설

(1) 기호

- m : 300g=0.3kg(1000g=1kg)
- V_f : 0.00104m³/kg
- V_g : 1.694m³/kg

(2) 포화혼합물의 비체적

$$V_s = V_f + V_g$$

여기서, V_s : 비체적[m³/kg]
V_f : 포화액의 비체적[m³/kg]
V_g : 포화증기의 비체적[m³/kg]

㉠ 10% 건도
$= 10\% \times V_g + 90\% \times V_f$
$= 0.1 \times 1.694\text{m}^3/\text{kg} + 0.9 \times 0.00104\text{m}^3/\text{kg}$
$= 0.17\text{m}^3/\text{kg}$

㉡ 30% 건도
$= 30\% \times V_g + 70\% \times V_f$
$= 0.3 \times 1.694\text{m}^3/\text{kg} + 0.7 \times 0.00104\text{m}^3/\text{kg}$
$= 0.5089 ≒ 0.509\text{m}^3/\text{kg}$

(3) 증기체적

$$V = m V_s$$

여기서, V : 증기체적[m³]
m : 질량[kg]
V_s : 비체적[m³/kg]

㉠ 10% 건도 $V = m V_s = 0.3\text{kg} \times 0.17\text{m}^3/\text{kg}$
$= 0.051\text{m}^3$

㉡ 30% 건도 $V = m V_s = 0.3\text{kg} \times 0.509\text{m}^3/\text{kg}$
$= 0.1527\text{m}^3$

체적 증가량 = 30% 건도의 증기체적 − 10% 건도의 증기체적
$= 0.1527\text{m}^3 - 0.051\text{m}^3$
$= 0.1017 ≒ 0.102\text{m}^3$

용어

증기건도
증기 중의 기상부분과 액상부분의 중량비율. 즉 증기 속에 포함된 물의 중량

답 ④

27 비중량 및 비중에 대한 설명으로 옳은 것은?

① 비중량은 단위부피당 유체의 질량이다.
② 비중은 유체의 질량 대 표준상태 유체의 질량비이다.
③ 기체인 수소의 비중은 액체인 수은의 비중보다 크다.
④ 압력의 변화에 대한 액체의 비중량 변화는 기체 비중량 변화보다 작다.

해설

① 단위부피당 유체의 질량 → 단위체적당 중량
② 유체의 질량 대 표준상태 유체의 질량비 → 유체의 질량밀도 대 표준상태 유체의 질량밀도비
③ 크다. → 작다.

(1) 비중량 : 단위체적당 중량 보기 ①

$$\gamma = \frac{G}{V}$$

여기서, γ : 비중량[N/m³]
G : 중량[N]
V : 체적[m³]

(2) 비중
㉠ 물 4℃를 기준으로 했을 때의 물체의 무게
㉡ 물 4℃의 비중량에 대한 물질의 비중량의 비
㉢ 표준유체의 질량밀도 또는 비중에 대한 유체의 질량밀도 또는 비중의 비율 보기 ②

(3) 밀도 : 단위부피당 유체의 질량 보기 ①

$$\rho = \frac{m}{V}$$

여기서, ρ : 밀도[kg/m³]
m : 질량[kg]
V : 부피(체적)[m³]

(4) 기체인 수소의 비중 : 0.695, 액체인 수은의 비중 : 13.558 보기 ③

(5) 압력의 변화에 대한 액체의 비중량 변화는 기체 비중량 변화보다 **작다**. 보기 ④

답 ④

28

물분무소화설비의 가압송수장치로 전동기 구동형 펌프를 사용하였다. 펌프의 토출량 800L/min, 전양정 50m, 효율 0.65, 전달계수 1.1인 경우 적당한 전동기 용량은 몇 kW인가?

21.05.문34
19.09.문26
17.09.문38
17.03.문38
15.09.문30
13.06.문38

① 4.2 　　　　　② 4.7

③ 10.0 　　　　　④ 11.1

해설 **(1) 기호**

- Q : 800L/min=0.8m³/min(1000L=1m³)
- H : 50m
- η : 0.65
- K : 1.1
- P : ?

(2) 소요동력

$$P = \frac{0.163QH}{\eta}K$$

여기서, P : 전동력(소요동력)[kW]
　　　 Q : 유량[m³/min]
　　　 H : 전양정[m]
　　　 K : 전달계수
　　　 η : 효율

소요동력 P 는

$$P = \frac{0.163QH}{\eta}K = \frac{0.163 \times 0.8\text{m}^3/\text{min} \times 50\text{m}}{0.65} \times 1.1$$
$$≒ 11.1\text{kW}$$

답 ④

29

수평원관 속을 층류상태로 흐르는 경우 유량에 대한 설명으로 틀린 것은?

21.09.문35
15.03.문21

① 점성계수에 반비례한다.
② 관의 길이에 반비례한다.
③ 관지름의 4제곱에 비례한다.
④ 압력강하량에 반비례한다.

해설 **④ 반비례 → 비례**

층류(하겐-포아젤의 식)

$$H = \frac{\Delta P}{\gamma} = \frac{128\mu QL}{\gamma\pi D^4}[\text{m}]$$

여기서, ΔP : 압력차(압력강하, 압력손실)[N/m²]
　　　 γ : 비중량(물의 비중량 9800N/m³)
　　　 μ : 점성계수[N·s/m²]
　　　 Q : 유량[m³/s]
　　　 L : 길이[m]
　　　 D : 내경[m]

$$\frac{\Delta P}{\gamma} = \frac{128\mu QL}{\gamma\pi D^4}$$

$$Q = \Delta P \times \frac{\pi D^4\,(비례)}{128\mu L\,(반비례)} \propto \Delta P$$

비교

층류 : 손실수두	
유체의 속도를 알 수 있는 경우	유체의 속도를 알 수 없는 경우
$H = \dfrac{\Delta P}{\gamma} = \dfrac{fLV^2}{2gD}[\text{m}]$ (다르시-바이스바하의 식)	$H = \dfrac{\Delta P}{\gamma} = \dfrac{128\mu QL}{\gamma\pi D^4}[\text{m}]$ (하겐-포아젤의 식)
여기서, H : 마찰손실(손실수두)[m] ΔP : 압력차[Pa] 또는 [N/m²] γ : 비중량(물의 비중량 9800N/m³) f : 관마찰계수 L : 길이[m] V : 유속[m/s] g : 중력가속도(9.8m/s²) D : 내경[m]	여기서, ΔP : 압력차(압력강하, 압력손실)[N/m²] γ : 비중량(물의 비중량 9800N/m³) μ : 점성계수[N·s/m²] Q : 유량[m³/s] L : 길이[m] D : 내경[m]

답 ④

30

부차적 손실계수 K가 2인 관 부속품에서의 손실수두가 2m라면 이때의 유속은 약 몇 m/s인가?

16.05.문27
13.09.문29

① 4.43 　　　　　② 3.14

③ 2.21 　　　　　④ 2.00

해설 **(1) 기호**

- K : 2
- H : 2m
- V : ?

(2) 부차손실

$$H = K\frac{V^2}{2g}$$

여기서, H : 부차손실[m]
　　　 K : 부차적 손실계수
　　　 V : 유속[m/s]
　　　 g : 중력가속도(9.8m/s²)

$$H = K\frac{V^2}{2g}$$

$$\frac{H \cdot 2g}{K} = V^2$$

$$V^2 = \frac{H \cdot 2g}{K} \leftarrow 좌우 \ 이항$$

$$\sqrt{V^2} = \sqrt{\frac{H \cdot 2g}{K}}$$

$$V = \sqrt{\frac{H \cdot 2g}{K}} = \sqrt{\frac{2\text{m} \times 2 \times 9.8\text{m/s}^2}{2}}$$
$$= 4.427 ≒ 4.43\text{m/s}$$

답 ①

31

관내에 흐르는 유체의 흐름을 구분하는 데 사용되는 레이놀즈수의 물리적인 의미는?

21.05.문32
20.09.문39
18.03.문22
14.05.문35
12.03.문28
07.09.문30
06.09.문26
06.05.문37
03.05.문25

① $\dfrac{관성력}{중력}$ 　　　② $\dfrac{관성력}{점성력}$

③ $\dfrac{관성력}{탄성력}$ 　　　④ $\dfrac{관성력}{압축력}$

해설 **레이놀즈수**
원관 내에 유체가 흐를 때 유동의 특성을 결정하는 가장 중요한 요소

‖ 요소의 물리적 의미 ‖

명 칭	물리적 의미	비 고
레이놀즈 (Reynolds)수	$\dfrac{관성력}{점성력}$ 보기 ②	–
프루드 (Froude)수	$\dfrac{관성력}{중력}$	–
마하 (Mach)수	$\dfrac{관성력}{압축력}$	$\dfrac{V}{C}$ 여기서, V : 유속[m/s] C : 음속[m/s]
코우시스 (Cauchy)수	$\dfrac{관성력}{탄성력}$	$\dfrac{\rho V^2}{k}$ 여기서, ρ : 밀도[N·s²/m⁴] k : 탄성계수[Pa] 또는 [N/m²] V : 유속[m/s]
웨버 (Weber)수	$\dfrac{관성력}{표면장력}$	–
오일러 (Euler)수	$\dfrac{압축력}{관성력}$	–

기억법 레관점

답 ②

★★★
32 그림과 같은 U자관 차압액주계에서 $\gamma_1 = 9.8kN/m^3$,
19.03.문24
18.03.문37
15.09.문26
10.03.문35
$\gamma_2 = 133kN/m^3$, $\gamma_3 = 9.0kN/m^3$, $h_1 = 0.2m$,
$h_3 = 0.10$이고, 압력차 $P_A - P_B = 30kPa$이다.
h_2는 몇 m인가?

① 0.218
② 0.226
③ 0.234
④ 0.247

해설 **(1) 기호**

- γ_1 : 9.8kN/m³
- γ_2 : 133kN/m³
- γ_3 : 9.0kN/m³
- h_1 : 0.2m
- h_3 : 0.1m
- $P_A - P_B$: 30kPa
- h_2 : ?

(2) 압력차

$$P_A + \gamma_1 h_1 - \gamma_2 h_2 - \gamma_3 h_3 = P_B$$

$$P_A - P_B = -\gamma_1 h_1 + \gamma_2 h_2 + \gamma_3 h_3$$

$$\gamma_2 h_2 = P_A - P_B + \gamma_1 h_1 - \gamma_3 h_3$$

$$h_2 = \frac{P_A - P_B + \gamma_1 h_1 - \gamma_3 h_3}{\gamma_2}$$

$$= \frac{30kPa + 9.8kN/m^3 \times 0.2m - 9.0kN/m^3 \times 0.1m}{133kN/m^3}$$

$$= 0.2335 ≒ 0.234m$$

중요

시차액주계의 압력계산방법
점 A를 기준으로 내려가면 **더하고**, 올라가면 **빼면** 된다.

올라가므로 $-\gamma_3 h_3$
올라가므로 $-\gamma_2 h_2$
내려가므로 $+\gamma_1 h_1$

답 ③

★★★
33 펌프와 관련된 용어의 설명으로 옳은 것은?
20.08.문26
19.04.문22
18.03.문36
17.09.문35
17.05.문37
16.10.문23
15.03.문35
14.05.문39
14.03.문32
① 캐비테이션 : 송출압력과 송출유량이 주기적으로 변하는 현상
② 서징 : 액체가 포화증기압 이하에서 비등하여 기포가 발생하는 현상
③ 수격작용 : 관을 흐르던 물이 갑자기 정지할 때 압력파에 의해 이상음(異常音)이 발생하는 현상
④ NPSH : 펌프에서 상사법칙을 나타내기 위한 비속도

해설

① 캐비테이션 → 서징
② 서징 → 캐비테이션
④ NPSH → 비교회전도

펌프의 현상

용어	설명
공동현상 (캐비테이션, cavitation)	① 펌프의 흡입측 배관 내의 물의 정압이 기존의 증기압보다 낮아져서 **기포**가 발생되어 물이 흡입되지 않는 현상 [기억법] **공기** ② 액가가 포화증기압 이하에서 비등하여 **기포**가 발생하는 현상 보기 ②
수격작용 (water hammering)	① 배관 속의 물흐름을 급히 차단하였을 때 동압이 정압으로 전환되면서 일어나는 쇼크(shock)현상 ② 배관 내를 흐르는 유체의 유속을 급격하게 변화시키므로 압력이 상승 또는 하강하여 **관로의 벽면**을 치는 현상 ③ 관을 흐르던 물이 갑자기 정지할 때 **압력파**에 의해 이상음(異常音)이 발생하는 현상 보기 ③
서징현상 (surging, 맥동현상)	① 유량이 단속적으로 변하여 펌프 입출구에 설치된 **진공계·압력계**가 흔들리고 진동과 소음이 일어나며 펌프의 **토출유량**이 **변하는 현상** [기억법] **서**징(**서**른) ② 송출압력과 송출유량이 주기적으로 **변하는 현상** 보기 ①
유효흡입수두 (NPSH)	펌프 운전시 캐비테이션 발생없이 펌프는 운전하고 있는가를 나타내는 척도
비교회전도	펌프에서 **상사법칙**을 나타내기 위한 **비속도** 보기 ④

답 ③

34

17.03.문24
16.10.문27
14.03.문31

베르누이의 정리 $\left(\dfrac{P}{\rho} + \dfrac{V^2}{2} + gZ = \text{constant}\right)$가 적용되는 조건이 아닌 것은?

① 압축성의 흐름이다.
② 정상상태의 흐름이다.
③ 마찰이 없는 흐름이다.
④ 베르누이 정리가 적용되는 임의의 두 점은 같은 유선상에 있다.

해설

① 압축성 → 비압축성

베르누이방정식(정리)의 적용 조건

(1) **정**상흐름(정상류)=정상유동=정상상태의 흐름 보기 ②
(2) **비**압축성 흐름(비압축성 유체) 보기 ①
(3) **비**점성 흐름(비점성 유체)=마찰이 없는 유동=마찰이 없는 흐름 보기 ③
(4) **이**상유체
(5) 유선을 따라 운동=같은 유선 위의 두 점에 적용 보기 ④

[기억법] **베정비이**(**배**를 **정비**해서 **이**곳을 떠나라!)

📋 비교

(1) **오일러 운동방정식**의 가정
 ㉠ **정상유동**(정상류)일 경우
 ㉡ 유체의 **마찰**이 **없을 경우**(점성마찰이 없을 경우)
 ㉢ 입자가 **유선**을 따라 **운동**할 경우
(2) **운동량 방정식**의 가정
 ㉠ 유동단면에서의 **유속**은 **일정**하다.
 ㉡ **정상유동**이다.

답 ①

⭐⭐⭐
35

18.09.문33
09.03.문24
07.05.문29

그림과 같이 수평과 30° 경사된 폭 50cm인 수문 AB가 A점에서 힌지(hinge)로 되어 있다. 이 문을 열기 위한 최소한의 힘 *F*(수문에 직각방향)는 약 몇 kN인가? (단, 수문의 무게는 무시하고, 유체의 비중은 1이다.)

① 11.5   ② 7.35
③ 5.51   ④ 2.71

해설 (1) **기호**

- θ : 30°
- A : 3m×50cm=3m×0.5m(100cm=1m)
- F_0 : ?
- s : 1

(2) **비중**

$$s = \frac{\rho}{\rho_w} = \frac{\gamma}{\gamma_w}$$

여기서, s : 비중
  ρ : 어떤 물질의 밀도[kg/m³]
  ρ_w : 물의 밀도(1000kg/m³)
  γ : 어떤 물질의 비중량[N/m³]
  γ_w : 물의 비중량(9800N/m³)

유체(어떤 물질)의 **비중량** γ는

$$\gamma = s \times \gamma_w = 1 \times 9800\text{N/m}^3 = 9800\text{N/m}^3 = 9.8\text{kN/m}^3$$

(3) 전압력

$$F = \gamma y \sin \theta A = \gamma h A$$

여기서, F : 전압력[kN]

γ : 비중량(물의 비중량 9.8kN/m³)

y : 표면에서 수문 중심까지의 경사거리[m]

h : 표면에서 수문 중심까지의 수직거리[m]

A : 수문의 단면적[m²]

전압력 F는

$$F = \gamma y \sin \theta A$$
$$= 9.8\text{kN/m}^3 \times 1.5\text{m} \times \sin 30° \times (3 \times 0.5)\text{m}^2$$
$$= 11.025\text{kN}$$

(4) 작용점 깊이

명 칭	구형(rectangle)
형 태	
A(면적)	$A = bh$
y_c (중심위치)	$y_c = y$
I_c (관성능률)	$I_c = \dfrac{bh^3}{12}$

$$y_p = y_c + \frac{I_c}{A y_c}$$

여기서, y_p : 작용점 깊이(작용위치)[m]

y_c : 중심위치[m]

I_c : 관성능률 $\left(I_c = \dfrac{bh^3}{12} \right)$

A : 단면적[m²] $(A = bh)$

작용점 깊이 y_p는

$$y_p = y_c + \frac{I_c}{A y_c} = y + \frac{\frac{bh^3}{12}}{(bh)y}$$
$$= 1.5\text{m} + \frac{\frac{0.5 \times (3\text{m})^3}{12}}{(0.5 \times 3)\text{m}^2 \times 1.5\text{m}} ≒ 2\text{m}$$

A지점 모멘트의 합이 0이므로

$$\Sigma M_A = 0$$
$$F_B \times 3\text{m} - F \times 2\text{m} = 0$$
$$F_B \times 3\text{m} - 11.025\text{kN} \times 2\text{m} = 0$$
$$F_B \times 3\text{m} = 11.025\text{kN} \times 2\text{m}$$
$$F_B = \frac{11.025\text{kN} \times 2\text{m}}{3\text{m}} = 7.35\text{kN}$$

답 ②

★★★
36 성능이 같은 3대의 펌프를 병렬로 연결하였을 경우 양정과 유량은 얼마인가? (단, 펌프 1대의 유량은 Q, 양정은 H이다.)

18.03.문27
17.03.문21
16.05.문33
12.05.문39

① 유량은 $3Q$, 양정은 H

② 유량은 $3Q$, 양정은 $3H$

③ 유량은 $9Q$, 양정은 H

④ 유량은 $9Q$, 양정은 $3H$

해설 **펌프의 운전**

직렬운전	병렬운전 보기①
• 유량(토출량) : Q • 양정 : $2H$(양정증가) 양정 H / 2대 운전 / 1대 운전 / 토출량 Q |직렬운전| • 소요되는 양정이 일정하지 않고 크게 변동될 때	• 유량(토출량) : $2Q$(유량 증가) • 양정 : H 양정 H / 2대 운전 / 1대 운전 / 토출량 Q |병렬운전| • 유량이 변화가 크고 1대로는 유량이 부족할 때

• **3대 펌프**를 병렬운전하면 **유량**은 $3Q$, 양정은 H가 된다.

답 ①

★★
37 수평배관설비에서 상류 지점인 A지점의 배관을 조사해 보니 지름 100mm, 압력 0.45MPa, 평균 유속 1m/s이었다. 또, 하류의 B지점을 조사해 보니 지름 50mm, 압력 0.4MPa이었다면 두 지점 사이의 손실수두는 약 몇 m인가? (단, 배관 내 유체의 비중은 1이다.)

15.09.문36
07.05.문35

① 4.34

② 4.95

③ 5.87

④ 8.67

해설 (1) **기호**

- D_A : 100mm
- P_A : 0.45MPa=450kPa
- V : 1m/s
- D_B : 50mm
- P_B : 0.4MPa=400kPa
- H : ?
- S : 1

(2) **표준대기압**

1atm=760mmHg=1.0332kg$_f$/cm^2
　　　=10.332mH$_2$O(mAq)
　　　=14.7PSI(lb$_f$/in^2)
　　　=101.325kPa(kN/m^2)
　　　=1013mbar

101.325kPa = 0.101325MPa
　　　　　= 1.0332kg$_f$/cm^2 = 10332kg$_f$/m^2

$$0.45\text{MPa} = \frac{0.45\text{MPa}}{0.101325\text{MPa}} \times 101.325\text{kPa} ≒ 450\text{kPa}$$

$$0.4\text{MPa} = \frac{0.4\text{MPa}}{0.101325\text{MPa}} \times 101.325\text{kPa} ≒ 400\text{kPa}$$

(3) **손실수두**

$$H = \frac{V^2}{2g} + \frac{P}{\gamma} + Z$$

여기서, H : 손실수두[m]
　　　　V : 유속[m/s]
　　　　g : 중력가속도(9.8m/s^2)
　　　　P : 압력[kPa]
　　　　γ : 비중량(물의 비중량 9.8kN/m^3)
　　　　Z : 높이[m]

- 1kPa=1kN/m^2

(4) A지점의 **손실수두**

$$H_A = \frac{V_A{}^2}{2g} + \frac{P_A}{\gamma} + Z_A$$

$$= \frac{(1\text{m/s})^2}{2 \times 9.8\text{m/s}^2} + \frac{450\text{kN/m}^2}{9.8\text{kN/m}^3} ≒ 45.94\text{m}$$

- Z(높이) : 주어지지 않았으므로 **무시**

(5) **유속**

$$\frac{V_A}{V_B} = \frac{A_B}{A_A} = \left(\frac{D_B}{D_A}\right)^2$$

여기서, V_A, V_B : 유속[m/s]
　　　　A_A, A_B : 단면적[m^2]
　　　　D_A, D_B : 직경[m]

B지점의 유속 V_B는

$$V_B = V_A \times \left(\frac{D_A}{D_B}\right)^2 = 1\text{m/s} \times \left(\frac{100\text{mm}}{50\text{mm}}\right)^2 = 4\text{m/s}$$

(6) B지점의 **손실수두**

$$H_B = \frac{V_B{}^2}{2g} + \frac{P_B}{\gamma} + Z_B$$

$$= \frac{(4\text{m/s})^2}{2 \times 9.8\text{m/s}^2} + \frac{400\text{kN/m}^2}{9.8\text{kN/m}^3} ≒ 41.6\text{m}$$

(7) **두 점 사이의 손실수두**

$$H = H_A - H_B$$

여기서, H : 두 점 사이의 손실수두[m]
　　　　H_A : A지점의 손실수두[m]
　　　　H_B : B지점의 손실수두[m]

두 점 사이의 손실수두 H는
$$H = H_A - H_B = 45.94\text{m} - 41.6\text{m} = 4.34\text{m}$$

답 ①

★★★
38 원관 속을 층류상태로 흐르는 유체의 속도분포가 다음과 같을 때 관벽에서 30mm 떨어진 곳에서 유체의 속도기울기(속도구배)는 약 몇 s^{-1}인가?

21.03.문30
17.09.문40
16.03.문31
15.03.문23
12.03.문31
07.03.문30

$$u = 3y^{\frac{1}{2}}$$
여기서, u : 유속[m/s]
　　　　y : 관벽으로부터의 거리[m]

① 0.87　　　　② 2.74
③ 8.66　　　　④ 27.4

해설 (1) **기호**

- y : 30mm=0.03m(1000mm=1m)
- $\dfrac{du}{dy}$: ?

(2) 뉴턴(Newton)의 **점성법칙**(난류)

$$\tau = \mu \frac{du}{dy}$$

여기서, τ : 전단응력[N/m^2]
　　　　μ : 점성계수[N · s/m^2]
　　　　$\dfrac{du}{dy}$: 속도구배(속도기울기)$\left[\dfrac{1}{s}\right]$ 또는 [s^{-1}]

미분공식
$f(x) = x^n$
$f'(x) = nx^{n-1}$

$u = 3y^{\frac{1}{2}}$

$du = \dfrac{1}{2} \times 3 \times y^{\frac{1}{2}-1} = \dfrac{1}{2} \times 3 \times (0.03\text{m})^{-\frac{1}{2}} = 8.66$

- du : u를 미분한다는 뜻

dy=존재하지 않으므로 무시

∴ $\dfrac{du}{dy} = 8.66\text{s}^{-1}$

비교

Newton의 점성법칙

층류	난류
$\tau = \dfrac{p_A - p_B}{l} \cdot \dfrac{r}{2}$	$\tau = \mu \dfrac{du}{dy}$
여기서, τ : 전단응력[N/m²] $p_A - p_B$: 압력강하[N/m²] l : 관의 길이[m] r : 반경[m]	여기서, τ : 전단응력[N/m²] μ : 점성계수[N · s/m²] 또는 [kg/m · s] $\dfrac{du}{dy}$: 속도구배(속도기울 기)$\left[\dfrac{1}{s}\right]$ 또는 [s⁻¹]

답 ③

★★★
39 대기의 압력이 106kPa이라면 게이지압력이 1226kPa
인 용기에서 절대압력은 몇 kPa인가?

20.06.문21
17.03.문39
14.05.문34
14.03.문33
13.06.문22
08.05.문38

① 1120 ② 1125
③ 1327 ④ 1332

해설 (1) 기호

- 대기압력 : 106kPa
- 게이지압력 : 1226kPa
- 절대압력 : ?

(2) 절대압
 ㉠ **절**대압 = **대**기압 + **게**이지압(계기압)
 ㉡ 절대압 = 대기압 - 진공압

기억법 절대게

절대압 = 대기압 + 게이지압(계기압)
    = 106kPa + 1226kPa = 1332kPa

답 ④

★★
40 표면온도 15℃, 방사율 0.85인 40cm×50cm

19.09.문36
13.06.문33

직사각형 나무판의 한쪽 면으로부터 방사되는
복사열은 약 몇 W인가? (단, 스테판-볼츠만 상
수는 5.67×10^{-8}W/m² · K⁴이다.)

① 12 ② 66
③ 78 ④ 521

해설 (1) 기호

- T : (273 + 15℃)K = 288K
- F : 0.85
- A : 40cm×50cm = 0.4m×0.5m = 0.2m²(100cm = 1m)
- Q : ?
- a : 5.67×10^{-8}W/m² · K⁴

(2) 스테판-볼츠만의 **법칙**(Stefan-Boltzman's law)

$$Q = aAF(T_1^4 - T_2^4)$$

여기서, Q : 복사열[W]
   a : 스테판-볼츠만 상수[W/m² · K⁴]
   A : 단면적[m²]
   F : 기하학적 Factor
   T_1 : 고온[K]
   T_2 : 저온[K]

복사열 Q는
$$Q = aAF(T_1^4 - T_2^4)$$
$$= 5.67 \times 10^{-8}\text{W/m}^2 \cdot \text{K}^4 \times 0.2\text{m}^2 \times 0.85 \times (288\text{K})^4$$
$$\fallingdotseq 66\text{W}$$

답 ②

제3과목 소방관계법규

★★★
41 소방시설 설치 및 관리에 관한 법령상 건축허가

17.09.문53

등을 할 때 미리 소방본부장 또는 소방서장의 동
의를 받아야 하는 건축물 등의 범위가 아닌 것은?
① 연면적 200m² 이상인 노유자시설 및 수련시설
② 항공기격납고, 관망탑
③ 차고 · 주차장으로 사용되는 바닥면적이 100m²
  이상인 층이 있는 건축물
④ 지하층 또는 무창층이 있는 건축물로서 바닥
  면적이 150m² 이상인 층이 있는 것

해설
③ 100m² → 200m²

소방시설법 시행령 7조
건축허가 등의 동의대상물
(1) 연면적 **400m²**(학교시설 : **100m²**, 수련시설 · 노유자
  시설 : **200m²**, 정신의료기관 · 장애인 의료재활시설
  : **300m²**) 이상 보기 ①
(2) **6층** 이상인 건축물
(3) 차고 · 주차장으로서 바닥면적 **200m²** 이상(**자**동차
  20대 이상) 보기 ③
(4) **항**공기격납고, 관망탑, 항공관제탑, 방송용 송수
  신탑 보기 ②
(5) 지하층 또는 무창층의 바닥면적 150m²(공연장은 100m²)
  이상 보기 ④
(6) **위**험물저장 및 처리시설, 지하구
(7) **결**핵환자나 한센인이 24시간 생활하는 **노**유자시설
(8) 전기저장시설, 풍력발전소
(9) 노인주거복지시설 · 노인의료복지시설 및 재가노인복
  지시설 · 학대피해노인 전용쉼터 · 아동복지시설 · 장애
  인거주시설
(10) 정신질환자 관련시설(종합시설 중 24시간 주거를 제
  공하지 아니하는 시설 제외)
(11) 조산원, 산후조리원, 의원(입원실이 있는 것)
(12) 노숙인자활시설, 노숙인재활시설 및 노숙인요양시설
(13) 요양병원(의료재활시설 제외)
(14) 공장 또는 창고시설로서 지정하는 수량의 **750배** 이
  상의 특수가연물을 저장 · 취급하는 것
(15) 가스시설로서 지상에 노출된 탱크의 저장용량의 합
  계가 **100t** 이상인 것

기억법 2자(이자)

답 ③

★★★
42 화재의 예방 및 안전관리에 관한 법령상 일반음
18.03.문42 식점에서 음식조리를 위해 불을 사용하는 설비를
15.09.문53 설치하는 경우 지켜야 하는 사항으로 틀린 것은?
① 주방시설에는 동물 또는 식물의 기름을 제거
할 수 있는 필터 등을 설치할 것
② 열을 발생하는 조리기구는 반자 또는 선반으
로부터 0.6미터 이상 떨어지게 할 것
③ 주방설비에 부속된 배출덕트는 0.2밀리미터
이상의 아연도금강판으로 설치할 것
④ 열을 발생하는 조리기구로부터 0.15미터 이
내의 거리에 있는 가연성 주요구조부는 석
면판 또는 단열성이 있는 불연재료로 덮어
씌울 것

해설
③ 0.2밀리미터 → 0.5밀리미터

화재예방법 시행령 [별표 1]
음식조리를 위하여 설치하는 설비
(1) 주방설비에 부속된 배출덕트는 **0.5mm** 이상의 **아연
도금강판** 또는 이와 동등 이상의 내식성 **불연재료**
로 설치 보기 ③
(2) 열을 발생하는 조리기구로부터 **0.15m** 이내의 거리
에 있는 가연성 주요구조부는 **석면판** 또는 **단열성**
이 있는 불연재료로 덮어 씌울 것 보기 ④
(3) 주방시설에는 동물 또는 식물의 기름을 제거할 수
있는 **필터** 등을 설치 보기 ①
(4) 열을 발생하는 조리기구는 반자 또는 선반으로부터
0.6m 이상 떨어지게 할 것 보기 ②

답 ③

★★★
43 소방시설공사업법령상 소방시설업의 감독을 위
하여 필요할 때에 소방시설업자나 관계인에게
필요한 보고나 자료제출을 명할 수 있는 사람이
아닌 것은?
① 시 · 도지사   ② 119안전센터장
③ 소방서장   ④ 소방본부장

해설 **시 · 도지사 · 소방본부장 · 소방서장**
(1) 소방**시**설업의 **감**독(공사업법 31조) 보기 ①③④
(2) 탱크시험자에 대한 명령(위험물법 23조)
(3) **무**허가장소의 위험물 조치명령(위험물법 24조)
(4) 소방기본법령상 **과**태료부과(기본법 56조)
(5) 제조소 등의 수리 · 개조 · 이전명령(위험물법 14조)

기억법 감무시소과(감나무 아래에 있는 시소에서
과일 먹기)

답 ②

★★★
44 화재의 예방 및 안전관리에 관한 법령상 화재가
19.09.문50 발생할 우려가 높거나 화재가 발생하는 경우 그
17.09.문49 로 인하여 피해가 클 것으로 예상되는 지역을 화
16.05.문53 재예방강화지구로 지정할 수 있는 자는?
13.09.문56
① 한국소방안전협회장   ② 소방시설관리사
③ 소방본부장   ④ 시 · 도지사

해설 **화재예방법 18조**
화재예방강화지구의 지정
(1) **지정권자** : 시 · 도지사
(2) **지정지역**
㉠ **시장**지역
㉡ **공장 · 창고** 등이 밀집한 지역
㉢ **목조건물**이 밀집한 지역
㉣ **노후 · 불량 건축물**이 밀집한 지역
㉤ **위험물**의 **저장** 및 **처리시설**이 **밀집**한 지역
㉥ **석유화학제품**을 생산하는 공장이 있는 지역
㉦ **소방시설 · 소방용수시설** 또는 **소방출동로**가 없
는 지역
㉧ 「산업입지 및 개발에 관한 법률」에 따른 산업단지
㉨ **소방청장 · 소방본부장** 또는 **소방서장**(소방관서장)
이 화재예방강화지구로 지정할 필요가 있다고 인정하
는 지역

답 ④

★★
45 소방시설공사업법령상 소방시설업에 대한 행정
14.03.문50 처분기준에서 1차 행정처분 사항으로 등록취소
13.03.문58 에 해당하는 것은?
① 거짓이나 그 밖의 부정한 방법으로 등록한
경우
② 소방시설업자의 지위를 승계한 사실을 소방
시설공사 등을 맡긴 특정소방대상물의 관계
인에게 통지를 하지 아니한 경우
③ 화재안전기준 등에 적합하게 설계 · 시공을
하지 아니하거나, 법에 따라 적합하게 감리
를 하지 아니한 경우
④ 등록을 한 후 정당한 사유 없이 1년이 지날
때까지 영업을 시작하지 아니하거나 계속하
여 1년 이상 휴업한 때

해설 **공사업규칙 [별표 1]**
소방시설업에 대한 행정처분기준

행정처분	위반사항
1차 등록취소	• 영업정지기간 중에 소방시설공사 등을 한 경우 • **거짓** 또는 **부정한 방법**으로 등록한 경우 보기 ① • **등록결격사유**에 해당된 경우

답 ①

46 화재의 예방 및 안전관리에 관한 법령에 따라 2급 소방안전관리대상물의 소방안전관리자 선임기준으로 틀린 것은?

21.09.문48
17.09.문47

① 위험물기능사 자격을 가진 사람으로 2급 소방안전관리자 자격증을 받은 사람
② 소방공무원으로 3년 이상 근무한 경력이 있는 사람으로 2급 소방안전관리자 자격증을 받은 사람
③ 의용소방대원으로 5년 이상 근무한 경력이 있는 사람으로 2급 소방안전관리자 자격증을 받은 사람
④ 위험물산업기사 자격을 가진 사람으로 2급 소방안전관리자 자격증을 받은 사람

해설

③ 해당없음

화재예방법 시행령 [별표 4]
2급 소방안전관리대상물의 소방안전관리자 선임조건

자 격	경 력	비 고
• 위험물기능장 · 위험물산업기사 · 위험물기능사	경력 필요 없음	
• 소방공무원	3년	2급 소방안전관리자 자격증을 받은 사람
• 소방청장이 실시하는 2급 소방안전관리대상물의 소방안전관리에 관한 시험에 합격한 사람	경력 필요 없음	
• 특급 또는 1급 소방안전관리대상물의 소방안전관리자 자격이 인정되는 사람		

🔧 중요

2급 소방안전관리대상물
(1) 지하구
(2) 가연성 가스를 100~1000t 미만 저장 · 취급하는 시설
(3) 옥내소화전설비 · 스프링클러설비 · 간이스프링클러설비 설치대상물
(4) 물분무등소화설비(호스릴방식의 물분무등소화설비만을 설치한 경우 제외) 설치대상물
(5) **공동주택**
(6) **목조건축물**(국보 · 보물)

답 ③

47 소방시설공사업법령상 소방시설업자가 소방시설공사 등을 맡긴 특정소방대상물의 관계인에게 지체 없이 그 사실을 알려야 하는 경우가 아닌 것은?

15.05.문48
10.09.문53

① 소방시설업자의 지위를 승계한 경우
② 소방시설업의 등록취소처분 또는 영업정지처분을 받은 경우
③ 휴업하거나 폐업한 경우
④ 소방시설업의 주소지가 변경된 경우

해설 **공사업법 8조**
소방시설업자의 관계인 통지사항
(1) **소방시설업자**의 **지위**를 **승계**한 때 보기 ①
(2) 소방시설업의 **등록취소** 또는 **영업정지**의 처분을 받은 때 보기 ②
(3) **휴업** 또는 **폐업**을 한 때 보기 ③

답 ④

48 소방시설공사업법령상 감리업자는 소방시설공사가 설계도서 또는 화재안전기준에 적합하지 아니한 때에는 가장 먼저 누구에게 알려야 하는가?

14.03.문43

① 감리업체 대표자   ② 시공자
③ 관계인   ④ 소방서장

해설 **공사업법 19조**
위반사항에 대한 조치 : **관계인**에게 알림
(1) 감리업자는 공사업자에게 **공사**의 **시정** 또는 **보완** 요구
(2) 공사업자가 요구불이행시 행정안전부령이 정하는 바에 따라 **소방본부장**이나 **소방서장**에게 보고

답 ③

49 소방시설 설치 및 관리에 관한 법령상 특정소방대상물의 수용인원 산정방법으로 옳은 것은?

20.08.문58
19.04.문51
18.09.문43
17.03.문57

① 침대가 없는 숙박시설은 해당 특정소방대상물의 종사자의 수에 숙박시설의 바닥면적의 합계를 4.6m² 로 나누어 얻은 수를 합한 수로 한다.
② 강의실로 쓰이는 특정소방대상물은 해당 용도로 사용하는 바닥면적의 합계를 4.6m² 로 나누어 얻은 수로 한다.
③ 관람석이 없을 경우 강당, 문화 및 집회시설, 운동시설, 종교시설은 해당 용도로 사용하는 바닥면적의 합계를 4.6m² 로 나누어 얻은 수로 한다.
④ 백화점은 해당 용도로 사용하는 바닥면적의 합계를 4.6m² 로 나누어 얻은 수로 한다.

해설

① 4.6m² → 3m²
② 4.6m² → 1.9m²
④ 4.6m² → 3m²

소방시설법 시행령 〔별표 7〕
수용인원의 산정방법

특정소방대상물		산정방법
• 숙박시설	침대가 있는 경우	종사자수 + 침대수
	침대가 없는 경우	종사자수 + $\dfrac{\text{바닥면적 합계}}{3m^2}$ 보기 ①
• 강의실 • 교무실 • 상담실 • 실습실 • 휴게실		$\dfrac{\text{바닥면적 합계}}{1.9m^2}$ 보기 ②
• 기타(백화점 등)		$\dfrac{\text{바닥면적 합계}}{3m^2}$ 보기 ④
• 강당(관람석 ×) • 문화 및 집회시설, 운동시설 (관람석 ×) • 종교시설(관람석 ×)		$\dfrac{\text{바닥면적 합계}}{4.6m^2}$

• 소수점 이하는 반올림한다.

기억법 수반(수반! 동반!)

답 ③

★★★
50 위험물안전관리법령상 제조소 등이 아닌 장소에서 지정수량 이상의 위험물 취급에 대한 설명으로 틀린 것은?
20.09.문45
19.09.문43
16.03.문47
07.09.문41

① 임시로 저장 또는 취급하는 장소에서의 저장 또는 취급의 기준은 시 · 도의 조례로 정한다.

② 필요한 승인을 받아 지정수량 이상의 위험물을 120일 이내의 기간 동안 임시로 저장 또는 취급하는 경우 제조소 등이 아닌 장소에서 지정수량 이상의 위험물을 취급할 수 있다.

③ 제조소 등이 아닌 장소에서 지정수량 이상의 위험물을 취급할 경우 관할소방서장의 승인을 받아야 한다.

④ 군부대가 지정수량 이상의 위험물을 군사목적으로 임시로 저장 또는 취급하는 경우 제조소 등이 아닌 장소에서 지정수량 이상의 위험물을 취급할 수 있다.

해설 ② 120일 → 90일

90일
(1) 소방시설업 **등록**신청 자산평가액 · 기업진단보고서 **유**효기간(공사업규칙 2조)
(2) 위험물 임시저장 · 취급 기준(위험물법 5조) 보기 ②

기억법 등유9(등유 구해와!)

📢 중요
위험물법 5조
임시저장 승인 : 관할소방서장

답 ②

★★★
51 소방시설공사업법령상 소방시설업 등록의 결격 사유에 해당되지 않는 법인은?
15.09.문45
15.03.문41
12.09.문44

① 법인의 대표자가 피성년후견인인 경우

② 법인의 임원이 피성년후견인인 경우

③ 법인의 대표자가 소방시설공사업법에 따라 소방시설업 등록이 취소된 지 2년이 지나지 아니한 자인 경우

④ 법인의 임원이 소방시설공사업법에 따라 소방시설업 등록이 취소된 지 2년이 지나지 아니한 자인 경우

해설 **공사업법 5조**
소방시설업의 등록결격사유
(1) 피성년후견인
(2) 금고 이상의 실형을 선고받고 그 집행이 끝나거나 집행이 면제된 날부터 **2년**이 지나지 아니한 사람
(3) 금고 이상의 형의 집행유예를 선고받고 그 유예기간 중에 있는 사람
(4) 시설업의 등록이 취소된 날부터 **2년**이 지나지 아니한 자
(5) **법인**의 **대표자**가 위 (1)~(4)에 해당되는 경우 보기 ①③
(6) **법인**의 **임원**이 위 (2)~(4)에 해당되는 경우 보기 ②④

용어
피성년후견인
질병, 장애, 노령, 그 밖의 사유로 인한 정신적 제약으로 사무를 처리할 능력이 없어서 가정법원에서 판정을 받은 사람

답 ②

★★★
52 소방시설 설치 및 관리에 관한 법령상 특정소방대상물의 소방시설 설치의 면제기준에 따라 연결살수설비를 설치 면제받을 수 있는 경우는?
21.05.문50
17.09.문48
14.09.문78
14.03.문53

① 송수구를 부설한 간이스프링클러설비를 설치하였을 때

② 송수구를 부설한 옥내소화전설비를 설치하였을 때

③ 송수구를 부설한 옥외소화전설비를 설치하였을 때

④ 송수구를 부설한 연결송수관설비를 설치하였을 때

해설 소방시설법 시행령 [별표 5]
소방시설 면제기준

면제대상	대체설비
스프링클러설비	• 물분무등소화설비
물분무등소화설비	• 스프링클러설비
간이스프링클러설비	• 스프링클러설비 • 물분무소화설비 • 미분무소화설비
비상**경**보설비 또는 **단**독경보형 감지기	• 자동화재탐지설비 **기억법** 탐경단
비상**경**보설비	• 2개 이상 단독경보형 감지기 연동 **기억법** 경단2
비상방송설비	• 자동화재탐지설비 • 비상경보설비
연결살수설비 ←	• 스프링클러설비 • 간이스프링클러설비 보기 ① • 물분무소화설비 • 미분무소화설비
제연설비	• 공기조화설비
연소방지설비	• 스프링클러설비 • 물분무소화설비 • 미분무소화설비
연결송수관설비	• 옥내소화전설비 • 스프링클러설비 • 간이스프링클러설비 • 연결살수설비
자동화재탐지설비	• 자동화재탐지설비의 기능을 가 진 스프링클러설비 • 물분무등소화설비
옥내소화전설비	• 옥외소화전설비 • 미분무소화설비(호스릴방식)

중요

물분무등소화설비
(1) **분**말소화설비
(2) **포**소화설비
(3) **할**론소화설비
(4) **이**산화탄소 소화설비
(5) **할**로겐화합물 및 불활성기체 소화설비
(6) **강**화액소화설비
(7) **미**분무소화설비
(8) 물분무소화설비
(9) **고**체에어로졸 소화설비

기억법 분포할이 할강미고

답 ①

---

53 소방시설공사업법령상 소방공사감리업을 등록한 자가 수행하여야 할 업무가 아닌 것은?
16.05.문48
① 완공된 소방시설 등의 성능시험
② 소방시설 등 설계변경사항의 적합성 검토
③ 소방시설 등의 설치계획표의 적법성 검토
④ 소방용품 형식승인 및 제품검사의 기술기준에 대한 적합성 검토

해설

④ 형식승인 및 제품검사의 기술기준에 대한 →
위치 · 규격 및 사용자재에 대한

공사업법 16조
소방공사감리업(자)의 업무수행
(1) 소방시설 등의 설치계획표의 적법성 검토 보기 ③
(2) 소방시설 등 설계도서의 적합성 검토
(3) 소방시설 등 설계변경사항의 적합성 검토 보기 ②
(4) 소방용품 등의 위치 · 규격 및 사용자재에 대한 적합성 검토 보기 ④
(5) 공사업자의 소방시설 등의 시공이 설계도서 및 화재안전기준에 적합한지에 대한 지도 · 감독
(6) **완공**된 소방시설 등의 **성능**시험 보기 ①
(7) 공사업자가 작성한 시공상세도면의 적합성 검토
(8) 피난 · 방화시설의 적법성 검토
(9) 실내장식물의 불연화 및 방염물품의 적법성 검토

기억법 감성

답 ④

---

54 소방기본법령상 소방업무의 응원에 대한 설명중 틀린 것은?
18.03.문44
15.05.문55
11.03.문54
① 소방본부장이나 소방서장은 소방활동을 할 때에 긴급한 경우에는 이웃한 소방본부장 또는 소방서장에게 소방업무의 응원을 요청할 수 있다.
② 소방업무의 응원 요청을 받은 소방본부장 또는 소방서장은 정당한 사유 없이 그 요청을 거절하여서는 아니 된다.
③ 소방업무의 응원을 위하여 파견된 소방대원은 응원을 요청한 소방본부장 또는 소방서장의 지휘에 따라야 한다.
④ 시 · 도지사는 소방업무의 응원을 요청하는 경우를 대비하여 출동 대상지역 및 규모와 필요한 경비의 부담 등에 관하여 필요한 사항을 대통령령으로 정하는 바에 따라 이웃하는 시 · 도지사와 협의하여 미리 규약으로 정하여야 한다.

해설

④ 대통령령 → 행정안전부령

기본법 11조
소방업무의 응원
시·도지사는 소방업무의 응원을 요청하는 경우를 대비하여 출동 대상지역 및 규모와 필요한 경비의 부담 등에 관하여 필요한 사항을 **행정안전부령**으로 정하는 바에 따라 이웃하는 **시·도지사**와 **협의**하여 미리 규약으로 정하여야 한다.

답 ④

★★★
55 소방기본법령상 이웃하는 다른 시·도지사와 소방업무에 관하여 시·도지사가 체결할 상호응원 협정 사항이 아닌 것은?

19.04.문47
15.05.문55
11.03.문54

① 화재조사활동
② 응원출동의 요청방법
③ 소방교육 및 응원출동훈련
④ 응원출동 대상지역 및 규모

해설

③ 소방교육은 해당없음

기본규칙 8조
소방업무의 상호응원협정
(1) 다음의 **소방활동**에 관한 사항
　㉠ 화재의 경계·진압활동
　㉡ 구조·구급업무의 지원
　㉢ 화재**조**사활동
(2) **응원출동 대상지역** 및 **규모**
(3) **소요경비**의 **부담**에 관한 사항
　㉠ 출동대원의 수당·식사 및 의복의 수선
　㉡ 소방장비 및 기구의 정비와 연료의 보급
(4) **응원출동**의 **요청방법**
(5) **응원출동 훈련** 및 **평가**

기억법 조응(조아?)

답 ③

★★
56 위험물안전관리법령상 옥내주유취급소에 있어서 당해 사무소 등의 출입구 및 피난구와 당해 피난구로 통하는 통로·계단 및 출입구에 설치해야 하는 피난설비는?

16.05.문47
12.03.문50

① 유도등
② 구조대
③ 피난사다리
④ 완강기

해설 **위험물규칙 〔별표 17〕**
피난구조설비
(1) 옥내주유취급소에 있어서는 해당 사무소 등의 출입구 및 피난구와 해당 피난구로 통하는 통로·계단 및 출입구에 **유도등** 설치 보기 ①
(2) 유도등에는 **비상전원** 설치

답 ①

★
57 위험물안전관리법령상 위험물 및 지정수량에 대한 기준 중 다음 ( ) 안에 알맞은 것은?

> 금속분이라 함은 알칼리금속·알칼리토류금속·철 및 마그네슘 외의 금속의 분말을 말하고, 구리분·니켈분 및 (㉠)마이크로미터의 체를 통과하는 것이 (㉡)중량퍼센트 미만인 것은 제외한다.

① ㉠ 150, ㉡ 50
② ㉠ 53, ㉡ 50
③ ㉠ 50, ㉡ 150
④ ㉠ 50, ㉡ 53

해설 **위험물령 〔별표 1〕**
금속분
알칼리금속·알칼리토류 금속·철 및 마그네슘 외의 금속의 분말을 말하고, **구리분·니켈분** 및 **150㎛**의 체를 통과하는 것이 **50wt%** 미만인 것은 제외한다. 보기 ①

답 ①

★★★
58 위험물안전관리법령상 제조소 등의 관계인은 위험물의 안전관리에 관한 직무를 수행하게 하기 위하여 제조소 등마다 위험물의 취급에 관한 자격이 있는 자를 위험물안전관리자로 선임하여야 한다. 이 경우 제조소 등의 관계인이 지켜야 할 기준으로 틀린 것은?

19.09.문46
18.09.문55
16.03.문55
13.09.문47
11.03.문56

① 제조소 등의 관계인은 안전관리자를 해임하거나 안전관리자가 퇴직한 때에는 해임하거나 퇴직한 날부터 15일 이내에 다시 안전관리자를 선임하여야 한다.

② 제조소 등의 관계인이 안전관리자를 선임한 경우에는 선임한 날부터 14일 이내에 소방본부장 또는 소방서장에게 신고하여야 한다.

③ 제조소 등의 관계인은 안전관리자가 여행·질병 그 밖의 사유로 인하여 일시적으로 직무를 수행할 수 없는 경우에는 국가기술자격법에 따른 위험물의 취급에 관한 자격취득자 또는 위험물안전에 관한 기본지식과 경험이 있는 자를 대리자로 지정하여 그 직무를 대행하게 하여야 한다. 이 경우 대행하는 기간은 30일을 초과할 수 없다.

④ 안전관리자는 위험물을 취급하는 작업을 하는 때에는 작업자에게 안전관리에 관한 필요한 지시를 하는 등 위험물의 취급에 관한 안전관리와 감독을 하여야 하고, 제조소 등의 관계인은 안전관리자의 위험물안전관리에 관한 의견을 존중하고 그 권고에 따라야 한다.

해설 ① 15일 이내 → 30일 이내

위험물안전관리법 15조
위험물안전관리자의 재선임
30일 이내 보기 ①

🔖 중요

30일
(1) 소방시설업 등록사항 변경신고(공사업규칙 6조)
(2) **위험물안전관리자**의 **재선임**(위험물안전관리법 15조)
(3) **소방안전관리자**의 **재선임**(화재예방법 시행규칙 14조)
(4) 도급계약 해지(공사업법 23조)
(5) 소방시설공사 중요사항 변경시의 신고일(공사업규칙 12조)
(6) 소방기술자 실무교육기관 지정서 발급(공사업규칙 32조)
(7) 소방공사감리자 변경서류 제출(공사업규칙 15조)
(8) **승계**(위험물법 10조)
(9) 위험물안전관리자의 직무대행(위험물법 15조)
(10) 탱크시험자의 변경신고일(위험물법 16조)

답 ①

★★
59 다음 중 소방기본법령상 한국소방안전원의 업무
19.09.문53
13.03.문41 가 아닌 것은?

① 소방기술과 안전관리에 관한 교육 및 조사·연구
② 위험물탱크 성능시험
③ 소방기술과 안전관리에 관한 각종 간행물 발간
④ 화재예방과 안전관리의식 고취를 위한 대국민 홍보

해설 ② 한국소방산업기술원의 업무

기본법 41조
한국소방안전원의 업무
(1) 소방기술과 안전관리에 관한 **조사·연구** 및 **교육**
보기 ①
(2) 소방기술과 안전관리에 관한 각종 **간행물**의 **발간**
보기 ③
(3) 화재예방과 안전관리의식의 고취를 위한 **대국민 홍보**
보기 ④
(4) 소방업무에 관하여 **행정기관**이 위탁하는 **사업**
(5) 소방안전에 관한 **국제협력**
(6) **회원**에 대한 **기술지원** 등 정관이 정하는 사항

답 ②

★★★
60 소방시설 설치 및 관리에 관한 법령상 소방시설
20.06.문50
19.04.문59
12.09.문60
12.03.문47
08.09.문55
08.03.문53 의 종류에 대한 설명으로 옳은 것은?

① 소화기구, 옥외소화전설비는 소화설비에 해당된다.
② 유도등, 비상조명등은 경보설비에 해당된다.
③ 소화수조, 저수조는 소화활동설비에 해당된다.
④ 연결송수관설비는 소화용수설비에 해당된다.

해설 ② 경보설비 → 피난구조설비
③ 소화활동설비 → 소화용수설비
④ 소화용수설비 → 소화활동설비

소화설비	피난구조설비	소화용수설비	소화활동설비
① 소화기구 ② 옥내소화전 설비	① 유도등 ② 비상조명등	① 소화수조 ② 저수조	① 연결송수관 설비

소방시설법 시행령 〔별표 1〕
(1) 소화설비
  ㉠ 소화기구·자동확산소화기·자동소화장치(주거용 주방자동소화장치)
  ㉡ 옥내소화전설비·옥외소화전설비
  ㉢ 스프링클러설비·간이스프링클러설비·화재조기진압용 스프링클러설비
  ㉣ 물분무소화설비·강화액소화설비
(2) 소화활동설비
  화재를 진압하거나 인명구조활동을 위하여 사용하는 설비
  ㉠ **연**결송수관설비
  ㉡ **연**결살수설비
  ㉢ **연**소방지설비
  ㉣ **무**선통신보조설비
  ㉤ **제**연설비
  ㉥ **비상콘**센트설비

기억법 **3연무제비콘**

답 ①

📕 **제 4 과목** 소방기계시설의 구조 및 원리 ⚙️

★★★
61 소화기구 및 자동소화장치의 화재안전기준상 대형
21.05.문77
20.09.문74
17.03.문71
16.05.문72
13.03.문68 소화기의 정의 중 다음 ( ) 안에 알맞은 것은?

화재시 사람이 운반할 수 있도록 운반대와 바퀴가 설치되어 있고 능력단위가 A급 (㉠)단위 이상, B급 (㉡)단위 이상인 소화기를 말한다.

① ㉠ 20, ㉡ 10
② ㉠ 10, ㉡ 20
③ ㉠ 10, ㉡ 5
④ ㉠ 5, ㉡ 10

해설 **소화능력단위**에 의한 **분류**(소화기 형식 3조)

소화기 분류		능력단위
소형소화기		1단위 이상
대형소화기 보기 ②	A급	**10**단위 이상
	B급	**20**단위 이상

기억법 **대2B(데이빗!)**

답 ②

62 분말소화설비의 화재안전기준상 분말소화약제
[17.09.문61] 의 가압용 가스 또는 축압용 가스의 설치기준으로 틀린 것은?

① 가압용 가스에 질소가스를 사용하는 것의 질소가스는 소화약제 1kg마다 40L(35℃에서 1기압의 압력상태로 환산한 것) 이상으로 할 것

② 가압용 가스에 이산화탄소를 사용하는 것의 이산화탄소는 소화약제 1kg에 대하여 20g에 배관의 청소에 필요한 양을 가산한 양 이상으로 할 것

③ 축압용 가스에 질소가스를 사용하는 것의 질소가스는 소화약제 1kg에 대하여 40L (35℃에서 1기압의 압력상태로 환산한 것) 이상으로 할 것

④ 축압용 가스에 이산화탄소를 사용하는 것의 이산화탄소는 소화약제 1kg에 대하여 20g에 배관의 청소에 필요한 양을 가산한 양 이상으로 할 것

해설
③ 40L → 10L

분말소화약제 가압식과 **축압식**의 **설치기준**(35℃에서 1기압의 압력상태로 환산한 것)

구분 사용가스	가압식	축압식
N₂(질소)	**40L/kg** 이상 보기 ①	**10L/kg** 이상 보기 ③
CO₂ (이산화탄소)	20g/kg + 배관청소 필요량 이상 보기 ②	20g/kg + 배관청소 필요량 이상 보기 ④

※ 배관청소용 가스는 별도의 용기에 저장한다.

답 ③

63 포소화설비의 화재안전기준상 포소화설비의 자
[17.05.문61] 동식 기동장치에 화재감지기를 사용하는 경우, 화재감지기 회로의 발신기 설치기준 중 ( ) 안에 알맞은 것은? (단, 자동화재탐지설비의 수신기가 설치된 장소에 상시 사람이 근무하고 있고, 화재시 즉시 해당 조작부를 작동시킬 수 있는 경우는 제외한다.)

특정소방대상물의 층마다 설치하되, 해당 특정소방대상물의 각 부분으로부터 수평거리가 (㉠)m 이하가 되도록 할 것. 다만, 복도 또는 별도로 구획된 실로서 보행거리가 (㉡)m 이상일 경우에는 추가로 설치하여야 한다.

① ㉠ 25, ㉡ 30
② ㉠ 25, ㉡ 40
③ ㉠ 15, ㉡ 30
④ ㉠ 15, ㉡ 40

해설 **발신기**의 **설치기준**(NFTC 105 2.8.2.2.2)
(1) 조작이 쉬운 장소에 설치하고, 스위치는 바닥으로부터 **0.8~1.5m** 이하의 높이에 설치할 것
(2) 특정소방대상물의 **층**마다 설치하되, 해당 특정소방대상물의 각 부분으로부터 **수평거리가 25m** 이하가 되도록 할 것(단, 복도 또는 별도로 구획된 실로서 **보행거리가 40m** 이상일 경우에는 추가 설치) 보기 ②
(3) 발신기의 위치를 표시하는 **표시등**은 함의 **상부**에 설치하되, 그 불빛은 부착면으로부터 **15° 이상**의 범위 안에서 부착지점으로부터 **10m** 이내의 어느 곳에서도 쉽게 식별할 수 있는 **적색등**으로 할 것

| 표시등의 식별범위 |

답 ②

64 특별피난계단의 계단실 및 부속실 제연설비의
[16.05.문70] 화재안전기준상 급기풍도 단면의 긴 변 길이가 1300mm인 경우, 강판의 두께는 최소 몇 mm 이상이어야 하는가?

① 0.6
② 0.8
③ 1.0
④ 1.2

해설 **급기풍도 단면의 긴 변** 또는 **직경의 크기**

풍도단면의 긴 변 또는 직경의 크기	450mm 이하	450mm 초과 750mm 이하	750mm 초과 1500mm 이하	1500mm 초과 2250mm 이하	2250mm 초과
강판두께	0.5mm	0.6mm	0.8mm 보기 ②	1.0mm	1.2mm

답 ②

65 옥외소화전설비의 화재안전기준상 옥외소화전
[13.03.문76] 설비에서 성능시험배관의 직관부에 설치된 유량측정장치는 펌프 정격토출량의 최소 몇 % 이상 측정할 수 있는 성능이 있어야 하는가?

① 175
② 150
③ 75
④ 50

해설 ① **유량측정장치** : 펌프의 정격토출량의 **175%** 이상 성능측정

성능시험배관의 설치기준

(1) 성능시험배관은 펌프의 토출측에 설치된 **개폐밸브 이전**에 분기하여 설치

(2) 성능시험배관은 유량측정장치를 기준으로 **후단 직관부**에 **유량조절밸브** 설치

(3) **유량측**정장치는 펌프의 정격토출량의 **175%** 이상 측정할 수 있는 성능이 있을 것 보기 ①

기억법 유측 175

(4) 성능시험배관은 유량측정장치를 기준으로 **전단 직관부**에 **개폐밸브** 설치

‖ 성능시험배관 ‖

답 ①

★
66 할론소화설비의 화재안전기준상 자동차 차고나
13.03.문74 주차장에 할론 1301 소화약제로 전역방출방식의 소화설비를 설치한 경우 방호구역의 체적 $1m^3$당 얼마의 소화약제가 필요한가?

① 0.32kg 이상 0.64kg 이하
② 0.36kg 이상 0.71kg 이하
③ 0.40kg 이상 1.10kg 이하
④ 0.60kg 이상 0.71kg 이하

해설 **할론 1301**의 **약제량** 및 **개구부가산량**

방호대상물	약제량	개구부가산량 (자동폐쇄장치 미설치시)
차고 · 주차장 · 전기실 · 전산실 · 통신기기실	0.32~0.64 kg/m³ 보기 ①	2.4kg/m²
고무류 · 면화류	0.52~0.64 kg/m³	3.9kg/m²

답 ①

★★★
67 소화기구 및 자동소화장치의 화재안전기준상 타
21.03.문70 고 나서 재가 남는 일반화재에 해당하는 일반가
19.09.문16
19.03.문08 연물은?
17.09.문07
16.05.문09 ① 고무   ② 타르
15.09.문19
13.09.문07 ③ 솔벤트   ④ 유성도료

해설 ② ③ ④ 유류화재

화재의 종류

구 분	표시색	적응물질
일반화재(A급) : 재가 남음	백색	• 일반가연물 • 종이류 화재 • 목재 · 섬유화재 • 고무 보기 ①
유류화재(B급) : 재가 남지 않음	황색	• 가연성 액체 • 가연성 가스 • 액화가스화재 • 석유화재 • 타르 보기 ② • 솔벤트 보기 ③ • 유성도료 보기 ④ • 래커
전기화재(C급)	청색	• 전기설비
금속화재(D급)	무색	• 가연성 금속
주방화재(K급)	–	• 식용유화재

• 요즘은 표시색의 의무규정은 없음

답 ①

★★★
68 특별피난계단의 계단실 및 부속실 제연설비의
21.05.문73 화재안전기준상 차압 등에 관한 기준으로 옳은
19.09.문76
18.09.문64 것은?
18.04.문68
09.05.문64
① 제연설비가 가동되었을 경우 출입문의 개방에 필요한 힘은 150N 이하로 하여야 한다.
② 제연구역과 옥내와의 사이에 유지하여야 하는 최소차압은 옥내에 스프링클러설비가 설치된 경우에는 40Pa 이상으로 하여야 한다.
③ 계단실과 부속실을 동시에 제연하는 경우 부속실의 기압은 계단실과 같게 하거나 계단실의 기압보다 낮게 할 경우에는 부속실과 계단실의 압력차이는 3Pa 이하가 되도록 하여야 한다.
④ 피난을 위하여 제연구역의 출입문이 일시적으로 개방되는 경우 개방되지 아니하는 제연구역과 옥내와의 차압은 기준에 따른 차압의 70% 미만이 되어서는 아니 된다.

해설
① 150N → 110N
② 40Pa → 12.5Pa
③ 3Pa → 5Pa

차압(NFPC 501A 6 · 10조, NFTC 501A 2.3, 2.7.1)
(1) 제연구역과 옥내와의 사이에 유지하여야 하는 최소차압은 **40Pa**(옥내에 **스프링클러설비**가 설치된 경우는 **12.5Pa**) 이상 보기 ②

(2) 제연설비가 가동되었을 경우 출입문의 개방에 필요한 힘은 **110N 이하** 보기 ①
(3) 계단실과 부속실을 동시에 제연하는 경우 부속실의 기압은 계단실과 같게 하거나 계단실의 기압보다 낮게 할 경우에는 부속실과 계단실의 압력차이는 **5Pa 이하** 보기 ③
(4) 계단실 및 그 부속실을 동시에 제연하는 것 또는 계단실만 제연할 때의 방연풍속은 **0.5m/s 이상**
(5) 피난을 위하여 제연구역의 출입문이 일시적으로 개방되는 경우 개방되지 아니하는 제연구역과 옥내와의 차압은 기준차압의 **70% 미만**이 되어서는 아니 된다. 보기 ④

답 ④

★★★ 69
스프링클러설비의 화재안전기준상 고가수조를 이용한 가압송수장치의 설치기준 중 고가수조에 설치하지 않아도 되는 것은?
15.09.문71
14.09.문66
12.03.문69
05.09.문70
① 수위계   ② 배수관
③ 압력계   ④ 오버플로우관

해설 ③ 압력수조에 설치

필요설비

고가수조	압력수조
① 수위계 보기 ①	① 수위계
② 배수관 보기 ②	② 배수관
③ 급수관	③ 급수관
④ 맨홀	④ 맨홀
⑤ **오버플로우관** 보기 ④	⑤ 급기관
	⑥ 압력계 보기 ③
	⑦ 안전장치
	⑧ 자동식 공기압축기

기억법 고오(GO!)

답 ③

★★★ 70
상수도소화용수설비의 화재안전기준상 소화전은 특정소방대상물의 수평투영면의 각 부분으로부터 최대 몇 m 이하가 되도록 설치하여야 하는가?
21.03.문77
20.08.문68
19.04.문74
19.03.문69
18.04.문79
17.03.문64
14.03.문63
13.03.문61
07.03.문70
① 100   ② 120
③ 140   ④ 150

해설 **상수도소화용수설비**의 **기준**(NFPC 401 4조, NFTC 401 2.1)
(1) 호칭지름

수도배관	소화전
75mm 이상 문제 71	**100mm** 이상 문제 71
기억법 수75(수지침으로 치료)	기억법 소1(소일거리)

(2) 소화전은 소방자동차 등의 진입이 쉬운 **도로변** 또는 **공지**에 설치
(3) 소화전은 특정소방대상물의 수평투영면의 각 부분으로부터 **140m** 이하가 되도록 설치 보기 ③

기억법 용14

답 ③

★★★ 71
상수도소화용수설비의 화재안전기준상 상수도소화용수설비 소화전의 설치기준 중 다음 ( ) 안에 알맞은 것은?

> 호칭지름 (㉠)mm 이상의 수도배관에 호칭지름 (㉡)mm 이상의 소화전을 접속할 것

① ㉠ 65, ㉡ 120   ② ㉠ 75, ㉡ 100
③ ㉠ 80, ㉡ 90   ④ ㉠ 100, ㉡ 100

해설 문제 70 참조

답 ②

★★★ 72
구조대의 형식승인 및 제품검사의 기술기준상 경사강하식 구조대의 구조기준으로 틀린 것은?
20.09.문68
17.09.문63
16.03.문67
14.05.문70
09.08.문78
① 연속하여 활강할 수 있는 구조로 안전하고 쉽게 사용할 수 있어야 한다.
② 구조대 본체는 강하방향으로 봉합부가 설치되지 아니하여야 한다.
③ 입구틀 및 취부틀의 입구는 지름 40cm 이상의 구체가 통할 수 있어야 한다.
④ 본체의 포지는 하부지지장치에 인장력이 균등하게 걸리도록 부착하여야 하며 하부지지장치는 쉽게 조작할 수 있어야 한다.

해설 ③ 40cm → 50cm

경사강하식 구조대의 기준(구조대 형식 3조)
(1) 구조대 본체는 **강하방향**으로 **봉합부 설치 금지** 보기 ②
(2) 손잡이는 출구 부근에 좌우 각 **3개** 이상 균일한 간격으로 견고하게 부착
(3) 구조대 본체의 끝부분에는 길이 **4m** 이상, 지름 **4mm** 이상의 유도선을 부착하여야 하며, 유도선 끝에는 중량 **3N**(300g) 이상의 모래주머니 등 설치
(4) 본체의 포지는 **하부지지장치**에 인장력이 균등하게 걸리도록 부착하여야 하며 하부지지장치는 쉽게 조작 가능 보기 ④
(5) 입구틀 및 취부틀의 입구는 지름 **50cm** 이상의 구체가 통과할 수 있을 것 보기 ③
(6) 구조대 본체의 활강부는 낙하방지를 위해 포를 **2중구조**로 하거나 망목의 변의 길이가 **8cm** 이하인 망 설치 (단, 구조상 낙하방지의 성능을 갖고 있는 구조대의 경우는 제외)
(7) 연속하여 활강할 수 있는 구조로 안전하고 쉽게 사용할 수 있을 것 보기 ①
(8) 땅에 닿을 때 충격을 받는 부분에는 완충장치로서 받침포 등 부착

경사강하식 구조대

답 ③

73 분말소화설비의 화재안전기준상 차고 또는 주차장에 설치하는 분말소화설비의 소화약제는 어느 것인가?

17.09.문10
17.09.문07
17.03.문04
16.10.문06
16.10.문10
16.05.문15
16.05.문17
16.05.문64
16.03.문09
16.03.문11
15.09.문01
15.05.문08
14.09.문10
14.05.문17
14.05.문03
12.03.문13

① 제1종 분말
② 제2종 분말
③ 제3종 분말
④ 제4종 분말

해설 (1) 분말소화약제

종 별	주성분	착색	적응화재	비 고
제1종	중탄산나트륨 (NaHCO$_3$)	백색	BC급	**식용유** 및 **지방질유**의 화재에 적합
제2종	중탄산칼륨 (KHCO$_3$)	담자색 (담회색)	BC급	–
제3종	제1인산암모늄 (NH$_4$H$_2$PO$_4$)	담홍색	ABC급	**차고·주차장**에 적합 보기 ③
제4종	중탄산칼륨+요소 (KHCO$_3$ + (NH$_2$)$_2$CO)	회(백)색	BC급	–

기억법 1식분(일식 분식)
3분 차주(삼보컴퓨터 차주)

● 제1인산암모늄=인산염

(2) 이산화탄소 소화약제

주성분	적응화재
이산화탄소(CO$_2$)	BC급

답 ③

74 피난사다리의 형식승인 및 제품검사의 기술기준상 피난사다리의 일반구조 기준으로 옳은 것은?

① 피난사다리는 2개 이상의 횡봉으로 구성되어야 한다. 다만, 고정식 사다리인 경우에는 횡봉의 수를 1개로 할 수 있다.
② 피난사다리(종봉이 1개인 고정식 사다리는 제외)의 종봉의 간격은 최외각 종봉 사이의 안치수가 15cm 이상이어야 한다.
③ 피난사다리의 횡봉은 지름 15mm 이상 25mm 이하의 원형인 단면이거나 또는 이와 비슷한 손으로 잡을 수 있는 형태의 단면이 있는 것이어야 한다.
④ 피난사다리의 횡봉은 종봉에 동일한 간격으로 부착한 것이어야 하며, 그 간격은 25cm 이상 35cm 이하이어야 한다.

 해설

① 횡봉 → 종봉 및 횡봉
② 15cm → 30cm
③ 15mm 이상 25mm 이하 → 14mm 이상 35mm 이하

피난사다리의 구조(피난사다리의 형식 3조)
(1) 안전하고 확실하며 쉽게 사용할 수 있는 구조
(2) 피난사다리는 **2개 이상의 종봉 및 횡봉**으로 구성(고정식 사다리는 종봉의 수 1개 가능) 보기 ①
(3) 피난사다리(종봉이 1개인 고정식 사다리 제외)의 **종봉의 간격**은 최외각 종보 사이의 **안치수**가 **30cm 이상** 보기 ②
(4) 피난사다리의 **횡봉**은 **지름 14~35mm 이하**의 원형인 단면이거나 또는 이와 비슷한 손으로 잡을 수 있는 형태의 단면이 있는 것 보기 ③
(5) 피난사다리의 **횡봉**은 종봉에 동일한 간격으로 부착한 것이어야 하며, 그 간격은 **25~35cm 이하** 보기 ④
(6) 피난사다리 횡봉의 디딤면은 미끄러지지 아니하는 구조

종봉간격	횡봉간격
안치수 30cm 이상	25~35cm 이하

답 ④

75 간이스프링클러설비의 화재안전기준상 간이스프링클러설비의 배관 및 밸브 등의 설치순서로 맞는 것은? (단, 수원이 펌프보다 낮은 경우이다.)

14.05.문67

① 상수도직결형은 수도용 계량기, 급수차단장치, 개폐표시형 밸브, 체크밸브, 압력계, 유수검지장치, 2개의 시험밸브 순으로 설치할 것
② 펌프 설치시에는 수원, 연성계 또는 진공계, 펌프 또는 압력수조, 압력계, 체크밸브, 개폐표시형 밸브, 유수검지장치, 2개의 시험밸브 순으로 설치할 것
③ 가압수조 이용시에는 수원, 가압수조, 압력계, 체크밸브, 개폐표시형 밸브, 유수검지장치, 1개의 시험밸브 순으로 설치할 것
④ 캐비닛형인 경우 수원, 펌프 또는 압력수조, 압력계, 체크밸브, 연성계 또는 진공계, 개폐표시형 밸브 순으로 설치할 것

해설
② 개폐표시형 밸브, 유수검지장치, 2개의 시험밸브
→ 성능시험배관, 개폐표시형 밸브, 유수검지장
치, 시험밸브
③ 개폐표시형 밸브, 유수검지장치, 1개의 시험밸브
→ 성능시험배관, 개폐표시형 밸브, 유수검지장
치, 2개의 시험밸브
④ 펌프 또는 압력수조, 압력계, 체크밸브, 연성계
및 진공계, 개폐표시형 밸브 → 연성계 또는 진
공계, 펌프 또는 압력수조, 압력계, 체크밸브,
개폐표시형 밸브, 2개의 시험밸브

(1) **간이스프링클러설비**(상수도직결형) 보기 ①
수도용 계량기—급수차단장치—개폐표시형 밸브—체
크밸브—압력계—유수검지장치—시험밸브(2개)

‖ 상수도직결형 ‖

(2) **펌프** 보기 ②
수원, 연성계 또는 **진공계**(수원이 펌프보다 높은 경
우 제외), **펌프** 또는 **압력수조, 압력계, 체크밸브,
성능시험배관, 개폐표시형 밸브, 유수검지장치, 시
험밸브**

‖ 펌프 등의 가압송수장치 이용 ‖

(3) **가압수조** 보기 ③
수원, 가압수조, 압력계, 체크밸브, 성능시험배관,
개폐표시형 밸브, 유수검지장치, 시험밸브(2개)

‖ 가압수조를 가압송수장치로 이용 ‖

(4) **캐비닛형** 보기 ④
수원, 연성계 또는 **진공계**(수원이 펌프보다 높은 경
우 제외), **펌프** 또는 **압력수조, 압력계, 체크밸브,
개폐표시형 밸브, 시험밸브**(2개)

‖ 캐비닛형의 가압송수장치 이용 ‖

답 ①

⭐⭐
76 스프링클러설비의 화재안전기준상 스프링클러
18.04.문71 헤드 설치시 살수가 방해되지 아니하도록 벽과
11.10.문70 스프링클러헤드 간의 공간은 최소 몇 cm 이상으
로 하여야 하는가?

① 60

② 30

③ 20

④ 10

해설 스프링클러헤드

거 리	적 용
10cm 이상 보기 ④	벽과 **스프링클러헤드** 간의 공간
60cm 이상	**스프링클러헤드**의 공간 60cm 이상　10cm 이상 60cm 이상 ‖ 헤드 반경 ‖
30cm 이하	**스프링클러헤드**와 **부착면**과의 거리 부착면 30cm 이하 ‖ 헤드와 부착면과의 이격거리 ‖

답 ④

77

21.09.문75
19.03.문70
17.09.문72
17.03.문67
16.10.문67
16.05.문79
15.05.문78
10.03.문63

물분무소화설비의 화재안전기준상 차고 또는 주차장에 설치하는 물분무소화설비의 배수설비 기준으로 틀린 것은?

① 차량이 주차하는 바닥은 배수구를 향하여 100분의 2 이상의 기울기를 유지할 것

② 차량이 주차하는 장소의 적당한 곳에 높이 5cm 이상의 경계턱으로 배수구를 설치할 것

③ 배수설비는 가압송수장치의 최대송수능력의 수량을 유효하게 배수할 수 있는 크기 및 기울기로 할 것

④ 배수구에는 새어나온 기름을 모아 소화할 수 있도록 길이 40m 이하마다 집수관·소화피트 등 기름분리장치를 설치할 것

해설 ② 5cm → 10cm

물분무소화설비의 배수설비

(1) **10cm** 이상의 경계턱으로 배수구 설치(차량이 주차하는 곳) 보기②

(2) **40m** 이하마다 기름분리장치 설치 보기④

‖ 기름분리장치 ‖

(3) 차량이 주차하는 바닥은 $\frac{2}{100}$ 이상의 기울기 유지 보기①

(4) **배수설비** : 가압송수장치의 최대송수능력의 수량을 유효하게 배수할 수 있는 크기 및 기울기로 할 것 보기③

‖ 배수설비 ‖

참고

기울기

구 분	설 명
$\frac{1}{100}$ 이상	연결살수설비의 수평주행배관
$\frac{2}{100}$ 이상	물분무소화설비의 배수설비
$\frac{1}{250}$ 이상	습식·부압식 설비 외 설비의 가지배관
$\frac{1}{500}$ 이상	습식·부압식 설비 외 설비의 수평주행배관

답 ②

78

20.09.문78
18.04.문74
17.05.문75

미분무소화설비의 화재안전기준상 용어의 정의 중 다음 ( ) 안에 알맞은 것은?

"미분무"란 물만을 사용하여 소화하는 방식으로 최소설계압력에서 헤드로부터 방출되는 물입자 중 99%의 누적체적분포가 (㉠)μm 이하로 분무되고 (㉡)급 화재에 적응성을 갖는 것을 말한다.

① ㉠ 400, ㉡ A, B, C

② ㉠ 400, ㉡ B, C

③ ㉠ 200, ㉡ A, B, C

④ ㉠ 200, ㉡ B, C

해설 **미분무소화설비**의 **용어정의**(NFPC 104A 3조, NFTC 104A 1.7)

용 어	설 명
미분무소화설비	가압된 물이 헤드 통과 후 미세한 입자로 분무됨으로써 소화성능을 가지는 설비를 말하며, 소화력을 증가시키기 위해 강화액 등을 첨가할 수 있다.
미분무	물만을 사용하여 소화하는 방식으로 최소설계압력에서 헤드로부터 방출되는 물입자 중 99%의 누적체적분포가 400μm 이하로 분무되고 A, B, C급 화재에 적응성을 갖는 것 보기①
미분무헤드	하나 이상의 오리피스를 가지고 미분무소화설비에 사용되는 헤드

답 ①

79 포소화설비의 화재안전기준상 포소화설비의 자동식 기동장치에 폐쇄형 스프링클러헤드를 사용하는 경우에 대한 설치기준 중 다음 ( ) 안에 알맞은 것은? (단, 자동화재탐지설비의 수신기가 설치된 장소에 상시 사람이 근무하고 있고, 화재시 즉시 해당 조작부를 작동시킬 수 있는 경우는 제외한다.)

19.09.문75
19.04.문77
18.04.문66
17.03.문69
14.05.문65
13.09.문64

• 표시온도가 (㉠)℃ 미만인 것을 사용하고 1개의 스프링클러헤드의 경계면적은 (㉡)m² 이하로 할 것
• 부착면의 높이는 바닥으로부터 (㉢)m 이하로 하고 화재를 유효하게 감지할 수 있도록 할 것

① ㉠ 60, ㉡ 10, ㉢ 7
② ㉠ 60, ㉡ 20, ㉢ 7
③ ㉠ 79, ㉡ 10, ㉢ 5
④ ㉠ 79, ㉡ 20, ㉢ 5

해설 **자동식 기동장치**(폐쇄형 헤드 개방방식)
(1) 표시온도가 **79℃** 미만인 것을 사용하고, 1개의 스프링클러헤드의 **경**계면적은 **20m²** 이하 보기 ④
(2) 부착면의 높이는 바닥으로부터 **5m** 이하로 하고, 화재를 유효하게 감지할 수 있도록 함 보기 ④
(3) 하나의 감지장치 경계구역은 하나의 **층**이 되도록 함

기억법 경27 자동(**경**이롭다. **자동**차!)

답 ④

80 할론소화설비의 화재안전기준상 할론소화약제 저장용기의 설치기준 중 다음 ( ) 안에 알맞은 것은?

20.06.문75
17.09.문61
17.03.문70
16.05.문68
12.05.문66
07.05.문70

축압식 저장용기의 압력은 온도 20℃에서 할론 1301을 저장하는 것은 (㉠)MPa 또는 (㉡)MPa이 되도록 질소가스로 축압할 것

① ㉠ 2.5, ㉡ 4.2
② ㉠ 2.0, ㉡ 3.5
③ ㉠ 1.5, ㉡ 3.0
④ ㉠ 1.1, ㉡ 2.5

해설 **할론소화약제**

구 분		할론 1301	할론 1211	할론 2402
저장압력		**2.5MPa** 또는 **4.2MPa** 보기 ①	1.1MPa 또는 2.5MPa	–
방사압력		0.9MPa	0.2MPa	0.1MPa
충전비	가압식	0.9~1.6 이하	0.7~1.4 이하	0.51~0.67 미만
	축압식			0.67~2.75 이하

기억법 13 2542(13254둘)

답 ①

▌2022년 기사 제2회 필기시험 ▌

			수험번호	성명

자격종목	종목코드	시험시간	형별		
소방설비기사(기계분야)		**2시간**			

※ 답안카드 작성시 시험문제지 형별누락, 마킹착오로 인한 불이익은 전적으로 수험자의 귀책사유임을 알려드립니다.
※ 각 문항은 4지택일형으로 질문에 가장 적합한 보기 항을 선택하여 마킹하여야 합니다.

제1과목 소방원론

01 목조건축물의 화재특성으로 틀린 것은?

21.05.문01
19.09.문11
18.03.문05
16.10.문04
14.05.문01
10.09.문08

① 습도가 낮을수록 연소확대가 빠르다.
② 화재진행속도는 내화건축물보다 빠르다.
③ 화재 최성기의 온도는 내화건축물보다 낮다.
④ 화재성장속도는 횡방향보다 종방향이 빠르다.

해설

> 본문제부터 풀어보세요. 실력이 팍!팍! 올라갑니다.

③ 낮다. → 높다.

목조건물	내화건물
① 화재성상 : **고온단**기형	① 화재성상 : 저온장기형
② 최고온도(최성기 온도) : 1300℃ 보기 ③	② 최고온도(최성기 온도) : 900~1000℃ 보기 ③

기억법 목고단 13

• 목조건물=목재건물

답 ③

02 물이 소화약제로서 사용되는 장점이 아닌 것은?

13.03.문08

① 가격이 저렴하다.
② 많은 양을 구할 수 있다.
③ 증발잠열이 크다.
④ 가연물과 화학반응이 일어나지 않는다.

해설 물이 소화작업에 사용되는 이유
(1) 가격이 싸다. 보기 ①
(2) 쉽게 구할 수 있다(많은 양을 구할 수 있다). 보기 ②
(3) 열흡수가 매우 크다(증발잠열이 크다). 보기 ③
(4) 사용방법이 비교적 간단하다.

• 물은 **증발잠열**(기화잠열)이 커서 **냉각소화** 및 무상주수시 **질식소화**가 가능하다.

답 ④

03 정전기로 인한 화재를 줄이고 방지하기 위한 대책 중 틀린 것은?

21.09.문58
13.06.문44
12.09.문53

① 공기 중 습도를 일정값 이상으로 유지한다.
② 기기의 전기절연성을 높이기 위하여 부도체로 차단공사를 한다.
③ 공기 이온화 장치를 설치하여 가동시킨다.
④ 정전기 축적을 막기 위해 접지선을 이용하여 대지로 연결작업을 한다.

해설

② 도체 사용으로 전류가 잘 흘러가도록 해야 함

위험물규칙 〔별표 4〕
정전기 제거방법
(1) **접지**에 의한 방법 보기 ④
(2) 공기 중의 상대습도를 **70%** 이상으로 하는 방법 보기 ①
(3) **공기**를 **이온화**하는 방법 보기 ③

> **비교**
>
> **위험물규칙 〔별표 4〕**
> 위험물을 가압하는 설비 또는 그 취급하는 위험물의 압력이 상승할 우려가 있는 설비에 설치하는 안전장치
> (1) 자동적으로 **압력**의 **상승**을 **정지**시키는 장치
> (2) 감압측에 **안전밸브**를 부착한 **감압밸브**
> (3) **안전밸브**를 겸하는 **경보장치**
> (4) 파괴판

답 ②

04 프로판가스의 최소점화에너지는 일반적으로 약 몇 mJ 정도되는가?

① 0.25
② 2.5
③ 25
④ 250

해설

물 질	최소점화에너지
수소(H₂)	0.011mJ
벤젠(C₆H₆)	0.2mJ
에탄(C₂H₆)	0.24mJ
프로판(C₃H₈)	0.25mJ 보기 ①
부탄(C₄H₁₀)	0.25mJ
메탄(CH₄)	0.28mJ

| 희석소화 | • 기체·고체·액체에서 나오는 분해가스나 증기의 농도를 낮춰 소화하는 방법
• 불연성 가스의 **공기 중 농도**를 높여 소화하는 방법 |

답 ②

최소점화에너지

가연성 가스 및 공기의 혼합가스, 즉 **가연성 혼합기**에 착원으로 점화를 시킬 때 발화하기 위하여 필요한 착원이 갖는 **최저의 에너지**

$$E = \frac{1}{2}CV^2$$

여기서, E : 최소점화에너지[J 또는 mJ]

C : 정전용량[F]

V : 전압[V]

• 최소점화에너지=최소착화에너지=최소발화에너지=최소정전기점화에너지

답 ①

 ★★

05 목재화재시 다량의 물을 뿌려 소화할 경우 기대되는 주된 소화효과는?

17.09.문03
12.09.문09

① 제거효과   ② 냉각효과

③ 부촉매효과   ④ 희석효과

해설 **소화의 형태**

구 분	설 명
냉각소화	• **점화원**을 냉각하여 소화하는 방법 • **증**발잠열을 이용하여 열을 빼앗아 가연물의 온도를 떨어뜨려 화재를 진압하는 소화방법 • **다량의 물을 뿌려 소화하는 방법** 보기 ② • 가연성 물질을 **발화점 이하**로 **냉각**하여 소화하는 방법 • **식용유화재**에 신선한 **야채**를 넣어 소화하는 방법 • 용융잠열에 의한 **냉각효과**를 이용하여 소화하는 방법 기억법 **냉점증발**
질식소화	• 공기 중의 **산소농도**를 16%(10~15%) 이하로 희박하게 하여 소화하는 방법 • 산화제의 농도를 낮추어 연소가 지속될 수 없도록 소화하는 방법 • 산소공급을 차단하여 소화하는 방법 • 산소의 농도를 낮추어 소화하는 방법 • 화학반응으로 발생한 **탄산가스**에 의한 소화방법 기억법 **질산**
제거소화	• **가연물**을 **제거**하여 소화하는 방법
부촉매소화 (=화학소화)	• **연쇄반응**을 **차단**하여 소화하는 방법 • 화학적인 방법으로 화재를 억제하여 소화하는 방법 • **활성기**(free radical)의 **생성**을 **억제**하여 소화하는 방법 기억법 **부억(부엌)**

 ★

06 물질의 연소시 산소공급원이 될 수 없는 것은?

13.06.문09

① 탄화칼슘   ② 과산화나트륨

③ 질산나트륨   ④ 압축공기

해설 ① 탄화칼슘(CaC₂) : 제3류 위험물

산소공급원

(1) 제1류 위험물 : 과산화나트륨, 질산나트륨 보기 ②③

(2) 제5류 위험물

(3) 제6류 위험물

(4) 공기(압축공기) 보기 ④

답 ①

★★★

07 다음 물질 중 공기 중에서의 연소범위가 가장 넓은 것은?

20.09.문06
17.09.문20
17.03.문03
16.03.문13
15.09.문14
13.06.문04
09.03.문02

① 부탄

② 프로판

③ 메탄

④ 수소

해설 (1) **공기 중의 폭발한계** (익사천리로 나와야 한다.)

가 스	하한계[vol%]	상한계[vol%]
아세틸렌(C_2H_2)	2.5	81
수소(H_2) 보기 ④	4	75
일산화탄소(CO)	12.5	74
암모니아(NH_3)	15	28
메탄(CH_4) 보기 ③	5	15
에탄(C_2H_6)	3	12.4
프로판(C_3H_8) 보기 ②	2.1	9.5
부탄(C_4H_{10}) 보기 ①	1.8	8.4

기억법
아	2581
수	475
일	12574
암	1528
메	515
에	3124
프	2195
부	1884

(2) **폭발한계**와 같은 의미

㉠ 폭발범위

㉡ 연소한계

㉢ 연소범위

㉣ 가연한계

㉤ 가연범위

답 ④

08 이산화탄소 20g은 약 몇 mol인가?

`17.09.문14`

① 0.23
② 0.45
③ 2.2
④ 4.4

해설 원자량

원 소	원자량
H	1
C →	12
N	14
O →	16

이산화탄소 $CO_2 = 12 + 16 \times 2 = 44g/mol$

그러므로 이산화탄소는 $\boxed{44g = 1mol}$ 이다.

비례식으로 풀면 $44g : 1mol = 20g : x$

$44g \times x = 20g \times 1mol$

$x = \dfrac{20g \times 1mol}{44g} ≒ 0.45mol$

답 ②

09 플래시오버(flash over)에 대한 설명으로 옳은 것은?

`20.09.문14`
`14.05.문18`
`14.03.문11`
`13.06.문17`
`11.06.문11`

① 도시가스의 폭발적 연소를 말한다.
② 휘발유 등 가연성 액체가 넓게 흘러서 발화한 상태를 말한다.
③ 옥내화재가 서서히 진행하여 열 및 가연성 기체가 축적되었다가 일시에 연소하여 화염이 크게 발생하는 상태를 말한다.
④ 화재층의 불이 상부층으로 올라가는 현상을 말한다.

해설 **플래시오버**(flash over) : 순발연소
(1) 폭발적인 착화현상
(2) 폭발적인 **화재확대현상**
(3) 건물화재에서 발생한 가연성 가스가 일시에 인화하여 화염이 **충**만하는 단계
(4) 실내의 가연물이 연소됨에 따라 생성되는 가연성 가스가 실내에 누적되어 **폭**발적으로 연소하여 실 전체가 순간적으로 불길에 싸이는 현상
(5) **옥**내화재가 서서히 진행하여 열이 축적되었다가 일시에 화염이 크게 발생하는 상태 보기 ③
(6) **다량**의 **가연성 가스**가 동시에 연소되면서 **급**격한 온도상승을 유발하는 현상
(7) 건축물에서 한순간에 폭발적으로 화재가 확산되는 현상

기억법 플확충 폭급

• 플래시오버=플래쉬오버

중요

플래시오버(flash over)

구 분	설 명
발생시간	화재발생 후 5~6분경
발생시점	**성장기~최성기**(성장기에서 최성기로 넘어가는 분기점) 기억법 플성최
실내온도	약 800~900℃

답 ③

10 제4류 위험물의 성질로 옳은 것은?

`17.05.문13`
`14.03.문51`
`13.03.문19`

① 가연성 고체
② 산화성 고체
③ 인화성 액체
④ 자기반응성 물질

해설 위험물령 〔별표 1〕
위험물

유 별	성 질	품 명
제1류	산화성 고체	• 아염소산염류 • 염소산염류 • 과염소산염류 • 질산염류 • 무기과산화물
제2류	가연성 고체	• **황화린** • **적린** • **유황** • **철분** • **마그네슘** 기억법 황화 적유 철마
제3류	자연발화성 물질 및 금수성 물질	• **황린** • **칼륨** • **나트륨** • **알루미늄** 기억법 황칼나알
제4류	**인화성 액체**	• 특수인화물 • 알코올류 • 석유류 • 동식물유류
제5류	자기반응성 물질	• 니트로화합물 • 유기과산화물 • 니트로소화합물 • 아조화합물 • 질산에스테르류(셀룰로이드)
제6류	산화성 액체	• 과염소산 • 과산화수소 • 질산

답 ③

★★★
11
21.09.문08
21.03.문02
19.09.문07
17.03.문05
16.10.문08
15.03.문04
14.09.문04
14.03.문02
13.09.문14
12.05.문04

할론소화설비에서 Halon 1211 약제의 분자식은 어느 것인가?

① CBr₂ClF
② CF₂BrCl
③ CCl₂BrF
④ BrC₂ClF

해설 **할론소화약제**의 **약칭** 및 **분자식**

종 류	약 칭	분자식
할론 1011	CB	CH₂ClBr
할론 104	CTC	CCl₄
할론 1211 →	BCF	CF₂ClBr(CF₂BrCl) 보기 ②
할론 1301	BTM	CF₃Br
할론 2402	FB	C₂F₄Br₂

답 ②

★★★
12
19.09.문05
19.04.문18
17.03.문16
16.10.문07
16.03.문12
14.05.문11
13.03.문01
11.03.문04
08.09.문17

다음 중 가연물의 제거를 통한 소화방법과 무관한 것은?

① 산불의 확산방지를 위하여 산림의 일부를 벌채한다.
② 화학반응기의 화재시 원료공급관의 밸브를 잠근다.
③ 전기실 화재시 IG-541 약제를 방출한다.
④ 유류탱크 화재시 주변에 있는 유류탱크의 유류를 다른 곳으로 이동시킨다.

해설 ③ **질식소화** : IG-541(불활성기체 소화약제)

제거소화의 **예**
(1) **가연성 기체** 화재시 **주밸브**를 **차단**한다(화학반응기의 화재시 원료공급관의 **밸브**를 **잠금**). 보기 ②
(2) **가연성 액체** 화재시 펌프를 이용하여 **연료**를 제거한다.
(3) **연료탱크**를 **냉각**하여 가연성 가스의 발생속도를 작게 하여 연소를 억제한다.
(4) 금속화재시 **불활성 물질**로 가연물을 덮는다.
(5) **목재**를 **방염처리**한다.
(6) 전기화재시 **전원**을 **차단**한다.
(7) 산불이 발생하면 화재의 진행방향을 앞질러 **벌목**한다(산불의 확산방지를 위하여 **산림**의 **일부**를 **벌채**). 보기 ①
(8) 가스화재시 **밸브**를 **잠궈** 가스흐름을 차단한다(가스화재시 중간밸브를 잠금).
(9) 불타고 있는 장작더미 속에서 아직 타지 않은 것을 안전한 곳으로 **운반**한다.
(10) 유류탱크 화재시 주변에 있는 유류탱크의 유류를 다른 곳으로 이동시킨다. 보기 ④
(11) 양초를 입으로 불어서 끈다.

용어

제거효과
가연물을 반응계에서 제거하든지 또는 반응계로의 공급을 정지시켜 소화하는 효과

답 ③

★
13
17.05.문02

건물화재의 표준시간-온도곡선에서 화재발생 후 1시간이 경과할 경우 내부온도는 약 몇 ℃ 정도 되는가?

① 125
② 325
③ 640
④ 925

해설 **시간경과시의 온도**

경과시간	온 도
30분 후	840℃
1시간 후	925~**950**℃ 보기 ④
2시간 후	1010℃

기억법 1시 95

답 ④

★★★
14
20.09.문15
19.09.문44
16.03.문05
15.05.문05
11.10.문03
07.09.문18

위험물안전관리법령상 위험물로 분류되는 것은?

① 과산화수소
② 압축산소
③ 프로판가스
④ 포스겐

해설 **위험물령** 〔별표 1〕
위험물

유별	성 질	품 명
제**1**류	**산**화성 **고**체	• 아염소산염류 • 염소산염류(**염소산나트륨**) • 과염소산염류 • 질산염류 • 무기과산화물 기억법 1산고염나
제2류	가연성 고체	• **황화**린 • **적**린 • **유**황 • **철**분 • **마**그네슘 기억법 황화 적유 철마
제3류	자연발화성 물질 및 금수성 물질	• **황**린 • **칼**륨 • **나**트륨 • **알**칼리토금속 • **트**리에틸알루미늄 기억법 황칼나알트

제4류	인화성 액체	• 특수인화물 • 석유류(벤젠) • 알코올류 • 동식물유류
제5류	자기반응성 물질	• 유기과산화물 • 니트로화합물 • 니트로소화합물 • 아조화합물 • 질산에스테르류(셀룰로이드)
제6류	산화성 액체	• **과염소산** • **과산화수소** 보기 ① • 질산

답 ①

★★★ 15 다음 중 연기에 의한 감광계수가 $0.1m^{-1}$, 가시 거리가 20~30m일 때의 상황으로 옳은 것은?

21.09.문02
20.06.문01
17.03.문10
16.10.문16
16.03.문03
14.05.문06
13.09.문11

① 건물 내부에 익숙한 사람이 피난에 지장을 느낄 정도

② 연기감지기가 작동할 정도

③ 어두운 것을 느낄 정도

④ 앞이 거의 보이지 않을 정도

해설 **감광계수**와 **가시거리**

감광계수 $[m^{-1}]$	가시거리 $[m]$	상 황
<u>0.1</u>	20~30	연기**감**지기가 작동할 때의 농도(연기감지기가 작동하기 직전의 농도) 보기 ②
<u>0.3</u>	<u>5</u>	건물 내부에 **익**숙한 사람이 피난에 지장을 느낄 정도의 농도 보기 ①
<u>0.5</u>	<u>3</u>	<u>어</u>두운 것을 느낄 정도의 농도 보기 ③
<u>1</u>	<u>1~2</u>	앞이 거의 **보**이지 않을 정도의 농도 보기 ④
<u>10</u>	<u>0.2~0.5</u>	화재 **최**성기 때의 농도
<u>30</u>	–	출화실에서 연기가 **분**출할 때의 농도

기억법	0123 035 053 112 100205 30	감 익 어 보 최 분

답 ②

★★★ 16 Fourier 법칙(전도)에 대한 설명으로 틀린 것은?

18.03.문13
17.09.문35
17.05.문33
16.10.문40

① 이동열량은 전열체의 단면적에 비례한다.

② 이동열량은 전열체의 두께에 비례한다.

③ 이동열량은 전열체의 열전도도에 비례한다.

④ 이동열량은 전열체 내·외부의 온도차에 비례한다.

해설 ② 비례 → 반비례

열전달의 종류

종 류	설 명	관련 법칙
전도 (conduction)	하나의 물체가 다른 물체와 직접 **접촉**하여 열이 이동하는 현상	**푸리에**(Fourier)의 법칙
대류 (convection)	**유체**의 흐름에 의하여 열이 이동하는 현상	**뉴턴**의 법칙
복사 (radiation)	① 화재시 화원과 **격리**된 인접 가연물에 불이 옮겨 붙는 현상 ② 열전달 매질이 **없이** 열이 전달되는 형태 ③ 열에너지가 **전자파**의 형태로 옮겨지는 현상으로, **가장 크게 작용**한다.	**스테판-볼츠만**의 법칙

 중요

공식
(1) 전도

$$Q = \frac{kA(T_2 - T_1)}{l} \cdots 비례 \;\boxed{보기 ①③④}$$
$$\cdots 반비례 \;\boxed{보기 ②}$$

여기서, Q : 전도열[W]
　　　k : 열전도율[W/m·K]
　　　A : 단면적[m²]
　　　$(T_2 - T_1)$: 온도차[K]
　　　l : 벽체 두께[m]

(2) 대류

$$Q = h(T_2 - T_1) \cdots 비례$$

여기서, Q : 대류열[W/m²]
　　　h : 열전달률[W/m²·℃]
　　　$(T_2 - T_1)$: 온도차[℃]

(3) 복사

$$Q = aAF(T_1^4 - T_2^4) \cdots 비례$$

여기서, Q : 복사열[W]
　　　a : 스테판-볼츠만 상수[W/m²·K⁴]
　　　A : 단면적[m²]
　　　F : 기하학적 Factor
　　　T_1 : 고온[K]
　　　T_2 : 저온[K]

답 ②

★★★ 17 물질의 취급 또는 위험성에 대한 설명 중 틀린 것은?

19.03.문13
14.03.문12
07.05.문03

① 융해열은 점화원이다.

② 질산은 물과 반응시 발열반응하므로 주의를 해야 한다.

③ 네온, 이산화탄소, 질소는 불연성 물질로 취급한다.

④ 암모니아를 충전하는 공업용 용기의 색상은 백색이다.

해설 **점화원**이 될 수 없는 것

(1) **기**화열(증발열)

(2) **융**해열 보기 ①

(3) **흡**착열

기억법 점기융흡

답 ①

★★★ 18 분말소화약제 중 탄산수소칼륨($KHCO_3$)과 요소($CO(NH_2)_2$)와의 반응물을 주성분으로 하는 소화약제는?

20.09.문07
19.03.문10
18.04.문06
17.09.문10
17.03.문18
16.10.문06
16.10.문10
16.05.문15
16.03.문09
16.03.문11
15.05.문08
12.09.문15
09.03.문01

① 제1종 분말

② 제2종 분말

③ 제3종 분말

④ 제4종 분말

해설 **분말소화약제**

종 별	분자식	착 색	적응 화재	비 고
제**1**종	탄산수소나트륨 ($NaHCO_3$)	백색	BC급	**식용유** 및 **지방질유** 의 화재에 적합 기억법 **1식분**(일식 분식)
제**2**종	탄산수소칼륨 ($KHCO_3$)	담자색 (담회색)	BC급	–
제**3**종	제1인산암모늄 ($NH_4H_2PO_4$)	담홍색	ABC급	**차고 · 주차장**에 적합 기억법 **3분 차주** (삼보 컴퓨터 **차주**)
제**4**종 보기 ④	**탄산수소칼륨 +요소** ($KHCO_3$ + $(NH_2)_2CO$)	회(백)색	BC급	–

답 ④

★★ 19 자연발화가 일어나기 쉬운 조건이 아닌 것은?

12.05.문03

① 열전도율이 클 것

② 적당량의 수분이 존재할 것

③ 주위의 온도가 높을 것

④ 표면적이 넓을 것

해설 ① 클 것 → 작을 것

자연발화 조건

(1) 열전도율이 작을 것 보기 ①

(2) 발열량이 클 것

(3) 주위의 온도가 높을 것 보기 ③

(4) 표면적이 넓을 것 보기 ④

(5) 적당량의 수분이 존재할 것 보기 ②

비교

자연발화의 방지법

(1) 습도가 높은 곳을 피할 것(건조하게 유지할 것)

(2) 저장실의 온도를 낮출 것

(3) 통풍이 잘 되게 할 것

(4) 퇴적 및 수납시 열이 쌓이지 않게 할 것 (**열 축적 방지**)

(5) 산소와의 접촉을 차단할 것

(6) **열전도성**을 좋게 할 것

답 ①

★★ 20 폭굉(detonation)에 관한 설명으로 틀린 것은?

16.05.문14
03.05.문10

① 연소속도가 음속보다 느릴 때 나타난다.

② 온도의 상승은 충격파의 압력에 기인한다.

③ 압력상승은 폭연의 경우보다 크다.

④ 폭굉의 유도거리는 배관의 지름과 관계가 있다.

해설 ① 느릴 때 → 빠를 때

연소반응(전파형태에 따른 분류)

폭연(deflagration)	폭굉(detonation)
연소속도가 음속보다 느릴 때 발생	① 연소속도가 음속보다 빠를 때 발생 보기 ① ② 온도의 상승은 **충격파**의 압력에 기인한다. 보기 ② ③ 압력상승은 **폭연**의 경우보다 **크다**. 보기 ③ ④ 폭굉의 **유도거리**는 배관의 **지름**과 **관계**가 있다. 보기 ④

※ **음속** : 소리의 속도로서 약 **340m/s**이다.

답 ①

제2과목   소방유체역학

21
[14.05.문33]
2MPa, 400℃의 과열증기를 단면확대 노즐을 통하여 20kPa로 분출시킬 경우 최대속도는 약 몇 m/s인가? (단, 노즐입구에서 엔탈피는 3243.3kJ/kg이고, 출구에서 엔탈피는 2345.8kJ/kg이며, 입구속도는 무시한다.)

① 1340   ② 1349
③ 1402   ④ 1412

해설 **(1) 기호**

- P_1 : 2MPa
- T : 400℃
- P_2 : 20kPa
- H_1 : 3243.3kJ/kg
- H_2 : 2345.8kJ/kg
- V_1 : 0m/s(입구속도 무시)
- V_2 : ?

문제에서 **입구**에서의 **속도**는 **무시**한다고 했으므로 $V_1=0$

- **표준대기압**
  $$1atm=760mmHg=1.0332kg_f/cm^2$$
  $$=10.332mH_2O(mAq)$$
  $$=14.7PSI(lb_f/in^2)$$
  $$=101.325kPa(kN/m^2)$$
  $$=101325Pa(N/m^2)$$
  $$=1013mbar$$

(2) 에너지 보존의 법칙

$$H_1+\frac{V_1^2}{2}=H_2+\frac{V_2^2}{2}$$

여기서, H_1 : 입구에서의 엔탈피[J/kg]
         H_2 : 출구에서의 엔탈피[J/kg]
         V_1 : 입구에서의 유속[m/s]
         V_2 : 출구에서의 유속[m/s]

$$H_1=H_2+\frac{V_2^2}{2}$$

$$H_2+\frac{V_2^2}{2}=H_1$$

$$\frac{V_2^2}{2}=H_1-H_2$$

$$V_2^2=2(H_1-H_2)$$

$$\sqrt{V_2^2}=\sqrt{2(H_1-H_2)}$$

$$V_2=\sqrt{2(H_1-H_2)}$$
$$=\sqrt{2\times[(3243.3-2345.8)\times10^3J/kg]}$$
$$≒1340m/s$$

- 1kJ=10^3J이므로 $(3243.3-2345.8)$kJ/kg=$(3243.3-2345.8)\times10^3$J/kg

 용어

엔탈피
어떤 물질이 가지고 있는 총에너지

답 ①

22
[21.09.문25]
[21.09.문40]
[19.03.문28]
[13.03.문24]
원형 물탱크의 안지름이 1m이고, 아래쪽 옆면에 안지름 100mm인 송출관을 통해 물을 수송할 때의 순간 유속이 3m/s이었다. 이때 탱크 내 수면이 내려오는 속도는 몇 m/s인가?

① 0.015   ② 0.02
③ 0.025   ④ 0.03

해설 **(1) 기호**

- D_1 : 1m
- D_2 : 100mm=0.1m(1000mm=1m)
- V_1 : ?
- V_2 : 3m/s

(2) 유량

$$Q=A_1V_1=A_2V_2=\frac{\pi D_1^2}{4}V_1=\frac{\pi D_2^2}{4}V_2$$

여기서, Q : 유량[m³/s]
         A_1, A_2 : 단면적[m²]
         V_1, V_2 : 유속[m/s]

$$Q=\frac{\pi D_2^2}{4}V_2=\frac{\pi\times(0.1m)^2}{4}\times3m/s=0.0235m^3/s$$

$$\boxed{Q=\frac{\pi D_1^2}{4}V_1}$$ 에서

$$V_1=\frac{Q}{\frac{\pi D_1^2}{4}}=\frac{0.0235m^3/s}{\frac{\pi\times(1m)^2}{4}}≒0.03m/s$$

답 ④

23
[16.05.문29]
[14.03.문39]
[12.03.문27]
[07.05.문34]
지름 5cm인 구가 대류에 의해 열을 외부공기로 방출한다. 이 구는 50W의 전기히터에 의해 내부에서 가열되고 있고 구표면과 공기 사이의 온도차가 30℃라면 공기와 구 사이의 대류열전달계수는 약 몇 W/m² · ℃인가?

① 111   ② 212
③ 313   ④ 414

해설 (1) 기호

- r : 2.5cm=0.025m(D : 5cm이므로 반지름 r : 2.5cm)
- A : $4\pi r^2$(구의 표면적)=$4 \times \pi \times (0.025\text{m})^2$
- $\overset{\circ}{q}$: 50W
- $T_2 - T_1$: 30℃
- h : ?

(2) 대류열류

$$\overset{\circ}{q} = Ah(T_2 - T_1)$$

여기서, $\overset{\circ}{q}$: 대류열류(열손실)〔W〕
A : 대류면적〔m²〕
h : 대류열전달계수〔W/m²·K〕 또는 〔W/m²·℃〕
$T_2 - T_1$: 온도차〔K〕 또는 〔℃〕

대류열전달계수 h는

$$h = \frac{\overset{\circ}{q}}{A(T_2 - T_1)}$$
$$= \frac{50\text{W}}{4 \times \pi \times (0.025\text{m})^2 \times 30℃}$$
$$≒ 212\text{W/m}^2 \cdot ℃$$

답 ②

★★★
24 소화펌프의 회전수가 1450rpm일 때 양정이 25m, 유량이 5m³/min이었다. 펌프의 회전수를 1740rpm으로 높일 경우 양정〔m〕과 유량〔m³/min〕은? (단, 완전상사가 유지되고, 회전차의 지름은 일정하다.)

21.09.문24
20.06.문33
19.03.문34
17.05.문29
14.09.문23
11.06.문35
11.03.문35
05.09.문29
00.10.문61

① 양정 : 17, 유량 : 4.2
② 양정 : 21, 유량 : 5
③ 양정 : 30.2, 유량 : 5.2
④ 양정 : 36, 유량 : 6

해설 (1) 기호

- N_1 : 1450rpm
- N_2 : 1740rpm
- H_1 : 25m
- Q_1 : 5m³/min
- H_2 : ?
- Q_2 : ?

(2) **전펌프**의 **상사법칙(송출량)**
 ㉠ 유량(송출량)

$$Q_2 = Q_1 \left(\frac{N_2}{N_1}\right) \text{ 또는 } Q_1 \left(\frac{N_2}{N_1}\right)\left(\frac{D_2}{D_1}\right)^2$$

 ㉡ 전양정

$$H_2 = H_1 \left(\frac{N_2}{N_1}\right)^2 \text{ 또는 } H_1 \left(\frac{N_2}{N_1}\right)^2\left(\frac{D_2}{D_1}\right)^3$$

 ㉢ 축동력

$$P_2 = P_1 \left(\frac{N_2}{N_1}\right)^3 \text{ 또는 } P_1 \left(\frac{N_2}{N_1}\right)^3\left(\frac{D_2}{D_1}\right)^5$$

여기서, $Q_1 \cdot Q_2$: 변화 전후의 유량(송출량)〔m³/min〕
$H_1 \cdot H_2$: 변화 전후의 전양정〔m〕
$P_1 \cdot P_2$: 변화 전후의 축동력〔kW〕
$N_1 \cdot N_2$: 변화 전후의 회전수(회전속도)〔rpm〕
$D_1 \cdot D_2$: 변화 전후의 직경〔m〕

- 〔단서〕에서 회전차의 지름은 일정하다고 했으므로 D_1, D_2 생략 가능

유량 $Q_2 = Q_1 \left(\frac{N_2}{N_1}\right)$

$$= 5\text{m}^3/\text{min} \times \left(\frac{1740\text{r pm}}{1450\text{r pm}}\right)$$
$$= 6\text{m}^3/\text{min}$$

양정 $H_2 = H_1 \left(\frac{N_2}{N_1}\right)^2$

$$= 25\text{m} \times \left(\frac{1740\text{r pm}}{1450\text{r pm}}\right)^2$$
$$= 36\text{m}$$

용어

상사법칙
기하학적으로 유사하거나 같은 펌프에 적용하는 법칙

답 ④

★★★
25 다음 중 이상기체에서 폴리트로픽 지수(n)가 1인 과정은?

19.09.문30
13.09.문25
04.03.문24
03.08.문31

① 단열 과정
② 정압 과정
③ 등온 과정
④ 정적 과정

해설 폴리트로픽 변화

구 분	내 용
PV^n=정수($n=0$)	등압변화(정압변화)
PV^n=정수($n=1$) ⟶	등온변화 보기 ③
PV^n=정수($n=K$)	단열변화
PV^n=정수($n=\infty$)	정적변화

여기서, P : 압력〔kJ/m³〕
V : 체적〔m³〕
n : 폴리트로픽 지수
K : 비열비

답 ③

26 정수력에 의해 수직평판의 힌지(Hinge)점에 작용하는 단위폭당 모멘트를 바르게 표시한 것은? (단, ρ는 유체의 밀도, g는 중력가속도이다.)

① $\dfrac{1}{6}\rho g L^3$ ② $\dfrac{1}{3}\rho g L^3$

③ $\dfrac{1}{2}\rho g L^3$ ④ $\dfrac{2}{3}\rho g L^3$

해설 단위폭당 모멘트(토크)

$$d\tau = r \times dF$$

여기서, $d\tau$: 토크[N · m]
    r : 힌지점에서 거리[m]
    dF : 거리 r의 dy에 작용하는 힘[N]

그림에서
$r = y$
$dF = \gamma(L-y)dy$(여기서, γ : 비중량[N/m³])
$d\tau = r \times dF$
$d\tau = y \times \gamma(L-y)dy$
$\tau = \gamma\displaystyle\int_0^L y(L-y)dy = \gamma\int_0^L (Ly - y^2)dy$

$\quad = \displaystyle\int_a^b x^n dx = \left[\dfrac{x^{n+1}}{n+1}\right]_a^b = \left[\dfrac{b^{n+1}}{n+1}\right] - \left[\dfrac{a^{n+1}}{n+1}\right]$

$\quad = \gamma\left[\left(\dfrac{Ly^2}{2} - \dfrac{y^3}{3}\right)\right]_0^L$

$\quad = \gamma\left[\left(\dfrac{L\times L^2}{2} - \dfrac{L^3}{3}\right) - \left(\dfrac{L\times 0^2}{2} - \dfrac{0^3}{3}\right)\right]$

$\quad = \gamma\left(\dfrac{L^3}{2} - \dfrac{L^3}{3}\right) = \gamma\left(\dfrac{3L^3}{2\times3} - \dfrac{2L^3}{3\times2}\right) = \gamma\left(\dfrac{3L^3-2L^3}{6}\right)$

$\quad = \dfrac{\gamma L^3}{6} = \dfrac{\rho g L^3}{6}\ (\gamma = \rho g)$

$$\tau = \dfrac{1}{6}\rho g L^3$$

여기서, τ : 모멘트(토크)[N · m], γ : 비중량[N/m³]
    ρ : 밀도[N · s²/m⁴], g : 중력가속도(9.8m/s²)

답 ①

27 그림과 같은 중앙부분에 구멍이 뚫린 원판에 지름 20cm의 원형 물제트가 대기압 상태에서 5m/s의 속도로 충돌하여, 원판 뒤로 지름 10cm의 원형 물제트가 5m/s의 속도로 흘러나가고 있을 때, 원판을 고정하기 위한 힘은 약 몇 N인가?

21.05.문24
18.04.문24

① 589   ② 673
③ 770   ④ 893

해설 (1) 기호

- D : 20cm=0.2m(100cm=1m)
- V : 5m/s
- F : ?

(2) 유량

$$Q = AV = \left(\dfrac{\pi D^2}{4}\right)V$$

여기서, Q : 유량[m³/s]
    A : 단면적[m²]
    V : 유속[m/s]
    D : 지름[m]

(3) 원판이 받는 힘

$$F = \rho QV$$

여기서, F : 원판이 받는 힘[N]
    ρ : 밀도(물의 밀도 1000N · s²/m⁴)
    Q : 유량[m³/s]
    V : 유속[m/s]

원판이 받는 힘 F는
$F = \rho QV$
$\quad = \rho(AV)V$
$\quad = \rho AV^2$
$\quad = \rho\left(\dfrac{\pi D^2}{4}\right)V^2 = \dfrac{\rho\pi V^2 D^2}{4}$

$\therefore$ 변형식 $F = \dfrac{\rho\pi V^2\left(D^2 - \left(\dfrac{D}{2}\right)^2\right)}{4}$

$\quad = \dfrac{\rho\pi V^2\left(D^2 - \dfrac{D^2}{4}\right)}{4}$

$\quad = \dfrac{\rho\pi V^2\left(\dfrac{4D^2}{4} - \dfrac{D^2}{4}\right)}{4}$

$\quad = \dfrac{\rho\pi V^2\left(\dfrac{3D^2}{4}\right)}{4}$

$\quad = \rho\pi V^2\dfrac{3D^2}{16}$

$\quad = \dfrac{3}{16}\rho\pi V^2 D^2$

$\quad = \dfrac{3}{16}\times1000\text{N} \cdot \text{s}^2/\text{m}^4\times\pi\times(5\text{m/s})^2$
$\quad\quad \times(0.2\text{m})^2$
$\quad \doteqdot 589\text{N}$

답 ①

★★★
28

21.09.문38
19.04.문22
17.09.문35
17.05.문37
16.10.문23
15.03.문35
14.05.문39
14.03.문32

펌프의 공동현상(cavitation)을 방지하기 위한 방법이 아닌 것은?

① 펌프의 설치위치를 되도록 낮게 하여 흡입양정을 짧게 한다.
② 펌프의 회전수를 크게 한다.
③ 펌프의 흡입관경을 크게 한다.
④ 단흡입펌프보다는 양흡입펌프를 사용한다.

 해설
② 크게 → 작게

공동현상(cavitation, 캐비테이션)

개요	펌프의 흡입측 배관 내의 물의 정압이 기존의 증기압보다 낮아져서 기포가 발생되어 물이 흡입되지 않는 현상
발생현상	• **소음**과 **진동** 발생 • 관 **부식** • **임펠러**의 손상(수차의 날개를 해친다) • 펌프의 성능저하
발생원인	• 펌프의 흡입수두가 클 때(소화펌프의 흡입고가 클 때) • 펌프의 마찰손실이 클 때 • 펌프의 임펠러속도가 클 때 • 펌프의 설치위치가 수원보다 높을 때 • 관 내의 수온이 높을 때(물의 온도가 높을 때) • 관 내의 물의 정압이 그때의 **증기압**보다 낮을 때 • 흡입관의 **구경**이 작을 때 • 흡입거리가 길 때 • 유량이 증가하여 펌프물이 과속으로 흐를 때
방지대책	• 펌프의 흡입수두를 작게 한다(흡입양정을 짧게 한다). 보기 ① • 펌프의 마찰손실을 작게 한다. • 펌프의 임펠러속도(회전수)를 낮추어 흡입비속도를 낮게 한다. 보기 ② • 펌프의 설치위치를 수원보다 낮게 한다. 보기 ① • **양흡입펌프**를 사용한다(펌프의 흡입측을 가압한다). 보기 ④ • 관 내의 물의 정압을 그때의 증기압보다 **높게** 한다. • 흡입관의 구경(관경)을 **크게** 한다. 보기 ③ • 펌프를 2개 이상 설치한다. • 입형펌프를 사용하고, 회전차를 수중에 완전히 잠기게 한다.

답 ②

🔖 중요

비속도(비교회전도)

$$N_s = N \frac{\sqrt{Q}}{\left(\dfrac{H}{n}\right)^{\frac{3}{4}}} \propto N$$

여기서, N_s : 펌프의 비교회전도(비속도)[m³/min·m/rpm]
  N : 회전수[rpm]
  Q : 유량[m³/min]
  H : 양정[m]
  n : 단수

• 공식에서 비속도(N_s)와 회전수(N)는 비례

답 ②

★★
29

21.03.문40
17.05.문23

물을 송출하는 펌프의 소요축동력이 70kW, 펌프의 효율이 78%, 전양정이 60m일 때, 펌프의 송출유량은 약 몇 m³/min인가?

① 5.57 ② 2.57
③ 1.09 ④ 0.093

해설 **(1) 기호**

• P : 70kW
• η : 78%=0.78
• H : 60m
• Q : ?

(2) 축동력

$$P = \frac{0.163QH}{\eta}$$

여기서, P : 축동력[kW]
  Q : 유량[m³/min]
  H : 전양정(수두)[m]
  η : 효율

펌프의 축동력 P는
$$P = \frac{0.163\,QH}{\eta}$$
$$P\eta = 0.163\,QH$$
$$\frac{P\eta}{0.163H} = Q$$
$$Q = \frac{P\eta}{0.163H} \leftarrow \text{좌우 이항}$$
$$= \frac{70\text{kW} \times 0.78}{0.163 \times 60\text{m}} \fallingdotseq 5.57\text{m}^3/\text{min}$$

• K(전달계수) : 축동력이므로 K 무시

🔖 용어

축동력
전달계수(K)를 고려하지 않은 동력

답 ①

30 그림에 표시된 원형 관로로 비중이 0.8, 점성계
`21.09.문35` 수가 0.4Pa·s인 기름이 층류로 흐른다. ㉠지
점의 압력이 111.8kPa이고, ㉡지점의 압력이
206.9kPa일 때 유체의 유량은 약 몇 L/s인가?

① 0.0149 　　② 0.0138

③ 0.0121 　　④ 0.0106

해설 **(1) 기호**

- s : 0.8
- μ : 0.4Pa·s
- $P_㉠$ = 111.8kPa = 111800Pa(1kPa = 1000Pa)
- $P_㉡$ = 206.9kPa = 206900Pa(1kPa = 1000Pa)
- Q : ?
- D : 12.7mm = 0.0127m(1000mm = 1m)
- L : 9m

(2) 비중

$$s = \frac{\rho}{\rho_w} = \frac{\gamma}{\gamma_w}$$

여기서, s : 비중
ρ : 어떤 물질의 밀도[kg/m³]
ρ_w : 물의 밀도(1000kg/m³)
γ : 어떤 물질의 비중량[N/m³]
γ_w : 물의 비중량(9800N/m³)

어떤 물질의 비중량 γ는

$\gamma = s \times \gamma_w = 0.8 \times 9800\text{N/m}^3$
$\quad = 7840\text{N/m}^3$

(3) 압력차

$$\Delta P = \gamma H$$

여기서, ΔP : 압력차[N/m²]
γ : 비중량(물의 비중량 9800N/m³)
H : 위치수두[m]

$\Delta P = \gamma H = 7840\text{N/m}^3 \times 4.5\text{m}$
$\quad = 35280\text{N/m}^2$
$\quad = 35280\text{Pa}(1\text{N/m}^2 = 1\text{Pa})$

총압력차 $\Delta P = P_㉡ - P_㉠ - \Delta P$
$\quad = (206900 - 111800 - 35280)\text{Pa}$
$\quad = 59820\text{Pa}$

---

(4) 층류 : 손실수두

유체의 속도를 알 수 있는 경우	유체의 속도를 알 수 없는 경우
$H = \dfrac{\Delta P}{\gamma} = \dfrac{flV^2}{2gD}$ [m] (다르시-바이스바하의 식)	$H = \dfrac{\Delta P}{\gamma} = \dfrac{128\mu Ql}{\gamma\pi D^4}$ [m] (하겐-포아젤의 식)
여기서, H : 마찰손실(손실수두)[m] ΔP : 압력차(압력강하, 압력 　　손실)[Pa] 또는 [N/m²] γ : 비중량(물의 비중량 9800 　　N/m³) f : 관마찰계수 l : 길이[m] V : 유속[m/s] g : 중력가속도(9.8m/s²) D : 내경[m]	여기서, ΔP : 압력차(압력강하, 압력 　　손실)[N/m²] γ : 비중량(물의 비중량 9800 　　N/m³) μ : 점성계수[N·s/m²] Q : 유량[m³/s] l : 길이[m] D : 내경[m]

(5) 하겐-포아젤의 식

$$\frac{\Delta P}{\gamma} = \frac{128\mu QL}{\gamma\pi D^4}$$

$$\frac{\cancel{\gamma}\pi D^4 \Delta P}{\cancel{\gamma}128\pi L} = Q$$

$$Q = \frac{\pi D^4 \Delta P}{128\mu L} \leftarrow \text{좌우 이항}$$

$$\quad = \frac{\pi \times (0.0127\text{m})^4 \times 59820\text{Pa}}{128 \times 0.4\text{Pa·s} \times 9\text{m}}$$

$$\quad = 1.06 \times 10^{-5}\text{m}^3/\text{s}$$

$$\quad = 0.0106 \times 10^{-3}\text{m}^3/\text{s}$$

$$\quad = 0.0106\text{L/s}(1000\text{L} = 1\text{m}^3, \ 10^{-3}\text{m}^3 = 1\text{L})$$

답 ④

31 다음 중 점성계수 μ의 차원은 어느 것인가? (단,
`21.05.문30`
`19.04.문40` M : 질량, L : 길이, T : 시간의 차원이다.)
`17.05.문40`
`16.05.문25` ① $ML^{-1}T^{-1}$
`13.09.문40`
`12.03.문25` ② $ML^{-1}T^{-2}$
`10.03.문37`
③ $ML^{-2}T^{-1}$

④ $M^{-1}L^{-1}T$

해설 **단위와 차원**
(1) 중력단위 vs 절대단위

차 원	중력단위[차원]	절대단위[차원]
길이	m[L]	m[L]
시간	s[T]	s[T]
운동량	N·s[FT]	kg·m/s[MLT⁻¹]
속도	m/s[LT⁻¹]	m/s[LT⁻¹]
가속도	m/s²[LT⁻²]	m/s²[LT⁻²]
질량	N·s²/m[FL⁻¹T²]	kg[M]
압력	N/m²[FL⁻²]	kg/m·s²[ML⁻¹T⁻²]
밀도	N·s²/m⁴[FL⁻⁴T²]	kg/m³[ML⁻³]
비중	무차원	무차원
비중량	N/m³[FL⁻³]	kg/m²·s²[ML⁻²T⁻²]

비체적	$m^4/N \cdot s^2[F^{-1}L^4T^{-2}]$	$m^3/kg[M^{-1}L^3]$
점성계수	$N \cdot s/m^2[FL^{-2}T]$	$kg/m \cdot s[ML^{-1}T^{-1}]$ 보기 ①
동점성계수	$m^2/s[L^2T^{-1}]$	$m^2/s[L^2T^{-1}]$
부력(힘)	$N[F]$	$kg \cdot m/s^2[MLT^{-2}]$
일(에너지·열량)	$N \cdot m[FL]$	$kg \cdot m^2/s^2[ML^2T^{-2}]$
동력(일률)	$N \cdot m/s[FLT^{-1}]$	$kg \cdot m^2/s^3[ML^2T^{-3}]$
표면장력	$N/m[FL^{-1}]$	$kg/s^2[MT^{-2}]$

(2) 점성계수
㉠ 차원은 $ML^{-1}T^{-1}$이다.
㉡ 전단응력과 전단변형률이 선형적인 관계를 갖는 유체를 **Newton 유체**라고 한다.
㉢ **온도**의 변화에 따라 변화한다.
㉣ 공기의 점성계수는 물보다 **작다**.

답 ①

★★ 32
20℃의 이산화탄소 소화약제가 체적 4m³의 용기 속에 들어 있다. 용기 내 압력이 1MPa일 때 이산화탄소 소화약제의 질량은 약 몇 kg인가? (단, 이산화탄소의 기체상수는 189J/kg · K이다.)

21.09.문32
12.05.문36

① 0.069 ② 0.072
③ 68.9 ④ 72.2

해설 **(1) 기호**
- T : 20℃ = (273 + 20)K
- V : 4m³
- P : 1MPa = $10^6 J/m^3$(1MPa = 10^6Pa, 1Pa = $1 J/m^3$)
- m : ?
- R : 189J/kg · K

(2) 이상기체 상태방정식
$$PV = mRT$$

여기서, P : 압력[J/m³]
V : 체적[m³]
m : 질량[kg]
R : 기체상수[J/kg · K]
T : 절대온도(273+℃)[K]

공기의 질량 m은
$$m = \frac{PV}{RT} = \frac{10^6 J/m^3 \times 4m^3}{189J/kg \cdot K \times (273 + 20)K} = 72.2kg$$

답 ④

★★ 33
압축률에 대한 설명으로 틀린 것은?

21.05.문37
13.03.문32

① 압축률은 체적탄성계수의 역수이다.
② 압축률의 단위는 압력의 단위인 Pa이다.
③ 밀도와 압축률의 곱은 압력에 대한 밀도의 변화율과 같다.
④ 압축률이 크다는 것은 같은 압력변화를 가할 때 압축하기 쉽다는 것을 의미한다.

해설 ② Pa이다. → Pa의 **역수**이다.

압축률
$$\beta = \frac{1}{K}$$

여기서, β : 압축률[1/kPa]
K : 체적탄성계수[kPa]

🔧 중요
압축률
(1) 체적탄성계수의 역수
(2) 단위압력변화에 대한 체적의 변형도
(3) 압축률이 적은 것은 압축하기 어렵다.

답 ②

★★★ 34
밸브가 장치된 지름 10cm인 원관에 비중 0.8인 유체가 2m/s의 평균속도로 흐르고 있다. 밸브 전후의 압력차이가 4kPa일 때, 이 밸브의 등가길이는 몇 m인가? (단, 관의 마찰계수는 0.02이다.)

21.05.문35
17.05.문39
17.03.문36
16.10.문37
16.03.문38
15.09.문33
15.05.문36
14.03.문24
13.09.문24
11.10.문27
06.09.문31

① 10.5 ② 12.5
③ 14.5 ④ 16.5

해설 **(1) 기호**
- D : 10cm = 0.1m(100cm = 1m)
- s : 0.8
- V : 2m/s
- $\triangle P$: 4kPa
- f : 0.02
- L : ?

(2) 비중
$$s = \frac{\rho}{\rho_w} = \frac{\gamma}{\gamma_w}$$

여기서, s : 비중
ρ : 어떤 물질의 밀도[kg/m³]
ρ_w : 물의 밀도(1000kg/m³)
γ : 어떤 물질의 비중량[N/m³]
γ_w : 물의 비중량(9.8kN/m³)

$s = \dfrac{\gamma}{\gamma_w}$

$\gamma = s \times \gamma_w = 0.8 \times 9.8kN/m^3$
$= 7.84kN/m^3$
$= 7.84kPa/m(1kN/m^2 = 1kPa)$

(3) 마찰손실(달시 – 웨버의 식, Darcy – Weisbach formula)
$$H = \frac{\Delta P}{\gamma} = \frac{fLV^2}{2gD}$$

여기서, H : 마찰손실(수두)[m]
ΔP : 압력차[kPa] 또는 [kN/m²]
γ : 비중량(물의 비중량 9.8kN/m³)
f : 관마찰계수
L : 길이[m]
V : 유속(속도)[m/s]
g : 중력가속도(9.8m/s²)
D : 내경[m]

$\dfrac{\Delta P}{\gamma}=\dfrac{fLV^2}{2gD}$ 에서 밸브의 등가길이 L은

$$L=\dfrac{\Delta P}{\gamma}\times\dfrac{2gD}{fV^2}$$
$$=\dfrac{4\text{kPa}}{7.84\text{kPa/m}}\times\dfrac{2\times9.8\text{m/s}^2\times0.1\text{m}}{0.02\times(2\text{m/s})^2}=12.5\text{m}$$

답 ②

★★★
35
21.09.문40
19.03.문28
13.03.문24

그림과 같이 물이 수조에 연결된 원형 파이프를 통해 분출되고 있다. 수면과 파이프의 출구 사이에 총 손실수두가 200mm이라고 할 때 파이프에서의 방출유량은 약 몇 m^3/s인가? (단, 수면 높이의 변화속도는 무시한다.)

① 0.285　　　② 0.295
③ 0.305　　　④ 0.315

해설 **(1) 기호**

- H_2 : 5m
- H_1 : 200mm=0.2m(1000mm=1m)
- Q : ?
- D : 20cm=0.2m(100cm=1m)

(2) 토리첼리의 식

$$V=\sqrt{2gH}=\sqrt{2g(H_2-H_1)}$$

여기서, V : 유속[m/s]
　　　g : 중력가속도(9.8m/s²)
　　　H_2 : 높이[m]
　　　H_1 : 손실수두[m]

유속 V는
$$V=\sqrt{2g(H_2-H_1)}$$
$$=\sqrt{2\times9.8\text{m/s}^2(5-0.2)\text{m}}=9.669\text{m/s}$$

(3) 유량

$$Q=AV=\left(\dfrac{\pi D^2}{4}\right)V$$

여기서, Q : 유량[m³/s]
　　　A : 단면적[m²]
　　　V : 유속[m/s]
　　　D : 직경[m]

유량 Q는
$$Q=AV=\dfrac{\pi D^2}{4}V$$
$$=\dfrac{\pi\times(0.2\text{m})^2}{4}\times9.699\text{m/s}=0.3047\fallingdotseq0.305\text{m}^3/\text{s}$$

답 ③

★★★
36
21.03.문29
17.03.문24
16.10.문27
14.09.문27
14.03.문31

유체의 흐름에 적용되는 다음과 같은 베르누이 방정식에 관한 설명으로 옳은 것은?

$$\dfrac{P}{\gamma}+\dfrac{V^2}{2g}+Z=C(\text{일정})$$

① 비정상상태의 흐름에 대해 적용된다.
② 동일한 유선상이 아니더라도 흐름 유체의 임의점에 대해 항상 적용된다.
③ 흐름 유체의 마찰효과가 충분히 고려된다.
④ 압력수두, 속도수두, 위치수두의 합이 일정함을 표시한다.

해설
　① 비정상 → 정상
　② 동일한 유선상이 아니더라도 → 동일한 유선 상에 있는
　③ 충분히 고려된다. → 없다.

(1) 베르누이(Bernoulli)식
'에너지 보존의 법칙'을 유체에 적용하여 얻은 식

(2) 베르누이방정식(정리)의 **적용 조건**
　㉠ **정**상흐름(정상류)=정상유동 보기 ①
　㉡ **비**압축성 흐름(비압축성 유체)
　㉢ **비**점성 흐름(비점성 유체)=마찰이 없는 유동 보기 ③
　㉣ **이**상유체
　㉤ 유선을 따라 운동=같은 유선 위의 두 점에 적용 보기 ②

기억법 **베정비이**(배를 **정비**해서 **이**곳을 떠나라!)

🔥 중요

베르누이정리

$$\dfrac{V^2}{2g}+\dfrac{P}{\gamma}+Z=\text{일정}$$

(속도수두)(압력수두)(위치수두)

- 물의 **속도수두**와 **압력수두**의 총합은 배관의 모든 부분에서 같다. 보기 ④

📋 비교

(1) 오일러 운동방정식의 가정
　㉠ **정**상유동(정상류)일 경우
　㉡ 유체의 **마**찰이 **없을 경우**(점성마찰이 없을 경우)
　㉢ 입자가 **유선**을 따라 **운동**할 경우
(2) 운동량방정식의 가정
　㉠ 유동단면에서의 **유속**은 **일정**하다.
　㉡ **정상유동**이다.

답 ④

★
37 유체의 흐름 중 난류 흐름에 대한 설명으로 틀린
`16.10.문21` 것은?

① 원관 내부 유동에서는 레이놀즈수가 약 4000 이상인 경우에 해당한다.

② 유체의 각 입자가 불규칙한 경로를 따라 움직인다.

③ 유체의 입자가 갖는 관성력이 입자에 작용하는 점성력에 비하여 매우 크다.

④ 원관 내 완전발달 유동에서는 평균속도가 최대속도의 $\frac{1}{2}$ 이다.

$$④ \quad \frac{1}{2} \rightarrow 0.8$$

(1) 층류와 난류

구 분	층 류		난 류
흐름	정상류		비정상류
레이놀즈수	2100 이하		4000 이상 보기①
손실수두	유체의 속도를 알 수 있는 경우 $H = \dfrac{flV^2}{2gD}$ 〔m〕 (다르시-바이스바하의 식)	유체의 속도를 알 수 없는 경우 $H = \dfrac{128\mu Ql}{\gamma\pi D^4}$ 〔m〕 (하겐-포아젤의 식)	$H = \dfrac{2flV^2}{gD}$ 〔m〕 (패닝의 법칙)
전단응력	$\tau = \dfrac{p_A - p_B}{l} \cdot \dfrac{r}{2}$ 〔N/m²〕		$\tau = \mu\dfrac{du}{dy}$ 〔N/m²〕
평균속도	$V = \dfrac{V_{\max}}{2}$		$V = 0.8\,V_{\max}$ 보기④
전이길이	$L_t = 0.05Re\,D$ 〔m〕		$L_t = 40 \sim 50\,D$ 〔m〕
관마찰계수	$f = \dfrac{64}{Re}$		—

● 난류 : 불규칙적으로 운동하면서 흐르는 유체 보기②

---

(2) 레이놀즈수

㉠ 원관 내에 유체가 흐를 때 유동의 특성을 결정하는 가장 중요한 요소

㉡ 관성력이 커지면 난류가 되기 쉽고, 점성력이 커지면 층류가 되기 쉽다. 보기③

명 칭	물리적 의미
레이놀즈 (Reynolds)수	$\dfrac{\textbf{관}성력}{\textbf{점}성력}$

기억법 레관점

답 ④

★★
38 어떤 물체가 공기 중에서 무게는 588N이고, 수중에서 무게는 98N이었다. 이 물체의 체적(V)과 비중(s)은?
`13.09.문26`
`12.09.문24`

① $V = 0.05\text{m}^3$, $s = 1.2$

② $V = 0.05\text{m}^3$, $s = 1.5$

③ $V = 0.5\text{m}^3$, $s = 1.2$

④ $V = 0.5\text{m}^3$, $s = 1.5$

(1) 물체의 무게

$$W_1 = \gamma V$$

여기서, W_1 : 물체의 무게(공기 중 무게−수중무게)〔N〕
γ : 비중량(물의 비중량 9800N/m³)
V : 물체의 체적〔m³〕

물체의 체적 V는

$$V = \frac{W_1}{\gamma} = \frac{(588-98)\text{N}}{9800\text{N/m}^3} = 0.05\text{m}^3$$

(2) 비중

$$s = \frac{\gamma}{\gamma_w}$$

여기서, s : 비중
γ : 어떤 물체의 비중량〔N/m³〕
γ_w : 물의 비중량(9800N/m³)

어떤 유체의 비중량 γ는
$\gamma = s \times \gamma_w = 9800s$

(3) 물체의 비중

$$W_2 = \gamma V = (9800s)\,V$$

여기서, W_2 : 공기 중 무게〔N〕
γ : 어떤 물체의 비중량〔N/m³〕
V : 물체의 체적〔m³〕
s : 비중

$W_2 = 9800s\,V$

$\dfrac{W_2}{9800\,V} = s$

$$s = \frac{W_2}{9800\,V} = \frac{588\text{N}}{9800 \times 0.05\text{m}^3} = 1.2$$

답 ①

39 유체에 관한 설명 중 옳은 것은?

20.09.문25
16.10.문28
14.09.문40
00.10.문40

① 실제 유체는 유동할 때 마찰손실이 생기지 않는다.

② 이상유체는 높은 압력에서 밀도가 변화하는 유체이다.

③ 유체에 압력을 가하면 체적이 줄어드는 유체는 압축성 유체이다.

④ 압력을 가해도 밀도변화가 없으며 점성에 의한 마찰손실만 있는 유체가 이상유체이다.

해설 유체의 종류

종류	설명
실제유체	① **점**성이 있으며, **압축성**인 유체 ② 유동시 마찰이 존재하는 유체 보기 ① **기억법** 실점있압(실점이 있는 사람만 압박해!)
이상유체	① 점성이 없으며, **비압축성**인 유체 (**비**점성, 비압축성 유체) ② 압력을 가해도 **밀도변화**가 없으며 점성에 의한 **마찰손실도 없는** 유체 보기 ②④ **기억법** 이비
압축성 유체	**기**체와 같이 체적이 변화하는 유체 (밀도가 변하는 유체) 보기 ③ **기억법** 기압(기압)
비압축성 유체	**액체**와 같이 체적이 변화하지 않는 유체
점성 유체	① 유동시 마찰저항이 유발되는 유체 ② 점성으로 인해 **마찰손실**이 생기는 유체
비점성 유체	유동시 마찰저항이 유발되지 않는 유체
뉴턴(Newton) 유체	전단속도의 크기에 관계없이 일정한 점도를 나타내는 유체(**점성 유체**)

답 ③

40 그림에서 물과 기름의 표면은 대기에 개방되어 있고, 물과 기름 표면의 높이가 같을 때 h는 약 몇 m인가? (단, 기름의 비중은 0.8, 액체 A의 비중은 1.6이다.)

19.09.문36
13.06.문33

물과 기름의 표면 그림: 왼쪽 물, 오른쪽 기름, 높이 1.5m, h, 1.5m, 액체 A

① 1

② 1.1

③ 1.125

④ 1.25

해설 (1) **기호**

- $s_{기}$: 0.8
- s_A : 1.6

(2) **비중**

$$s = \frac{\gamma}{\gamma_w} = \frac{\rho}{\rho_w}$$

여기서, s : 비중
γ : 어떤 물질의 비중량[kN/m³]
γ_w : 물의 비중량(9.8kN/m³)
ρ : 어떤 물질의 밀도[kg/m³]
ρ_w : 물의 밀도(1000kg/m³)

기름의 비중량 γ는

$\gamma_{기} = s_{기} \times \gamma_w = 0.8 \times 9.8 \text{kN/m}^3 = 7.84 \text{kN/m}^3$

액체 A의 비중량 γ는

$\gamma_A = s_A \times \gamma_w = 1.6 \times 9.8 \text{kN/m}^3 = 15.68 \text{kN/m}^3$

(3) **압력**

$$P = \gamma h$$

여기서, P : 압력[N/m²]
γ : 비중량(물의 비중량 9.8kN/m³)
h : 높이[m]

물의 압력($\gamma_w h$)+액체 A의 압력($\gamma_A h$)

=기름의 압력($\gamma_{기} h$)+액체 A의 압력($\gamma_A h$)

$9.8 \text{kN/m}^3 \times 1.5\text{m} + 15.68 \text{kN/m}^3 \times h$

$= 7.84 \text{kN/m}^3 \times h + 15.68 \text{kN/m}^3 \times 1.5\text{m}$

$9.8 \times 1.5 + 15.68 h$ ← 계산편의를 위해 단위생략

$= 7.84 h + 15.68 \times 1.5$

$15.68 h - 7.84 h = 15.68 \times 1.5 - (9.8 \times 1.5)$

$7.84 h = 8.82$

$h = \dfrac{8.82}{7.84} = 1.125\text{m}$

답 ③

제3과목 소방관계법규

41 다음은 소방기본법령상 소방본부에 대한 설명이다. ( )에 알맞은 내용은?

> 소방업무를 수행하기 위하여 ( ) 직속으로 소방본부를 둔다.

① 경찰서장

② 시·도지사

③ 행정안전부장관

④ 소방청장

해설 기본법 3조

소방기관의 설치

시·도에서 소방업무를 수행하기 위하여 **시·도지사** 직속으로 **소방본부**를 둔다.

답 ②

42 위험물안전관리법령상 제4류 위험물을 저장·취급하는 제조소에 "화기엄금"이란 주의사항을 표시하는 게시판을 설치할 경우 게시판의 색상은?

19.04.문58
16.10.문53
16.05.문42
15.03.문44
11.10.문45

① 청색바탕에 백색문자

② 적색바탕에 백색문자

③ 백색바탕에 적색문자

④ 백색바탕에 흑색문자

해설 위험물규칙 [별표 4]

위험물제조소의 게시판 설치기준

위험물	주의사항	비 고
• 제1류 위험물(알칼리금 속의 과산화물) • 제3류 위험물(금수성 물질)	물기엄금	**청색**바탕에 **백색**문자
• 제2류 위험물(인화성 고체 제외)	화기주의	**적색**바탕에 **백색**문자 보기 ②
• 제2류 위험물(인화성 고체) • 제3류 위험물(자연발화성 물질) • **제4류 위험물** → • 제5류 위험물	**화기엄금**	
• 제6류 위험물	별도의 표시를 하지 않는다.	

비교

위험물규칙 [별표 19]

위험물 운반용기의 주의사항

위험물		주의사항
제1류 위험물	알칼리금속의 과산화물	• 화기·충격주의 • 물기엄금 • 가연물 접촉주의
	기타	• 화기·충격주의 • 가연물 접촉주의
제2류 위험물	철분·금속분·마그네슘	• 화기주의 • 물기엄금
	인화성 고체	• 화기엄금
	기타	• 화기주의
제3류 위험물	자연발화성 물질	• 화기엄금 • 공기접촉엄금
	금수성 물질	• 물기엄금
제4류 위험물		• 화기엄금
제5류 위험물		• 화기엄금 • 충격주의
제6류 위험물		• 가연물 접촉주의

답 ②

43 소방시설공사업법령상 소방시설업의 등록을 하지 아니하고 영업을 한 자에 대한 벌칙기준으로 옳은 것은?

21.03.문54
20.06.문47
19.09.문47
14.09.문58
07.09.문58

① 1년 이하의 징역 또는 1천만원 이하의 벌금

② 2년 이하의 징역 또는 2천만원 이하의 벌금

③ 3년 이하의 징역 또는 3천만원 이하의 벌금

④ 5년 이하의 징역 또는 5천만원 이하의 벌금

해설 **3년 이하의 징역 또는 3000만원 이하의 벌금**

(1) **화재안전조사** 결과에 따른 조치명령 위반(화재예방법 50조)

(2) **소방시설관리업** 무등록자(소방시설법 57조)

(3) **소방시설업** 무등록자(공사업법 35조) 보기 ③

(4) 형식승인을 받지 않은 **소방용품** 제조·수입자(소방시설법 57조)

(5) **제품검사**를 받지 않은 자(소방시설법 57조)

(6) **부정한 방법**으로 **진단기관**의 지정을 받은 자(소방시설법 57조)

중요

3년 이하의 징역 또는 3000만원 이하의 벌금	5년 이하의 징역 또는 1억원 이하의 벌금
① 소방시설업 무등록 ② 소방시설관리업 무등록	제조소 무허가(위험물법 34조 2)

답 ③

★★
44 위험물안전관리법령상 유별을 달리하는 위험물을 혼재하여 저장할 수 있는 것으로 짝지어진 것은?

16.10.문09
13.06.문01

① 제1류 - 제2류

② 제2류 - 제3류

③ 제3류 - 제4류

④ 제5류 - 제6류

해설 **위험물규칙〔별표 19〕**
위험물의 혼재기준

(1) 제**1**류 + 제**6**류

(2) 제**2**류 + 제**4**류

(3) 제**2**류 + 제**5**류

(4) 제**3**류 + 제**4**류   보기 ③

(5) 제**4**류 + 제**5**류

기억법 1 - 6
        2 - 4, 5
        3 - 4
        4 - 5

답 ③

★★★
45 소방기본법령상 상업지역에 소방용수시설 설치 시 소방대상물과의 수평거리 기준은 몇 m 이하인가?

20.06.문46
17.09.문56
10.05.문41

① 100

② 120

③ 140

④ 160

해설 **기본규칙〔별표 3〕**
소방용수시설의 설치기준

거리기준	지 역
수평거리 **100m 이하**	• **공**업지역 • **상**업지역 보기 ① • **주**거지역 **기억법** **주상공**100(**주상공** 백지에 사인을 하시오.)
수평거리 **140m 이하**	• 기타지역

답 ①

★★
46 소방시설 설치 및 관리에 관한 법령상 종합점검 실시대상이 되는 특정소방대상물의 기준 중 다음 ( ) 안에 알맞은 것은?

20.06.문55
18.03.문41

물분무등소화설비[호스릴(Hose Reel)방식의 물분무등소화설비만을 설치한 경우는 제외한다]가 설치된 연면적 ( )m² 이상인 특정소방대상물(위험물제조소 등은 제외한다)

① 2000

② 3000

③ 4000

④ 5000

해설 **소방시설법 시행규칙 〔별표 3〕**
소방시설 등 자체점검의 점검대상, 점검자의 자격, 점검횟수 및 시기

점검 구분	정 의	점검대상	점검자의 자격(주된 인력)	점검횟수 및 점검시기
작동점검	소방시설 등을 인위적으로 조작하여 정상적으로 작동하는지를 점검하는 것	① 간이스프링클러설비·자동화재탐지설비	• 관계인 • 소방안전관리자로 선임된 소방시설관리사 또는 소방기술사 • 소방시설관리업에 등록된 기술인력 중 소방시설관리사 또는 「소방시설공사업법 시행규칙」에 따른 특급 점검자	작동점검은 **연 1회** 이상 실시하며, 종합점검대상은 종합점검을 받은 달부터 **6개월**이 되는 달에 실시
		② ①에 해당하지 아니하는 특정소방대상물	• 소방시설관리업에 등록된 기술인력 중 소방시설관리사 • 소방안전관리자로 선임된 소방시설관리사 또는 소방기술사	
		③ 작동점검 제외대상 • 특정소방대상물 중 소방안전관리자를 선임하지 않는 대상 • 위험물제조소 등 • 특급 소방안전관리대상물		
종합점검	소방시설 등의 작동점검을 포함하여 소방시설 등의 설비별 주요 구성 부품의 구조기준이 화재안전기준과 「건축법」 등 관련 법령에서 정하는 기준에 적합한지 여부를 점검하는 것 (1) 최초점검 : 특정소방대상물의 소방시설이 새로 설치되는 경우 건축물을 사용할 수 있게 된 날부터 60일 이내에 점검하는 것 (2) 그 밖의 종합점검 : 최초점검을 제외한 종합점검	④ 소방시설 등이 신설된 경우에 해당하는 특정소방대상물 ⑤ **스프링클러설비**가 설치된 특정소방대상물 ⑥ **물분무등소화설비**(호스릴 방식의 물분무등소화설비만을 설치한 경우는 제외)가 설치된 연면적 **5000m²** 이상인 특정소방대상물(위험물제조소 등 제외) 보기 ④ ⑦ 다중이용업의 영업장이 설치된 특정소방대상물로서 연면적이 **2000m²** 이상인 것 ⑧ **제연설비**가 설치된 터널 ⑨ **공공기관** 중 연면적(터널·지하구의 경우 그 길이와 평균폭을 곱하여 계산된 값)이 **1000m²** 이상인 것으로서 옥내소화전설비 또는 자동화재탐지설비가 설치된(단, 소방대가 근무하는 공공기관 제외)	• 소방시설관리업에 등록된 기술인력 중 **소방시설관리사** • 소방안전관리자로 선임된 **소방시설관리사** 또는 **소방기술사**	〈점검횟수〉 ㉠ 연 1회 이상(특급 소방안전관리대상물은 반기에 1회 이상) 실시 ㉡ ㉠에도 불구하고 소방본부장 또는 소방서장은 소방청장이 소방안전관리가 우수하다고 인정한 특정소방대상물에 대해서는 3년의 범위에서 소방청장이 고시하거나 정한 기간 동안 종합점검을 면제할 수 있다(단, 면제기간 중 화재가 발생한 경우는 제외).

점검 구분	정 의	점검대상	점검자의 자격(주된 인력)	점검횟수 및 점검시기
				〈점검시기〉 ㉠ ④에 해당하는 특정소방대상물은 건축물을 사용할 수 있게 된 날부터 60일 이내 실시 ㉡ ㉠을 제외한 특정소방대상물은 건축물의 사용승인일이 속하는 달에 실시(단, 학교의 경우 해당 건축물의 사용승인일이 1월에서 6월 사이에 있는 경우에는 6월 30일까지 실시할 수 있다) ㉢ 건축물 사용승인일 이후 ⑥에 따라 종합점검대상에 해당하게 된 경우에는 그 다음 해부터 실시 ㉣ 하나의 대지경계선 안에 2개 이상의 자체점검대상 건축물 등이 있는 경우 그 건축물 중 사용승인일이 가장 빠른 연도의 건축물의 사용승인일을 기준으로 점검할 수 있다.

[비고] 작동점검 및 종합점검은 건축물 사용승인 후 그 다음 해부터 실시한다.

답 ④

★★★
47 다음 소방기본법령상 용어 정의에 대한 설명으로
옳은 것은?

21.05.문41
21.03.문58
19.04.문46
14.09.문44

① 소방대상물이란 건축물, 차량, 선박(항구에 매어둔 선박은 제외) 등을 말한다.

② 관계인이란 소방대상물의 점유예정자를 포함한다.

③ 소방대란 소방공무원, 의무소방원, 의용소방대원으로 구성된 조직체이다.

④ 소방대장이란 화재, 재난·재해, 그 밖의 위급한 상황이 발생한 현장에서 소방대를 지휘하는 사람(소방서장은 제외)이다.

① 매어둔 선박은 제외 → 매어둔 선박
② 포함한다. → 포함하지 않는다.
④ 소방서장은 제외 → 소방서장 포함

(1) **기본법 2조 1호** 보기 ①
소방대상물
㉠ **건**축물
㉡ **차**량
㉢ **선**박(매어둔 것)
㉣ 선박건조구조물
㉤ **산**림
㉥ **인**공구조물
㉦ **물**건

기억법 건차선 산인물

(2) **기본법 2조** 보기 ②
관계인
㉠ **소**유자
㉡ **관**리자
㉢ **점**유자

기억법 소관점

(3) **기본법 2조** 보기 ③
소방대
㉠ 소방공무원
㉡ 의무소방원
㉢ 의용소방대원

(4) **기본법 2조** 보기 ④
소방대장
소방본부장 또는 **소방서장** 등 화재, 재난·재해, 그 밖의 위급한 상황이 발생한 현장에서 소방대를 지휘하는 사람

답 ③

★★
48 화재의 예방 및 안전관리에 관한 법령상 관리의 권원이 분리된 특정소방대상물에 소방안전관리자를 선임하여야 하는 특정소방대상물 중 복합건축물은 지하층을 제외한 층수가 최소 몇 층 이상인 건축물만 해당되는가?

18.09.문58
16.03.문42

---

① 6층
② 11층
③ 20층
④ 30층

해설 **화재예방법 35조, 화재예방법 시행령 35조**
관리의 권원이 분리된 특정소방대상물의 소방안전관리
(1) **복합건축물(지하층을 제외한** 11층 이상, 또는 연면적 30000m² 이상인 건축물) 보기 ②
(2) **지하가**
(3) **도매시장, 소매시장, 전통시장**

답 ②

★★★
49 화재의 예방 및 안전관리에 관한 법령상 특수가연물의 저장 및 취급의 기준 중 ( )에 들어갈 내용으로 옳은 것은? (단, 석탄·목탄류의 경우는 제외한다.)

21.05.문45
19.03.문55
18.03.문60
14.05.문46
14.03.문46
13.03.문60

쌓는 높이는 (㉠)m 이하가 되도록 하고, 쌓는 부분의 바닥면적은 (㉡)m² 이하가 되도록 할 것

① ㉠ 15, ㉡ 200
② ㉠ 15, ㉡ 300
③ ㉠ 10, ㉡ 30
④ ㉠ 10, ㉡ 50

해설 **화재예방법 시행령〔별표 3〕**
특수가연물의 저장·취급기준
(1) **품명별**로 구분하여 쌓을 것
(2) 쌓는 높이는 **10m** 이하가 되도록 할 것 보기 ④
(3) 쌓는 부분의 바닥면적은 **50m²**(석탄·목탄류는 **200m²**) 이하가 되도록 할 것(단, 살수설비를 설치하거나 대형 수동식 소화기를 설치하는 경우에는 높이 15m 이하, 바닥면적 200m²(석탄·목탄류는 300m²) 이하) 보기 ④
(4) 쌓는 부분의 바닥면적 사이는 실내의 경우 **1.2m** 또는 쌓는 **높이의** $\frac{1}{2}$ 중 **큰 값**(실외 3m 또는 쌓는 높이 중 큰 값) 이상으로 간격을 둘 것
(5) 취급장소에는 **품명·최대수량** 및 화기취급의 **금지 표지** 설치

답 ④

★★★
50 소방시설 설치 및 관리에 관한 법령상 자동화재탐지설비를 설치하여야 하는 특정소방대상물의 기준으로 틀린 것은?

21.03.문57
16.05.문43
16.03.문57
14.03.문79
12.03.문74

① 공장 및 창고시설로서 「화재의 예방 및 안전관리에 관한 법률」에서 정하는 수량의 500배 이상의 특수가연물을 저장·취급하는 것

② 지하가(터널은 제외한다)로서 연면적 600m² 이상인 것

③ 숙박시설이 있는 수련시설로서 수용인원 100명 이상인 것

④ 장례시설 및 복합건축물로서 연면적 600m² 이상인 것

해설 ② 600m² 이상 → 1000m² 이상

소방시설법 시행령 〔별표 4〕
자동화재탐지설비의 설치대상

설치대상	조 건
① 정신의료기관·의료재활시설	• 창살설치 : 바닥면적 300m² 미만 • 기타 : 바닥면적 300m² 이상
② 노유자시설	• 연면적 400m² 이상
③ **근**린생활시설·**위**락시설 ④ **의**료시설(정신의료기관, 요양병원 제외) ⑤ **복**합건축물·**장례시설** 기억법 근위의복 6	• 연면적 600m² 이상 보기 ④ →
⑥ 목욕장·문화 및 집회시설, 운동시설 ⑦ 종교시설 ⑧ 방송통신시설·관광휴게시설 ⑨ 업무시설·판매시설 ⑩ 항공기 및 자동차관련시설·공장·창고시설 ⑪ **지하가**(터널 제외)·운수시설·발전시설·위험물 저장 및 처리시설 ⑫ 교정 및 군사시설 중 국방·군사시설	• 연면적 1000m² 이상 보기 ②
⑬ **교**육연구시설·**동**물관련시설 ⑭ **분**뇨 및 쓰레기 처리시설·**교**정 및 군사시설(국방·군사시설 제외) ⑮ **수**련시설(숙박시설이 있는 것 제외) ⑯ 묘지관련시설 기억법 교동분교수 2	• 연면적 2000m² 이상
⑰ 지하가 중 터널	• 길이 1000m 이상
⑱ 지하구 ⑲ 노유자생활시설 ⑳ 공동주택 ㉑ 숙박시설 ㉒ **6층** 이상인 건축물 ㉓ 조산원 및 산후조리원 ㉔ 전통시장 ㉕ 요양병원(정신병원, 의료재활시설 제외)	• 전부
㉖ 특수가연물 저장·취급	• 지정수량 500배 이상 보기 ①
㉗ 수련시설(숙박시설이 있는 것)	• 수용인원 100명 이상 보기 ③
㉘ 발전시설	• 전기저장시설

답 ②

★★★
51
19.04.문44
17.09.문02
16.05.문52
16.05.문46
15.09.문03
15.09.문18
15.05.문10
15.05.문42
15.03.문51
14.09.문18
14.03.문18
11.06.문54
위험물안전관리법령에서 정하는 제3류 위험물에 해당하는 것은?

① 나트륨
② 염소산염류
③ 무기과산화물
④ 유기과산화물

해설
② 제1류
③ 제1류
④ 제5류

위험물령 〔별표 1〕
위험물

유 별	성 질	품 명
제1류	**산**화성 **고**체	• 아염소산염류 • 염소산염류(**염소산나트륨**) 보기 ② • 과염소산염류 • 질산염류 • 무기과산화물 보기 ③ 기억법 1산고염나
제2류	가연성 고체	• **황화**린 • **적**린 • **유황** • **마**그네슘 기억법 황화적유마
제3류	자연발화성 물질 및 금수성 물질	• **황**린 • **칼**륨 • **나트륨** 보기 ① • **알**칼리토금속 • **트**리에틸알루미늄 기억법 황칼나알트
제4류	인화성 액체	• 특수인화물 • 석유류(벤젠) • 알코올류 • 동식물유류
제5류	자기반응성 물질	• 유기과산화물 보기 ④ • 니트로화합물 • 니트로소화합물 • 아조화합물 • 질산에스테르류(셀룰로이드)
제6류	산화성 액체	• **과염소산** • 과산화수소 • 질산

답 ①

★★★
52
17.09.문41
15.09.문42
11.10.문60
소방시설 설치 및 관리에 관한 법령상 방염성능기준 이상의 실내장식물 등을 설치하여야 하는 특정소방대상물이 아닌 것은?

① 방송국
② 종합병원
③ 11층 이상의 아파트
④ 숙박이 가능한 수련시설

해설
③ 아파트 제외

소방시설법 시행령 30조
방염성능기준 이상 적용 특정소방대상물
(1) 층수가 **11층 이상**인 것(아파트 제외 : 2026. 12. 1. 삭제) 보기 ③
(2) 체력단련장, 공연장 및 종교집회장
(3) 문화 및 집회시설
(4) 종교시설
(5) 운동시설(수영장은 제외)
(6) 의료시설(종합병원, 정신의료기관) 보기 ②
(7) 의원, 조산원, 산후조리원
(8) 교육연구시설 중 합숙소
(9) 노유자시설
(10) 숙박이 가능한 수련시설 보기 ④
(11) 숙박시설
(12) 방송국 및 촬영소 보기 ①
(15) 다중이용업소(단란주점영업, 유흥주점영업, 노래연습장의 영업장, 장례식장 등)

답 ③

53 소방시설 설치 및 관리에 관한 법령상 무창층으로 판정하기 위한 개구부가 갖추어야 할 요건으로 틀린 것은?

18.09.문09
10.05.문52
06.09.문57
05.03.문49

① 크기는 반지름 30cm 이상의 원이 내접할 수 있을 것
② 해당 층의 바닥면으로부터 개구부 밑부분까지 높이가 1.2m 이내일 것
③ 도로 또는 차량이 진입할 수 있는 빈터를 향할 것
④ 화재시 건축물로부터 쉽게 피난할 수 있도록 창살이나 그 밖의 장애물이 설치되지 아니할 것

해설
① 30cm 이상 → 50cm 이상

소방시설법 시행령 2조
무창층의 개구부의 기준
(1) 개구부의 크기는 지름 **50cm 이상**의 원이 **내접**할 수 있는 크기일 것 보기 ①
(2) 해당 층의 바닥면으로부터 개구부 밑부분까지의 높이가 **1.2m 이내**일 것 보기 ②
(3) 개구부는 **도로** 또는 **차량**이 진입할 수 있는 **빈터**를 향할 것 보기 ③
(4) 화재시 건축물로부터 **쉽게 피난**할 수 있도록 개구부에 창살, 그 밖의 장애물이 설치되지 아니할 것 보기 ④
(5) 내부 또는 외부에서 **쉽게 부수거나 열 수** 있을 것

용어
소방시설법 시행령 2조
무창층
지상층 중 기준에 의해 개구부의 면적의 합계가 그 층의 바닥면적의 $\frac{1}{30}$ 이하가 되는 층

답 ①

54 소방시설공사업법령상 일반 소방시설설계업(기계분야)의 영업범위에 대한 기준 중 ( )에 알맞은 내용은? (단, 공장의 경우는 제외한다.)

16.10.문58
05.05.문44

연면적 ( )m² 미만의 특정소방대상물(제연설비가 설치되는 특정소방대상물은 제외한다)에 설치되는 기계분야 소방시설의 설계

① 10000 ② 20000
③ 30000 ④ 50000

해설 공사업령 〔별표 1〕
소방시설설계업

종류	기술인력	영업범위
전문	• 주된기술인력 : 1명 이상 • 보조기술인력 : 1명 이상	• 모든 특정소방대상물
일반	• 주된기술인력 : 1명 이상 • 보조기술인력 : 1명 이상	• **아파트**(기계분야 제연설비 제외) • 연면적 30000m²(공장 10000m²) 미만(기계분야 제연설비 제외) 보기 ③ • **위험물제조소** 등

답 ③

55 소방시설 설치 및 관리에 관한 법령상 건축허가 등을 할 때 미리 소방본부장 또는 소방서장의 동의를 받아야 하는 건축물 등의 범위기준이 아닌 것은?

17.09.문53

① 노유자시설 및 수련시설로서 연면적 100m² 이상인 건축물
② 지하층 또는 무창층이 있는 건축물로서 바닥면적이 150m² 이상인 층이 있는 것
③ 차고·주차장으로 사용되는 바닥면적이 200m² 이상인 층이 있는 건축물이나 주차시설
④ 장애인 의료재활시설로서 연면적 300m² 이상인 건축물

해설
① 100m² 이상 → 200m² 이상

소방시설법 시행령 7조
건축허가 등의 동의대상물
(1) 연면적 400m²(학교시설 : 100m², 수련시설·노유자시설 : 200m², 정신의료기관·장애인 의료재활시설 : 300m²) 이상
(2) 6층 이상인 건축물
(3) 차고·주차장으로서 바닥면적 200m² 이상(**자**동차 20대 이상)
(4) 항공기격납고, 관망탑, 항공관제탑, 방송용 송수신탑
(5) 지하층 또는 무창층의 바닥면적 150m²(공연장은 100m²) 이상
(6) 위험물저장 및 처리시설, 지하구
(7) 결핵환자나 한센인이 24시간 생활하는 노유자시설

(8) 전기저장시설, 풍력발전소

(9) 노인주거복지시설 · 노인의료복지시설 및 재가노인복지시설 · 학대피해노인 전용쉼터 · 아동복지시설 · 장애인거주시설

(10) 정신질환자 관련시설(종합시설 중 24시간 주거를 제공하지 아니하는 시설 제외)

(11) 조산원, 산후조리원, 의원(입원실이 있는 것)

(12) 노숙인자활시설, 노숙인재활시설 및 노숙인요양시설

(13) 요양병원(의료재활시설 제외)

(14) **목조건축물**(보물 · 국보)

(15) 공장 또는 창고시설로서 지정하는 수량의 **750배** 이상의 특수가연물을 저장 · 취급하는 것

(16) 가스시설로서 지상에 노출된 탱크의 저장용량의 합계가 **100t** 이상인 것

기억법 2자(이자)

답 ①

★★ 56

21.03.문44
12.03.문48

다음 중 소방기본법령에 따라 화재예방상 필요하다고 인정되거나 화재위험경보시 발령하는 소방신호의 종류로 옳은 것은?

① 경계신호 　② 발화신호

③ 경보신호 　④ 훈련신호

해설 기본규칙 10조
소방신호의 종류

소방신호	설 명
경계신호 보기 ①	화재예방상 필요하다고 인정되거나 화재위험경보시 발령
발화신호	화재가 발생한 때 발령
해제신호	소화활동이 필요없다고 인정되는 때 발령
훈련신호	훈련상 필요하다고 인정되는 때 발령

중요

기본규칙 〔별표 4〕
소방신호표

신호방법 종 별	**타**종신호	**사**이렌 신호
경계신호	**1타**와 연 **2타**를 반복	**5초** 간격을 두고 **30초**씩 **3회**
발화신호	**난타**	**5초** 간격을 두고 **5초**씩 **3회**
해제신호	상당한 간격을 두고 **1타**씩 반복	**1분간 1회**
훈련신호	연 **3타** 반복	**10초** 간격을 두고 **1분**씩 **3회**

기억법
```
      타      사
경계  1+2   5+30=3
발    난     5+5=3
해    1      1=1
훈    3      10+1=3
```

답 ①

★★ 57

16.05.문56
12.03.문57

화재의 예방 및 안전관리에 관한 법령상 보일러 등의 위치 · 구조 및 관리와 화재예방을 위하여 불의 사용에 있어서 지켜야 하는 사항 중 보일러에 경유 · 등유 등 액체연료를 사용하는 경우에 연료탱크는 보일러 본체로부터 수평거리 최소 몇 m 이상의 간격을 두어 설치해야 하는가?

① 0.5

② 0.6

③ 1

④ 2

해설 화재예방법 시행령 〔별표 1〕
경유 · 등유 등 액체연료를 사용하는 경우

(1) 연료탱크는 보일러 본체로부터 수평거리 1m 이상의 간격을 두어 설치할 것 보기 ③

(2) 연료탱크에는 화재 등 긴급상황이 발생할 때 연료를 차단할 수 있는 개폐밸브를 연료탱크로부터 0.5m 이내에 설치할 것

비교

화재예방법 시행령 〔별표 1〕
벽 · 천장 사이의 거리

종 류	벽 · 천장 사이의 거리
건조설비	0.5m 이상
보일러	0.6m 이상
보일러(경유 · 등유)	수평거리 1m 이상

답 ③

★★ 58

소방시설 설치 및 관리에 관한 법령상 소방청장 또는 시 · 도지사가 청문을 하여야 하는 처분이 아닌 것은?

① 소방시설관리사 자격의 정지

② 소방안전관리자 자격의 취소

③ 소방시설관리업의 등록취소

④ 소방용품의 형식승인취소

해설 소방시설법 49조
청문실시 대상

(1) 소방시설**관리사** 자격의 **취소** 및 **정지** 보기 ①

(2) 소방시설**관리업**의 **등록취소** 및 영업정지 보기 ③

(3) **소방용품**의 **형식승인취소** 및 제품검사중지 보기 ④

(4) 소방용품의 **제품검사 전문기관**의 **지정취소** 및 업무정지

답 ①

(5) 우수품질인증의 취소
(6) 소방용품의 성능인증 취소

기억법 청사 용업(청사 용역)

답 ②

★★★
59 소방시설 설치 및 관리에 관한 법령상 제조 또는 가공공정에서 방염처리를 한 물품 중 방염대상 물품이 아닌 것은?

15.09.문09
13.09.문52
13.06.문53
12.09.문46
12.05.문46
12.03.문44

① 카펫
② 전시용 합판
③ 창문에 설치하는 커튼류
④ 두께가 2mm 미만인 종이벽지

해설 ④ 종이벽지 → 종이벽지 제외

소방시설법 시행령 31조
방염대상물품

제조 또는 가공 공정에서 방염처리하여야 하는 방염대상물품	건축물 내부의 천장이나 벽에 부착하거나 설치하는 것
① 창문에 설치하는 **커튼류**(블라인드 포함) 보기 ③	① 종이류(두께 **2mm 이상**), **합성수지류** 또는 **섬유류**를 주원료로 한 물품
② 카펫 보기 ①	② **합판**이나 **목재**
③ 두께 **2mm 미만인 벽지류**(종이벽지 제외) 보기 ④	③ 공간을 구획하기 위하여 설치하는 **간이칸막이**
④ **전시용 합판 · 섬유판** 보기 ②	④ **흡음재**(흡음용 커튼 포함) 또는 **방음재**(방음용 커튼 포함)
⑤ **무대용 합판 · 섬유판**	※ 가구류(옷장, 찬장, 식탁, 식탁용 의자, 사무용 책상, 사무용 의자, 계산대)와 너비 10cm 이하인 반자돌림대, 내부 마감재료 제외
⑥ **암막 · 무대막**(영화상영관 · 가상체험 체육시설업의 **스크린** 포함)	
⑦ 섬유류 또는 합성수지류 등을 원료로 하여 제작된 소파 · 의자(단란주점영업, 유흥주점영업 및 노래연습장업의 영업장에 설치하는 것만 해당)	

답 ④

★★★
60 위험물안전관리법령상 관계인이 예방규정을 정하여야 하는 위험물제조소 등에 해당하지 않는 것은?

20.09.문48
19.04.문53
17.03.문41
17.03.문55
15.09.문48
15.03.문58
14.05.문41
12.09.문52

① 지정수량 10배의 특수인화물을 취급하는 일반취급소
② 지정수량 20배의 휘발유를 고정된 탱크에 주입하는 일반취급소
③ 지정수량 40배의 제3석유류를 용기에 옮겨 담는 일반취급소
④ 지정수량 15배의 알코올을 버너에 소비하는 장치로 이루어진 일반취급소

해설
① 특수인화물 예방규정대상
② 10배 초과 휘발유 예방규정대상
③ 제3석유류는 해당없음
④ 10배 초과한 알코올류 예방규정대상

위험물령 15조
예방규정을 정하여야 할 제조소 등

배 수	제조소 등
10배 이상	• **제조소** • **일반취급소**[단, 제4류 위험물(**특수인화물** 제외)만을 지정수량의 **50배 이하**로 취급하는 일반취급소(**휘발유 등 제1석유류 · 알코올류**의 취급량이 지정수량의 **10배 이하**인 경우)로 다음에 해당하는 것 제외] 보기 ①②④ – 보일러 · **버너** 또는 이와 비슷한 것으로서 위험물을 소비하는 장치로 이루어진 **일반취급소** – 위험물을 용기에 옮겨 담거나 **차량**에 **고정**된 **탱크**에 **주입**하는 일반취급소
100배 이상	• 옥**외**저장소
150배 이상	• 옥**내**저장소
200배 이상	• 옥외**탱크**저장소
모두 해당	• 이송취급소 • 암반탱크저장소

기억법 1   제일
        0   외
        5   내
        2   탱

※ **예방규정** : 제조소 등의 화재예방과 화재 등 재해발생시의 비상조치를 위한 규정

답 ③

제 4 과목 소방기계시설의 구조 및 원리 ⋮⋮

61 **19.04.문67** **12.03.문62**

할론소화설비의 화재안전기준에 따른 할론소화설비의 수동식 기동장치의 설치기준으로 틀린 것은?

① 국소방출방식은 방호대상물마다 설치할 것
② 기동장치의 방출용 스위치는 음향경보장치와 개별적으로 조작될 수 있는 것으로 할 것
③ 전기를 사용하는 기동장치에는 전원표시등을 설치할 것
④ 조작부는 바닥으로부터 높이 0.8m 이상 1.5m 이하의 위치에 설치할 것

해설 ② 개별적으로 → 연동하여

할론소화설비 수동식 기동장치 설치기준(NFTC 107 2.3.1)
(1) **전역방출방식**은 **방호구역**마다, **국소방출방식**은 **방호대상물**마다 설치할 것
(2) 해당 방호구역의 출입구 부분 등 조작을 하는 자가 쉽게 피난할 수 있는 장소에 설치할 것
(3) 기동장치의 조작부는 바닥으로부터 높이 **0.8m 이상 1.5m 이하**의 위치에 설치하고, 보호판 등에 따른 보호장치를 설치할 것 보기 ④
(4) 기동장치에는 그 가까운 곳의 보기 쉬운 곳에 "**할론소화설비 기동장치**"라고 표시한 표지를 할 것
(5) 전기를 사용하는 기동장치에는 **전원표시등**을 설치할 것 보기 ③
(6) 기동장치의 **방출용 스위치**는 음향경보장치와 **연동**하여 조작될 수 있는 것으로 할 것 보기 ②

답 ②

62 ★

미분무소화설비의 화재안전기준에 따라 최저사용압력이 몇 MPa를 초과할 때 고압 미분무소화설비로 분류하는가?

① 1.2
② 2.5
③ 3.5
④ 4.2

해설 미분무소화설비의 **종류**(NFPC 104A 3조, NFTC 104A 1.7)

저 압	중 압	고 압
최고사용압력 1.2MPa 이하	사용압력 1.2MPa 초과 3.5MPa 이하	최저사용압력 3.5MPa 초과 보기 ③

답 ③

63 ★★★ **19.04.문76** **16.03.문74** **13.03.문70**

피난기구의 화재안전기준에 따른 피난기구의 설치 및 유지에 관한 사항 중 틀린 것은?

① 피난기구를 설치하는 개구부는 서로 동일 직선상의 위치에 있을 것
② 설치장소에는 피난기구의 위치를 표시하는 발광식 또는 축광식 표지와 그 사용방법을 표시한 표지를 부착할 것
③ 피난기구는 소방대상물의 기둥·바닥·보, 기타 구조상 견고한 부분에 볼트조임·매입·용접 기타의 방법으로 견고하게 부착할 것
④ 피난기구는 계단·피난구, 기타 피난시설로부터 적당한 거리에 있는 안전한 구조로 된 피난 또는 소화활동상 유효한 개구부에 고정하여 설치할 것

해설 ① 동일 직선상의 위치 → 동일 직선상이 아닌 위치

피난기구의 설치기준(NFPC 301 5조, NFTC 301 2.1.3)
(1) 피난기구는 소방대상물의 기둥·바닥·보, 기타 구조상 견고한 부분에 **볼트조임·매입·용접**, 기타의 방법으로 견고하게 부착할 것 보기 ③
(2) **4층 이상**의 층에 피난사다리(**하향식 피난구용 내림식 사다리**는 제외)를 설치하는 경우에는 **금속성 고정사다리**를 설치하고, 당해 고정사다리에는 쉽게 피난할 수 있는 구조의 **노대**를 설치할 것
(3) 설치장소에는 피난기구의 위치를 표시하는 **발광식** 또는 **축광식 표지**와 그 사용방법을 표시한 표지를 부착할 것 보기 ②
(4) 피난기구는 **계단·피난구**, 기타 피난시설로부터 적당한 거리에 있는 안전한 구조로 된 피난 또는 소화활동상 유효한 **개구부**에 고정하여 설치할 것 보기 ④
(5) 승강식 피난기 및 하향식 피난구용 내림식 사다리는 설치경로가 설치층에서 **피난층**까지 연계될 수 있는 구조로 설치할 것(단, 건축물 규모가 **지상 5층 이하**로서 구조 및 설치여건상 불가피한 경우는 제외)
(6) 승강식 피난기 및 하향식 피난구용 내림식 사다리의 하강구 내측에는 기구의 **연결금속구** 등이 없어야 하며 전개된 피난기구는 하강구 수평투영면적 공간 내의 범위를 침범하지 않는 구조이어야 할 것(단, 직경 **60cm** 크기의 범위를 벗어난 경우이거나, 직하층의 바닥면으로부터 높이 **50cm** 이하의 범위는 제외)
(7) 피난기구를 설치하는 **개구부**는 서로 **동일 직선상이 아닌 위치**에 있을 것 보기 ①

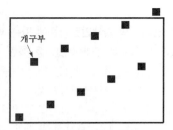

개구부

‖ 동일 직선상이 아닌 위치 ‖

답 ②

64 이산화탄소 소화설비의 화재안전기준에 따라 케이블실에 전역방출방식으로 이산화탄소 소화설비를 설치하고자 한다. 방호구역체적은 750m³, 개구부의 면적은 3m²이고, 개구부에는 자동폐쇄장치가 설치되어 있지 않다. 이때 필요한 소화약제의 양은 최소 몇 kg 이상인가?

① 930 ② 1005
③ 1230 ④ 1530

해설 **심부화재의 약제량** 및 **개구부가산량**

방호대상물	약제량	개구부가산량 (자동폐쇄장치 미설치시)	설계농도 〔%〕
전기설비(55m³ 이상), 케이블실	→1.3kg/m³		50
전기설비(55m³ 미만)	1.6kg/m³	10kg/m²	
서고, **전**자제품 창고, **목**재가공 품창고, **박**물관	2.0kg/m³		65
고무류 · **면**화 류창고, **모**피창고, **석**탄창고, **집**진설비	2.7kg/m³		75

기억법 서박목전(선박이 목전에 보인다.)
석면고모집(석면은 고모 집에 있다.)

CO₂ 저장량〔kg〕

$$= 방호구역체적〔m^3〕×약제량〔kg/m^3〕+개구부면적〔m^2〕×개구부가산량(10kg/m^2)$$
$$= 750m^3×1.3kg/m^3+3m^2×10kg/m^2$$
$$=1005kg$$

기억법 방약+개산

답 ②

65 다음 중 피난기구의 화재안전기준에 따라 의료시설에 구조대를 설치하여야 할 층은?

21.03.문79
19.03.문76
17.05.문62
16.10.문69
16.05.문74
15.05.문75
11.03.문72
10.03.문71

① 지하 2층
② 지하 1층
③ 지상 1층
④ 지상 3층

해설 **피난기구의 적응성**(NFTC 301 2.1.1)

설치 장소별 \ 층별	1층	2층	3층	4층 이상 10층 이하
노유자 시설	•미끄럼대 •구조대 •피난교 •다수인 피난 장비 •승강식 피난기	•미끄럼대 •구조대 •피난교 •다수인 피난 장비 •승강식 피난기	•미끄럼대 •구조대 •피난교 •다수인 피난 장비 •승강식 피난기	•구조대[1] •피난교 •다수인 피난 장비 •승강식 피난기
의료시설 · 입원실이 있는 의원·접골 원·조산원			•미끄럼대 •구조대 보기 ④→ •피난교 •피난용 트랩 •다수인 피난 장비 •승강식 피난기	•구조대 •피난교 •피난용 트랩 •다수인 피난 장비 •승강식 피난기
영업장의 위치가 4층 이하인 다중 이용업소		•미끄럼대 •피난사다리 •구조대 •완강기 •다수인 피난 장비 •승강식 피난기	•미끄럼대 •피난사다리 •구조대 •완강기 •다수인 피난 장비 •승강식 피난기	•미끄럼대 •피난사다리 •구조대 •완강기 •다수인 피난 장비 •승강식 피난기
그 밖의 것			•미끄럼대 •피난사다리 •구조대 •완강기 •피난교 •피난용 트랩 •간이완강기[2] •공기안전매트[2] •다수인 피난 장비 •승강식 피난기	•피난사다리 •구조대 •완강기 •피난교 •간이완강기[2] •공기안전매트[2] •다수인 피난 장비 •승강식 피난기

〔비고〕 1) 구조대의 적응성은 장애인관련시설로서 주된 사용자 중 스스로 피난이 불가한 자가 있는 경우 추가로 설치하는 경우에 한한다.
2) 간이완강기의 적응성은 **숙박시설**의 **3층 이상**에 있는 객실에, **공기안전매트**의 적응성은 **공동주택**에 한한다.

답 ④

66 화재안전기준상 물계통의 소화설비 중 펌프의 성능시험배관에 사용되는 유량측정장치는 펌프의 정격토출량의 몇 % 이상 측정할 수 있는 성능이 있어야 하는가?

19.09.문67
18.09.문68
15.09.문72
11.10.문72
05.03.문80
02.03.문62

① 65 ② 100
③ 120 ④ 175

해설 **소화펌프**의 **성능시험 방법** 및 **배관**
(1) 펌프의 성능은 체절운전시 정격토출압력의 **140%**를 초과하지 아니하여야 할 것
(2) 정격토출량의 **150%**로 운전시 정격토출압력의 **65%** 이상이어야 할 것
(3) 성능시험배관은 펌프의 토출측에 설치된 **개폐밸브 이전**에서 분기할 것
(4) 유량측정장치는 펌프 정격토출량의 **175%** 이상 측정할 수 있는 성능이 있을 것 보기 ④

답 ④

★★★
67 피난기구의 화재안전기준상 근린생활시설 3층에 적응성이 없는 피난기구는? (단, 근린생활시설 중 입원실이 있는 의원·접골원·조산원에 한한다.)
21.03.문79
19.03.문76
17.05.문62
16.10.문69
16.05.문74
15.05.문75
11.03.문72
10.03.문71
① 완강기
② 미끄럼대
③ 구조대
④ 피난교

해설 **피난기구**의 **적응성**(NFTC 301 2.1.1)

설치 장소별 구분 \ 층별	1층	2층	3층	4층 이상 10층 이하

의료시설·
입원실이
있는
의원·접골원
·조산원
	–	–	• 미끄럼대
			• 구조대
			• 피난교
			• 피난용 트랩
			• 다수인 피난
			  장비
			• 승강식 피난기
				• 구조대
				• 피난교
				• 피난용 트랩
				• 다수인 피난
				  장비
				• 승강식 피난기

답 ①

★★★
68 제연설비의 화재안전기준에 따른 배출풍도의 설치기준 중 다음 ( ) 안에 알맞은 것은?
21.03.문73
20.06.문76
16.10.문70
15.03.문80
10.05.문76

배출기의 흡입측 풍도 안의 풍속은 (㉠)m/s 이하로 하고 배출측 풍속은 (㉡)m/s 이하로 할 것

① ㉠ 15, ㉡ 10
② ㉠ 10, ㉡ 15
③ ㉠ 20, ㉡ 15
④ ㉠ 15, ㉡ 20

해설 **제연설비**의 **풍속**(NFPC 501 8~10조, NFTC 501 2.5.5, 2.6.2.2, 2.7.1)

조 건	풍 속
• 예상제연구역의 공기유입 풍속	5m/s 이하
• 배출기의 흡입측 풍속	15m/s 이하 보기 ④
• 배출기의 **배**출측 풍속 • **유**입풍도 안의 풍속	20m/s 이하 보기 ④

기억법 배2유(배이다 아파! 이유)

🌱 용어
풍도
공기가 유동하는 덕트

답 ④

★★★
69 스프링클러헤드에서 이융성 금속으로 융착되거나 이융성 물질에 의하여 조립된 것은?
16.10.문63
15.09.문80
10.05.문78
① 프레임(Frame)
② 디플렉터(Deflector)
③ 유리벌브(Glass bulb)
④ 퓨지블링크(Fusible link)

해설

‖ 스프링클러헤드 ‖

용 어	설 명
프레임	스프링클러헤드의 나사부분과 디플렉터를 연결하는 이음쇠부분
디플렉터 (디프렉타)	스프링클러헤드의 방수구에서 유출되는 **물**을 **세분**시키는 작용을 하는 것 기억법 디세(드세다.)
퓨지블링크	감열체 중 이융성 금속으로 융착되거나 이융성 물질에 의하여 조립된 것 보기 ④

답 ④

★★★
70 포소화설비의 화재안전기준상 특수가연물을 저장·취급하는 공장 또는 창고에 적응성이 없는 포소화설비는?
18.09.문67
16.05.문67
13.06.문62
① 고정포방출설비
② 포소화전설비
③ 압축공기포소화설비
④ 포워터 스프링클러설비

해설 포소화설비의 **적응대상**

특정소방대상물	설비 종류
• 차고·주차장 • 항공기 격납고 • 공장·창고(특수가연물 저장·취급)	• 포워터 스프링클러설비 **보기 ④** • 포헤드설비 • 고정포방출설비 **보기 ①** • 압축공기포소화설비 **보기 ③**
• 완전개방된 옥상주차장(주된 벽이 없고 기둥뿐이거나 주위가 위해방지용 철주 등으로 둘러싸인 부분) • **지상 1층**으로서 지붕이 없는 차고·주차장 • 고가 밑의 주차장(주된 벽이 없고 기둥뿐이거나 주위가 위해방지용 철주 등으로 둘러싸인 부분)	• 호스릴포소화설비 • 포소화전설비
• 발전기실 • 엔진펌프실 • 변압기 • 전기케이블실 • 유압설비	• 고정식 압축공기포소화설비(바닥면적 합계 300m² 미만)

답 ②

⭐⭐⭐ 71

21.09.문66
18.09.문61
17.03.문67
16.10.문61

분말소화설비의 화재안전기준상 자동화재탐지설비의 감지기의 작동과 연동하는 분말소화설비 자동식 기동장치의 설치기준 중 다음 ( ) 안에 알맞은 것은?

- 전기식 기동장치로서 (㉠)병 이상의 저장용기를 동시에 개방하는 설비는 2병 이상의 저장용기에 전자개방밸브를 부착할 것
- 가스압력식 기동장치의 기동용 가스용기 및 해당 용기에 사용하는 밸브는 (㉡)MPa 이상의 압력에 견딜 수 있는 것으로 할 것

① ㉠ 3, ㉡ 2.5　　② ㉠ 7, ㉡ 2.5
③ ㉠ 3, ㉡ 25　　④ ㉠ 7, ㉡ 25

해설 전자개방밸브 부착

분말소화약제 가압용 가스용기	이산화탄소 소화설비 전기식 기동장치·분말소화설비 전기식 기동장치
3병 이상 설치한 경우 **2개** 이상	**7병** 이상 개방시 **2병** 이상 **보기 ④**

중요

(1) 분말소화설비 가스압력식 기동장치

구 분	기 준
이산화탄소량	0.6kg 이상
기동용 가스용기의 체적	1L 이상
기동용 가스용기 충전비	1.5 이상
기동용 가스용기 안전장치의 압력	내압시험압력의 0.8~내압시험압력 이하
기동용 가스용기 및 해당 용기에 사용하는 밸브의 견디는 압력	25MPa 이상 **보기 ④**

(2) 이산화탄소 소화설비 가스압력식 기동장치

구 분	기 준
기동용 가스용기의 체적	5L 이상

답 ④

⭐⭐ 72

19.03.문63
18.03.문67

분말소화설비의 화재안전기준상 분말소화약제의 가압용 가스용기에 대한 설명으로 틀린 것은?

① 가압용 가스용기를 3병 이상 설치한 경우에는 2개 이상의 용기에 전자개방밸브를 부착할 것
② 가압용 가스용기에는 2.5MPa 이하의 압력에서 조정이 가능한 압력조정기를 설치할 것
③ 가압용 가스에 질소가스를 사용하는 것의 질소가스는 소화약제 1kg마다 20L(35℃에서 1기압의 압력상태로 환산한 것) 이상으로 할 것
④ 축압용 가스에 질소가스를 사용하는 것의 질소가스는 소화약제 1kg에 대하여 10L(35℃에서 1기압의 압력상태로 환산한 것) 이상으로 할 것

해설 ③ 20L → 40L

가압식과 **축압식**의 **설치기준**
35℃에서 1기압의 압력상태로 환산한 것

사용 가스	가압식	축압식
질소(N₂)	40L/kg 이상 **보기 ③**	10L/kg 이상
이산화탄소 (CO₂)	20g/kg+배관청소 필요량 이상	20g/kg+배관청소 필요량 이상

※ 배관청소용 가스는 별도의 용기에 저장한다.

답 ③

73

★★★
20.09.문70
19.03.문68
18.04.문70

화재조기진압용 스프링클러설비의 화재안전기
준상 화재조기진압용 스프링클러설비 가지배관
의 배열기준 중 천장의 높이가 9.1m 이상 13.7m
이하인 경우 가지배관 사이의 거리기준으로 옳
은 것은?

① 3.1m 이하

② 2.4m 이상 3.7m 이하

③ 6.0m 이상 8.5m 이하

④ 6.0m 이상 9.3m 이하

해설 **화재조기진압용 스프링클러설비 가지배관의 배열기준**

천장높이	가지배관 헤드 사이의 거리
9.1m 미만	2.4~3.7m 이하
9.1~13.7m 이하	3.1m 이하 보기 ①

중요

화재조기진압용 스프링클러헤드의 적합기준(NFPC
103B 10조, NFTC 103B 2.7)

(1) 헤드 하나의 방호면적은 **6.0~9.3m²** 이하로 할 것

(2) 가지배관의 헤드 사이의 거리는 천장의 높이가 **9.1m**
미만인 경우에는 **2.4~3.7m** 이하로, **9.1~13.7m**
이하인 경우에는 **3.1m** 이하로 할 것 보기 ①

(3) 헤드의 반사판은 천장 또는 반자와 평행하게 설
치하고 저장물의 최상부와 **914mm** 이상 확보되
도록 할 것

(4) **하향식 헤드**의 반사판의 위치는 천장이나 반자
아래 **125~355mm** 이하일 것

(5) **상향식 헤드**의 감지부 중앙은 천장 또는 반자와
101~152mm 이하이어야 하며, 반사판의 위치
는 스프링클러배관의 윗부분에서 최소 **178mm** 상
부에 설치되도록 할 것

(6) 헤드와 벽과의 거리는 헤드 상호간 거리의 $\frac{1}{2}$을

초과하지 않아야 하며 최소 **102mm** 이상일 것

(7) 헤드의 작동온도는 **74℃** 이하일 것(단, 헤드 주
위의 온도가 38℃ 이상의 경우에는 그 온도에서
의 화재시험 등에서 헤드작동에 관하여 공인기
관의 시험을 거친 것을 사용할 것)

답 ①

74

★★★
21.05.문74
16.03.문64
15.09.문76
15.05.문80
12.05.문64

포소화설비에서 펌프의 토출관에 압입기를 설치
하여 포소화약제 압입용 펌프로 포소화약제를
압입시켜 혼합하는 방식은?

① 라인 프로포셔너

② 펌프 프로포셔너

③ 프레져 프로포셔너

④ 프레져사이드 프로포셔너

해설 **포소화약제의 혼합장치**

(1) **펌프 프로포셔너방식(펌프 혼합방식)**

㉠ 펌프 토출측과 흡입측에 바이패스를 설치하고, 그 바
이패스의 도중에 설치한 어댑터(Adaptor)로 펌프 토출
측 수량의 일부를 통과시켜 공기포 용액을 만드는 방식

㉡ 펌프의 **토출관**과 **흡입관** 사이의 배관 도중에 설치한
흡입기에 펌프에서 토출된 물의 일부를 보내고 **농도
조정밸브**에서 조정된 포소화약제의 필요량을 포소화
약제 탱크에서 펌프 흡입측으로 보내어 약제를 혼합
하는 방식

기억법 펌농

| 펌프 프로포셔너방식 |

(2) **프레져 프로포셔너방식(차압 혼합방식)**

㉠ 가압송수관 도중에 공기포 소화원액 혼합조(P.P.T)와 혼
합기를 접속하여 사용하는 방법

㉡ **격막방식 휨탱크**를 사용하는 에어휨 혼합방식

㉢ 펌프와 발포기의 중간에 설치된 벤투리관의 **벤투리작
용**과 펌프 가압수의 **포소화약제 저장탱크**에 대한 압
력에 의하여 포소화약제를 흡입·혼합하는 방식

| 프레져 프로포셔너방식 |

(3) **라인 프로포셔너방식(관로 혼합방식)**

㉠ 급수관의 배관 도중에 포소화약제 흡입기를 설치하여
그 흡입관에서 소화약제를 흡입하여 혼합하는 방식

㉡ 펌프와 발포기의 중간에 설치된 **벤**투리관의 **벤투리
작용**에 의하여 포소화약제를 흡입·혼합하는 방식

기억법 라벤벤

| 라인 프로포셔너방식 |

(4) **프레져사이드 프로포셔너방식(압입 혼합방식)** 보기 ④
  ㉠ 소화원액 가압펌프(압입용 펌프)를 별도로 사용하는 방식
  ㉡ 펌프 **토출관**에 압입기를 설치하여 포소화약제 **압입용 펌프**로 포소화약제를 압입시켜 혼합하는 방식

| 기억법 | 프사압 |

‖ 프레져사이드 프로포셔너방식 ‖

(5) **압축공기포 믹싱챔버방식**
  포수용액에 공기를 강제로 주입시켜 **원거리 방수**가 가능하고 물 사용량을 줄여 **수손피해**를 **최소화**할 수 있는 방식

‖ 압축공기포 믹싱챔버방식 ‖

답 ④

★★★ 75

스프링클러설비의 화재안전기준상 스프링클러설비의 배관 내 사용압력이 몇 MPa 이상일 때 압력배관용 탄소강관을 사용해야 하는가?

19.03.문65
15.09.문61
09.05.문73

① 0.1
② 0.5
③ 0.8
④ 1.2

해설 **스프링클러설비 배관 내 사용압력**(NFPC 103 8조, NFTC 103 2.5)

1.2MPa 미만	1.2MPa 이상
① 배관용 탄소강관 ② 이음매 없는 구리 및 구리 합금관(다만, **습식**의 배관에 한한다.) ③ 배관용 스테인리스강관 또는 일반배관용 스테인리스강관 ④ 덕타일 주철관	① 압력배관용 탄소강관 보기 ④ ② 배관용 아크용접 탄소강관

답 ④

★★★ 76

지하구의 화재안전기준에 따라 연소방지설비 전용헤드를 사용할 때 배관의 구경이 65mm인 경우 하나의 배관에 부착하는 살수헤드의 최대개수로 옳은 것은?

16.03.문66
13.09.문61
05.09.문79

① 2
② 3
③ 5
④ 6

해설 **연소방지설비**의 **배관구경**(NFPC 605 8조, NFTC 605 2.4.1.3.1)
(1) **연소방지설비 전용헤드**를 사용하는 경우

배관의 구경	32mm	40mm	50mm	65mm	80mm
살수 헤드수	1개	2개	3개	4개 또는 5개 보기 ③	6개 이상

(2) **스프링클러헤드**를 사용하는 경우

배관의 구경 구분	25 mm	32 mm	40 mm	50 mm	65 mm	80 mm	90 mm	100 mm	125 mm	150 mm
폐쇄형 헤드수 〔개〕	2	3	5	10	30	60	80	100	160	161 이상
개방형 헤드수 〔개〕	1	2	5	8	15	27	40	55	–	–

답 ③

★ 77

지하구의 화재안전기준에 따른 지하구의 통합감시시설 설치기준으로 틀린 것은?

① 소방관서와 지하구의·통제실 간에 화재 등 소방활동과 관련된 정보를 상시 교환할 수 있는 정보통신망을 구축할 것
② 수신기는 방재실과 공동구의 입구 및 연소방지설비 송수구가 설치된 장소(지상)에 설치할 것
③ 정보통신망(무선통신망 포함)은 광케이블 또는 이와 유사한 성능을 가진 선로일 것
④ 수신기는 화재신호, 경보, 발화지점 등 수신기에 표시되는 정보가 기준에 적합한 방식으로 119상황실이 있는 관할소방관서의 정보통신장치에 표시되도록 할 것

해설 **지하구 통합감시시설 설치기준**(NFPC 605 12조, NFTC 605 2.8)
(1) **소방관서**와 지하구의 통제실 간에 화재 등 소방활동과 관련된 정보를 상시 교환할 수 있는 **정보통신망**을 구축할 것 보기 ①
(2) 정보통신망(무선통신망 포함)은 **광케이블** 또는 이와 유사한 성능을 가진 선로일 것 보기 ③
(3) 수신기는 지하구의 통제실에 설치하되 **화재신호, 경보, 발화지점** 등 수신기에 표시되는 정보가 기준에 적합한 방식으로 119상황실이 있는 관할**소방관서**의 정보통신장치에 표시되도록 할 것 보기 ④

답 ②

★★★
78 소화수조 및 저수조의 화재안전기준에 따라 소화용수설비에 설치하는 채수구의 지면으로부터 설치높이 기준은?

18.09.문65
16.10.문80
13.03.문66
04.09.문72
04.05.문77

① 0.3m 이상 1m 이하

② 0.3m 이상 1.5m 이하

③ 0.5m 이상 1m 이하

④ 0.5m 이상 1.5m 이하

해설 설치높이

0.5~1m 이하	0.8~1.5m 이하	1.5m 이하
• **연**결송수관설비의 송수구 • **연**결살수설비의 송수구 • 물분무소화설비의 송수구 • **소**화**용**수설비의 **채수구** 보기 ③	• **제**어밸브(수동식 개방밸브) • **유**수검지장치 • **일**제개방밸브 **기억법** 제유일 85 (**제**가 **유일**하게 팔았어요.)	• **옥내**소화전설비의 방수구 • **호**스릴함 • **소**화기(투척용 소화기) **기억법** 옥내호소 5 (**옥내**에서 **호소**하시**오**.)

기억법 연소용 51
(**연소용 오**일은 잘 탄다.)

답 ③

★★★
79 다음은 물분무소화설비의 화재안전기준에 따른 수원의 저수량 기준이다. ( )에 들어갈 내용으로 옳은 것은?

21.03.문66
20.06.문61
20.06.문62
19.04.문75
17.03.문77
16.03.문63
15.09.문74

특수가연물을 저장 또는 취급하는 특정소방대상물 또는 그 부분에 있어서 수원의 저수량은 그 바닥면적 1m² 에 대하여 ( )L/min로 20분간 방수할 수 있는 양 이상으로 할 것

① 10　　　　　② 12

③ 15　　　　　④ 20

해설 물분무소화설비의 수원

특정소방대상물	토출량, 저수량	비 고	방사시간
컨베이어 벨트 · **절**연유 봉입변압기	10L/min · m²	벨트부분의 바닥면적	
특수가연물	10L/min · m² 보기 ①	최소 50m² (바닥면적)	20분
케이블트레이 · 덕트	12L/min · m²	투영된 바닥면적	
차고 · 주차장	20L/min · m²	최소 50m² (바닥면적)	

기억법 컨절　0
　　　　특　　0　0
　　　　케　　2
　　　　차　　0

답 ①

★★★
80 제연설비의 화재안전기준상 제연설비 설치장소의 제연구역 구획기준으로 틀린 것은?

20.08.문76
19.09.문72
14.05.문69
13.06.문76
13.03.문63

① 하나의 제연구역의 면적은 1000m² 이내로 할 것

② 하나의 제연구역은 직경 60m 원 내에 들어갈 수 있을 것

③ 하나의 제연구역은 3개 이상 층에 미치지 아니하도록 할 것

④ 통로상의 제연구역은 보행중심선의 길이가 60m를 초과하지 아니할 것

해설 ③ 3개 이상 → 2개 이상

제연구역의 **구획**
(1) 1제연구역의 면적은 1000m² 이내로 할 것 보기 ①
(2) 거실과 통로는 **상호제연 구획**할 것
(3) 통로상의 제연구역은 보행중심선의 길이가 **60m**를 초과하지 않을 것 보기 ④
(4) 1제연구역은 직경 **60m** 원 내에 들어갈 것 보기 ②
(5) 1제연구역은 **2개** 이상의 층에 미치지 않을 것 보기 ③

기억법 제10006(충북 **제천**에 **육**교 있음)
　　　　2개제(**이게 제목**이야!)

답 ③

■ 2022년 기사 제4회 필기시험 CBT 기출복원문제 ■

			수험번호	성명

자격종목	종목코드	시험시간	형별		
소방설비기사(기계분야)		**2시간**			

※ 답안카드 작성시 시험문제지 형별누락, 마킹착오로 인한 불이익은 전적으로 수험자의 귀책사유임을 알려드립니다.
※ 각 문항은 4지택일형으로 질문에 가장 적합한 보기 항을 선택하여 마킹하여야 합니다.

제1과목 　소방원론

★★★
01 제5류 위험물인 자기반응성 물질의 성질 및 소
16.05.문10
15.09.문58
14.09.문13
화에 관한 사항으로 가장 거리가 먼 것은?
① 연소속도가 빨라 폭발적인 경우가 많다.
② 질식소화가 효과적이며, 냉각소화는 불가능하다.
③ 대부분 산소를 함유하고 있어 자기연소 또는 내부연소를 한다.
④ 가열, 충격, 마찰에 의해 폭발의 위험이 있는 것이 있다.

유사문제부터 풀어보세요.
실력이 팍!팍!
올라갑니다.

 해설 ② 냉각소화가 효과적이며, 질식소화는 불가능하다.

제5류 위험물 : 자기반응성 물질(자기연소성 물질)

구 분	설 명
특징	① 연소속도가 빨라 **폭발**적인 경우가 많다. 보기 ① ③ 대부분 **산소**를 **함유**하고 있어 자기연소 또는 **내부연소**를 한다. 보기 ③ ④ 가열, 충격, 마찰에 의해 **폭발**의 **위험**이 있는 것이 있다. 보기 ④
소화방법	대량의 물에 의한 **냉각소화**가 효과적이다. 보기 ②
종류	• 유기과산화물 · 니트로화합물 · 니트로소화합물 • 질산에스테르류(**셀**룰로이드) · 히드라진유도체 • 아조화합물 · 디아조화합물 기억법 **5자셀**

📢 중요

위험물의 소화방법

종 류	소화방법
제1류	물에 의한 **냉각소화**(단, **무기과산화물**은 **마른모래** 등에 의한 질식소화)
제2류	물에 의한 **냉각소화**(단, **금속분**은 **마른모래** 등에 의한 질식소화)
제3류	마른모래, 팽창질석, 팽창진주암에 의한 소화(마른모래보다 **팽창질석** 또는 **팽창진주암**이 더 효과적)
제4류	포 · 분말 · CO_2 · 할론소화약제에 의한 **질식소화**
제5류	화재 초기에만 대량의 물에 의한 **냉각소화**(단, 화재가 진행되면 자연진화되도록 기다릴 것)
제6류	마른모래 등에 의한 **질식소화**

답 ②

★★★
02 0℃, 1기압에서 44.8m³의 용적을 가진 이산화
20.06.문17
18.09.문11
14.09.문07
12.03.문19
06.09.문13
97.03.문03
탄소를 액화하여 얻을 수 있는 액화탄산가스의 무게는 약 몇 kg인가?
① 44
② 22
③ 11
④ 88

해설 (1) **기호**

- T : 0℃=(273+0℃)K
- P : 1기압=1atm
- V : 44.8m³
- m : ?

(2) **이상기체상태 방정식**

$$PV = nRT$$

여기서, P : 기압[atm]

V : 부피[m³]

n : 몰수$\left(n = \dfrac{m(질량)[kg]}{M(분자량)[kg/kmol]}\right)$

R : 기체상수(0.082atm · m³/kmol · K)

T : 절대온도(273+℃)[K]

$PV = \dfrac{m}{M}RT$에서

$m = \dfrac{PVM}{RT}$

$= \dfrac{1atm \times 44.8m^3 \times 44kg/kmol}{0.082atm \cdot m^3/kmol \cdot K \times (273+0℃)K}$

≒ 88kg

- 이산화탄소 분자량(M)=44kg/kmol

답 ④

03 **부촉매효과에 의한 소화방법으로 옳은 것은?**

19.09.문13
18.09.문19
17.05.문06
16.03.문08
15.03.문17
14.03.문19
11.10.문19
03.08.문11

① 산소의 농도를 낮추어 소화하는 방법이다.

② 용융잠열에 의한 냉각효과를 이용하여 소화하는 방법이다.

③ 화학반응으로 발생한 이산화탄소에 의한 소화방법이다.

④ 활성기(free radical)에 의한 연쇄반응을 억제하는 소화방법이다.

해설

① 질식소화

② 냉각소화

③ 질식소화

소화의 형태

소화형태	설 명
냉각소화	- **점화원**을 냉각하여 소화하는 방법 - **증발잠열**을 이용하여 열을 빼앗아 가연물의 온도를 떨어뜨려 화재를 진압하는 소화 방법 - **다량**의 **물**을 뿌려 소화하는 방법 - 가연성 물질을 **발화점 이하**로 **냉각** - **식용유화재**에 신선한 **야채**를 넣어 소화 - 용융잠열에 의한 **냉각효과**를 이용하여 소화하는 방법 [보기 ②] **기억법** 냉점증발
질식소화	- 공기 중의 **산소농도**를 **16%**(10~15%) 이하로 희박하게 하여 소화하는 방법 - 산화제의 농도를 낮추어 연소가 지속될 수 없도록 하는 방법 - 산소공급을 차단하는 소화방법 - 산소의 농도를 낮추어 소화하는 방법 [보기 ①] - 화학반응으로 발생한 **탄산가스**(이산화탄소)에 의한 소화방법 [보기 ③] **기억법** 질산
제거소화	- **가연물**을 제거하여 소화하는 방법

부촉매 소화 (화학소화, 부촉매효과)	- **연쇄반응**을 **차단**하여 소화하는 방법 - 화학적인 방법으로 화재억제 - **활성기**(free radical)의 **생성**을 **억제**하는 소화방법 [보기 ④] **기억법** 부억(부엌)
희석소화	- 기체·고체·액체에서 나오는 분해가스나 증기의 농도를 낮춰 소화하는 방법

답 ④

04 **제1종 분말소화약제가 요리용 기름이나 지방질 기름의 화재시 소화효과가 탁월한 이유에 대한 설명으로 가장 옳은 것은?**

16.05.문04
11.03.문14

① 요오드화반응을 일으키기 때문이다.

② 비누화반응을 일으키기 때문이다.

③ 브롬화반응을 일으키기 때문이다.

④ 질화반응을 일으키기 때문이다.

해설 **비누화현상**(saponification phenomenon)

구 분	설 명
정의	소화약제가 식용유에서 분리된 **지방산**과 **결합**해 **비누거품**처럼 부풀어 오르는 현상
적응소화약제	제1종 분말소화약제
적응성	- 요리용 기름 [보기 ②] - 지방질 기름 [보기 ②]
발생원리	에스터가 알칼리에 의해 가수분해되어 알코올과 산의 알칼리염이 됨
화재에 미치는 효과	주방의 식용유화재시에 나트륨이 기름을 둘러싸 외부와 분리시켜 **질식소화** 및 **재발화 억제효과** 비누화현상
화학식	RCOOR′ + NaOH → RCOONa + R′OH

- 비누화반응=비누화현상

답 ②

05 **위험물안전관리법령상 제4류 위험물인 알코올류에 속하지 않는 것은?**

15.03.문08

① C_4H_9OH　　② CH_3OH

③ C_2H_5OH　　④ C_3H_7OH

해설 ① 부틸알코올(C_4H_9OH)은 해당없음

위험물령 [별표 1]
위험물안전관리법령상 알코올류

(1) 메틸알코올(CH_3OH) [보기 ②]

(2) 에틸알코올(C_2H_5OH) [보기 ③]

(3) 프로필알코올(C_3H_7OH) [보기 ④]

(4) 변성알코올

(5) 퓨젤유

중요

위험물령 〔별표 1〕
알코올류의 필수조건
(1) 1기압, 20℃에서 **액체**상태일 것
(2) 1분자 내의 탄소원자수가 **5개** 이하일 것
(3) 포화1가 알코올일 것
(4) 수용액의 농도가 **60vol%** 이상일 것

답 ①

06 플래시오버(flash over)현상에 대한 설명으로 옳은 것은?

20.09.문14
14.05.문18
14.03.문11
13.06.문17
11.06.문11

① 실내에서 가연성 가스가 축적되어 발생되는 폭발적인 착화현상

② 실내에서 에너지가 느리게 집적되는 현상

③ 실내에서 가연성 가스가 분해되는 현상

④ 실내에서 가연성 가스가 방출되는 현상

해설 **플래시오버**(flash over) : 순발연소

(1) **실내**에서 폭발적인 착화현상 보기 ①

(2) 폭발적인 **화재확대현상**

(3) 건물화재에서 발생한 가연성 가스가 일시에 인화하여 화염이 **충**만하는 단계

(4) 실내의 가연물이 연소됨에 따라 생성되는 가연성 가스가 실내에 누적되어 **폭**발적으로 연소하여 실 전체가 순간적으로 불길에 싸이는 현상

(5) **옥내화재**가 서서히 진행하여 열이 축적되었다가 일시에 화염이 크게 발생하는 상태

(6) **다량**의 **가연성 가스**가 동시에 연소되면서 **급**격한 온도상승을 유발하는 현상

(7) 건축물에서 한순간에 폭발적으로 화재가 확산되는 현상

기억법 플확충 폭급

● 플래시오버=플래쉬오버

비교

(1) **패닉**(panic)현상
인간의 비이성적인 또는 부적합한 **공포반응행동**으로서 무모하게 높은 곳에서 뛰어내리는 행위라든지, 몸이 굳어서 움직이지 못하는 행동

(2) **굴뚝효과**(stack effect)
㉠ 건물 내외의 **온도차**에 따른 공기의 흐름현상이다.
㉡ 굴뚝효과는 **고층건물**에서 주로 나타난다.
㉢ 평상시 건물 내의 기류분포를 지배하는 중요 요소이며 화재시 연기의 **이동**에 큰 영향을 미친다.
㉣ 건물 외부의 온도가 내부의 온도보다 높은 경우 저층부에서는 내부에서 외부로 공기의 흐름이 생긴다.

(3) **블레비**(BLEVE)=**블레이브**(BLEVE)현상
과열상태의 탱크에서 내부의 액화가스가 분출하여 기화되어 폭발하는 현상
㉠ 가연성 액체
㉡ 화구(fire ball)의 형성
㉢ 복사열의 대량 방출

답 ①

07 다음 중 건물의 화재하중을 감소시키는 방법으로서 가장 적합한 것은?

① 건물 높이의 제한

② 내장재의 불연화

③ 소방시설증강

④ 방화구획의 세분화

해설 **화재하중을 감소시키는 방법**

(1) **내장재**의 **불연화** 보기 ②

(2) **가연물의 수납** : 불연화가 불가능한 서류 등의 가연물은 불연성 밀폐용기에 보관

(3) **가연물의 제한** : 가연물을 필요 최소단위로 보관하여 가연물의 양을 줄임

용어

화재하중	화재가혹도
① 가연물 등의 **연소시 건축물**의 **붕괴** 등을 고려하여 설계하는 하중 ② 화재실 또는 화재구획의 **단위면적당 가연물의 양** ③ 일반건축물에서 가연성의 건축구조재와 **가연성 수용물의 양**으로서 건물 화재시 발열량 및 화재위험성을 나타내는 용어 ④ 화재하중이 크면 단위면적당의 발열량이 크다. ⑤ 화재하중이 같더라도 물질의 상태에 따라 가혹도는 달라진다. ⑥ 화재하중은 화재구획실 내의 가연물 총량을 목재 중량당비로 환산하여 면적으로 나눈 수치이다. ⑦ 건물화재에서 가열온도의 정도를 의미한다. ⑧ 건물의 내화설계시 고려되어야 할 사항이다.	화재로 인하여 건물 내에 수납되어 있는 재산 및 건물 자체에 손상을 주는 능력의 정도

$$q = \frac{\Sigma G_t H_t}{HA} = \frac{\Sigma Q}{4500A}$$

여기서,

q : 화재하중〔kg/m²〕 또는 〔N/m³〕

G_t : 가연물의 양〔kg〕

H_t : 가연물의 단위발열량 〔kcal/kg〕

H : 목재의 단위발열량 〔kcal/kg〕(**4500kcal/kg**)

A : 바닥면적〔m²〕

ΣQ : 가연물의 전체 발열량 〔kcal〕

답 ②

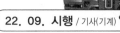

★★★
08 자연발화가 일어나기 쉬운 조건이 아닌 것은?

20.09.문05
18.04.문02
16.10.문05
16.03.문14
15.05.문19
15.03.문09
14.09.문09
14.09.문17
12.03.문09
10.03.문13

① 적당량의 수분이 존재할 것
② 열전도율이 클 것
③ 주위의 온도가 높을 것
④ 표면적이 넓을 것

해설 ② 클 것 → 작을 것

자연발화의 방지법	자연발화 조건
① 습도가 높은 곳을 피할 것(**건조하게 유지할 것**)	① 열전도율이 작을 것 보기 ②
② 저장실의 온도를 낮출 것	② 발열량이 클 것
③ 통풍이 잘 되게 할 것	③ 주위의 온도가 높을 것 보기 ③
④ 퇴적 및 수납시 열이 쌓이지 않게 할 것(**열축적 방지**)	④ 표면적이 넓을 것 보기 ④
⑤ 산소와의 접촉을 차단할 것	⑤ 적당량의 수분이 존재할 것 보기 ①
⑥ **열전도성**을 좋게 할 것	

답 ②

★★★
09 건축물 화재에서 플래시오버(flash over) 현상이 일어나는 시기는?

21.09.문09
15.09.문07
11.06.문11

① 초기에서 성장기로 넘어가는 시기
② 성장기에서 최성기로 넘어가는 시기
③ 최성기에서 감쇠(퇴)기로 넘어가는 시기
④ 감쇠(퇴)기에서 종기로 넘어가는 시기

해설 **플래시오버**(flash over)

구 분	설 명
발생시간	화재발생 후 **5~6분경**
발생시점	**성장기~최성기**(성장기에서 최성기로 넘어가는 분기점) 보기 ② 기억법 **플성최**
실내온도	약 **800~900℃**

답 ②

★★★
10 물속에 저장할 때 안전한 물질은?

21.03.문15
17.03.문11
16.05.문19
16.03.문07
10.03.문09
09.03.문16

① 나트륨
② 수소화칼슘
③ 탄화칼슘
④ 이황화탄소

해설 **물질**에 따른 **저장장소**

물 질	저장장소
황린, **이**황화탄소(CS₂) 보기 ④	**물**속

니트로셀룰로오스	알코올 속
칼륨(K), 나트륨(Na), 리튬(Li)	석유류(등유) 속
알킬알루미늄	벤젠액 속
아세틸렌(C_2H_2)	디메틸포름아미드(DMF), 아세톤에 용해
수소화칼슘	**환기**가 잘 되는 내화성 **냉암소**에 보관
탄화칼슘(칼슘카바이드)	습기가 없는 **밀폐용기**에 저장하는 곳

기억법 **황물이**(**황**토색 **물**이 나온다.)

👉 **중요**

산화프로필렌, 아세트알데히드
구리, **마**그네슘, **은**, **수**은 및 그 합금과 저장 금지

기억법 **구마은수**

답 ④

★
11 화재에 관한 설명으로 옳은 것은?

① PVC 저장창고에서 발생한 화재는 D급 화재이다.
② 연소의 색상과 온도와의 관계를 고려할 때 일반적으로 휘백색보다는 휘적색의 온도가 높다.
③ PVC 저장창고에서 발생한 화재는 B급 화재이다.
④ 연소의 색상과 온도와의 관계를 고려할 때 일반적으로 암적색보다는 휘적색의 온도가 높다.

해설 ① D급 화재 → A급 화재
② 높다 → 낮다
③ B급 화재 → A급 화재

(1) PVC나 폴리에틸렌의 저장창고에서 발생한 화재는 **A급 화재**이다.

(2) **연소**의 **색**과 **온도**

색	온 도[℃]
암적색(진홍색)	700~750
적색	850
휘적색(주황색)	925~950
황적색	1100
백적색(백색)	1200~1300
휘백색	1500

답 ④

★★ 12

15.05.문07
10.09.문16

표준상태에서 44g의 프로판 1몰이 완전연소할 경우 발생한 이산화탄소의 부피는 약 몇 L인가?

① 22.4

② 44.8

③ 89.6

④ 67.2

해설 프로판 연소반응식

프로판(C_3H_8)이 연소되므로 산소(O_2)가 필요함

$$aC_3H_8 + bO_2 \rightarrow cCO_2 + dH_2O$$

C : $3a = c$ (1, 3)

H : $8a = 2d$ (1, 4)

O : $2b = 2c + d$ (5)

$$①C_3H_8 + ⑤O_2 \rightarrow ③CO_2 + ④H_2O$$

1mol → 3mol

22.4L → x

• **22.4L** : 표준상태에서 1mol의 기체는 0℃ 기압에서 22.4L를 가짐

$$1mol \times x = 3mol \times 22.4L$$

$$x = \frac{3mol \times 22.4L}{1mol} = 67.2L$$

답 ④

★★★ 13

19.04.문19
14.09.문14
13.09.문01
13.06.문08

표면온도가 350℃인 전기히터의 표면온도를 750℃로 상승시킬 경우, 복사에너지는 처음보다 약 몇 배로 상승되는가?

① 1.64

② 2.14

③ 7.27

④ 21.08

해설 (1) 기호

• T_1 : 350℃ = (273 + 350)K

• T_2 : 750℃ = (273 + 750)K

• $\dfrac{Q_2}{Q_1}$: ?

(2) 스테판-볼츠만의 법칙(Stefan-Boltzman's law)

$$Q = aAF(T_1{}^4 - T_2{}^4) \times T^4$$ 이므로

$$\frac{Q_2}{Q_1} = \frac{T_2{}^4}{T_1{}^4} = \frac{(273+t_2)^4}{(273+t_1)^4} = \frac{(273+750)^4}{(273+350)^4} ≒ 7.27$$

• 열복사량은 복사체의 **절대온도**의 **4제곱**에 비례하고, 단면적에 비례한다.

참고

스테판-볼츠만의 법칙(Stefan-Boltzman's law)

$$Q = aAF(T_1{}^4 - T_2{}^4)$$

여기서, Q : 복사열[W]

a : 스테판-볼츠만 상수[W/m² · K⁴]

A : 단면적[m²]

F : 기하학적 Factor

T_1 : 고온[K]

T_2 : 저온[K]

답 ③

★★ 14

15.05.문15
13.03.문10

화재를 발생시키는 에너지인 열원의 물리적 원인으로만 나열한 것은?

① 압축, 분해, 단열

② 마찰, 충격, 단열

③ 압축, 단열, 용해

④ 마찰, 충격, 분해

해설 물리적 원인 vs 화학적 원인

물리적 원인	화학적 원인
① **마찰**	① 분해
② **충격**	② 중합
③ **단열**	③ 흡착
④ **압축**	④ 용해

기억법 마충단압

답 ②

★★ 15

21.05.문20
17.05.문03

메탄 80vol%, 에탄 15vol%, 프로판 5vol%인 혼합가스의 공기 중 폭발하한계는 약 몇 vol%인가? (단, 메탄, 에탄, 프로판의 공기 중 폭발하한계는 5.0vol%, 3.0vol%, 2.1vol%이다.)

① 4.28   ② 3.61

③ 3.23   ④ 4.02

해설 혼합가스의 폭발하한계

$$\frac{100}{L} = \frac{V_1}{L_1} + \frac{V_2}{L_2} + \frac{V_3}{L_3}$$

여기서, L : 혼합가스의 폭발하한계[vol%]

L_1, L_2, L_3 : 가연성 가스의 폭발하한계[vol%]

V_1, V_2, V_3 : 가연성 가스의 용량[vol%]

$$\frac{100}{L} = \frac{V_1}{L_1} + \frac{V_2}{L_2} + \frac{V_3}{L_3}$$

$$\frac{100}{L} = \frac{80}{5.0} + \frac{15}{3.0} + \frac{5}{2.1}$$

$$\frac{100}{\frac{80}{5.0}+\frac{15}{3.0}+\frac{5}{2.1}}=L$$

$$L=\frac{100}{\frac{80}{5.0}+\frac{15}{3.0}+\frac{5}{2.1}}≒4.28vol\%$$

- 단위가 원래는 〔vol%〕 또는 〔v%〕, 〔vol.%〕인데 줄여서 〔%〕로 쓰기도 한다.

답 ①

★★★ 16

Halon 1301의 증기비중은 약 얼마인가? (단, 원자량은 C : 12, F : 19, Br : 80, Cl : 35.50이고, 공기의 평균 분자량은 29이다.)

20.06.문13
19.03.문18
16.03.문01
15.03.문05
14.09.문15
12.09.문18
07.05.문17

① 6.14
② 7.14
③ 4.14
④ 5.14

해설 (1) 증기비중

$$증기비중=\frac{분자량}{29}$$

여기서, 29 : 공기의 평균 분자량

(2) **분자량**

원 소	원자량
H	1
C ——→	12
N	14
O	16
F ——→	19
Cl	35.5
Br ——→	80

Halon 1301(CF₃Br) 분자량 $=12+19\times3+80=149$

증기비중 $=\frac{149}{29}≒5.14$

- 증기비중 =가스비중

중요

할론소화약제의 약칭 및 분자식

종 류	약 칭	분자식
할론 1011	CB	CH_2ClBr
할론 104	CTC	CCl_4
할론 1211	BCF	$CF_2ClBr(CClF_2Br)$
할론 1301	BTM ——→	CF_3Br
할론 2402	FB	$C_2F_4Br_2$

답 ④

★★★ 17

조연성 가스로만 나열한 것은?

21.03.문08
20.09.문20
17.03.문07
16.10.문03
16.03.문04
14.05.문10
12.09.문08
11.10.문02

① 산소, 이산화탄소, 오존
② 산소, 불소, 염소
③ 질소, 불소, 수증기
④ 질소, 이산화탄소, 염소

해설 **가연성 가스와 지연성 가스**

가연성 가스	지연성 가스(조연성 가스)
• **수소** • **메탄** • **일산화탄소** • **천연가스** • **부탄** • **에탄** • **암모니아** • **프로판**	• **산소** 보기 ② • **공기** • **염소** 보기 ② • **오존** • **불소** 보기 ②

기억법 가수일천 암부 메에프

기억법 조산공 염불오

용어

가연성 가스와 지연성 가스

가연성 가스	지연성 가스(조연성 가스)
물질 자체가 연소하는 것	자기 자신은 연소하지 않지만 연소를 도와주는 가스

답 ②

★★★ 18

다음 중 연소범위에 따른 위험도값이 가장 큰 물질은?

21.03.문11
20.06.문19
19.03.문03
18.03.문18

① 이황화탄소
② 수소
③ 일산화탄소
④ 메탄

해설 **위험도**

$$H=\frac{U-L}{L}$$

여기서, H : 위험도(degree of Hazards)
U : 연소상한계(Upper limit)
L : 연소하한계(Lower limit)

(1) **이황화탄소** $=\frac{44-1.2}{1.2}=35.7$

(2) **수소** $=\frac{75-4}{4}=17.75$

(3) **일산화탄소** $=\frac{74-12.5}{12.5}=4.92$

(4) **메탄** $=\frac{15-5}{5}=2$

🔥 **중요**

공기 중의 **폭발한계**(상온, 1atm)

가 스	하한계 〔vol%〕	상한계 〔vol%〕
아세틸렌(C_2H_2)	2.5	81
수소(H_2) 보기 ②	4	75
일산화탄소(CO) 보기 ③	12.5	74
에테르((C_2H_5)$_2$O)	1.9	48
이황화탄소(CS_2) 보기 ①	1.2	44
에틸렌(C_2H_4)	2.7	36
암모니아(NH_3)	15	28
메탄(CH_4) 보기 ④	5	15
에탄(C_2H_6)	3	12.4
프로판(C_3H_8)	2.1	9.5
부탄(C_4H_{10})	1.8	8.4

• 연소한계＝연소범위＝가연한계＝가연범위＝
폭발한계＝폭발범위

답 ①

⭐⭐⭐
19 알킬알루미늄 화재시 사용할 수 있는 소화약제로

21.05.문13
16.05.문20
07.09.문03

가장 적당한 것은?

① 팽창진주암

② 물

③ Halon 1301

④ 이산화탄소

해설 **위험물**의 **소화약제**

위험물	소화약제
• 알킬알루미늄 • 알킬리튬	• 마른모래 • 팽창질석 • 팽창진주암 보기 ①

답 ①

⭐⭐⭐
20 다음 중 가연성 가스가 아닌 것은?

21.03.문08
20.09.문20
17.03.문07
16.10.문03
16.03.문04
14.05.문10
12.09.문08
11.10.문02

① 아르곤

② 메탄

③ 프로판

④ 일산화탄소

해설
① 아르곤 : 불연성 가스(불활성 가스)

가연성 가스와 지연성 가스

가연성 가스	지연성 가스(**조**연성 가스)
• **수**소 • **메**탄 보기 ② • **일**산화탄소 보기 ④ • **천**연가스 • **부**탄 • **에**탄 • **암**모니아 • **프**로판 보기 ③	• **산**소 • **공**기 • **염**소 • **오**존 • **불**소 기억법 **조산공 염불오**

기억법 **가수일천 암부
메에프**

🌱 **용어**

가연성 가스와 지연성 가스

가연성 가스	지연성 가스(조연성 가스)
물질 자체가 연소하는 것	자기 자신은 연소하지 않지만 연소를 도와주는 가스

답 ①

제2과목   소방유체역학

⭐⭐⭐
21 액체와 고체가 접촉하면 상호 부착하려는 성질을

21.03.문23
15.05.문33
13.09.문27
10.05.문35

갖는데 이 부착력과 액체의 응집력의 크기의 차이에 의해 일어나는 현상은 무엇인가?

① 모세관현상

② 공동현상

③ 점성

④ 뉴턴의 마찰법칙

해설 **모세관현상**(capillarity in tube)
(1) 액체분자들 사이의 **응집력**과 고체면에 대한 **부착력**의 차이에 의하여 관내 액체표면과 자유표면 사이에 **높이 차이**가 나타나는 것
(2) 액체와 고체가 접촉하면 상호 **부착**하려는 **성질**을 갖는데 이 **부착력**과 액체의 **응집력**의 **상대적 크기**에 의해 일어나는 현상 보기 ①

$$h = \frac{4\sigma\cos\theta}{\gamma D}$$

여기서, h : 상승높이〔m〕
    σ : 표면장력〔N/m〕
    θ : 각도(접촉각)
    γ : 비중량(물의 비중량 9800N/m³)
    D : 관의 내경〔m〕

(a) 물(H_2O) : 응집력<부착력   (b) 수은(Hg) : 응집력>부착력

| 모세관현상 |

답 ①

⭐ 22

[14.05.문37] 역 Carnot 사이클로 작동하는 냉동기가 300K의 고온열원과 250K의 저온열원 사이에서 작동한다. 이 냉동기의 성능계수는 얼마인가?

① 6   ② 2

③ 5   ④ 3

해설 (1) 기호

- T_H : 300K
- T_L : 250K
- β : ?

(2) **냉동기**의 **성능계수**

$$\beta = \frac{Q_L}{Q_H - Q_L} = \frac{T_L}{T_H - T_L}$$

여기서, β : 냉동기의 성능계수
Q_L : 저열[kJ]
Q_H : 고열[kJ]
T_L : 저온[K]
T_H : 고온[K]

냉동기의 성능계수

$$\beta = \frac{T_L}{T_H - T_L} = \frac{250K}{300K - 250K} = 5$$

답 ③

⭐ 23

[12.03.문29] 그림에서 1m×3m의 사각 평판이 수면과 45° 기울어져 물에 잠겨있다. 한쪽 면에 작용하는 유체력의 크기(F)와 작용점의 위치(y_f)는 각각 얼마인가?

① $F = 62.4$kN, $y_f = 3.25$m

② $F = 132.3$kN, $y_f = 3.25$m

③ $F = 132.3$kN, $y_f = 3.5$m

④ $F = 62.4$kN, $y_f = 3.5$m

해설 (1) 기호

- b : 1m
- h : 3m
- A : $(1 \times 3)m^2$
- θ : 45°
- y : 3m
- F : ?
- y_f : ?

(2) **전압력**

$$F = \gamma y \sin\theta A = \gamma h A$$

여기서, F : 전압력[kN]
γ : 비중량[물의 비중량 9.8kN/m³]
y : 표면에서 수문 중심까지의 경사거리[m]
h : 표면에서 수문 중심까지의 수직거리[m]
A : 수문의 단면적[m²]

전압력 F 는
$F = \gamma y \sin\theta A$
$= 9.8$kN/m³$ \times 3m \times \sin 45° \times (1 \times 3)$m²
$= 62.4$kN

(3) **작용점 깊이**

명칭	구형(rectangle)
형태	(그림: b, h, I_c, Y_c)
A (면적)	$A = bh$
y_c (중심위치)	$y_c = y$
I_c (관성능률)	$I_c = \dfrac{bh^3}{12}$

$$y_p = y_c + \frac{I_c}{A y_c}$$

여기서, $y_p(y_f)$: 작용점 깊이(작용위치)[m]
y_c : 중심위치[m]
I_c : 관성능률$\left(I_c = \dfrac{bh^3}{12}\right)$
A : 단면적[m²] $(A = bh)$

작용점 깊이 y_f 는

$$y_f = y_c + \frac{I_c}{A y_c}$$

$$= y + \frac{\frac{bh^3}{12}}{(bh)y} = 3m + \frac{\frac{1m \times (3m)^3}{12}}{(1 \times 3)m^2 \times 3m} ≒ 3.25m$$

3.25m

1.5m

F

F_B

3m

기억법 62.4kN, 3.25m(한국전쟁 625 325)

답 ①

★★★
24
21.05.문29
15.05.문24
13.03.문28

어떤 팬이 1750rpm으로 회전할 때의 전압은 155mmAq, 풍량은 240m³/min이다. 이것과 상사한 팬을 만들어 1650rpm, 전압 200mmAq로 작동할 때 풍량은 약 몇 m³/min인가? (단, 공기의 밀도와 비속도는 두 경우에 같다고 가정한다.)

① 396
② 386
③ 356
④ 366

해설 (1) 기호

- N_1 : 1750rpm
- H_1 : 155mmAq=0.155mAq=0.155m(1000mm= 1m, Aq 생략 가능)
- Q_1 : 240m³/min
- N_2 : 1650rpm
- H_2 : 200mmAq=0.2mAq=0.2m(1000mm=1m, Aq 생략 가능)
- Q_2 : ?

(2) **비교회전도**(비속도)

$$N_s = N \frac{\sqrt{Q}}{\left(\dfrac{H}{n}\right)^{\frac{3}{4}}}$$

여기서, N_s : 펌프의 비교회전도(비속도)
〔m³/min · m/rpm〕
N : 회전수〔rpm〕
Q : 유량〔m³/min〕
H : 양정〔m〕
n : 단수

펌프의 비교회전도 N_s 는

$$N_s = N_1 \frac{\sqrt{Q_1}}{\left(\dfrac{H_1}{n}\right)^{\frac{3}{4}}} = 1750\text{rpm} \times \frac{\sqrt{240\text{m}^3/\text{min}}}{(0.155\text{m})^{\frac{3}{4}}}$$

$$= 109747.5\text{m}^3/\text{min} \cdot \text{m/rpm}$$

- n : 주어지지 않았으므로 무시

펌프의 비교회전도 N_{s2} 는

$$N_{s2} = N_2 \frac{\sqrt{Q_2}}{\left(\dfrac{H_2}{n}\right)^{\frac{3}{4}}}$$

$$109747.5\text{m}^3/\text{min} \cdot \text{m/rpm} = 1650\text{rpm} \times \frac{\sqrt{Q_2}}{(0.2\text{m})^{\frac{3}{4}}}$$

$$\frac{109747.5\text{m}^3/\text{min} \cdot \text{m/rpm} \times (0.2\text{m})^{\frac{3}{4}}}{1650\text{rpm}} = \sqrt{Q_2}$$

$$\sqrt{Q_2} = \frac{109747.5\text{m}^3/\text{min} \cdot \text{m/rpm} \times (0.2\text{m})^{\frac{3}{4}}}{1650\text{rpm}} \leftarrow \text{좌우 이항}$$

$$\left(\sqrt{Q_2}\right)^2 = \left(\frac{109747.5 \times (0.2\text{m})^{\frac{3}{4}}}{1650\text{rpm}}\right)^2$$

$$Q_2 = 396\text{m}^3/\text{min}$$

기억법 396m³/min(369! 369! 396)

용어

비속도(비교회전도)
펌프의 성능을 나타내거나 가장 적합한 **회전수**를 결정하는 데 이용되며, **회전자**의 **형상**을 나타내는 척도가 된다.

답 ①

★
25
14.05.문26

그림과 같은 면적 A_1인 원형관의 출구에 노즐이 볼트로 연결되어 있으며 노즐 끝의 면적은 A_2이고 노즐 끝(2 지점)에서 물의 속도는 V, 물의 밀도는 ρ이다. 전체 볼트에 작용하는 힘이 F_B일 때, 1 지점에서의 게이지압력을 구하는 식은?

① $\dfrac{F_B}{A_1} - \rho V^2 \left(1 - \dfrac{A_2}{A_1}\right) \dfrac{A_2}{A_1}$

② $\dfrac{F_B}{A_1} - \rho V^2 \left(1 - \dfrac{A_2}{A_1}\right)$

③ $\dfrac{F_B}{A_1} - \rho V^2 \left(1 + \dfrac{A_2}{A_1}\right)$

④ $\dfrac{F_B}{A_1} + \rho V^2 \left(1 - \dfrac{A_2}{A_1}\right) \dfrac{A_2}{A_1}$

해설 (1) **유량**

$$Q = AV = \left(\frac{\pi}{4}D^2\right)V \cdots \cdots \text{㉠}$$

여기서, Q : 유량〔m³/s〕
A : 단면적〔m²〕
V : 유속〔m/s〕
D : 지름〔m〕

(2) 힘

$$F = PA = \rho QV \cdots\cdots \text{ⓛ}$$

여기서, F : 힘[N]
P : 압력[N/m²]
A : 단면적[m²]
ρ : 밀도(물의 밀도 1000N·s²/m⁴)
Q : 유량[m³/s]
V : 유속[m/s]

(3) 비압축성 유체

$$\frac{V_1}{V_2} = \frac{A_2}{A_1}\left(\frac{D_2}{D_1}\right)^2 \cdots\cdots \text{ⓒ}$$

여기서, V_1, V_2 : 유속[m/s]
A_1, A_2 : 단면적[m²]
D_1, D_2 : 직경[m]

$$P_1 A_1 + \rho Q_1 V_1 = P_2 A_2 + \rho Q_2 V_2 + F_B$$

(4) 힘

$$P_1 A_1 + \rho A_1 V_1^2 = P_2 A_2 + \rho A_2 V_2^2 + F_B$$

여기서, P_1 : 노즐 상류쪽의 게이지압력[N/m²]
A_1 : 원형관의 단면적[m²]
ρ : 밀도(물의 밀도 1000N·s²/m⁴)
Q_1 : 노즐 상류쪽의 유량[m³/s]
V_1 : 노즐 상류쪽의 유속[m/s]
P_2 : 노즐 끝의 게이지압력[N/m²]
A_2 : 노즐 끝의 단면적[m²]
Q_2 : 노즐 끝의 유량[m³/s]
V_2 : 노즐 끝쪽의 유속[m/s]
F_B : 볼트 전체에 작용하는 힘[N]

$$P_1 A_1 + \rho A_1 V_1^2 = P_2 A_2 + \rho A_2 V_2^2 + F_B$$

노즐 끝은 대기압 상태이므로 노즐 끝의 게이지압력
$P_2 \fallingdotseq 0$

$$P_1 A_1 + \rho A_1 V_1^2 = P_2 A_2 + \rho A_2 V_2^2 + F_B$$
$$P_1 A_1 = F_B + \rho A_2 V_2^2 - \rho A_1 V_1^2$$

ⓒ식에서 $\dfrac{V_1}{V_2} = \dfrac{A_2}{A_1}$ 이므로 $V_1 = \dfrac{A_2}{A_1}V_2$

$$P_1 A_1 = F_B + \rho A_2 V_2^2 - \rho A_1 \cdot \left(\frac{A_2}{A_1} \cdot V_2\right)^2$$
$$= F_B + \rho A_2 V_2^2 - \rho A_1 \cdot \frac{A_2^2}{A_1^2} \cdot V_2^2$$
$$= F_B + \rho V_2^2\left(A_2 - \frac{A_2^2}{A_1}\right)$$
$$P_1 = \frac{F_B}{A_1} + \frac{\rho V_2^2}{A_1}\left(A_2 - \frac{A_2^2}{A_1}\right)$$
$$= \frac{F_B}{A_1} + \rho V^2\left(\frac{A_2}{A_1} - \frac{A_2^2}{A_1^2}\right) = \frac{F_B}{A_1} + \rho V^2\left(1 - \frac{A_2}{A_1}\right)\frac{A_2}{A_1}$$

---

(1) 반발력

$$F = P_1 A_1 - \rho Q(V_2 - V_1)$$

여기서, F : 반발력[N]
P_1 : 노즐 상류 쪽의 게이지압력[N/m²] 또는 [Pa]
A_1 : 원형 관(호스)의 단면적[m²]
ρ : 밀도(물의 밀도 1000kg/m³)
Q : 방수량[m³/s]
V_2 : 노즐의 평균유속[m/s]
V_1 : 원형 관(호스)의 평균유속[m/s]

(2) 플랜지볼트에 작용하는 힘

$$F = \frac{\gamma Q^2 A_1}{2g}\left(\frac{A_1 - A_2}{A_1 A_2}\right)^2$$

여기서, F : 플랜지볼트에 작용하는 힘[N]
γ : 비중량(물의 비중량 9800N/m³)
Q : 유량[m³/s]
A_1 : 호스의 단면적[m²]
A_2 : 노즐의 출구단면적[m²]
g : 중력가속도(9.8m/s²)

답 ④

★★★
26 매분 670kJ의 열량을 공급받아 6kW의 출력을 발생하는 열기관의 열효율은?

21.05.문 26
17.09.문 32
12.03.문 37

① 0.57 　　　　② 0.54
③ 0.72 　　　　④ 0.42

해설 **(1) 기호**

- Q_H : 670kJ/min
- W : 6kW=6kJ/s=6kJ/$\frac{1}{60}$min=6×60kJ/min
  =360kJ/min(1kW=1kJ/s, 1s=$\frac{1}{60}$min)
- η : ?

(2) 출력(일)

$$W = Q_H\left(1 - \frac{T_L}{T_H}\right) \cdots\cdots\cdots \text{ⓐ}$$

여기서, W : 출력(일)[kJ]
Q_H : 고온열량[kJ]
T_L : 저온(273+℃)[K]
T_H : 고온(273+℃)[K]

(3) 열효율

$$\eta = 1 - \frac{T_L}{T_H} = 1 - \frac{Q_L}{Q_H} \cdots\cdots\cdots \text{ⓑ}$$

여기서, η : 카르노사이클의 열효율
$\quad\quad T_L$: 저온(273+℃)[K]
$\quad\quad T_H$: 고온(273+℃)[K]
$\quad\quad Q_L$: 저온열량[kJ]
$\quad\quad Q_H$: 고온열량[kJ]
ⓛ식에 ㉠식을 대입하여 정리하면

$$\eta = \frac{W}{Q_H} = 1 - \frac{T_L}{T_H}$$

열효율 η는

$$\eta = \frac{W}{Q_H} = \frac{360\text{kJ/min}}{670\text{kJ/min}} = 0.537 \fallingdotseq 0.54$$

답 ②

27 점성계수가 0.08kg/m·s이고 밀도가 800kg/m³
인 유체의 동점성계수는 몇 cm²/s인가?

① 0.08　　　　　② 1.0
③ 0.0001　　　　④ 8.0

해설 (1) 기호

- μ : 0.08kg/m·s
- ρ : 800kg/m³
- ν : ?

(2) **동점성계수**

$$\nu = \frac{\mu}{\rho}$$

여기서, ν : 동점성계수[m²/s]
$\quad\quad \mu$: 점성계수[kg/m·s]
$\quad\quad \rho$: 밀도[kg/m³]

동점성계수 $\nu = \dfrac{\mu}{\rho}$

$$= \frac{0.08\text{kg/m·s}}{800\text{kg/m}^3} = 1 \times 10^{-4}\text{m}^2/\text{s} = 1\text{cm}^2/\text{s}$$

$(100\text{cm} = 10^2\text{cm} = 1\text{m},\ (10^2\text{cm})^2 = 1\text{m}^2 = 10^4\text{cm}^2$
$= 10^{-4}\text{m}^2 = 1 \times 10^{-4}\text{m}^2 = 1\text{cm}^2)$

답 ②

★★★
28 안지름이 25mm인 노즐 선단에서의 방수압력은
계기압력으로 5.8×10^5Pa이다. 이때 물의 방수량
은 약 m³/s인가?

21.03.문37
19.09.문29
03.08.문30
00.03.문36

① 0.34　　　　　② 0.17
③ 0.017　　　　④ 0.034

해설 (1) 기호

- D : 25mm
- P : 5.8×10^5Pa=0.58×10^6Pa=0.58MPa
  $\quad(10^6$Pa=1MPa)
- Q : ?

(2) **방수량**

$$Q = 0.653D^2\sqrt{10P}$$

여기서, Q : 방수량[L/min]
$\quad\quad D$: 구경[mm]
$\quad\quad P$: 방수압[MPa]

방수량 Q는
$Q = 0.653D^2\sqrt{10P}$
$\quad = 0.653 \times (25\text{mm})^2 \times \sqrt{10 \times 0.58\text{MPa}}$
$\quad = 983\text{L/min}$
$\quad = 0.983\text{m}^3/60\text{s}\ (1000\text{L}=1\text{m}^3,\ 1\text{min}=60\text{s})$
$\quad \fallingdotseq 0.0163\text{m}^3/\text{s}$
$(\therefore$ 유사한 $0.017\text{m}^3/\text{s}$ 가 정답)

답 ③

★★★
29 파이프 내 흐르는 유체의 유량을 측정하는 장치가
아닌 것은?

20.06.문26
18.09.문28
16.03.문28
08.03.문37
01.09.문36
01.06.문25
99.08.문33

① 사각위어
② 로터미터
③ 오리피스미터
④ 벤투리미터

해설 ① 사각위어 : 개수로의 **유량** 측정

유량 · 유속 측정

배관의 **유량** 또는 **유속** 측정	개수로의 **유량** 측정
① 벤투리미터(벤투리관) 보기 ④ ② 오리피스(오리피스미터) 보기 ③ ③ 로터미터 보기 ② ④ 노즐(유동노즐) ⑤ 피토관	① 위어(삼각위어) ② 위어(사각위어) 보기 ①

 중요

측정기구의 용도	
측정기구	설 명
피토관 (pitot tube)	유체의 **국부속도**를 측정하는 장치 ‖ 피토관 ‖
로터미터 (rotameter)	**부자**(float)의 오르내림에 의해서 배관 내의 **유량** 및 **유속**을 측정할 수 있는 기구

	 │ 로터미터 │
오리피스 (orifice)	① 두 점 간의 압력차를 측정하여 유 　속 및 유량을 측정하는 기구 ② **저가**이나 압력손실이 크다. │ 오리피스 │
벤투리미터 (venturimeter)	**고가**이고 유량·유속의 손실이 적은 유체의 **유량** 측정 장치 마노미터 읽음 │ 벤투리미터 │
액주계 (manometer, 마노미터)	유체의 압력차를 측정하여 유량을 계산하는 계기 │ 액주계 │
피에조 미터 (piezometer)	매끄러운 표면에 수직으로 작은 구 멍이 뚫어져서 액주계와 연결되어 있으며, **유동**하고 있는 유체의 **정 압** 측정 │ 피에조미터 │

답 ①

★
30
13.09.문35

공기가 수평노즐을 통하여 대기 중에 정상적으로 유출된다. 노즐의 입구 면적이 $0.1m^2$이고, 출구 면적은 $0.02m^2$이다. 노즐 출구에서 50m/s의 속도를 유지하기 위하여 노즐 입구에서 요구되는 계기 압력[kPa]은 얼마인가? (단, 유동은 비압축성이고 마찰은 무시하며 공기의 밀도는 $1.23kg/m^3$이다.)

① 1.35　　　　　② 1.20
③ 1.48　　　　　④ 1.55

해설

노즐

(1) 기호

- A_1 : $0.1m^2$
- A_2 : $0.02m^2$
- V_2 : 50m/s
- P_1 : ?
- ρ : $1.23kg/m^3 = 1.23N \cdot s^2/m^4 (1kg/m^3 = 1N \cdot s^2/m^4)$

(2) 유량

$$Q = A_1 V_1 = A_2 V_2$$

여기서, Q : 유량[m³/s]

　　　　$A_1 \cdot A_2$: 단면적[m²]

　　　　$V_1 \cdot V_2$: 유속[m/s]

$$V_1 = \frac{A_2}{A_1} V_2 = \frac{0.02m^2}{0.1m^2} \times 50m/s = 10m/s$$

(3) 베르누이 방정식

$$\frac{V_1^2}{2g} + \frac{P_1}{\gamma} + Z_1 = \frac{V_2^2}{2g} + \frac{P_2}{\gamma} + Z_2$$

여기서, $V_1 \cdot V_2$: 유속[m/s]

　　　　$P_1 \cdot P_2$: 압력[kPa] 또는 [kN/m²]

　　　　$Z_1 \cdot Z_2$: 높이[m]

　　　　g : 중력가속도(9.8m/s²)

　　　　γ : 비중량[kN/m³]

$Z_1 = Z_2$, $P_2 = 0$(대기압)이므로

$$\frac{V_1^2}{2g} + \frac{P_1}{\gamma} + \cancel{Z_1} = \frac{V_2^2}{2g} + \frac{0}{\gamma} + \cancel{Z_2}$$

$$\frac{P_1}{\gamma} = \frac{V_2^2}{2g} - \frac{V_1^2}{2g}$$

$$P_1 = \gamma \left(\frac{V_2^2 - V_1^2}{2g} \right)$$

$$= \rho g \left(\frac{V_2^2 - V_1^2}{2g} \right)$$

$$= \rho \left(\frac{V_2^2 - V_1^2}{2} \right)$$

$$= 1.23N \cdot s^2/m^4 \left(\frac{(50m/s)^2 - (10m/s)^2}{2} \right)$$

$$\fallingdotseq 1476N/m^2 = 1476Pa \fallingdotseq 1480Pa = 1.48kPa$$

$$\gamma = \rho g$$

여기서, γ : 비중량[N/m^3]
ρ : 밀도[N · s^2/m^4]
g : 중력가속도(9.8m/s^2)

답 ③

★★ 31

18.09.문35
11.03.문22

파이프 단면적이 2.5배로 급격하게 확대되는 구간을 지난 후의 유속이 1.2m/s이다. 부차적 손실계수가 0.36이라면 급격확대로 인한 손실수두는 몇 m인가?

① 0.165　　　② 0.056

③ 0.0264　　　④ 0.331

 (1) 기호

- A_1 : 1m^2(A_1=1m^{2}로 가정)
- A_2 : 2.5m^2
- V_2 : 1.2m/s(확대되는 구간을 지난 후 유속이므로 확대관 유속)
- H : ?

(2) 큰 관을 기준으로 한 손실계수

$$K_2 = \left(1 - \frac{A_2}{A_1}\right)^2$$

여기서, K_2 : 큰 관을 기준으로 한 손실계수
A_1 : 작은 관 단면적[m^2]
A_2 : 큰 관 단면적[m^2]

큰 관을 기준으로 한 손실계수 K_2는

$$K_2 = \left(1 - \frac{A_2}{A_1}\right)^2 = \left(1 - \frac{2.5\text{m}^2}{1\text{m}^2}\right)^2 = 2.25$$

(3) 돌연확대관에서의 손실

$$H = K \frac{(V_1 - V_2)^2}{2g}$$

$$H = K_1 \frac{V_1{}^2}{2g}, \quad H = K_2 \frac{V_2{}^2}{2g}$$

여기서, H : 손실수두[m]
K : 손실계수
K_1 : 작은 관을 기준으로 한 손실계수
K_2 : 큰 관을 기준으로 한 손실계수
V_1 : 축소관 유속[m/s]
V_2 : 확대관 유속[m/s]
g : 중력가속도(9.8m/s^2)

| 돌연확대관 |

$$H = K_2 \frac{V_2{}^2}{2g} = 2.25 \times \frac{(1.2\text{m/s})^2}{2 \times 9.8\text{m/s}^2} \fallingdotseq 0.165\text{m}$$

답 ①

★★ 32

19.03.문38
13.03.문27

온도차이 20℃, 열전도율 5W/(m · K), 두께 20cm인 벽을 통한 열유속(heat flux)과 온도차이 40℃, 열전도율 10W/(m · K), 두께 t' 인 같은 면적을 가진 벽을 통한 열유속이 같다면 두께 t' 는 약 몇 cm인가?

① 10　　　② 40

③ 20　　　④ 80

해설 **(1) 기호**

- $(T_2 - T_1)$: 20℃ (또는 20K)
- k : 5W/(m · K)
- $l(t)$: 20cm=0.2m(100cm=1m)
- $(T_2 - T_1)'$: 40℃ (또는 40K)
- k' : 10W/(m · K)
- $l'(t')$: ?

(2) 전도

$$\overset{\circ}{q}'' = \frac{k(T_2 - T_1)}{l}$$

여기서, $\overset{\circ}{q}''$: 열전달량[W/m^2]
k : 열전도율[W/(m · K)]
$(T_2 - T_1)$: 온도차[℃] 또는 [K]
$l(t)$: 벽체두께[m]

- 열전달량=열전달률=열유동률=열흐름률

열전달량 $\overset{\circ}{q}''$ 는

$$\overset{\circ}{q}'' = \frac{k(T_2 - T_1)}{l} = \frac{5\text{W/(m · K)} \times 20\text{K}}{0.2\text{m}} = 500\text{W/m}^2$$

- **온도차이**를 나타낼 때는 ℃와 K를 계산하면 같다 (20℃=20K).

두께 $l'(t')$ 는

$$l'(t') = \frac{k'(T_2 - T_1)'}{\overset{\circ}{q}''} = \frac{10\text{W/(m · K)} \times 40\text{K}}{500\text{W/m}^2}$$
$$= 0.8\text{m} = 80\text{cm}$$

- 1m=100cm이므로 0.8m=80cm

답 ④

★★ 33

14.03.문40
12.03.문32

다음은 유체 운동학과 관련된 설명이다. 옳은 것을 모두 고른 것은?

㉠ 유적선은 유체입자의 이동경로를 그린 선이다.
㉡ 유맥선은 유동장 내의 어느 한 점을 지나는 유체입자들로 만들어지는 선이다.
㉢ 정상유동에서는 유선, 유적선, 유맥선이 모두 일치한다.

① ㉠, ㉡　　　② ㉠, ㉢

③ ㉡, ㉢　　　④ ㉠, ㉡, ㉢

해설 **유선, 유적선, 유맥선**

구 분	설 명
유선 (stream line)	① 유동장의 한 선상의 모든 점에서 그은 접선이 그 점에서 **속도방향**과 **일치**되는 선이다. ② 유동장 내의 모든 점에서 **속도벡터**에 접하는 가상적인 선이다.
유적선 (path line)	① 유체입자의 이동경로를 그린 선이다. 보기 ㉠ ② 한 유체입자가 일정한 기간 내에 움직여 간 **경로**를 말한다. ③ 일정한 시간 내에 유체입자가 흘러간 **궤적**이다.
유**맥**선 (streak line)	① 유동장 내의 어느 한 점을 지나는 유체입자들로 만들어지는 선이다. 보기 ㉡ ② 모든 유체입자의 **순간적**인 **부피**를 말하며, **연**소하는 물질의 **체적** 등을 말한다.(예 굴뚝에서 나온 연기 형상)
정상유동	유선, 유적선, 유맥선이 모두 일치한다. 보기 ㉢

기억법 **유속일, 맥연(매연)**

답 ④

★★
34 비체적 $v = 0.76\text{m}^3/\text{kg}$인 기체를 $Pv^k = \text{const}$의
14.05.문31
10.09.문30 폴리트로픽 과정을 거쳐 1기압에서 3기압으로 압축하였을 때의 비체적은 약 몇 m^3/kg인가? (단, 기체의 비열비 k는 1.4이고, P는 압력이다.)

① 0.25

② 0.35

③ 0.5

④ 1.67

해설 **(1) 기호**

- v_1 : $0.76\text{m}^3/\text{kg}$
- P_1 : 1기압=1atm
- P_2 : 3기압=3atm
- v_2 : ?
- $k(n)$: 1.4
  ($Pv^k = \text{const}$, 폴리트로픽 과정 $Pv^n = \text{const}$이므로 $k = n$)

(2) 온도, 비체적과 압력

$$\frac{P_2}{P_1} = \left(\frac{v_1}{v_2}\right)^n, \quad \frac{T_2}{T_1} = \left(\frac{v_1}{v_2}\right)^{n-1} = \left(\frac{P_2}{P_1}\right)^{\frac{n-1}{n}}$$

여기서, P_1, P_2 : 변화 전후의 압력[kJ/m³]
v_1, v_2 : 변화 전후의 비체적[m³]
T_1, T_2 : 변화 전후의 온도(273+℃)[K]
n : 폴리트로픽 지수

$$\frac{P_2}{P_1} = \left(\frac{v_1}{v_2}\right)^n$$

$$\left(\frac{P_2}{P_1}\right)^{\frac{1}{n}} = \left(\frac{v_1}{v_2}\right)^{\cancel{n} \times \frac{1}{\cancel{n}}} \quad \leftarrow \text{양 변에 } \frac{1}{n}\text{승을 함}$$

$$\left(\frac{P_2}{P_1}\right)^{\frac{1}{n}} = \left(\frac{v_1}{v_2}\right)$$

$$v_2 = \frac{v_1}{\left(\dfrac{P_2}{P_1}\right)^{\frac{1}{n}}} = \frac{0.76\text{m}^3/\text{kg}}{\left(\dfrac{3\text{atm}}{1\text{atm}}\right)^{\frac{1}{1.4}}} = 0.346 ≒ 0.35$$

답 ②

★
35 유량 $2\text{m}^3/\text{min}$, 전양정 25m인 원심펌프의 축동력은 약 몇 kW인가? (단, 펌프의 전효율은 0.78이고, 유체의 밀도는 1000kg/m^3이다.)

① 11.52

② 9.52

③ 10.47

④ 13.47

해설 **(1) 기호**

- Q : $2\text{m}^3/\text{min} = 2\text{m}^3/60\text{s}(1\text{min}=60\text{s})$
- H : 25m
- P : ?
- η : 0.78
- ρ : $1000\text{kg/m}^3 = 1000\text{N} \cdot \text{s}^2/\text{m}^4(1\text{kg/m}^3 = 1\text{N} \cdot \text{s}^2/\text{m}^4)$

(2) 비중량

$$\gamma = \rho g$$

여기서, γ : 비중량[N/m³]
ρ : 밀도[N · s²/m⁴]
g : 중력가속도(9.8m/s²)

비중량 γ는
$\gamma = \rho g = 1000\text{N} \cdot \text{s}^2/\text{m}^4 \times 9.8\text{m/s}^2 = 9800\text{N/m}^3$

(3) 축동력

$$P = \frac{\gamma Q H}{1000\eta}$$

여기서, P : 축동력[kW]
γ : 비중량[N/m³]
Q : 유량[m³/s]
H : 전양정[m]
η : 효율

축동력 P는
$$P = \frac{\gamma Q H}{1000\eta}$$
$$= \frac{9800\text{N/m}^3 \times 2\text{m}^3/60\text{s} \times 25\text{m}}{1000 \times 0.78} ≒ 10.47\text{kW}$$

용어

축동력
전달계수(K)를 고려하지 않은 동력

별해

원칙적으로 밀도가 주어지지 않을 때 적용
축동력

$$P = \frac{0.163QH}{\eta}$$

여기서, P : 축동력[kW]
$\quad\quad Q$: 유량[m³/min]
$\quad\quad H$: 전양정(수두)[m]
$\quad\quad \eta$: 효율

펌프의 축동력 P는

$$P = \frac{0.163QH}{\eta}$$
$$= \frac{0.163 \times 2\text{m}^3/\text{min} \times 25\text{m}}{0.78} = 10.448 ≒ 10.45\text{kW}$$

(정확하지는 않지만 유사한 값이 나옴)

답 ③

★★
36 표준대기압하에서 게이지압력 190kPa을 절대압
17.03.문39
08.05.문38 력으로 환산하면 몇 kPa이 되겠는가?

① 88.7　　　　② 291.3

③ 120　　　　④ 190

해설 (1) **기호**
- 대기압 : 표준대기압＝101.325kPa
- 게이지압 : 190kPa
- 절대압 : ?

(2) **절대압**

㉠ **절**대＝**대**기압＋**게**이지압(계기압)

㉡ 절대압＝대기압－진공압

기억법 절대게

㉢ 절대압＝대기압＋게이지압(계기압)
$\quad\quad$ ＝(101.325＋190)kPa＝291.325 ≒ 291.3kPa

중요

표준대기압
1atm＝760mmHg
$\quad\quad$ ＝1.0332kg$_f$/cm²
$\quad\quad$ ＝10.332mH₂O(mAq)
$\quad\quad$ ＝14.7PSI(lb$_f$/in²)
$\quad\quad$ ＝101.325kPa(kN/m²)
$\quad\quad$ ＝1013mbar

답 ②

★★★
37 내경이 20cm인 원판 속을 평균유속 7m/s로 물이
21.03.문22
18.03.문31 흐른다. 관의 길이 15m에 대한 마찰손실수두는
17.05.문39 몇 m인가?(단, 관마찰계수는 0.013이다.)

① 4.88　　　　② 23.9

③ 2.44　　　　④ 1.22

해설 (1) **기호**
- D : 20cm＝0.2m(100cm＝1m)
- V : 7m/s
- L : 15m
- H : ?
- f : 0.013

(2) **마찰손실**(달시－웨버의 식 ; Darcy－Weisbach formula)

$$H = \frac{\Delta P}{\gamma} = \frac{fLV^2}{2gD}$$

여기서, H : 마찰손실수두[m]
$\quad\quad \Delta P$: 압력차[kPa] 또는 [kN/m²]
$\quad\quad \gamma$: 비중량(물의 비중량 9.8kN/m³)
$\quad\quad f$: 관마찰계수
$\quad\quad L$: 길이[m]
$\quad\quad V$: 유속(속도)[m/s]
$\quad\quad g$: 중력가속도(9.8m/s²)
$\quad\quad D$: 내경[m]

마찰손실수두 H는

$$H = \frac{fLV^2}{2gD}$$
$$= \frac{0.013 \times 15\text{m} \times (7\text{m/s})^2}{2 \times 9.8\text{m/s}^2 \times 0.2\text{m}} = 2.437 ≒ 2.44\text{m}$$

비교

종류 : 손실수두

유체의 속도를 알 수 있는 경우	유체의 속도를 알 수 없는 경우
$H = \dfrac{\Delta P}{\gamma} = \dfrac{fl V^2}{2gD}$ [m] (다르시－바이스바하의 식)	$H = \dfrac{\Delta P}{\gamma} = \dfrac{128\mu Ql}{\gamma\pi D^4}$ [m] (하젠－포아젤의 식)

여기서,
H : 마찰손실(손실수두)[m]
ΔP : 압력차[Pa] 또는 [N/m²]
γ : 비중량(물의 비중량 9800N/m³)
f : 관마찰계수
l : 길이[m]
V : 유속[m/s]
g : 중력가속도(9.8m/s²)
D : 내경[m]

여기서,
ΔP : 압력차(압력강하, 압력손실)[N/m²]
γ : 비중량(물의 비중량 9800N/m³)
μ : 점성계수[N·s/m²]
Q : 유량[m³/s]
l : 길이[m]
D : 내경[m]

답 ③

★★★
38 이상유체에 대한 다음 설명 중 올바른 것은?
20.08.문36
18.04.문32 ① 압축성 유체로서 점성이 없다.
16.09.문22
01.09.문28 ② 압축성 유체로서 점성이 있다.
98.03.문34 ③ 비압축성 유체로서 점성이 있다.

④ 비압축성 유체로서 점성이 없다.

해설 **유체의 종류**

종류	설 명
실제유체	**점**성이 **있**으며, **압축성**인 유체
이상유체	점성이 없으며, **비압축성**인 유체 [보기 ④]
압축성 유체	**기체**와 같이 체적이 변화하는 유체
비압축성 유체	**액체**와 같이 체적이 변화하지 않는 유체

[기억법] **실점있압**(**실점**이 **있**는 사람만 **압**박해!)
기압(**기압**)

[비교]

비점성 유체	비압축성 유체
① 이상유체 ② 전단응력이 존재하지 않는 유체 ③ 유체 유동시 마찰저항을 무시한 유체	① 밀도가 압력에 의해 변하지 않는 유체 ② **굴뚝둘레**를 흐르는 **공기흐름** ③ **정지**된 **자동차** 주위의 **공기흐름** ④ **체적탄성계수**가 큰 유체 ⑤ **액체**와 같이 체적이 변하지 않는 유체

답 ④

★★
39 그림과 같이 평형 상태를 유지하고 있을 때 오른
[13.09.문37] [16.05.문21] 쪽 관에 있는 유체의 비중(s)은?

① 0.9   ② 1.8
③ 2.0   ④ 2.2

해설 (1) **기호**

• s' : 0.8
• h' : 2m
• s_2 : ?

(2) **높이**

$$sh = s'h'$$

여기서, s : 물의 비중($s=1$)
　　　 h : 물의 높이[m]
　　　 s' : 기름의 비중
　　　 h' : 기름의 높이[m]
기름의 높이를 물의 높이로 환산한 h는

$$h = \frac{s'h'}{s} = \frac{0.8 \times 2\text{m}}{1} = 1.6\text{m}$$

(3) **유체의 비중**

$$s_1 h_1 = s_2 h_2$$

여기서, s_1 : 물의 비중($s_1=1$)
　　　 h_1 : 물의 높이[m]
　　　 s_2 : 어떤 물질의 비중
　　　 h_2 : 어떤 물질의 높이[m]
어떤 물질의 비중 s_2는

$$s_2 = \frac{s_1 h_1}{h_2} = \frac{1 \times 3.6\text{m}}{1.8\text{m}} = 2$$

답 ③

★★
40 피토관을 사용하여 일정 속도로 흐르고 있는 물
[19.04.문29] [09.03.문37] 의 유속(V)을 측정하기 위해 그림과 같이 비중 s인 유체를 갖는 액주계를 설치하였다. $s=2$일 때 액주의 높이차이가 $H=h$가 되면, $s=3$일 때 액주의 높이차(H)는 얼마가 되는가?

① $\dfrac{h}{9}$ ② $\dfrac{h}{\sqrt{3}}$
③ $\dfrac{h}{3}$ ④ $\dfrac{h}{2}$

유속

$$V = \sqrt{2gh\left(\frac{s}{s_w} - 1\right)}$$

여기서, V : 유속[m/s]
g : 중력가속도(9.8m/s²)
h : 높이[m]
s : 어떤 물질의 비중
s_w : 물의 비중

물의 비중 $s_w = 1$, $s = 2$일 때 $H = h$가 되면

$$V = \sqrt{2gh\left(\frac{s}{s_w} - 1\right)}$$

$$= \sqrt{2gh\left(\frac{2}{1} - 1\right)} = \sqrt{2gh}$$

$s = 3$일 때 액주의 높이차 H는

$$V = \sqrt{2gH\left(\frac{s}{s_w} - 1\right)}$$

$$= \sqrt{2gH\left(\frac{3}{1} - 1\right)} = \sqrt{4gH}$$

$\sqrt{2gh} = \sqrt{4gH}$

$(\sqrt{2gh})^2 = (\sqrt{4gH})^2 \leftarrow \sqrt{\ }$ 를 없애기 위해 양변에 제곱

$2gh = 4gH$

$$\frac{2gh}{4g} = H$$

$$H = \frac{2gh}{4g} = \frac{1}{2}h = \frac{h}{2}$$

답 ④

제 3 과목 **소방관계법규**

 41 화재의 예방 및 안전관리에 관한 법령상 화재안전조사위원회의 구성에 대한 설명 중 틀린 것은?

① 위촉위원의 임기는 2년으로 하고 연임할 수 없다.
② 소방시설관리사는 위원이 될 수 있다.
③ 소방 관련 분야의 석사학위 이상을 취득한 사람은 위원이 될 수 있다.
④ 위원장 1명을 포함한 7명 이내의 위원으로 성별을 고려하여 구성하고, 위원장은 소방관서장이 된다.

 ① 연임할 수 없다. → 한 차례만 연임할 수 있다.

화재예방법 시행령 11조
화재안전조사위원회

구 분	설 명
위원	① **과장급** 직위 이상의 **소방공무원** ② **소방기술사** ③ **소방시설관리사** 보기 ② ④ 소방 관련 분야의 **석사학위** 이상을 취득한 사람 보기 ③ ⑤ 소방 관련 법인 또는 단체에서 소방 관련 업무에 **5년** 이상 종사한 사람 ⑥ 소방공무원 교육훈련기관, 학교 또는 연구소에서 소방과 관련한 교육 또는 연구에 **5년** 이상 종사한 사람
위원장	**소방관서장** 보기 ④
구성	**위원장 1명**을 **포함**한 **7명** 이내의 위원으로 성별을 고려하여 구성 보기 ④
임기	**2년**으로 하고, **한 차례만 연임**할 수 있다. 보기 ①

답 ①

⭐⭐⭐
42 소방기본법령상 용어의 정의로 옳은 것은?
21.03.문41
19.09.문52
19.04.문46
13.03.문42
10.03.문45
05.09.문44
05.03.문57

① 소방서장이란 시·도에서 화재의 예방·진압·조사 및 구조·구급 등의 업무를 담당하는 부서의 장을 말한다.
② 관계인이란 소방대상물의 소유자·관리자 또는 점유자를 말한다.
③ 소방대란 화재를 진압하고 화재, 재난·재해, 그 밖의 위급한 상황에서 구조·구급 활동 등을 하기 위하여 소방공무원으로만 구성된 조직체를 말한다.
④ 소방대상물이란 건축물과 공작물만을 말한다.

 ① 소방서장 → 소방본부장
③ 소방공무원으로만 → 소방공무원, 의무소방원, 의용소방대원
④ 건축물과 공작물만을 → 건축물, 차량, 선박(매어둔 것), 선박건조구조물, 산림, 인공구조물, 물건을

(1) **기본법** 2조 6호 보기 ①
소방본부장
시·도에서 화재의 예방·진압·조사 및 구조·구급 등의 업무를 담당하는 **부서의 장**

(2) **기본법** 2조 보기 ②
관계인
㉠ **소**유자
㉡ **관**리자
㉢ **점**유자

기억법 **소관점**

(3) **기본법 2조** 보기 ③

소방대
㉠ 소방**공**무원
㉡ **의**무소방원
㉢ **의**용소방대원

기억법 **소공의**

(4) **기본법 2조 1호** 보기 ④

소방대상물
㉠ **건**축물
㉡ **차**량
㉢ **선**박(매어둔 것)
㉣ 선박건조구조물
㉤ **산**림
㉥ **인**공구조물
㉦ **물**건

기억법 **건차선 산인물**

답 ②

43

21.03.문53
18.04.문53
18.03.문57
17.05.문41

위험물안전관리법령상 업무상 과실로 제조소 등에서 위험물을 유출·방출 또는 확산시켜 사람의 생명·신체 또는 재산에 대하여 위험을 발생시킨 자에 대한 벌칙기준은?

① 7년 이하의 금고 또는 7000만원 이하의 벌금
② 5년 이하의 금고 또는 2000만원 이하의 벌금
③ 5년 이하의 금고 또는 7000만원 이하의 벌금
④ 7년 이하의 금고 또는 2000만원 이하의 벌금

해설 **위험물법 34조**

벌 칙	행 위
7년 이하의 금고 또는 **7천만원** 이하의 벌금 보기 ①	업무상 과실로 제조소 등에서 **위험물**을 유출·방출 또는 확산시켜 사람의 생명·신체 또는 재산에 대하여 **위험**을 발생시킨 자 기억법 **77천위(위험한 칠천량 해전)**
10년 이하의 징역 또는 금고나 **1억원** 이하의 벌금	업무상 과실로 제조소 등에서 위험물을 유출·방출 또는 확산시켜 사람을 **사상**에 이르게 한 자

비교

소방시설법	
벌 칙	행 위
5년 이하의 징역 또는 **5천만원** 이하의 벌금	소방시설에 폐쇄·차단 등의 **행위**를 한 자
7년 이하의 징역 또는 **7천만원** 이하의 벌금	소방시설에 폐쇄·차단 등의 행위를 하여 사람을 **상해**에 이르게 한 때
10년 이하의 징역 또는 **1억원** 이하의 벌금	소방시설에 폐쇄·차단 등의 행위를 하여 사람을 **사망**에 이르게 한 때

답 ①

44

18.03.문42
15.09.문53

소방기본법령상 일반음식점에서 음식조리를 위해 불을 사용하는 설비를 설치하는 경우 지켜야 하는 상황으로 틀린 것은?

① 열을 발생하는 조리기구는 반자 또는 선반으로부터 0.6m 이상 떨어지게 할 것
② 주방설비에 부속된 배출덕트는 0.5mm 이상의 아연도금강판으로 설치할 것
③ 주방시설에는 동물 또는 식물의 기름을 제거할 수 있는 필터 등을 설치할 것
④ 열을 발생하는 조리기구로부터 0.5m 이내의 거리에 있는 가연성 주요구조부는 석면판 또는 단일성이 있는 불연재료로 덮어 씌울 것

해설

④ 0.5m 이내 → 0.15m 이내

화재예방법 시행령 〔별표 1〕
음식조리를 위하여 설치하는 설비
(1) 주방설비에 부속된 배출덕트는 **0.5mm** 이상의 **아연도금강판** 또는 이와 동등 이상의 내식성 **불연재료**로 설치 보기 ②
(2) 열을 발생하는 조리기구로부터 **0.15m** 이내의 거리에 있는 가연성 주요구조부는 **석면판** 또는 단열성이 있는 불연재료로 덮어 씌울 것 보기 ④
(3) 주방시설에는 동물 또는 식물의 기름을 제거할 수 있는 **필터** 등을 설치 보기 ③
(4) 열을 발생하는 조리기구는 반자 또는 선반으로부터 **0.6m** 이상 떨어지게 할 것 보기 ①

답 ④

45

20.06.문46
17.09.문56
10.05.문41

소방기본법령에 따른 소방용수시설의 설치기준상 소방용수시설을 주거지역·상업지역 및 공업지역에 설치하는 경우 소방대상물과의 수평거리를 몇 m 이하가 되도록 해야 하는가?

① 280   ② 100
③ 140   ④ 200

해설 기본규칙〔별표 3〕
소방용수시설의 설치기준

거리기준	지 역
수평거리 100m 이하	• **공**업지역 • **상**업지역 • **주**거지역 기억법 **주상공100**(**주상공** 백지에 사인을 하시오.)
수평거리 140m 이하	• 기타지역

답 ②

 46

20.08.문44
19.03.문60
17.09.문55
16.03.문52
15.03.문60
13.09.문51

화재의 예방 및 안전관리에 관한 법령상 2급 소방안전관리대상물이 아닌 것은?

① 층수가 10층, 연면적이 6000m²인 복합건축물
② 지하구
③ 25층의 아파트(높이 75m)
④ 11층의 업무시설

해설 ④ 1급 소방안전관리대상물

화재예방법 시행령〔별표 4〕
소방안전관리자를 두어야 할 특정소방대상물

(1) 특급 소방안전관리대상물 : 동식물원, 철강 등 불연성 물품 저장·취급창고, 지하구, 위험물제조소 등 제외
　㉠ 50층 이상(지하층 제외) 또는 지상 200m 이상 **아파트**
　㉡ 30층 이상(지하층 포함) 또는 지상 120m 이상(아파트 제외)
　㉢ 연면적 10만m² 이상(아파트 제외)

(2) 1급 소방안전관리대상물 : 동식물원, 철강 등 불연성 물품 저장·취급창고, 지하구, 위험물제조소 등 제외
　㉠ 30층 이상(지하층 제외) 또는 지상 120m 이상 아파트
　㉡ 연면적 15000m² 이상인 것(아파트 제외)
　㉢ 11층 이상(아파트 제외)
　㉣ 가연성 가스를 1000t 이상 저장·취급하는 시설

(3) 2급 소방안전관리대상물
　㉠ 지하구 보기 ②
　㉡ 가스제조설비를 갖추고 도시가스사업 허가를 받아야 하는 시설 또는 가연성 가스를 100~1000t 미만 저장·취급하는 시설
　㉢ **옥내소화전설비 · 스프링클러설비 · 간이스프링클러설비** 설치대상물
　㉣ **물분무등소화설비**(호스릴방식의 물분무등소화설비만을 설치한 경우 제외) 설치대상물
　㉤ **공동주택**(아파트) 보기 ③
　㉥ **목조건축물**(국보 · 보물)
　㉦ 11층 미만 보기 ①

(4) 3급 소방안전관리대상물 : **자동화재탐지설비** 설치대상물

답 ④

★★★ **47**

20.09.문50
15.09.문51
10.09.문48

소방시설공사업법령상 소방시설업에 속하지 않는 것은?

① 소방시설공사업
② 소방시설관리업
③ 소방시설설계업
④ 소방공사감리업

해설 **공사업법 2조**
소방시설업의 종류

소방시설 설계업 보기 ③	소방시설 공사업 보기 ①	소방공사 감리업 보기 ④	방염처리업
소방시설공사에 기본이 되는 **공사계획** · **설계도면** · **설계설명서 · 기술계산서** 등을 작성하는 영업	설계도서에 따라 소방시설을 **신설 · 증설 · 개설 · 이전 · 정비**하는 영업	소방시설공사에 관한 발주자의 권한을 대행하여 소방시설공사가 **설계도서**와 관계법령에 따라 **적법**하게 **시공**되는지를 확인하고, 품질 · 시공 관리에 대한 **기술지도**를 하는 영업	방염대상물품에 대하여 **방염처리**하는 영업

답 ②

★★★ **48**

21.05.문53
17.09.문02
16.05.문46
16.05.문52
15.09.문03
15.05.문10
15.03.문51
14.09.문18
11.06.문54

다음 중 위험물안전관리법령에 따른 제3류 자연발화성 및 금수성 위험물이 아닌 것은?

① 적린
② 황린
③ 칼륨
④ 금속의 수소화물

해설 ① 적린 : 제2류 가연성 고체

위험물령〔별표 1〕
위험물

유 별	성 질	품 명
제1류	**산**화성 **고**체	• 아염소산염류 • 염소산염류(**염소산나트륨**) • 과염소산염류 • 질산염류 • 무기과산화물 기억법 **1산고염나**

답 ①

제2류	가연성 고체	• **황화**린 • **적**린 [보기 ①] • **유황** • **마**그네슘 [기억법] 황화적유마
제3류	자연발화성 물질 및 금수성 물질	• **황**린 [보기 ②] • **칼륨** [보기 ③] • **나**트륨 • **알**칼리토금속 • **트**리에틸알루미늄 • 금속의 수소화물 [보기 ④] [기억법] 황칼나알트
제4류	인화성 액체	• 특수인화물 • 석유류(벤젠) • 알코올류 • 동식물유류
제5류	자기반응성 물질	• 유기과산화물 • 니트로화합물 • 니트로소화합물 • 아조화합물 • 질산에스테르류(셀룰로이드)
제6류	산화성 액체	• **과염소산** • 과산화수소 • 질산

답 ①

49 소방시설공사업법령상 소방시설업에서 보조기술인력에 해당되는 기준이 아닌 것은?

① 소방설비기사 자격을 취득한 사람
② 소방공무원으로 재직한 경력이 2년 이상인 사람
③ 소방설비산업기사 자격을 취득한 사람
④ 소방기술과 관련된 자격·경력 및 학력을 갖춘 사람으로서 자격수첩을 발급받은 사람

해설

② 2년 이상 → 3년 이상

공사업령〔별표 1〕
보조기술인력
(1) **소방기술사, 소방설비기사** 또는 **소방설비산업기사** 자격을 취득하는 사람
(2) **소방공무원**으로 재직한 경력이 **3년** 이상인 사람으로서 자격수첩을 발급받은 사람
(3) **소방기술**과 관련된 자격·경력 및 학력을 갖춘 사람으로서 **자격수첩**을 발급받은 사람

답 ②

★★★
50 위험물안전관리법령상 자체소방대에 대한 기준으로 틀린 것은?

21.09.문41
16.03.문50
08.03.문54

① 시·도지사에게 제조소 등 설치허가를 받았으나 자체소방대를 설치하여야 하는 제조소 등에 자체소방대를 두지 아니한 관계인에 대한 벌칙은 1년 이하의 징역 또는 1천만원 이하의 벌금이다.
② 자체소방대를 설치하여야 하는 사업소로 제4류 위험물을 취급하는 제조소 또는 일반취급소가 있다.
③ 제조소 또는 일반취급소의 경우 자체소방대를 설치하여야 하는 위험물 최대수량의 합 기준은 지정수량의 3만배 이상이다.
④ 자체소방대를 설치하는 사업소의 관계인은 규정에 의하여 자체소방대에 화학소방자동차 및 자체소방대원을 두어야 한다.

해설
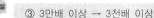
③ 3만배 이상 → 3천배 이상

위험물령 18조
자체소방대를 설치하여야 하는 사업소 : 대통령령

(1) | **제4류** 위험물을 취급하는 **제조소** 또는 **일반취급소** (대통령령이 정하는 제조소 등)

제조소 또는 일반취급소에서 취급하는 제4류 위험물의 최대수량의 합이 지정수량의 **3천배** 이상 [보기 ②③]

(2) | **제4류** 위험물을 저장하는 **옥외탱크저장소**

옥외탱크저장소에 저장하는 제4류 위험물의 최대수량이 지정수량의 **50만배** 이상

👉 **중요**

(1) **1년 이하**의 **징역** 또는 **1000만원 이하**의 **벌금**
  ㉠ 소방시설의 **자체점검** 미실시자(소방시설법 49조)
  ㉡ **소방시설관리사증** 대여(소방시설법 49조)
  ㉢ **소방시설관리업**의 등록증 또는 등록수첩 대여 (소방시설법 49조)
  ㉣ 제조소 등의 정기점검기록 허위작성(위험물법 35조)
  ㉤ **자체소방대**를 두지 않고 제조소 등의 허가를 받은 자(위험물법 35조) [보기 ①]
  ㉥ **위험물 운반용기**의 검사를 받지 않고 유통시킨 자(위험물법 35조)
  ㉦ **소방용품** 형상 일부 변경 후 변경 미승인(소방시설법 49조)

(2) 위험물령 [별표 8]
자체소방대에 두는 화학소방자동차 및 인원 보기 ④

구 분	화학소방 자동차	자체소방대 원의 수
지정수량 **3천~12만배** 미만	1대	5인
지정수량 **12~24만배** 미만	2대	10인
지정수량 **24~48만배** 미만	3대	15인
지정수량 **48만배** 이상	4대	20인
옥외탱크저장소에 저장하는 제4류 위험물의 최대수량이 지정수량의 **50만배** 이상	2대	10인

답 ③

★★★ 51

21.03.문53
18.04.문53
18.03.문57
17.05.문41

소방시설 설치 및 관리에 관한 법령상 특정소방
대상물의 관계인이 소방시설에 폐쇄(잠금을 포함)
· 차단 등의 행위를 하여서 사람을 상해에 이르게
한 때에 대한 벌칙기준은?

① 3년 이하의 징역 또는 3천만원 이하의 벌금
② 7년 이하의 징역 또는 7천만원 이하의 벌금
③ 5년 이하의 징역 또는 5천만원 이하의 벌금
④ 10년 이하의 징역 또는 1억원 이하의 벌금

해설 **소방시설법 56조**

벌 칙	행 위
5년 이하의 징역 또는 **5천만원 이하**의 벌금	소방시설에 폐쇄·차단 등 의 **행위**를 한 자
7년 이하의 징역 또는 **7천만원** 이하의 벌금 보기 ②	소방시설에 폐쇄·차단 등 의 행위를 하여 사람을 **상 해**에 이르게 한 때
10년 이하의 징역 또는 **1억원 이하**의 벌금	소방시설에 폐쇄·차단 등 의 행위를 하여 사람을 **사 망**에 이르게 한 때

🔑 비교

위험물법 34조

벌 칙	행 위
7년 이하의 **금고** 또는 **7천만원** 이하의 벌금	업무상 과실로 제조소 등에서 **위 험물**을 유출·방출 또는 확산시켜 사람의 생명·신체 또는 재산에 대하여 **위험**을 발생시킨 자 기억법 77위(**위**험한 **칠천량** 해
10년 이하의 징역 또는 금고나 **1억원** 이하의 벌금	업무상 과실로 제조소 등에서 위험 물을 유출·방출 또는 확산시켜 사 람을 **사상**에 이르게 한 자

답 ②

★★ 52

20.06.문59
17.09.문53

소방시설 설치 및 관리에 관한 법령상 건축허가
등의 동의대상물 범위기준으로 옳은 것은?

① 항공기격납고, 관망탑, 항공관제탑, 방송용
송수신탑
② 차고·주차장 또는 주차용도로 사용되는 시
설로서 차고·주차장으로 사용되는 층 중 바
닥면적이 100제곱미터 이상인 층이 있는 시설
③ 연면적이 300제곱미터 이상인 건축물
④ 지하층 또는 무창층에 공연장이 있는 건축물
로서 바닥면적이 150제곱미터의 이상인 층
이 있는 것

해설
> ② 100제곱미터 이상→ 200제곱미터 이상
> ③ 300제곱미터 이상→ 400제곱미터 이상
> ④ 150제곱미터 이상→ 100제곱미터 이상

소방시설법 시행령 7조
건축허가 등의 동의대상물
(1) 연면적 **400m²**(학교시설:**100m²**, 수련시설·노유자
시설:**200m²**, 정신의료기관·장애인 의료재활시설
:**300m²**) 이상 보기 ③
(2) **6층** 이상인 건축물
(3) 차고·주차장으로서 바닥면적 **200m²** 이상(**자**동차
20대 이상) 보기 ②
(4) **항공기격납고, 관망탑, 항공관제탑, 방송용 송수
신탑**
(5) 지하층 또는 무창층의 바닥면적 **150m²**(공연장은 **100m²**)
이상 보기 ④
(6) **위험물저장** 및 **처리시설, 지하구**
(7) **결핵환자**나 **한센인**이 24시간 생활하는 **노유자시설**
(8) 전기저장시설, 풍력발전소
(9) 노인주거복지시설·노인의료복지시설 및 재가노인복
지시설·학대피해노인 전용쉼터·아동복지시설·장애
인거주시설
(10) 정신질환자 관련시설(종합시설 중 24시간 주거를 제
공하지 아니하는 시설 제외)
(11) 조산원, 산후조리원, 의원(입원실이 있는 것)
(12) 노숙인자활시설, 노숙인재활시설 및 노숙인요양시설
(13) 요양병원(의료재활시설 제외)
(14) 공장 또는 창고시설로서 지정하는 수량의 **750배** 이
상의 특수가연물을 저장·취급하는 것
(15) 가스시설로서 지상에 노출된 탱크의 저장용량의 합
계가 **100t** 이상인 것

기억법 **2자(이자)**

답 ①

★★★
53 위험물안전관리법령상 관계인이 예방규정을 정하여야 하는 제조소 등의 기준이 아닌 것은?

20.09.문48
19.04.문53
17.03.문41
17.03.문55
15.09.문47
15.03.문58
14.05.문41
12.09.문52

① 지정수량의 10배 이상의 위험물을 취급하는 제조소

② 지정수량의 200배 이상의 위험물을 저장하는 옥외탱크저장소

③ 지정수량의 50배 이상의 위험물을 저장하는 옥외저장소

④ 지정수량의 150배 이상의 위험물을 저장하는 옥내저장소

해설
③ 50배 이상 → 100배 이상

위험물령 15조
예방규정을 정하여야 할 제조소 등

배 수	제조소 등
10배 이상	• **제조소** 보기 ① • **일**반취급소
1**00배** 이상	• 옥**외**저장소 보기 ③
1**50배** 이상	• 옥**내**저장소 보기 ④
2**00배** 이상	• 옥외**탱**크저장소 보기 ②
모두 해당	• 이송취급소 • 암반탱크저장소

기억법	1	제일
	0	외
	5	내
	2	탱

※ **예방규정** : 제조소 등의 화재예방과 화재 등 재해발생시의 비상조치를 위한 규정

답 ③

★★
54 소방시설공사업법령상 소방시설공사업자가 소속 소방기술자를 소방시설공사 현장에 배치하지 않았을 경우의 과태료 기준은?

21.09.문54
17.09.문43

① 100만원 이하

② 200만원 이하

③ 300만원 이하

④ 400만원 이하

해설
200만원 이하의 과태료
(1) 소방용수시설 · 소화기구 및 설비 등의 설치명령 위반
(화재예방법 52조)
(2) 특수가연물의 저장 · 취급 기준 위반(화재예방법 52조)
(3) 한국119청소년단 또는 이와 유사한 명칭을 사용한 자
(기본법 56조)

(4) 소방활동구역 출입(기본법 56조)
(5) 소방자동차의 출동에 지장을 준 자(기본법 56조)
(6) 한국소방안전원 또는 이와 유사한 명칭을 사용한 자
(기본법 56조)
(7) 관계서류 미보관자(공사업법 40조)
(8) **소방기술자 미배치자**(공사업법 40조) 보기 ②
(9) 완공검사를 받지 아니한 자(공사업법 40조)
(10) 방염성능기준 미만으로 방염한 자(공사업법 40조)
(11) 하도급 미통지자(공사업법 40조)
(12) 관계인에게 지위승계 · 행정처분 · 휴업 · 폐업 사실을 거짓으로 알린 자(공사업법 40조)

답 ②

★★★
55 위험물안전관리법령상 점포에서 위험물을 용기에 담아 판매하기 위하여 지정수량의 40배 이하의 위험물을 취급하는 장소의 취급소 구분으로 옳은 것은? (단, 위험물을 제조 외의 목적으로 취급하기 위한 장소이다.)

20.08.문42
15.09.문44
08.09.문45

① 판매취급소

② 주유취급소

③ 일반취급소

④ 이송취급소

해설
위험물령 〔별표 3〕
위험물취급소의 구분

구 분	설 명
주유 취급소	고정된 주유설비에 의하여 **자동차 · 항공기** 또는 **선박** 등의 연료탱크에 직접 주유하기 위하여 위험물을 취급하는 장소
판매 취급소 보기 ①	**점포**에서 위험물을 용기에 담아 판매하기 위하여 지정수량의 **40배** 이하의 위험물을 취급하는 장소 기억법 **판4(판사** 검사)
이송 취급소	배관 및 이에 부속된 설비에 의하여 위험물을 **이송**하는 장소
일반 취급소	주유취급소 · 판매취급소 · 이송취급소 이외의 장소

답 ①

★★
56 소방기본법령상 소방안전교육사의 배치대상별 배치기준에서 소방본부의 배치기준은 몇 명 이상인가?

20.09.문57
13.09.문46

① 3

② 4

③ 2

④ 1

해설 기본령 〔별표 2의 3〕
소방안전교육사의 배치대상별 배치기준

배치대상	배치기준
소방서	• **1명** 이상
한국소방안전원	• 시 · 도지부 : **1명** 이상 • 본회 : **2명** 이상
소방본부	• **2명** 이상 보기 ③
소방청	• **2명** 이상
한국소방산업기술원	• **2명** 이상

답 ③

★★★
57 소방기본법령상 소방본부 종합상황실의 실장이 소방청의 종합상황실에 지체없이 서면 · 팩스 또는 컴퓨터 통신 등으로 보고해야 할 상황이 아닌 것은?

21.09.문51
18.04.문41
17.05.문53
16.03.문46
05.09.문55

① 위험물안전관리법에 의한 지정수량의 3천배 이상의 위험물의 제조소에서 발생한 화재
② 사망자가 3인 이상 발생한 화재
③ 재산피해액이 50억원 이상 발생한 화재
④ 연면적 1만 5천제곱미터 이상인 공장 또는 화재예방강화지구에서 발생한 화재

해설 ② 사망자가 3인 이상 → 사망자가 5인 이상

기본규칙 3조
종합상황실 실장의 보고화재
(1) 사망자 **5인** 이상 화재 보기 ②
(2) 사상자 **10인** 이상 화재
(3) 이재민 **100인** 이상 화재
(4) 재산피해액 **50억원** 이상 화재 보기 ③
(5) 관광호텔, 층수가 11층 이상인 건축물, 지하상가, 시장, 백화점
(6) 5층 이상 또는 객실 30실 이상인 **숙박시설**
(7) 5층 이상 또는 병상 30개 이상인 **종합병원 · 정신병원 · 한방병원 · 요양소**
(8) 1000t 이상인 선박(항구에 매어둔 것)
(9) 지정수량 **3000배** 이상의 위험물 제조소 · 저장소 · 취급소 보기 ①
(10) 연면적 **15000m²** 이상인 **공장** 또는 **화재예방강화지구**에서 발생한 화재 보기 ④
(11) **가스** 및 **화약류**의 폭발에 의한 화재
(12) **관공서 · 학교 · 정부미도정공장 · 문화재 · 지하철** 또는 지하구의 **화재**
(13) 철도차량, 항공기, 발전소 또는 변전소에서 발생한 화재
(14) 다중이용업소의 화재

종합상황실
화재 · 재난 · 재해 · 구조 · 구급 등이 필요한 때에 신속한 소방활동을 위한 정보를 수집 · 전파하는 소방서 또는 소방본부의 지령관제실

답 ②

★★
58 소방시설 설치 및 관리에 관한 법령상 방염성능 기준으로 틀린 것은?

15.05.문11
11.06.문12

① 탄화한 면적은 50cm² 이내, 탄화한 길이는 20cm 이내
② 버너의 불꽃을 제거한 때부터 불꽃을 올리지 아니하고 연소하는 상태가 그칠 때까지 시간은 30초 이내
③ 버너의 불꽃을 제거한 때부터 불꽃을 올리며 연소하는 상태가 그칠 때까지 시간은 20초 이내
④ 불꽃에 의하여 완전히 녹을 때까지 불꽃의 접촉횟수는 2회 이상

해설 ④ 2회 이상 → 3회 이상

소방시설법 시행령 31조
방염성능기준
(1) 잔염시간 : **20초** 이내 보기 ③
(2) 잔신시간(잔진시간) : **30초** 이내 보기 ②
(3) 탄화길이 : **20cm** 이내 보기 ①
(4) 탄화면적 : **50cm²** 이내 보기 ①
(5) 불꽃 접촉횟수 : **3회** 이상 보기 ④
(6) 최대연기밀도 : **400** 이하

‖ 잔신시간(잔진시간) vs 잔염시간 ‖

구 분	잔신시간(잔진시간)	잔염시간
정의	버너의 **불꽃**을 제거한 때부터 **불꽃**을 올리지 아니하고 연소하는 상태가 그칠 때까지의 경과시간	버너의 **불꽃**을 제거한 때부터 **불꽃**을 올리며 연소하는 상태가 그칠 때까지의 경과시간
시간	**30초** 이내	**20초** 이내

• 잔신시간=잔진시간

기억법 3신(삼신 할머니)

답 ④

★
59 소방시설 설치 및 관리에 관한 법령에 따른 비상
[17.09.문77] 방송설비를 설치하여야 하는 특정소방대상물의
기준 중 틀린 것은? (단, 위험물 저장 및 처리 시
설 중 가스시설, 사람이 거주하지 않는 동물 및
식물 관련시설, 지하가 중 터널, 축사 및 지하구
는 제외한다.)

① 지하층을 제외한 층수가 11층 이상인 것
② 연면적 3500m² 이상인 것
③ 연면적 1000m² 미만의 기숙사
④ 지하층의 층수가 3층 이상인 것

 ③ 해당없음

소방시설법 시행령 〔별표 4〕
비상방송설비의 설치대상
(1) 연면적 **3500m² 이상** 보기 ②
(2) **11층 이상**(지하층 제외) 보기 ①
(3) **지하 3층 이상** 보기 ④

답 ③

★★★
60 소방시설공사업법령상 소방시설공사의 하자보
[21.05.문59] 수 보증기간이 3년이 아닌 것은?
[17.05.문51]
[16.10.문56] ① 자동화재탐지설비
[15.05.문59] ② 자동소화장치
[15.03.문52] ③ 간이스프링클러설비
[12.05.문59] ④ 무선통신보조설비

 ④ 무선통신보조설비 : 2년

공사업령 6조
소방시설공사의 하자보수 보증기간

보증 기간	소방시설
2년	① **유**도등·유도표지·**피**난기구 ② **비**상**조**명등·비상**경**보설비·비상**방**송설비 ③ **무**선통신보조설비 보기 ④ 기억법 **유비 조경방무피2**
3년	① 자동소화장치 보기 ② ② 옥내·외소화전설비 ③ 스프링클러설비·간이스프링클러설비 보기 ③ ④ 물분무등소화설비·상수도소화용수설비 ⑤ 자동화재탐지설비·소화활동설비 보기 ①

답 ④

 제 4 과목 **소방기계시설의 구조 및 원리**

★★★
61 이산화탄소소화설비의 화재안전기준에 따른 소화
[20.08.문10] 약제의 저장용기 설치기준으로 틀린 것은?
[19.04.문70]
[15.03.문74] ① 용기 간의 간격은 점검에 지장이 없도록 2cm
[12.09.문69]   이상의 간격을 유지할 것
[02.09.문63]
② 방화문으로 구획된 실에 설치할 것
③ 방호구역 외의 장소에 설치할 것
④ 온도가 40℃ 이하이고, 온도변화가 적은 곳에
   설치할 것

① 2cm 이상 → 3cm 이상

이산화탄소 소화약제 저장용기 설치기준
(1) 온도가 **40℃** 이하인 장소 보기 ④
(2) **방호구역 외**의 장소에 설치할 것 보기 ③
(3) 직사광선 및 빗물이 침투할 우려가 없는 곳
(4) 온도의 변화가 적은 곳에 설치 보기 ④
(5) **방화문**으로 구획된 실에 설치할 것 보기 ②
(6) **방호구역 내**에 설치할 경우에는 피난 및 조작이 용
   이하도록 피난구 부근에 설치
(7) 용기의 설치장소에는 해당 용기가 설치된 곳임을 표시
   하는 표지할 것
(8) 용기 간의 간격은 점검에 지장이 없도록 **3cm 이상**의
   간격 유지 보기 ①
(9) 저장용기와 집합관을 연결하는 연결배관에는 **체크밸
   브** 설치

비교

저장용기 온도

40℃ 이하	55℃ 이하
● 이산화탄소소화설비 ● 할론소화설비 ● 분말소화설비	할로겐화합물 및 불활성 기체소화설비

답 ①

★★★
62 소화수조 및 저수조의 화재안전기준에 따라 소화
[20.08.문68] 수조가 옥상 또는 옥탑의 부분에 설치된 경우에는
[19.03.문64] 지상에 설치된 채수구에서의 압력이 몇 MPa 이상
[17.09.문66]
[17.05.문68] 이 되도록 하여야 하는가?
[15.03.문77]
[09.05.문63] ① 0.17   ② 0.1
③ 0.15   ④ 0.25

소화용수설비의 설치기준
(1) 소화수조의 깊이가 4.5m 이상일 경우 가압송수장치를
   설치할 것
(2) 소화수조는 소방펌프자동차가 채수구로부터 2m 이내
   의 지점까지 접근할 수 있는 위치에 설치할 것

(3) 소화수조는 **옥상**에 **설치**할 수 있다.

(4) 소화수조가 **옥상** 또는 옥탑부분에 설치된 경우에는 지상에 설치된 채수구에서의 압력 **0.15MPa** 이상 되도록 한다. 보기 ③

기억법 옥15

용어

채수구
소방대상물의 펌프에 의하여 양수된 물을 소방차가 흡입하는 구멍

답 ③

★★★
63 상수도소화용수설비의 화재안전기준상 상수도소화용수설비 설치기준에 따라 소화전은 특정소방대상물의 수평투영면의 각 부분으로부터 몇 m 이하가 되도록 설치해야 하는가?

20.08.문68
19.03.문64
17.09.문66
17.05.문68
15.03.문77
09.05.문63

① 80 ② 140

③ 120 ④ 100

해설 **소화용수설비**의 **설치기준**
소화전은 특정소방대상물의 수평투영면의 각 부분으로부터 **140m** 이하가 되도록 설치할 것 보기 ②

답 ②

★
64 피난기구의 화재안전기준에 따른 다수인 피난장비 설치기준 중 틀린 것은?

18.09.문77

① 사용시에 보관실 외측 문이 먼저 열리고 탑승기가 외측으로 자동으로 전개될 것

② 피난층에는 해당 층에 설치된 피난기구가 착지에 지장이 없도록 충분한 공간을 확보할 것

③ 보관실의 문은 상시 개방상태를 유지하도록 할 것

④ 하강시에 탑승기가 건물 외벽이나 돌출물에 충돌하지 않도록 설치할 것

해설

③ 문은 상시 개방상태를 유지하도록 할 것 → 문에는 오작동 방지조치를 하고~

다수인 피난장비의 **설치기준**(NFPC 301 5조, NFTC 301 2.1.3.8)

(1) **피난**에 **용이**하고 안전하게 하강할 수 있는 장소에 적재하중을 충분히 견딜 수 있도록 「건축물의 구조기준 등에 관한 규칙」에서 정하는 구조안전의 확인을 받아 견고하게 설치할 것

(2) 다수인 피난장비 **보관실**은 건물 외측보다 돌출되지 아니하고, 빗물·먼지 등으로부터 장비를 보호할 수 있는 구조일 것

(3) 사용시에 보관실 **외측 문**이 먼저 열리고 **탑승기**가 외측으로 **자동**으로 **전개**될 것 보기 ①

(4) 하강시에 탑승기가 건물 외벽이나 돌출물에 충돌하지 않도록 설치할 것 보기 ④

(5) 상·하층에 설치할 경우에는 탑승기의 **하강경로**가 **중첩되지 않도록** 할 것

(6) 하강시에는 안전하고 **일정**한 속도를 유지하도록 하고 전복, 흔들림, 경로이탈 방지를 위한 안전조치를 할 것

(7) 보관실의 문에는 **오작동 방지조치**를 하고, 문 개방시에는 당해 소방대상물에 설치된 **경보설비**와 연동하여 유효한 경보음을 발하도록 할 것 보기 ③

(8) 피난층에는 해당 층에 설치된 피난기구가 착지에 지장이 없도록 충분한 공간을 확보할 것 보기 ②

용어

다수인 피난장비(NFPC 301 3조, NFTC 301 1.8)
화재시 **2인 이상**의 피난자가 동시에 해당 층에서 **지상** 또는 **피난층**으로 하강하는 피난기구

답 ③

★
65 간이스프링클러설비의 화재안전기준에 따라 폐쇄형 스프링클러헤드를 사용하는 설비의 경우로서 1개 중 하나의 급수배관(또는 밸브 등)이 담당하는 구역의 최대면적은 몇 m² 를 초과하지 아니하여야 하는가?

17.09.문80

① 2500 ② 2000

③ 1000 ④ 3000

해설 **1개층**에 **하나**의 **급수배관**이 담당하는 구역의 **최대면적**
(NFPC 103A [별표 1], NFTC 103A 2.5.3.3)

간이스프링클러설비 (폐쇄형 헤드)	스프링클러설비 (폐쇄형 헤드)
1000m² 이하 보기 ③	**3000m²** 이하

기억법 폐간1(폐간일)

답 ③

★
66 소화기구 및 자동소화장치의 화재안전기준상 자동소화장치의 종류에 따른 설치기준으로 옳은 것은?

① 캐비닛형 자동소화장치 : 감지기는 방호구역 내의 천장 또는 옥내에 면하는 부분에 설치하여야 한다.

② 주거용 주방자동소화장치 : 가스용 주방자동소화장치를 사용하는 경우 탐지부는 수신부와 통합하여 설치하여야 한다.

③ 상업용 주방자동소화장치 : 후드에 방출되는 분사헤드는 후드의 가장 짧은 변의 길이까지 방출될 수 있도록 약제방출방향 및 거리를 고려하여 설치하여야 한다.

④ 고체에어로졸 자동소화장치 : 열감지선의 감지부는 형식승인 받은 최저주위온도범위 내에 설치하여야 한다.

해설
② 통합 → 분리
③ 짧은 변 → 긴 변
④ 최저주위온도범위 → 최고주위온도범위

자동소화장치의 설치기준(NFPC 101 4조, NFTC 101 2.1.2)
(1) 캐비닛형 자동소화장치 : 화재감지기는 방호구역 내의 천장 또는 옥내에 면하는 부분에 설치하되「자동화재탐지설비 및 시각경보장치의 화재안전성능기준(NFPC 203)」제7조에 적합하도록 설치 보기 ①
(2) 주거용 주방자동소화장치 : 가스용 주방자동소화장치를 사용하는 경우 탐지부는 수신부와 **분리**하여 설치하되, 공기보다 **가벼운 가스**를 사용하는 경우 천장면으로부터 **30cm** 이하의 위치에 설치하고, 공기보다 **무거운 가스**를 사용하는 장소에는 **바닥면으로부터 30cm** 이하의 위치에 설치 보기 ②
(3) 상업용 주방자동소화장치 : 후드에 방출되는 분사헤드는 후드의 **가장 긴 변**의 길이까지 방출될 수 있도록 약제방출 방향 및 거리를 고려하여 설치 보기 ③
(4) 가스, 분말, 고체에어로졸 자동소화장치 : 감지부는 형식승인된 유효설치범위 내에 설치하여야 하며 설치장소의 평상시 최고주위 온도에 따라 규정된 표시온도의 것으로 설치할 것(단, 열감지선의 감지부는 형식승인받은 **최고주위온도범위** 내에 설치) 보기 ④

답 ①

★★★
67
19.04.문75
16.03.문63
15.09.문74

물분무소화설비의 화재안전기준에 따라 케이블트레이에 물분무소화설비를 설치하는 경우 저장하여야 할 수원의 최소 저수량은 몇 m³인가? (단, 케이블트레이의 투영된 바닥면적은 70m²이다.)
① 12.4
② 14
③ 16.8
④ 28

해설 **물분무소화설비의 수원**(NFPC 104 4조, NFTC 104 2.1)

특정소방 대상물	토출량	비 고
컨베이어벨트	10L/min·m²	벨트부분의 바닥면적
절연유 봉입변압기	10L/min·m²	표면적을 합한 면적(바닥면적 제외)
특수가연물	10L/min·m² (최소 50m²)	최대방수구역의 바닥면적 기준
케이블트레이·덕트	12L/min·m²	투영된 바닥면적
차고·주차장	20L/min·m² (최소 50m²)	최대방수구역의 바닥면적 기준

※ 모두 **20분**간 방수할 수 있는 양 이상으로 하여야 한다.
케이블트레이의 저수량 Q는
Q = 바닥면적(m²) × 토출량(L/min·m²) × 20min
= 투영된 바닥면적 × 12L/min·m² × 20min
= 70m² × 12L/min·m² × 20min
= 16800L = 16.8m³(1000L = 1m³)

답 ③

★★★
68
17.09.문77
15.03.문76
07.09.문72

물분무소화설비의 화재안전기준상 물분무헤드의 설치제외장소가 아닌 것은?
① 표준방사량으로 방호대상물의 화재를 유효하게 소화하는데 필요한 장소
② 물과 반응하여 위험한 물질을 생성하는 물질을 저장 또는 취급하는 장소
③ 운전시에 표면의 온도가 260℃ 이상으로 되는 등 직접 분무를 하는 경우 그 부분에 손상을 입힐 우려가 있는 기계장치 등이 있는 장소
④ 고온의 물질 및 증류범위가 넓어 끓어 넘치는 위험이 있는 물질을 저장 또는 취급하는 장소

해설 **물분무헤드 설치제외장소**
(1) 물과 심하게 **반응**하는 물질 취급장소
(2) 물과 반응하여 **위험한 물질을 생성**하는 물질저장·취급 장소 보기 ②
(3) **고온물질 취급장소** 보기 ④
(4) 표면온도 260℃ 이상 보기 ③

답 ①

★★★
69
19.04.문77
17.03.문69
14.05.문65
13.09.문66

포소화설비의 화재안전기준에 따라 포소화설비의 자동식 기동장치로 폐쇄형 스프링클러헤드를 사용하고자 하는 경우 다음 (   )안에 알맞은 내용은?

부착면의 높이는 바닥으로부터 (㉠)m 이하로 하고, 1개의 스프링클러헤드의 경계면적은 (㉡)m² 이하로 할 것

① ㉠ 5, ㉡ 18
② ㉠ 4, ㉡ 18
③ ㉠ 5, ㉡ 20
④ ㉠ 4, ㉡ 20

해설 **자동식 기동장치**(폐쇄형 헤드 개방방식)
(1) 표시온도가 **79℃** 미만인 것을 사용하고, 1개의 스프링클러헤드의 **경**계면적은 **20m²** 이하 보기 ㉡
(2) 부착면의 높이는 바닥으로부터 **5m** 이하로 하고, 화재를 유효하게 감지할 수 있도록 함 보기 ㉠
(3) 하나의 감지장치 경계구역은 하나의 **층**이 되도록 함

기억법 경27 자동(**경**이롭다. **자동차**!)

답 ③

★★★
70 제연설비의 화재안전기준상 제연설비가 설치된
18.03.문61
13.09.문76
11.06.문78
부분의 거실 바닥면적이 400m² 이상이고 수직거리가 2m 이하일 때, 예상제연구역의 직경이 40m인 원의 범위를 초과한다면 예상제연구역의 배출량은 몇 m³/h 이상이어야 하는가?

① 40000 　　　　② 25000
③ 30000 　　　　④ 45000

해설 **거실의 배출량**
(1) 바닥면적 **400m² 미만**(최저치 **5000m³/h 이상**)
　　배출량(m³/min)=바닥면적(m²)×1 m³/m²·min
(2) 바닥면적 **400m² 이상**
　　㉠ 직경 **40m 이하** : **40000m³/h 이상**

예상제연구역이 제연경계로 구획된 경우	
수직거리	배출량
2m 이하	40000m³/h 이상
2m 초과 2.5m 이하	45000m³/h 이상
2.5m 초과 3m 이하	50000m³/h 이상
3m 초과	60000m³/h 이상

　　㉡ 직경 **40m 초과** : **45000m³/h 이상**

예상제연구역이 제연경계로 구획된 경우	
수직거리	배출량
2m 이하	→45000m³/h 이상 보기 ④
2m 초과 2.5m 이하	50000m³/h 이상
2.5m 초과 3m 이하	55000m³/h 이상
3m 초과	65000m³/h 이상

답 ④

★★
71 스프링클러설비의 화재안전기준에 따라 사무실에
18.03.문68
17.09.문68
측벽형 스프링클러헤드를 설치하려고 한다. 긴 변의 양쪽에 각각 일렬로 설치하되 마주보는 헤드가 나란히 꼴이 되도록 설치해야 하는 경우, 사무실 폭의 범위는?

① 6.3m 이상 12.6m 이하
② 9m 이상 15.5m 이하
③ 5.4m 이상 10.8m 이하
④ 4.5m 이상 9m 이하

해설 **스프링클러헤드**의 **설치기준**(NFPC 103 10조, NFTC 103 2.7.7)
(1) **연소**할 우려가 있는 **개구부**에는 그 상하좌우에 **2.5m** 간격으로 스프링클러헤드를 설치하되, 스프링클러헤드와 개구부의 내측면으로부터 직선거리는 **15cm 이하**가 되도록 할 것. 이 경우 사람이 상시 출입하는 개구부로서 통행에 지장이 있는 때에는 개구부의 상부 또는 측면(개구부의 폭이 **9m 이하**인 경우에 한함)에 설치하되, 헤드 상호간의 간격은 **1.2m 이하**로 설치
(2) 살수가 방해되지 아니하도록 스프링클러헤드로부터 반경 **60cm 이상**의 공간을 보유할 것(단, 벽과 **스프링클러헤드** 간의 공간은 **10cm 이상**)

(3) 스프링클러헤드와 그 부착면과의 거리는 **30cm 이하**로 할 것
(4) 측벽형 스프링클러헤드를 설치하는 경우 긴 변의 한쪽 벽에 일렬로 설치(폭이 **4.5~9m** 이하인 실에 있어서는 긴 변의 양쪽에 각각 일렬로 설치하되 마주보는 스프링클러헤드가 나란히 꼴이 되도록 설치)하고 **3.6m** 이내마다 설치할 것 보기 ④

답 ④

★★
72 분말소화설비의 화재안전기준에 따라 화재시 현
19.04.문68
18.04.문63
저하게 연기가 찰 우려가 없는 장소로서 호스릴 분말소화설비를 설치할 수 있는 기준 중 다음 (　　) 안에 알맞은 것은?

> • 지상 1층 및 피난층에 있는 부분으로서 지상에서 수동 또는 원격조작에 따라 개방할 수 있는 개구부의 유효면적의 합계가 바닥면적의 (㉠)% 이상이 되는 부분
> • 전기설비가 설치되어 있는 부분 또는 다량의 화기를 사용하는 부분의 바닥면적이 해당 설비가 설치되어 있는 구획의 바닥면적의 (㉡) 미만이 되는 부분

① ㉠ 15, ㉡ $\frac{1}{2}$ 　　② ㉠ 15, ㉡ $\frac{1}{5}$

③ ㉠ 20, ㉡ $\frac{1}{5}$ 　　④ ㉠ 20, ㉡ $\frac{1}{2}$

해설 **호스릴 분말·호스릴 이산화탄소·호스릴 할론소화설비**
설치장소(NFPC 108 11조(NFTC 108 2.8.3), NFPC 106 10조(NFTC 106 2.7.3), NFPC 107 10조(NFTC 107 2.7.3))
(1) **지상 1층** 및 **피난층**에 있는 부분으로서 지상에서 수동 또는 원격조작에 따라 개방할 수 있는 개구부의 유효면적의 합계가 바닥면적의 **15% 이상**이 되는 부분 보기 ㉠
(2) 전기설비가 설치되어 있는 부분 또는 다량의 화기를 사용하는 부분(해당 설비의 주위 **5m 이내**의 부분 포함)의 바닥면적이 해당 설비가 설치되어 있는 구획의 바닥면적의 $\frac{1}{5}$ **미만**이 되는 부분 보기 ㉡

답 ②

★★
73 옥외소화전설비의 화재안전기준에 따라 특정소
20.06.문69
19.04.문73
15.03.문70
13.06.문74
방대상물의 각 부분으로부터 하나의 호스접결구까지의 수평거리가 최대 몇 m 이하가 되도록 설치하여야 하는가?

① 25 　　　　② 35
③ 40 　　　　④ 50

해설 **수평거리** 및 **보행거리**
(1) **수평거리**

구 분	설 명
수평거리 **10m** 이하	• 예상제연구역~배출구
수평거리 **15m** 이하	• 분말호스릴 • 포호스릴 • CO₂호스릴
수평거리 **20m** 이하	• 할론호스릴
수평거리 **25m** 이하	• 옥내소화전 방수구(호스릴 포함) • 포소화전 방수구 • 연결송수관 방수구(지하가, 지하층 바닥면적 3000m² 이상)
수평거리 **40m** 이하 ← 보기 ③	• 옥외소화전 방수구
수평거리 **50m** 이하	• 연결송수관 방수구(사무실)

(2) **보행거리**

구 분	설 명
보행거리 **20m** 이하	소형소화기
보행거리 **30m** 이하	**대**형소화기 기억법 대3(**대상**을 받다.)

답 ③

사용가스	탐지부 위치
LNG (공기보다 가벼운 가스)	천장면에서 **30cm(0.3m)** 이하 LNG 탐지기 위치
LPG (공기보다 무거운 가스)	바닥면에서 **30cm(0.3m)** 이하 보기 ④ LPG 탐지기 위치

(1) 소화약제 방출구는 환기구의 청소부분과 분리되어 있을 것 보기 ②
(2) 감지부는 형식 승인받은 **유효한** 높이 및 위치에 설치할 것 보기 ①
(3) 차단장치(전기 또는 가스)는 상시 확인 및 점검이 가능하도록 설치할 것 보기 ③
(4) 수신부는 주위의 열기류 또는 습기 등과 주위온도에 영향을 받지 아니하고 사용자가 **상시 볼 수 있는 장소**에 설치할 것

답 ④

★★★
74
19.09.문68
16.03.문65
09.08.문74
07.03.문78
06.03.문70

소화기구 및 자동소화장치의 화재안전기준상 주거용 주방자동소화장치의 설치기준으로 틀린 것은?

① 감지부는 형식 승인받은 유효한 높이 및 위치에 설치할 것
② 소화약제 방출구는 환기구의 청소부분과 분리되어 있을 것
③ 차단장치(전기 또는 가스)는 상시 확인 및 점검이 가능하도록 설치할 것
④ 가스용 주방자동소화장치를 사용하는 경우 탐지부는 수신부와 분리하여 설치하되, 공기보다 무거운 가스를 사용하는 장소에는 바닥면으로부터 20cm 이하의 위치에 설치할 것

해설 ④ 20cm 이하 → 30cm 이하

★★
75
18.04.문61
13.09.문70

분말소화설비의 화재안전기준상 전역방출방식의 분말소화설비에 있어서 방호구역의 체적이 500m³일 때 적합한 분사헤드의 최소 개수는? (단, 제1종 분말이며, 체적 1m³당 소화약제의 양은 0.60kg이며, 분사헤드 1개의 분당 표준방사량은 18kg이다.)

① 30
② 34
③ 134
④ 17

해설 **분말저장량**

> **방**호구역체적[m³]×**약**제량[kg/m³]+**개**구부 면적[m²]
> ×개구부 가**산**량[kg/m²]

기억법 **방약개산**

$= 500\text{m}^3 \times 0.60\text{kg/m}^3 = 300\text{kg}$

∴ 분사헤드수 $= \dfrac{300\text{kg}}{9\text{kg}} \fallingdotseq 34$개

• 개구부 면적, 개구부 가산량은 문제에서 주어지지 않았으므로 무시
• 1분당 표준방사량이 18kg이므로 18kg/분이 된다. 따라서 30초에는 그의 50%인 **9kg**을 방사해야 한다. 30초를 적용한 이유는 **전역방출방식**의 분말소화설비는 **30초** 이내에 방사해야 하기 때문이다.

중요

약제 방사시간

소화설비		전역방출방식		국소방출방식	
		일반 건축물	위험물 제조소	일반 건축물	위험물 제조소
할론소화설비		10초 이내	30초 이내	10초 이내	30초 이내
분말소화설비		30초 이내		30초 이내	
CO₂ 소화 설비	표면 화재	1분 이내	60초 이내	30초 이내	
	심부 화재	7분 이내			

- 문제에서 '위험물제조소'라는 말이 없으면 **일반건축물** 적용

답 ②

★★★
76
19.04.문77
17.03.문69
14.05.문65
13.09.문64

포소화설비의 화재안전기준에 따라 포소화설비의 자동식 기동장치에서 폐쇄형 스프링클러헤드를 사용하는 경우의 설치기준에 대한 설명이다. ( ) 안의 내용으로 옳은 것은?

- 표시온도가 (㉠)℃ 미만인 것을 사용하고, 1개의 스프링클러헤드의 경계면적은 (㉡)m² 이하로 할 것
- 부착면의 높이는 바닥으로부터 (㉢)m 이하로 하고, 화재를 유효하게 감지할 수 있도록 할 것

① ㉠ 68, ㉡ 20, ㉢ 5 ② ㉠ 68, ㉡ 30, ㉢ 7
③ ㉠ 79, ㉡ 20, ㉢ 5 ④ ㉠ 79, ㉡ 30, ㉢ 7

해설 **자동식 기동장치**(폐쇄형 헤드 개방방식)
(1) 표시온도가 **79℃** 미만인 것을 사용하고, 1개의 스프링클러헤드의 **경계**면적은 **20m²** 이하 보기 ㉠㉡
(2) 부착면의 높이는 바닥으로부터 **5m** 이하로 하고, 화재를 유효하게 감지할 수 있도록 함 보기 ㉢
(3) 하나의 감지장치 경계구역은 하나의 **층**이 되도록 함

기억법 경27 자동(**경이**롭다. **자동**차!)

답 ③

★★★
77
19.04.문78
18.09.문79
16.05.문65
15.09.문78
14.03.문71
05.03.문72

소화기구 및 자동소화장치의 화재안전기준상 바닥면적이 1500m²인 공연장 시설에 소화기구를 설치하려 한다. 소화기구의 최소능력단위는? (단, 주요구조부는 내화구조이고, 벽 및 반자의 실내와 면하는 부분이 불연재료로 되어 있다.)

① 7단위 ② 30단위
③ 9단위 ④ 15단위

해설 **특정소방대상물별 소화기구의 능력단위기준**(NFTC 101 2.1.1.2)

특정소방대상물	소화기구의 능력단위	건축물의 주 요구조부가 내 화구조이고, 벽 및 반자의 실내에 면하는 부분이 **불연** **재료·준불** **연재료** 또는 **난연재료**로 된 특정소방 대상물의 능력 단위
• **위**락시설 **기억법** 위3(위상)	바닥면적 **30m²**마다 1단위 이상	바닥면적 **60m²**마다 1단위 이상
• **공연장** • **집**회장 • **관람**장 및 **문**화재 • **의**료시설 · **장**례시설 **기억법** 5공연장 문의 집관람 (손**오공** 연장 **문의 집관람**)	바닥면적 **50m²**마다 1단위 이상	바닥면적 **100m²**마다 1단위 이상
• **근**린생활시설 • **판**매시설 • **숙**박시설 • **노**유자시설 • **전**시장 • 공동**주**택 • **업**무시설 • **방**송통신시설 • 공장 · **창**고 • **항**공기 및 자동**차** 관련 시설 및 **관광**휴게시설 **기억법** 근판숙노전 주업방차창 1항관광(근 판숙노전 주 업방차창 일 **본**항 관광)	바닥면적 **100m²**마다 1단위 이상	바닥면적 **200m²**마다 1단위 이상
• 그 밖의 것	바닥면적 **200m²**마다 1단위 이상	바닥면적 **400m²**마다 1단위 이상

공연장으로서 **내화구조**이고 **불연재료**를 사용하므로 바닥면적 100m²마다 1단위 이상

공연장 최소능력단위 $= \dfrac{1500m^2}{100m^2} = 15$단위

- 소수점이 발생하면 절상한다.

답 ④

78 다음 중 제연설비의 화재안전기준에 따른 제연구역 구획에 관한 기준으로 옳은 것은?

17.03.문76
05.05.문68

① 하나의 제연구역은 직경 50m 원 내에 들어갈 수 있어야 한다. 다만, 구조상 불가피한 경우에는 그 직경을 70m까지로 할 수 있다.

② 통로상의 제연구역은 보행중심선의 길이가 50m를 초과하지 않는다. 다만, 구조상 불가피한 경우에는 70m까지로 할 수 있다.

③ 거실과 통로는 하나의 제연구획으로 한다.

④ 하나의 제연구역의 면적은 $1000m^2$ 이내로 한다.

 해설

> ① 50m 원 내 → 60m 원 내, 다만~ → 삭제
> ② 50m를 초과 → 60m를 초과, 다만~ → 삭제
> ③ 하나의 제연구획 → 각각 제연구획

제연구역의 기준

(1) 하나의 제연구역의 면적은 $1000m^2$ 이내로 한다.
보기 ④

(2) 거실과 통로(복도 포함)는 **각각 제연구획**한다.
보기 ③

(3) 통로상의 제연구역은 보행중심선의 길이가 **60m**를 초과하지 않아야 한다. 보기 ②

거실
$1000m^2$ 이내

60m 이내   통로

거실
$1000m^2$ 이내

‖ 제연구역의 구획(Ⅰ) ‖

(4) 하나의 제연구역은 직경 **60m** 원 내에 들어갈 수 있도록 한다. 보기 ①

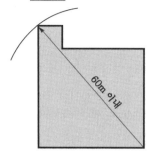

60m 이내

‖ 제연구역의 구획(Ⅱ) ‖

(5) 하나의 제연구역은 **2개** 이상의 층에 미치지 않도록 한다(단, 층의 구분이 불분명한 부분은 다른 부분과 별도로 제연구획할 것).

답 ④

79 스프링클러설비의 화재안전기준상 폐쇄형 스프링클러설비의 방호구역 및 유수검지장치에 관한 설명으로 틀린 것은?

15.05.문64

① 스프링클러헤드에 공급되는 물은 유수검지장치를 지나도록 한다.

② 유수검지장치란 본체 내의 유수현상을 자동적으로 검지하여 신호 또는 경보를 발하는 장치를 말한다.

③ 하나의 방호구역의 바닥면적은 $2500m^2$를 초과하지 아니한다.

④ 하나의 방호구역에는 1개 이상의 유수검지장치를 설치한다.

 해설

> ③ $2500m^2$ → $3000m^2$

폐쇄형 설비의 방호구역 및 유수검지장치(NFPC 103 6조, NFTC 103 2.3)

(1) 하나의 방호구역의 바닥면적은 $3000m^2$를 초과하지 않을 것 보기 ③

(2) 하나의 방호구역에는 1개 이상의 유수검지장치 설치 보기 ④

(3) 하나의 방호구역은 **2개층**에 미치지 아니하도록 하되, 1개층에 설치되는 스프링클러헤드의 수가 **10개 이하**인 경우에는 **3개층** 이내

(4) 유수검지장치를 실내에 설치하거나 보호용 철망 등으로 구획하여 바닥으로부터 **0.8m 이상 1.5m 이하**의 위치에 설치하되, 그 실 등에는 개구부가 가로 **0.5m 이상** 세로 **1m 이상**의 출입문을 설치하고 그 출입문 상단에 '**유수검지장치실**'이라고 표시한 표지를 설치할 것 (단, 유수검지장치를 기계실(공조용 기계실 포함) 안에 설치하는 경우에는 별도의 실 또는 보호용 철망을 설치하지 않고 기계실 출입문 상단에 "유수검지장치실"이라고 표시한 표지 설치 가능)

(5) 스프링클러헤드에 공급되는 물은 유수검지장치를 지나도록 한다. 보기 ①

(6) 유수검지장치란 본체 내의 유수현상을 자동적으로 검지하여 신호 또는 경보를 발하는 장치를 말한다. 보기 ②

답 ③

80 이산화탄소 소화설비의 화재안전기준에 따라 전역방출방식을 적용하는 이산화탄소 소화설비에서 심부화재 방호대상물별 방호구역의 체적 $1m^3$에 필요한 최소 소화약제량[kg] 및 설계농도[%]로 틀린 것은?

① 고무류 · 면화류창고, 모피창고, 석탄창고, 집진설비 : 2.7kg, 75%

② 유압기기를 제외한 전기설비, 케이블실 : 1.3kg, 50%

③ 체적 $55m^2$ 미만의 전기설비 : 1.5kg, 55%

④ 서고, 전자제품창고, 목재가공품창고, 박물관 : 2.0kg, 65%

해설 ③ 1.5kg, 55% → 1.6kg, 50%

‖ 심부화재의 약제량 및 개구부가산량 ‖

이산화탄소 소화설비 방호대상물	약제량	개구부가산량 (자동폐쇄장치 미설치시)	설계농도 〔%〕
전기설비(55m³ 이상), 케이블실	1.3kg/m³		50
전기설비(55m³ 미만) 보기 ③	→1.6kg/m³		
서고, **전**자제품창고, **목**재가공품창고, **박**물관	2.0kg/m³	10kg/m²	65
고무류 · **면**화류창고, **모**피창고, **석**탄창고, **집**진설비	2.7kg/m³		75

기억법 서박목전(**선박**이 **목전**에 보인다.)
석면고모집(**석면**은 **고모 집**에 있다.)

답 ③

과년도 기출문제

2021년

소방설비기사 필기(기계분야)

** 수험자 유의사항 **

1. 문제지를 받는 즉시 본인이 응시한 종목이 맞는지 확인하시기 바랍니다.
2. 문제지 표지에 본인의 수험번호와 성명을 기재하여야 합니다.
3. 문제지의 총면수, 문제번호 일련순서, 인쇄상태, 중복 및 누락 페이지 유무를 확인하시기 바랍니다.
4. 답안은 각 문제마다 요구하는 가장 적합하거나 가까운 답 1개만을 선택하여야 합니다.
5. 답안카드는 뒷면의 「수험자 유의사항」에 따라 작성하시고, 답안카드 작성 시 형별누락, 마킹착오로 인한 불이익은 전적으로 수험자에게 책임이 있음을 알려드립니다.
6. 문제지는 시험 종료 후 본인이 가져갈 수 있습니다.

** 안내사항 **

• 가답안/최종정답은 큐넷(www.q-net.or.kr)에서 확인하실 수 있습니다. 가답안에 대한 의견은 큐넷의 [가답안 의견 제시]를 통해 제시할 수 있으며, 확정된 답안은 최종정답으로 갈음합니다.
• 공단에서 제공하는 자격검정서비스에 대해 개선할 점이 있으시면 고객참여(http://hrdkorea.or.kr/7/1/1)를 통해 건의하여 주시기 바랍니다.

┃2021년 기사 제1회 필기시험┃				수험번호	성명
자격종목 **소방설비기사(기계분야)**	종목코드	시험시간 **2시간**	형별		

※ 답안카드 작성시 시험문제지 형별누락, 마킹착오로 인한 불이익은 전적으로 수험자의 귀책사유임을 알려드립니다.
※ 각 문항은 4지택일형으로 질문에 가장 적합한 보기 항을 선택하여 마킹하여야 합니다.

제1과목   소방원론

01 위험물별 저장방법에 대한 설명 중 틀린 것은?

16.03.문20
07.09.문05

① 유황은 정전기가 축적되지 않도록 하여 저장한다.
② 적린은 화기로부터 격리하여 저장한다.
③ 마그네슘은 건조하면 부유하여 분진폭발의 위험이 있으므로 물에 적시어 보관한다.
④ 황화린은 산화제와 격리하여 저장한다.

유사문제부터 풀어보세요.
실력이 팍!팍!
올라갑니다.

해설
① 유황 : **정전기**가 축적되지 않도록 하여 저장
② 적린 : **화기**로부터 격리하여 저장
③ 마그네슘 : **물**에 적시어 보관하면 **수소**(H_2) 발생
④ 황화린 : **산화제**와 격리하여 저장

중요

주수소화(물소화)시 **위험한** 물질

구 분	현 상
• 무기과산화물	**산소**(O_2) 발생
• **금속분** • **마그네슘** • 알루미늄 • 칼륨 • 나트륨 • 수소화리튬	**수소**(H_2) 발생
• 가연성 액체의 유류화재	**연소면**(화재면) 확대

기억법 금마수

※ **주수소화** : 물을 뿌려 소화하는 방법

답 ③

02 분자식이 CF_2BrCl인 할로겐화합물 소화약제는?

19.09.문07
17.03.문05
16.10.문08
15.03.문04
14.09.문04
14.03.문02

① Halon 1301
② Halon 1211
③ Halon 2402
④ Halon 2021

해설 **할론소화약제**의 **약칭** 및 **분자식**

종 류	약 칭	분자식
할론 1011	CB	CH_2ClBr
할론 104	CTC	CCl_4
할론 1211	BCF	$CF_2ClBr(CClF_2Br)$
할론 1301	BTM	CF_3Br
할론 2402	FB	$C_2F_4Br_2$

답 ②

03 건축물의 화재시 피난자들의 집중으로 패닉(Panic) 현상이 일어날 수 있는 피난방향은?

17.03.문09
12.03.문06
08.05.문20

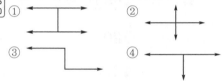

① ② ③ ④

해설 **피난형태**

형 태	피난방향	상 황
X형		**확실한 피난통로**가 보장되어 신속한 피난이 가능하다.
Y형		
CO형		피난자들의 집중으로 **패닉**(Panic)**현상**이 일어날 수 있다. **보기 ①**
H형		

중요

패닉(Panic)의 **발생원인**
(1) 연기에 의한 시계제한
(2) 유독가스에 의한 호흡장애
(3) 외부와 단절되어 고립

답 ①

★★★
04 할로겐화합물 소화약제에 관한 설명으로 옳지 않은 것은?

20.06.문09
19.09.문13
18.09.문19
17.05.문06
16.03.문08
15.03.문17
14.03.문19
11.10.문19
03.08.문11

① 연쇄반응을 차단하여 소화한다.
② 할로겐족 원소가 사용된다.
③ 전기에 도체이므로 전기화재에 효과가 있다.
④ 소화약제의 변질분해 위험성이 낮다.

해설 **할론소화설비**(할로겐화합물 소화약제)의 **특징**
(1) **연쇄반응**을 **차단**하여 소화한다. 보기 ①
(2) **할로겐족** 원소가 사용된다. 보기 ②
(3) 전기에 **부도체**이므로 전기화재에 효과가 있다. 보기 ③
(4) 소화약제의 **변질분해** 위험성이 **낮다**. 보기 ④
(5) **오존층**을 **파괴**한다.
(6) 연소 **억제작용**이 크다(가연물과 산소의 화학반응을 억제한다).
(7) **소화능력**이 **크다**(소화속도가 빠르다).
(8) 금속에 대한 **부식성**이 **작다**.

③ 도체 → 부도체(불량도체)

답 ③

★★
05 스테판-볼츠만의 법칙에 의해 복사열과 절대온도와의 관계를 옳게 설명한 것은?

16.05.문06
14.03.문20

① 복사열은 절대온도의 제곱에 비례한다.
② 복사열은 절대온도의 4제곱에 비례한다.
③ 복사열은 절대온도의 제곱에 반비례한다.
④ 복사열은 절대온도의 4제곱에 반비례한다.

해설 **스테판-볼츠만**의 **법칙**(Stefan-Boltzman's law)

$$Q = aAF(T_1^4 - T_2^4) \propto T^4$$

여기서, Q : 복사열(W)
a : 스테판-볼츠만 상수(W/m²·K⁴)
A : 단면적(m²)
F : 기하학적 Factor
T_1 : 고온(K)
T_2 : 저온(K)

② 복사열(열복사량)은 **복사체**의 **절대온도**의 **4제곱**에 **비례**하고, **단면적**에 **비례**한다.

기억법 복스(복수)

• 스테판-볼츠만의 법칙=스테판-볼쯔만의 법칙

답 ②

★★★
06 일반적으로 공기 중 산소농도를 몇 vol% 이하로 감소시키면 연소속도의 감소 및 질식소화가 가능한가?

19.09.문13
18.09.문19
17.05.문06
16.03.문08
15.03.문17
14.03.문19
11.10.문19
03.08.문11

① 15　　　　　　② 21
③ 25　　　　　　④ 31

해설 **소화의 방법**

구분	설 명
냉각소화	다량의 물 등을 이용하여 **점화원**을 **냉각**시켜 소화하는 방법
질식소화	공기 중의 **산소농도**를 **16%** 또는 **15%** (10~15%) 이하로 희박하게 하여 소화하는 방법 보기 ①
제거소화	가연물을 제거하여 소화하는 방법
화학소화 (부촉매효과)	연쇄반응을 차단하여 소화하는 방법. **억제작용**이라고도 함
희석소화	고체·기체·액체에서 나오는 **분해가스**나 증기의 **농도**를 낮추어 연소를 중지시키는 방법
유화소화	물을 무상으로 방사하여 유류표면에 **유화층**의 막을 형성시켜 공기의 접촉을 막아 소화하는 방법
피복소화	비중이 공기의 **1.5배** 정도로 무거운 소화약제를 방사하여 가연물의 구석구석까지 침투·피복하여 소화하는 방법

용어

%	vol%
수를 100의 비로 나타낸 것	어떤 공간에 차지하는 부피를 백분율로 나타낸 것
50%	공기 50vol%　50vol%
50%	50vol%

답 ①

★★★
07 이산화탄소의 물성으로 옳은 것은?

19.03.문11
16.03.문15
14.05.문08
13.06.문20
11.03.문06

① 임계온도 : 31.35℃, 증기비중 : 0.529
② 임계온도 : 31.35℃, 증기비중 : 1.529
③ 임계온도 : 0.35℃, 증기비중 : 1.529
④ 임계온도 : 0.35℃, 증기비중 : 0.529

해설 **이**산화탄소의 물성

구 분	물 성
임계압력	72.75atm
임계온도 ──→	31.35℃
3중점	−**56**.3℃(약 −57℃)
승화점(**비**점)	−**78**.5℃
허용농도	0.5%
증기비중 ──→	1.**5**29
수분	0.05% 이하(함량 99.5% 이상)

기억법 **이**356, **이비**78, **이증**15

용어

임계온도와 임계압력

임계온도	임계압력
아무리 큰 압력을 가해도 액화하지 않는 최저온도	임계온도에서 액화하는 데 필요한 압력

답 ②

★★★
08 조연성 가스에 해당하는 것은?

19.09.문08
18.03.문10
17.05.문18
16.10.문05
16.03.문14
15.05.문19
15.03.문09
14.09.문09
14.09.문17
12.03.문09

① 일산화탄소
② 산소
③ 수소
④ 부탄

해설 **가연성 가스와 지연성 가스**

가연성 가스	지연성 가스(조연성 가스)
•**수**소 보기 ③ •**메**탄 •**일**산화탄소 보기 ① •**천**연가스 •**부**탄 보기 ④ •**에**탄 •**암**모니아 •**프**로판	•**산**소 보기 ② •**공**기 •**염**소 •**오**존 •**불**소 기억법 **조산공 염오불**

기억법 **가수일천 암부 메에프**

①③④ 일산화탄소, 수소, 부탄 : 가연성 가스

용어

가연성 가스와 지연성 가스

가연성 가스	지연성 가스(조연성 가스)
물질 자체가 연소하는 것	자기 자신은 연소하지 않지만 연소를 도와주는 가스

답 ②

★★★
09 가연물질의 구비조건으로 옳지 않은 것은?

19.09.문08
18.03.문10
17.05.문18
16.10.문05
16.03.문14
15.05.문19
15.03.문09
14.09.문09
14.09.문17
12.03.문09

① 화학적 활성이 클 것
② 열의 축적이 용이할 것
③ 활성화에너지가 작을 것
④ 산소와 결합할 때 발열량이 작을 것

해설 **가연물**이 **연소**하기 쉬운 **조건**(**가연물질**의 **구비조건**)
(1) 산소와 **친화력**이 클 것(좋을 것)
(2) **발열량**이 클 것 보기 ④
(3) **표면적**이 넓을 것
(4) **열**전도율이 **작**을 것
(5) **활**성화에너지가 **작**을 것 보기 ③
(6) **연쇄반응**을 일으킬 수 있을 것
(7) 산소가 포함된 **유기물**일 것
(8) 연소시 **발열반응**을 할 것
(9) 화학적 활성이 클 것 보기 ①
(10) 열의 축적이 용이할 것 보기 ②

기억법 **가열작 활작(가열작품)**

용어

활성화에너지
가연물이 처음 연소하는 데 필요한 열

비교

자연발화의 방지법	자연발화 조건
① 습도가 높은 곳을 피할 것(건조하게 유지할 것) ② 저장실의 온도를 낮출 것 ③ 통풍이 잘 되게 할 것 ④ 퇴적 및 수납시 열이 쌓이지 않게 할 것 (**열축적 방지**) ⑤ 산소와의 접촉을 차단할 것 ⑥ **열**전도성을 좋게 할 것	① 열전도율이 작을 것 ② 발열량이 클 것 ③ 주위의 온도가 높을 것 ④ 표면적이 넓을 것

④ 작을 것 → 클 것

답 ④

★★★
10 가연성 가스이면서도 독성 가스인 것은?

19.04.문10
11.03.문10
09.08.문11
04.09.문14

① 질소
② 수소
③ 염소
④ 황화수소

해설 **가연성 가스 + 독성 가스**
(1) **황**화수소(H_2S) 보기 ④
(2) **암**모니아(NH_3)

기억법 **가독황암**

용어

가연성 가스	독성 가스
물질 자체가 연소하는 것	독한 성질을 가진 가스

중요

연소가스

구 분	특 징
일산화탄소 (CO)	화재시 흡입된 일산화탄소(CO)의 화학적 작용에 의해 **헤모글로빈**(Hb)이 혈액의 산소운반작용을 저해하여 사람을 질식·사망하게 한다.
이산화탄소 (CO₂)	연소가스 중 **가장 많은 양**을 차지하고 있으며 가스 그 자체의 독성은 거의 없으나 다량이 존재할 경우 호흡속도를 증가시키고, 이로 인하여 화재가스에 혼합된 유해가스의 혼입을 증가시켜 위험을 가중시키는 가스이다.
암모니아 (NH₃)	나무, 페놀수지, 멜라민수지 등의 **질소 함유물**이 연소할 때 발생하며, 냉동시설의 **냉매**로 쓰인다.
포스겐 (COCl₂)	매우 독성이 강한 가스로서 소화제인 **사염화탄소**(CCl₄)를 화재시에 사용할 때도 발생한다.
황화수소 (H₂S)	**달걀**(계란) **썩는 냄새**가 나는 특성이 있다. **기억법** 황달
아크롤레인 (CH₂=CHCHO)	독성이 매우 높은 가스로서 **석유제품, 유지** 등이 연소할 때 생성되는 가스이다.

답 ④

★★★
11 다음 물질 중 연소범위를 통해 산출한 위험도 값이 가장 높은 것은?
20.06.문19
19.03.문03
18.03.문18

① 수소
② 에틸렌
③ 메탄
④ 이황화탄소

해설 위험도

$$H = \frac{U-L}{L}$$

여기서, H : 위험도
　　　U : 연소상한계
　　　L : 연소하한계

① 수소 $= \dfrac{75-4}{4} = 17.75$

② 에틸렌 $= \dfrac{36-2.7}{2.7} = 12.33$

③ 메탄 $= \dfrac{15-5}{5} = 2$

④ 이황화탄소 $= \dfrac{44-1.2}{1.2} = 35.7$ 보기 ④

중요

공기 중의 폭발한계(상온, 1atm)

가 스	하한계 〔vol%〕	상한계 〔vol%〕
아세틸렌(C₂H₂)	2.5	81
수소(H₂) 보기 ①	4	75
일산화탄소(CO)	12.5	74
에테르((C₂H₅)₂O)	1.9	48
이황화탄소(CS₂) 보기 ④	1.2	44
에틸렌(C₂H₄) 보기 ②	2.7	36
암모니아(NH₃)	15	28
메탄(CH₄) 보기 ③	5	15
에탄(C₂H₆)	3	12.4
프로판(C₃H₈)	2.1	9.5
부탄(C₄H₁₀)	1.8	8.4

● 연소한계=연소범위=가연한계=가연범위=폭발한계=폭발범위

답 ④

★★★
12 다음 각 물질과 물이 반응하였을 때 발생하는 가스의 연결이 틀린 것은?
18.04.문18
11.10.문05
10.09.문12

① 탄화칼슘－아세틸렌
② 탄화알루미늄－이산화황
③ 인화칼슘－포스핀
④ 수소화리튬－수소

해설 ① **탄화칼슘**과 물의 반응식

$$CaC_2 + 2H_2O \rightarrow Ca(OH)_2 + C_2H_2 \uparrow$$
탄화칼슘　물　　수산화칼슘　**아세틸렌**

② **탄화알루미늄**과 물의 반응식 보기 ②

$$Al_4C_3 + 12H_2O \rightarrow 4Al(OH)_3 + 3CH_4 \uparrow$$
탄화알루미늄　물　　수산화알루미늄　**메탄**

③ **인화칼슘**과 물의 반응식

$$Ca_3P_2 + 6H_2O \rightarrow 3Ca(OH)_2 + 2PH_3 \uparrow$$
인화칼슘　물　　수산화칼슘　**포스핀**

④ **수소화리튬**과 물의 반응식

$$LiH + H_2O \rightarrow LiOH + H_2$$
수소화리튬　물　수산화리튬　**수소**

② 이산화황 → 메탄

비교		
주수소화(물소화)시 위험한 물질		
구 분	현 상	
• 무기과산화물	**산소**(O_2) 발생	
• **금**속분 • **마**그네슘 • 알루미늄 • 칼륨 • 나트륨 • 수소화리튬	**수소**(H_2) 발생	
• 가연성 액체의 유류화재	**연소면**(화재면) 확대	

기억법	금마수

※ **주수소화** : 물을 뿌려 소화하는 방법

답 ②

⭐⭐⭐
13 블레비(BLEVE)현상과 관계가 없는 것은?

19.09.문15
18.09.문08
17.03.문17
16.10.문15
16.05.문02
15.05.문18
15.03.문14
14.09.문12
14.03.문01
09.05.문10

① 핵분열
② 가연성 액체
③ 화구(Fire ball)의 형성
④ 복사열의 대량 방출

해설 **블레비(BLEVE)현상**

(1) 가연성 액체 보기 ②
(2) 화구(Fire ball)의 형성 보기 ③
(3) 복사열의 대량 방출 보기 ④

용어

블레비＝블레이브(BLEVE)
과열상태의 탱크에서 내부의 액화가스가 분출하여 기화되어 폭발하는 현상

답 ①

⭐⭐⭐
14 인화점이 낮은 것부터 높은 순서로 옳게 나열된 것은?

18.04.문05
15.09.문02
14.05.문05
14.03.문10
12.03.문01
11.06.문09
11.03.문12
10.05.문11

① 에틸알코올＜이황화탄소＜아세톤
② 이황화탄소＜에틸알코올＜아세톤
③ 에틸알코올＜아세톤＜이황화탄소
④ 이황화탄소＜아세톤＜에틸알코올

해설

물 질	인화점	착화점
• 프로필렌	−107℃	497℃
• 에틸에테르 • 디에틸에테르	−45℃	180℃
• 가솔린(휘발유)	−43℃	300℃
• **이황화탄소**	**−30℃**	**100℃**
• 아세틸렌	−18℃	335℃

• **아세톤**	**−18℃**	**538℃**
• 벤젠	−11℃	562℃
• 톨루엔	4.4℃	480℃
• **에틸알코올**	**13℃**	**423℃**
• 아세트산	40℃	−
• 등유	43~72℃	210℃
• 경유	50~70℃	200℃
• 적린	−	260℃

답 ④

⭐⭐⭐
15 물에 저장하는 것이 안전한 물질은?

17.03.문11
16.05.문19
16.03.문07
10.03.문09
09.03.문16

① 나트륨
② 수소화칼슘
③ 이황화탄소
④ 탄화칼슘

해설 **물질에 따른 저장장소**

물 질	저장장소
황린, **이**황화탄소(CS_2) 보기③	**물속**
니트로셀룰로오스	알코올 속
칼륨(K), 나트륨(Na), 리튬(Li)	석유류(등유) 속
알킬알루미늄	벤젠액 속
아세틸렌(C_2H_2)	디메틸포름아미드(DMF), 아세톤에 용해
수소화칼슘	**환기**가 잘 되는 내화성 **냉암소**에 보관
탄화칼슘(칼슘카바이드)	습기가 없는 **밀폐용기**에 저장하는 곳

기억법	황물이(황토색 물이 나온다.)

중요

산화프로필렌, 아세트알데히드
구리, **마**그네슘, **은**, **수**은 및 그 합금과 저장 금지

기억법	구마은수

답 ③

⭐⭐⭐
16 대두유가 침적된 기름걸레를 쓰레기통에 장시간 방치한 결과 자연발화에 의하여 화재가 발생한 경우 그 이유로 옳은 것은?

19.09.문08
18.03.문10
16.10.문05
16.03.문14
15.05.문19
15.03.문09
14.09.문09
14.09.문17
12.03.문09
09.05.문08
03.03.문13
02.09.문01

① 융해열 축적
② 산화열 축적
③ 증발열 축적
④ 발효열 축적

해설 자연발화

구 분	설 명
정의	가연물이 공기 중에서 산화되어 **산화열**의 **축적**으로 발화
일어나는 경우	기름걸레를 쓰레기통에 장기간 방치하면 **산화열**이 **축적**되어 자연발화가 일어남 [보기 ②]
일어나지 않는 경우	기름걸레를 빨랫줄에 걸어 놓으면 **산**화열이 **축**적되지 않아 **자**연발화는 일어나지 않음 **기억법** 자산축

용어

산화열
물질이 산소와 화합하여 반응하는 과정에서 생기는 열

답 ②

17 ★★★ 건축법령상 내력벽, 기둥, 바닥, 보, 지붕틀 및 주계단을 무엇이라 하는가?

17.09.문19
17.07.문14
15.03.문18
13.09.문18

① 내진구조부
② 건축설비부
③ 보조구조부
④ 주요구조부

해설 주요구조부 [보기 ④]
(1) 내력**벽**
(2) **보**(작은 보 제외)
(3) **지**붕틀(차양 제외)
(4) **바**닥(최하층 바닥 제외)
(5) **주**계단(옥외계단 제외)
(6) **기**둥(사잇기둥 제외)

기억법 벽보지 바주기

용어

주요구조부
건물의 구조 내력상 주요한 부분

답 ④

18 ★ 전기화재의 원인으로 거리가 먼 것은?

08.03.문07

① 단락
② 과전류
③ 누전
④ 절연 과다

해설 전기화재의 발생원인
(1) **단락**(합선)에 의한 발화 [보기 ①]
(2) **과부하**(과전류)에 의한 발화 [보기 ②]
(3) **절연저항 감소**(누전)로 인한 발화 [보기 ③]
(4) 전열기기 과열에 의한 발화
(5) 전기불꽃에 의한 발화
(6) 용접불꽃에 의한 발화
(7) **낙뢰**에 의한 발화

④ 절연 과다 → 절연저항 감소

답 ④

19 ★★★ 소화약제로 사용하는 물의 증발잠열로 기대할 수 있는 소화효과는?

19.09.문13
18.09.문19
17.05.문06
16.03.문08
15.03.문17
14.03.문19
11.10.문19
03.08.문11

① 냉각소화
② 질식소화
③ 제거소화
④ 촉매소화

해설 소화의 형태

구 분	설 명
냉각소화	① **점**화원을 냉각하여 소화하는 방법 ② **증**발잠열을 이용하여 열을 빼앗아 가연물의 온도를 떨어뜨려 화재를 진압하는 소화방법 [보기 ①] ③ **다**량의 **물**을 뿌려 소화하는 방법 ④ 가연성 물질을 **발화점 이하**로 **냉각**하여 소화하는 방법 ⑤ 식용유화재에 신선한 **야채**를 넣어 소화하는 방법 ⑥ 용융잠열에 의한 **냉각효과**를 이용하여 소화하는 방법 **기억법** 냉점증발
질식소화	① 공기 중의 **산소농도**를 16%(10~15%) 이하로 희박하게 하여 소화하는 방법 ② 산화제의 농도를 낮추어 연소가 지속될 수 없도록 소화하는 방법 ③ 산소 공급을 차단하여 소화하는 방법 ④ 산소의 농도를 낮추어 소화하는 방법 ⑤ 화학반응으로 발생한 **탄산가스**에 의한 소화방법 **기억법** 질산
제거소화	**가연물**을 **제거**하여 소화하는 방법
부촉매소화 (억제소화, 화학소화)	① **연쇄반응**을 **차단**하여 소화하는 방법 ② 화학적인 방법으로 화재를 억제하여 소화하는 방법 ③ **활성기**(Free radical, 자유라디칼)의 **생성**을 **억제**하여 소화하는 방법 ④ 할론계 소화약제 **기억법** 부억(부엌)
희석소화	① 기체·고체·액체에서 나오는 분해가스나 증기의 농도를 낮춰 소화하는 방법 ② 불연성 가스의 공기 중 **농도**를 높여 소화하는 방법 ③ 불활성기체를 방출하여 연소범위 이하로 낮추어 소화하는 방법

중요

화재의 소화원리에 따른 소화방법

소화원리	소화설비
냉각소화	① 스프링클러설비 ② 옥내·외소화전설비
질식소화	① 이산화탄소 소화설비 ② 포소화설비 ③ 분말소화설비 ④ 불활성기체 소화약제
억제소화 (부촉매효과)	① 할론소화약제 ② 할로겐화합물 소화약제

답 ①

20

18.03.문06
17.03.문08
14.09.문20
13.09.문09
13.06.문18
10.09.문20

1기압 상태에서 100℃ 물 1g이 모두 기체로 변할 때 필요한 열량은 몇 cal인가?

① 429
② 499
③ 539
④ 639

해설 물(H2O)

기화잠열(증발잠열)	융해잠열
539cal/g [보기 ③]	80cal/g
100℃의 물 1g이 수증기로 변화하는 데 필요한 열량	0℃의 얼음 1g이 물로 변화하는 데 필요한 열량

기억법 기53, 융8

③ 물의 기화잠열 539cal : 1기압 100℃의 물 1g이 모두 기체로 변화하는 데 539cal의 열량이 필요

답 ③

제2과목 소방유체역학

21

17.09.문34
17.05.문35
15.09.문40
15.03.문34
14.05.문34
14.03.문33
13.06.문22
10.09.문33

대기압이 90kPa인 곳에서 진공 76mmHg는 절대압력[kPa]으로 약 얼마인가?

① 10.1
② 79.9
③ 99.9
④ 101.1

해설 (1) 수치

- 대기압 : 90kPa
- 진공압 : 76mmHg ≒ 10.1kPa

표준대기압
1atm=760mmHg
=1.0332kg₁/cm² $=1.0332kg_f/cm^2$
=10.332mH₂O(mAq) $=10.332mH_2O(mAq)$
=14.7PSI(lb₁/in²) $=14.7PSI(lb_f/in^2)$
=101.325kPa(kN/m²) $=101.325kPa(kN/m^2)$
=1013mbar

$760mmHg = 101.325kPa$

$76mmHg = \dfrac{76mmHg}{760mmHg} \times 101.325kPa$

$≒ 10.1kPa$

(2) 절대압(력)=대기압−진공압
= (90−10.1)kPa = 79.9kPa

 중요

절대압
(1) **절**대압=**대**기압+**게**이지압(계기압)
(2) 절대압=대기압−진공압

기억법 절대게

답 ②

22

18.03.문31
17.05.문39

지름 0.4m인 관에 물이 0.5m³/s로 흐를 때 길이 300m에 대한 동력손실은 60kW이었다. 이때 관마찰계수(f)는 얼마인가?

① 0.0151
② 0.0202
③ 0.0256
④ 0.0301

해설

$$H = \frac{\Delta P}{\gamma} = \frac{fLV^2}{2gD}$$

(1) 기호

- D : 0.4m
- Q : 0.5m³/s
- L : 300m
- P : 60kW
- f : ?

(2) 유량

$$Q = AV = \left(\frac{\pi D^2}{4}\right)V$$

여기서, Q : 유량[m³/s]
A : 단면적[m²]
V : 유속[m/s]
D : 지름[m]

유속 V는

$$V = \frac{Q}{\frac{\pi D^2}{4}} = \frac{0.5\text{m}^3/\text{s}}{\frac{\pi \times (0.4\text{m})^2}{4}} ≒ 3.979\text{m/s}$$

(3) **전동력**

$$P = \frac{0.163QH}{\eta}K$$

여기서, P : 전동력 또는 동력손실[kW]

$\quad\quad Q$: 유량[m³/min]

$\quad\quad H$: 전양정 또는 손실수두[m]

$\quad\quad K$: 전달계수

$\quad\quad \eta$: 효율

손실수두 H는

$$H = \frac{P\eta}{0.163QK}$$

$$H = \frac{60\text{kW}}{0.163 \times (0.5 \times 60)\text{m}^3/\text{min}} = 12.269\text{m}$$

- η, K : 주어지지 않았으므로 무시

- $1\text{min} = 60\text{s}$, $1\text{s} = \frac{1}{60}\text{min}$ 이므로

$\quad 0.5\text{m}^3/\text{s} = 0.5\text{m}^3 \bigg/ \frac{1}{60}\text{min} = (0.5 \times 60)\text{m}^3/\text{min}$

(4) **마찰손실**(달시-웨버의 식, Darcy-Weisbach formula)

$$H = \frac{\Delta P}{\gamma} = \frac{fLV^2}{2gD}$$

여기서, H : 마찰손실(수두)[m]

$\quad\quad \Delta P$: 압력차[kPa] 또는 [kN/m²]

$\quad\quad \gamma$: 비중량(물의 비중량 9.8kN/m³)

$\quad\quad f$: 관마찰계수

$\quad\quad L$: 길이[m]

$\quad\quad V$: 유속(속도)[m/s]

$\quad\quad g$: 중력가속(9.8m/s²)

$\quad\quad D$: 내경[m]

관마찰계수 f는

$$f = \frac{2gDH}{LV^2}$$

$$= \frac{2 \times 9.8\text{m/s}^2 \times 0.4\text{m} \times 12.269\text{m}}{300\text{m} \times (3.979\text{m/s})^2} ≒ 0.0202$$

답 ②

⭐⭐⭐
23
15.05.문33
13.09.문27
10.05.문35

액체 분자들 사이의 응집력과 고체면에 대한 부착력의 차이에 의하여 관내 액체표면과 자유표면 사이에 높이 차이가 나타나는 것과 가장 관계가 깊은 것은?

① 관성력

② 점성

③ 뉴턴의 마찰법칙

④ 모세관현상

해설

용 어	설 명
관성력	물체가 현재의 **운동상태**를 계속 **유지**하려는 성질
점성	운동하고 있는 유체에 서로 인접하고 있는 층 사이에 **미끄럼**이 생겨 **마찰**이 발생하는 성질
뉴턴의 마찰법칙	레이놀즈수가 큰 경우에 물체가 받는 **마찰력**이 속도의 **제곱**에 **비례**한다는 법칙
모세관현상	① 액체분자들 사이의 **응집력**과 고체면에 대한 **부착력**의 차이에 의하여 관내 액체표면과 자유표면 사이에 **높이 차이**가 나타나는 것 보기 ④ ② 액체와 고체가 접촉하면 상호 부착하려는 성질을 갖는데 이 **부착력**과 액체의 **응집력**의 상대적 크기에 의해 일어나는 현상

🔑 **중요**

모세관현상(capillarity in tube)

액체와 고체가 접촉하면 상호 **부착**하려는 **성질**을 갖는데 이 **부착력**과 액체의 **응집력**의 **상대적 크기**에 의해 일어나는 현상

$$h = \frac{4\sigma \cos \theta}{\gamma D}$$

여기서, h : 상승높이[m]

$\quad\quad \sigma$: 표면장력[N/m]

$\quad\quad \theta$: 각도(접촉각)

$\quad\quad \gamma$: 비중량(물의 비중량 9800N/m³)

$\quad\quad D$: 관의 내경[m]

(a) 물(H₂O) : 응집력<부착력   (b) 수은(Hg) : 응집력>부착력

| 모세관현상 |

답 ④

⭐
24
20.08.문28

피스톤이 설치된 용기 속에서 1kg의 공기가 일정온도 50℃에서 처음 체적의 5배로 팽창되었다면 이때 전달된 열량[kJ]은 얼마인가? (단, 공기의 기체상수는 0.287kJ/(kg·K)이다.)

① 149.2

② 170.6

③ 215.8

④ 240.3

---

21. 03. 시행 / 기사(기계)

해설 (1) 기호

- m : 1kg
- T : 50℃ = (273+50)K
- $\dfrac{V_2}{V_1}$: 5배
- $_1W_2$: ?
- R : 0.287kJ/kg · K

(2) 등온과정 : 문제에서 '일정 온도'라고 했으므로

절대일(압축일)

$$
\begin{aligned}
_1W_2 &= P_1 V_1 \ln\frac{V_2}{V_1} \\
&= mRT\ln\frac{V_2}{V_1} \\
&= mRT\ln\frac{P_1}{P_2} \\
&= P_1 V_1 \ln\frac{P_1}{P_2}
\end{aligned}
$$

여기서, $_1W_2$: 절대일[kJ]

P_1, P_2 : 변화 전후의 압력[kJ/m³]

V_1, V_2 : 변화 전후의 체적[m³]

m : 질량[kg]

R : 기체상수[kJ/kg · K]

T : 절대온도(273+℃)[K]

열량(절대일) $_1W_2$는

$$
\begin{aligned}
_1W_2 &= mRT\ln\frac{V_2}{V_1} \\
&= 1\text{kg}\times0.287\text{kJ/kg}\cdot\text{K}\times(273+50)\text{K}\times\ln5 \\
&\fallingdotseq 149.2\text{kJ}
\end{aligned}
$$

답 ①

★★★ 25

18.04.문31
14.03.문28
10.05.문37

호주에서 무게가 20N인 어떤 물체를 한국에서 재어보니 19.8N이었다면 한국에서의 중력가속도[m/s²]는 얼마인가? (단, 호주에서의 중력가속도는 9.82m/s²이다.)

① 9.46
② 9.61
③ 9.72
④ 9.82

해설 (1) 기호

- $W_\text{호}$: 20N
- $W_\text{한}$: 19.8N
- $g_\text{한}$: ?
- $g_\text{호}$: 9.82m/s²

(2) 비례식으로 풀면

호주 호주   한국   한국
20N : 9.82m/s²=19.8N : x

$9.82\times19.8 = 20x$

$20x = 9.82\times19.8$ ← 좌우항 위치 바꿈

$x = \dfrac{9.82\times19.8}{20} \fallingdotseq 9.72\text{m/s}^2$

답 ③

★★★ 26

19.04.문36
14.05.문28
13.09.문36
11.06.문29

두께 20cm이고 열전도율 4W/(m · K)인 벽의 내부 표면온도는 20℃이고, 외부 벽은 −10℃인 공기에 노출되어 있어 대류 열전달이 일어난다. 외부의 대류열전달계수가 20W/(m² · K)일 때, 정상상태에서 벽의 외부 표면온도[℃]는 얼마인가? (단, 복사 열전달은 무시한다.)

① 5
② 10
③ 15
④ 20

해설 (1) 기호

- l : 20cm=0.2m(100cm=1m)
- k : 4W/m · K
- $T_\text{2전}$: 20℃
- $T_\text{1대}$: −10℃
- h : 20W/m² · K
- $T_\text{2대}$ 또는 $T_\text{1전}$: ?

(2) 전도 열전달

$$
\dot{q} = \frac{kA(T_2 - T_1)}{l}
$$

여기서, $\dot{q}$: 열전달량[J/s=W]

k : 열전도율[W/m · K]

A : 단면적[m²]

T_2 : 내부 벽온도(273+℃)[K]

T_1 : 외부 벽온도(273+℃)[K]

l : 두께[m]

- 열전달량=열전달률
- 열전도율=열전달계수

(3) 대류 열전달

$$
\dot{q} = Ah(T_2 - T_1)
$$

여기서, $\dot{q}$: 대류열류[W]

A : 대류면적[m²]

h : 대류전열계수(대류열전달계수)[W/m² · K]

T_2 : 외부 벽온도(273+℃)[K]

T_1 : 대기온도(273+℃)[K]

| ?℃에서 −10℃로
대류 열전달 | = | 20℃에서 ?℃로
전도 열전달 |

$$A h(T_2 - T_{1대}) = \frac{kA(T_{2전} - T_1)}{l}$$

$$20W/m^2 \cdot K \times (x-(-10))K$$
$$= \frac{4W/m \cdot K(20-x)K}{0.2m}$$

$$20x + 200 = \frac{80 - 4x}{0.2}$$

$$0.2(20x + 200) = 80 - 4x$$
$$4x + 40 = 80 - 4x$$
$$4x + 4x = 80 - 40$$
$$8x = 40$$
$$x = \frac{40}{8} = 5℃$$

- 온도차는 ℃로 나타내든지 K로 나타내든지 계산해 보면 값은 같다. 그러므로 여기서는 단위를 일치시키기 위해 K로 쓰기로 한다.

답 ①

★★
27 질량 m[kg]의 어떤 기체로 구성된 밀폐계가 Q[kJ]의 열을 받아 일을 하고, 이 기체의 온도가 ΔT[℃] 상승하였다면 이 계가 외부에 한 일 W[kJ]을 구하는 계산식으로 옳은 것은? (단, 이 기체의 정적비열은 C_v[kJ/(kg · K)], 정압비열은 C_p[kJ/kg · K])이다.)

① $W = Q - mC_v\Delta T$
② $W = Q + mC_v\Delta T$
③ $W = Q - mC_p\Delta T$
④ $W = Q + mC_p\Delta T$

해설 열

$$Q = (U_2 - U_1) + W$$

여기서, Q : 열[kJ]
$U_2 - U_1$: 내부에너지 변화[kJ]
W : 일[kJ]
$Q = (U_2 - U_1) + W$
$Q - (U_2 - U_1) = W$
좌우를 이항하면
$W = Q - (U_2 - U_1)$
밀폐계는 **체적**이 **일정**하므로 [정적과정]
$W = Q - {}_1q_2$
$W = Q - mC_v\Delta T$

- **정적과정**(열량)

$$_1q_2 = U_2 - U_1 = mC_v\Delta T$$

여기서, $_1q_2$: 열량[kJ]
$U_2 - U_1$: 내부에너지 변화[kJ]
m : 질량[kg]
C_v : 정적비열[kJ/kg · K]
ΔT : 온도차[K]

답 ①

★★
28 정육면체의 그릇에 물을 가득 채울 때, 그릇 밑면이 받는 압력에 의한 수직방향 평균 힘의 크기를 P라고 하면, 한 측면이 받는 압력에 의한 수평방향 평균 힘의 크기는 얼마인가?

① $0.5P$ ② P
③ $2P$ ④ $4P$

해설 작용하는 힘

$$F = \gamma y \sin\theta A = \gamma h A$$

여기서, F : 작용하는 힘[N]
γ : 비중량(물의 비중량 9800N/m³)
y : 표면에서 수문 중심까지의 경사거리[m]
h : 표면에서 수문 중심까지의 수직거리[m]
A : 단면적[m²]

- 문제에서 정육면체이므로 밑면이 받는 힘은 $F = \gamma h A$, 옆면은 밑면을 수직으로 세우면 깊이가 $0.5h$이므로 $F_2 = \gamma 0.5 h A = 0.5 \gamma h A$
∴ 수직방향 평균 힘의 크기 $P = 0.5P$
- 압력은 어느 부분에서나 같은 높이선상이면 동일한 압력이 된다. 그러므로 밑면의 압력이 P라고 하고 이때 옆면이 받는 압력의 평균은 높이의 $\frac{1}{2}$이 적응된 압력이 되므로 $0.5P$가 된다.
※ 추가적으로 높이의 $\frac{1}{2}$을 한 이유를 설명하면 옆면은 맨 위의 압력이 있을 수 있고, 맨 아래의 압력이 있을 수 있으므로 한 면에 작용하는 힘의 작용점은 중심점으로서 맨 위는 0, 맨 아래는 1이라 하면 평균은 **0.5**가 된다.

답 ①

★
29 베르누이 방정식을 적용할 수 있는 기본 전제조건으로 옳은 것은?

① 비압축성 흐름, 점성 흐름, 정상 유동
② 압축성 흐름, 비점성 흐름, 정상 유동
③ 비압축성 흐름, 비점성 흐름, 비정상 유동
④ 비압축성 흐름, 비점성 흐름, 정상 유동

해설 (1) 베르누이(Bernoulli)식
'에너지 보존의 법칙'을 유체에 적용하여 얻은 식

(2) 베르누이 방정식의 적용 조건
ㄱ. 정상흐름(정상유동)
ㄴ. 비압축성 흐름
ㄷ. 비점성 흐름
ㄹ. 이상유체

중요

수정 베르누이 방정식(실제유체)

$$\frac{V_1{}^2}{2g}+\frac{P_1}{\gamma}+Z_1=\frac{V_2{}^2}{2g}+\frac{P_2}{\gamma}+Z_2+\Delta H$$

속도　압력　위치
수두　수두　수두

여기서, V_1, V_2 : 유속[m/s]
P_1, P_2 : 압력[kN/m²] 또는 [kPa]
Z_1, Z_2 : 높이[m]
g : 중력가속도(9.8m/s²)
γ : 비중량(물의 비중량 9.8kN/m³)
ΔH : 손실수두[m]

비교

오일러의 운동방정식의 가정	운동량 방정식의 가정
① **정상유동**(정상류)일 경우	① 유동 단면에서의 **유속**은 **일정**하다.
② 유체의 **마찰**이 **없을 경우**(점성 마찰이 없을 경우)	② **정상유동**이다.
③ 입자가 **유선**을 따라 **운동**할 경우	

답 ④

★★★
30 Newton의 점성법칙에 대한 옳은 설명으로 모두 짝지은 것은?

17.09.문40
16.03.문31
15.03.문23
12.03.문31
07.03.문30

ㄱ. 전단응력은 점성계수와 속도기울기의 곱이다.
ㄴ. 전단응력은 점성계수에 비례한다.
ㄷ. 전단응력은 속도기울기에 반비례한다.

① ㄱ, ㄴ
② ㄴ, ㄷ
③ ㄱ, ㄷ
④ ㄱ, ㄴ, ㄷ

해설 Newton의 점성법칙 특징
(1) 전단응력은 **점성계수**와 **속도기울기**의 **곱**이다.
(2) 전단응력은 **속도기울기**에 비례한다.
(3) 속도기울기가 0인 곳에서 전단응력은 0이다.
(4) 전단응력은 **점성계수**에 비례한다.
(5) Newton의 점성법칙(난류)

$$\tau=\mu\frac{du}{dy}$$

여기서, τ : 전단응력[N/m²]
μ : 점성계수[N · s/m²]
$\dfrac{du}{dy}$: 속도구배(속도기울기)$\left[\dfrac{1}{s}\right]$

비교

Newton의 점성법칙

층 류	난 류
$\tau=\dfrac{p_A-p_B}{l}\cdot\dfrac{r}{2}$	$\tau=\mu\dfrac{du}{dy}$
여기서, τ : 전단응력[N/m²] p_A-p_B : 압력강하[N/m²] l : 관의 길이[m] r : 반경[m]	여기서, τ : 전단응력[N/m²] μ : 점성계수[N · s/m²] 또는 [kg/m · s] $\dfrac{du}{dy}$: 속도구배(속도기울기)$\left[\dfrac{1}{s}\right]$

답 ①

★★★
31 물이 배관 내에 유동하고 있을 때 흐르는 물속 어느 부분의 정압이 그때 물의 온도에 해당하는 증기압 이하로 되면 부분적으로 기포가 발생하는 현상을 무엇이라고 하는가?

19.04.문22
17.09.문35
17.05.문37
16.10.문23
16.05.문31
15.03.문35
14.05.문39
14.03.문32
11.05.문29

① 수격현상
② 서징현상
③ 공동현상
④ 와류현상

해설 펌프의 현상

용 어	설 명
공동현상 (cavitation)	• 펌프의 흡입측 배관 내의 물의 정압이 기존의 증기압보다 낮아져서 **기포**가 발생되어 물이 흡입되지 않는 현상 **기억법** 공기
수격작용 (water hammering)	• 배관 속의 물흐름을 급히 차단하였을 때 동압이 정압으로 전환되면서 일어나는 쇼크(shock)현상 • 배관 내를 흐르는 유체의 유속을 급격하게 변화시키므로 압력이 상승 또는 하강하여 **관로**의 **벽면**을 **치는** 현상
서징현상 (surging)	• 유량이 단속적으로 변하여 펌프 입출구에 설치된 진공계 · 압력계가 흔들리고 진동과 소음이 일어나며 펌프의 토출유량이 변하는 현상 **기억법** 서흔(서른)

• 서징현상 = 맥동현상

답 ③

★ 32

그림과 같이 사이펀에 의해 용기 속의 물이 $4.8m^3/min$로 방출된다면 전체 손실수두[m]는 얼마인가? (단, 관내 마찰은 무시한다.)

① 0.668
② 0.330
③ 1.043
④ 1.826

해설 (1) 기호

• Q : $4.8m^3/min = 4.8m^3/60s(1min=60s)$
• ΔH : ?
• $Z_1 = 0m$(수면의 높이를 기준으로 해서 0m로 정함)
  $Z_2 = -1m$(기준보다 아래에 있어서 −로 표시)

• D : $200mm = 0.2m(1000mm=1m)$: 그림에서 주어짐

(2) 유량

$$Q = AV = \left(\frac{\pi D^2}{4}\right)V$$

여기서, Q : 유량[m^3/s]
A : 단면적[m^2]
V : 유속[m/s]
D : 직경[m]
방출 전 유속 $V_1 = 0$
방출 시 유속 $V_2 = \dfrac{Q}{\dfrac{\pi D^2}{4}} = \dfrac{4.8m^3/60s}{\dfrac{\pi \times (0.2m)^2}{4}} = 2.55m/s$

• 방출 전에는 유속이 없으므로 $V_1 = 0$

---

(3) 베르누이 방정식

$$\frac{V_1^2}{2g} + \frac{P_1}{\gamma} + Z_1 = \frac{V_2^2}{2g} + \frac{P_2}{\gamma} + Z_2 + \Delta H$$

여기서, V_1, V_2 : 유속[m/s]
P_1, P_2 : 압력[kPa] 또는 [kN/m^2]
Z_1, Z_2 : 높이[m]
g : 중력가속도($9.8m/s^2$)
γ : 비중량(물의 비중량 $9.8kN/m^3$)
ΔH : 손실수두[m]

$$\frac{\cancel{V_1^2}}{2g} + \frac{\cancel{P_1}}{\gamma} + Z_1 = \frac{V_2^2}{2g} + \frac{\cancel{P_2}}{\gamma} + Z_2 + \Delta H$$

• [단서]에서 관내 마찰은 무시
  $P_1 = P_2$이므로 $\dfrac{P_1}{\gamma}$, $\dfrac{P_2}{\gamma}$ 삭제

• $V_1 = 0$(방출 전 유속은 없으므로)으로 $\dfrac{V_1^2}{2g} = 0$ 이므로 삭제

$$Z_1 = \frac{V_2^2}{2g} + Z_2 + \Delta H$$

$$Z_1 - Z_2 - \frac{V_2^2}{2g} = \Delta H$$

$$\Delta H = Z_1 - Z_2 - \frac{V_2^2}{2g} \leftarrow \text{좌우항 위치 바꿈}$$

$$= 0 - (-1) - \frac{V_2^2}{2g}$$

$$= 1 - \frac{V^2}{2g}$$

$$= 1 - \frac{(2.55m/s)^2}{2 \times 9.8m/s^2} ≒ 0.668m$$

답 ①

★ 33

반지름 R_0인 원형 파이프에 유체가 층류로 흐를 때, 중심으로부터 거리 R에서의 유속 U와 최대속도 U_{max}의 비에 대한 분포식으로 옳은 것은?

① $\dfrac{U}{U_{max}} = \left(\dfrac{R}{R_0}\right)^2$

② $\dfrac{U}{U_{max}} = 2\left(\dfrac{R}{R_0}\right)^2$

③ $\dfrac{U}{U_{max}} = \left(\dfrac{R}{R_0}\right)^2 - 2$

④ $\dfrac{U}{U_{max}} = 1 - \left(\dfrac{R}{R_0}\right)^2$

해설 국부속도

$$U = U_{max}\left[1 - \left(\frac{R}{R_0}\right)^2\right]$$

여기서, U : 국부속도[cm/s]

U_{max} : 중심속도[cm/s]

R_0 : 반경[cm]

R : 중심에서의 거리[cm]

| 국부속도 |

$$\therefore \ \frac{U}{U_{max}} = 1 - \left(\frac{R}{R_0}\right)^2$$

답 ④

 34 이상기체의 기체상수에 대해 옳은 설명으로 모두 짝지어진 것은?

> ㉠ 기체상수의 단위는 비열의 단위와 차원이 같다.
> ㉡ 기체상수는 온도가 높을수록 커진다.
> ㉢ 분자량이 큰 기체의 기체상수가 분자량이 작은 기체의 기체상수보다 크다.
> ㉣ 기체상수의 값은 기체의 종류에 관계없이 일정하다.

① ㉠

② ㉠, ㉢

③ ㉡, ㉢

④ ㉠, ㉡, ㉣

해설 ㉠ 기체상수와 비열은 차원이 같다.

기체상수의 단위	비열의 단위
① atm · m³/kmol · K	
② kJ/kg · K	kJ/kg · K
③ kJ/kmol · K	

㉡ 이상기체 상태방정식

> 커진다 → 작아진다

$$PV = \frac{m}{M}RT$$

여기서, P : 기압[atm]

V : 방출가스량[m³]

m : 질량[kg]

M : 분자량[kg/kmol]

R : 0.082[atm · m³/kmol · K]

T : 절대온도(273+℃)[K]

$$PV = \frac{m}{M}RT$$

$$\frac{PV}{T} = \frac{m}{M}R$$

$$\therefore \ R \propto \frac{1}{T} \text{(반비례)}$$

㉢ 분자량에 관계없이 **동일**하다.

㉣ 관계없이 일정하다. → 따라 다르다.

답 ①

35 그림에서 두 피스톤의 지름이 각각 30cm와 5cm
19.09.문39
19.03.문30
17.05.문26
05.03.문22 이다. 큰 피스톤이 1cm 아래로 움직이면 작은 피스톤은 위로 몇 cm 움직이는가?

① 1

② 5

③ 30

④ 36

해설 (1) 기호

> • D_1 : 30cm
> • D_2 : 5cm
> • h_1 : 1cm
> • h_2 : ?

(2) 압력

$$P = \gamma h = \frac{F}{A}$$

여기서, P : 압력[N/cm²]

γ : 비중량[N/cm³]

h : 움직인 높이[cm]

F : 힘[N]

A : 단면적[cm²]

힘 $F = \gamma h A$ 에서

$\gamma h_1 A_1 = \gamma h_2 A_2$

$h_1 A_1 = h_2 A_2$

작은 피스톤이 움직인 거리 h_2는

$$h_2 = \frac{A_1}{A_2}h_1$$

$$= \frac{\frac{\pi}{4}{D_1}^2}{\frac{\pi}{4}{D_2}^2}h_1$$

$$= \frac{\frac{\pi}{4} \times (30cm)^2}{\frac{\pi}{4} \times (5cm)^2} \times 1cm$$

$$= 36cm$$

답 ④

36 흐르는 유체에서 정상류의 의미로 옳은 것은?

① 흐름의 임의의 점에서 흐름특성이 시간에 따라 일정하게 변하는 흐름

② 흐름의 임의의 점에서 흐름특성이 시간에 관계없이 항상 일정한 상태에 있는 흐름

③ 임의의 시각에 유로 내 모든 점의 속도벡터가 일정한 흐름

④ 임의의 시각에 유로 내 각 점의 속도벡터가 다른 흐름

해설 **정상류**와 **비정상류**

정상류(steady flow)	비정상류(unsteady flow)
① 유체의 흐름의 특성이 **시간**에 따라 변하지 않는 흐름	① 유체의 흐름의 특성이 **시간**에 따라 변하는 흐름
② 흐름의 임의의 점에서 흐름특성이 시간에 관계없이 항상 일정한 상태에 있는 흐름	② 흐름의 임의의 점에서 흐름특성이 시간에 따라 일정하게 변하는 흐름
$\dfrac{\partial V}{\partial t}=0, \quad \dfrac{\partial \rho}{\partial t}=0,$ $\dfrac{\partial p}{\partial t}=0, \quad \dfrac{\partial T}{\partial t}=0$	$\dfrac{\partial V}{\partial t}\neq0, \quad \dfrac{\partial \rho}{\partial t}\neq0,$ $\dfrac{\partial p}{\partial t}\neq0, \quad \dfrac{\partial T}{\partial t}\neq0$
여기서, V : 속도[m/s] ρ : 밀도[kg/m³] p : 압력[kPa] T : 온도[℃] t : 시간[s]	여기서, V : 속도[m/s] ρ : 밀도[kg/m³] p : 압력[kPa] T : 온도[℃] t : 시간[s]

답 ②

37 용량 1000L의 탱크차가 만수 상태로 화재현장에 출동하여 노즐압력 294.2kPa, 노즐구경 21mm를 사용하여 방수한다면 탱크차 내의 물을 전부 방수하는 데 몇 분 소요되는가? (단, 모든 손실은 무시한다.)

19.09.문29
03.08.문30
00.03.문36

① 1.7분
② 2분
③ 2.3분
④ 2.7분

해설 (1) **기호**

- Q' : 1000L
- P : 294.2kPa
- D : 21mm
- t : ?

(2) **방수량**

$$Q = 0.653D^2\sqrt{10P}$$

여기서, Q : 방수량[L/min]
$\quad D$: 구경[mm]
$\quad P$: 방수압[MPa]

또한

$$Q' = 0.653D^2\sqrt{10P}\,t$$

여기서, Q' : 용량[L]
$\quad D$: 구경[mm]
$\quad P$: 방수압[MPa]
$\quad t$: 시간[min]

0.101325MPa=101.325kPa 이므로

$P = 294.2\text{kPa} = \dfrac{294.2\text{kPa}}{101.325\text{kPa}} \times 0.101325\text{MPa}$

$\quad \fallingdotseq 0.294\text{MPa}$

시간 t 는

$t = \dfrac{Q'}{0.653D^2\sqrt{10P}}$

$\quad = \dfrac{1000\text{L}}{0.653 \times (21\text{mm})^2 \times \sqrt{10 \times 0.294\text{MPa}}}$

$\quad \fallingdotseq 2$분

🔔 중요

표준대기압
1atm=760mmHg=1.0332kg₁/cm²
$\qquad\qquad\quad$ =10.332mH₂O(mAq)
$\qquad\qquad\quad$ =14.7PSI(lb₁/in²)
$\qquad\qquad\quad$ =101.325kPa(kN/m²)
$\qquad\qquad\quad$ =1013mbar

답 ②

38 그림과 같이 60°로 기울어진 고정된 평판에 직경 50mm의 물 분류가 속도(V) 20m/s로 충돌하고 있다. 분류가 충돌할 때 판에 수직으로 작용하는 충격력 R[N]은?

15.05.문28
01.06.문38

① 296
② 393
③ 680
④ 785

해설 **(1) 기호**

- β : 60°
- D : 50mm=0.05m(1000mm=1m)
- V : 20m/s
- $F(R)$: ?

(2) 유량

$$Q = AV = \left(\frac{\pi}{4}D^2\right)V$$

여기서, Q : 유량[m³/s]
   A : 단면적[m²]
   D : 직경[m]
   V : 유속[m/s]

유량 Q는

$$Q = \frac{\pi}{4}D^2 V = \frac{\pi}{4} \times (0.05\text{m})^2 \times 20\text{m/s} = 0.039\text{m}^3/\text{s}$$

(3) 수직충격력

$$F = \rho Q V \sin\beta$$

여기서, F : 수직충격력[N]
   ρ : 밀도(물의 밀도 1000N·s²/m⁴)
   Q : 유량[m³/s]
   V : 속도[m/s]
   β : 유출방향

수직충격력 F는
$F = \rho Q V \sin\beta$
$= 1000\text{N} \cdot \text{s}^2/\text{m}^4 \times 0.039\text{m}^3/\text{s} \times 20\text{m/s} \times \sin60°$
$= 675 ≒ 680\text{N}$

답 ③

★★★
39 외부지름이 30cm이고, 내부지름이 20cm인 길이 10m의 환형(annular)관에 물이 2m/s의 평균속도로 흐르고 있다. 이때 손실수두가 1m일 때, 수력직경에 기초한 마찰계수는 얼마인가?

17.09.문28
17.05.문22
16.10.문37
14.03.문24
08.05.문33
07.03.문36
06.09.문31

① 0.049
② 0.054
③ 0.065
④ 0.078

해설 **(1) 기호**

- $D_외$: 30cm=0.3m
- $D_내$: 20cm=0.2m
- L : 10m
- V : 2m/s
- H : 1m
- f : ?

(2) 수력반경(hydraulic radius)

$$R_h = \frac{A}{L}$$

여기서, R_h : 수력반경[m]
   A : 단면적[m²]
   L : 접수길이(단면둘레의 길이)[m]

(3) 수력직경(수력지름)

$$D_h = 4R_h$$

여기서, D_h : 수력직경[m]
   R_h : 수력반경[m]

외경 30cm(반지름 15cm=0.15m)
내경 20cm(반지름 10cm=0.1m)인 환형관

수력반경

$R_h = \dfrac{A}{L} = \dfrac{\pi(r_1^2 - r_2^2)}{2\pi(r_1 + r_2)}$

$= \dfrac{\cancel{\pi} \times (0.15^2 - 0.1^2)\text{m}^2}{2\cancel{\pi} \times (0.15 + 0.1)\text{m}} = 0.025\text{m}$

- 단면적 $\boxed{A = \pi r^2}$
  여기서, A : 단면적[m²]
     r : 반지름[m]
- 접수길이(원둘레) $\boxed{L = 2\pi r}$
  여기서, L : 접수길이[m]
     r : 반지름[m]

수력지름

$D_h = 4R_h = 4 \times 0.025\text{m} = 0.1\text{m}$

(4) 손실수두

$$H = \frac{fLV^2}{2gD}$$

여기서, H : 손실수두(마찰손실)[m]
   f : 관마찰계수(마찰계수)
   L : 길이[m]
   V : 유속[m/s]
   g : 중력가속도(9.8m/s²)
   $D(D_h)$: 내경(수력지름)[m]

마찰계수 f는
$f = \dfrac{2gD_h H}{LV^2} = \dfrac{2 \times 9.8\text{m/s}^2 \times 0.1\text{m} \times 1\text{m}}{10\text{m} \times (2\text{m/s})^2} = 0.049$

답 ①

40
17.05.문23

토출량이 0.65m³/min인 펌프를 사용하는 경우 펌프의 소요 축동력[kW]은? (단, 전양정은 40m 이고, 펌프의 효율은 50%이다.)

① 4.2   ② 8.5

③ 17.2   ④ 50.9

해설 **(1) 기호**

- Q : 0.65m³/min
- P : ?
- H : 40m
- η : 50%=0.5

(2) 축동력

$$P = \frac{0.163QH}{\eta}$$

여기서, P : 축동력[kW]
         Q : 유량[m³/min]
         H : 전양정(수두)[m]
         η : 효율

펌프의 **축동력** P는
$$P = \frac{0.163\,Q\,H}{\eta}$$
$$= \frac{0.163 \times 0.65\text{m}^3/\text{min} \times 40\text{m}}{0.5} ≒ 8.5\text{kW}$$

- K(전달계수) : 축동력이므로 K 무시

용어

축동력
전달계수(K)를 고려하지 않은 동력

답 ②

제3과목 소방관계법규

41
19.09.문52
19.04.문46
13.03.문42
10.03.문45
05.09.문44
05.03.문57

소방기본법에서 정의하는 소방대의 조직구성원 이 아닌 것은?

① 의무소방원
② 소방공무원
③ 의용소방대원
④ 공항소방대원

해설 **기본법 2조**
소방대
(1) 소방**공**무원
(2) **의**무소방원
(3) **의**용소방대원

기억법 소공의

답 ④

42
18.09.문47
18.03.문54
15.03.문07
14.05.문45
08.09.문58

위험물안전관리법령상 인화성 액체 위험물(이황화탄소를 제외)의 옥외탱크저장소의 탱크 주위에 설치하여야 하는 방유제의 기준 중 틀린 것은?

① 방유제의 용량은 방유제 안에 설치된 탱크가 하나인 때에는 그 탱크용량의 110% 이상으로 할 것

② 방유제의 용량은 방유제 안에 설치된 탱크가 2기 이상인 때에는 그 탱크 중 용량이 최대인 것의 용량의 110% 이상으로 할 것

③ 방유제는 높이 1m 이상 2m 이하, 두께 0.2m 이상, 지하매설깊이 0.5m 이상으로 할 것

④ 방유제 내의 면적은 80000m² 이하로 할 것

해설 **위험물규칙** 〔별표 6〕
(1) 옥외탱크저장소의 방유제

구 분	설 명
높이	**0.5~3m** 이하(두께 **0.2m** 이상, 지하매설깊이 **1m** 이상) 보기 ③
탱크	**10기**(모든 탱크용량이 **20만L** 이하, 인화점이 **70~200℃** 미만은 **20기**) 이하
면적	**80000m²** 이하 보기 ④
용량	① 1기 이상 : **탱크용량**×110% 이상 보기 ① ② 2기 이상 : **최대탱크용량**×110% 이상 보기 ②

(2) 높이가 **1m**를 넘는 방유제 및 간막이 둑의 안팎에는 방유제 내에 출입하기 위한 계단 또는 경사로를 약 **50m**마다 설치할 것

③ 1m 이상 2m 이하 → 0.5m 이상 3m 이하, 0.5m → 1m

답 ③

43
20.08.문52
18.04.문51
14.09.문50

소방시설공사업법령상 공사감리자 지정대상 특정소방대상물의 범위가 아닌 것은?

① 물분무등소화설비(호스릴방식의 소화설비는 제외)를 신설·개설하거나 방호·방수구역을 증설할 때

② 제연설비를 신설·개설하거나 제연구역을 증설할 때

③ 연소방지설비를 신설·개설하거나 살수구역을 증설할 때

④ 캐비닛형 간이스프링클러설비를 신설·개설하거나 방호·방수구역을 증설할 때

해설 **공사업령 10조**
소방공사감리자 지정대상 특정소방대상물의 범위
(1) **옥내소화전설비**를 신설·개설 또는 **증설**할 때
(2) **스프링클러설비** 등(캐비닛형 간이스프링클러설비 제외)을 신설·개설하거나 방호·**방수구역**을 **증설**할 때 보기 ④
(3) **물분무등소화설비**(호스릴방식의 소화설비 제외)를 신설·개설하거나 방호·방수구역을 **증설**할 때 보기 ①
(4) **옥외소화전설비**를 신설·개설 또는 **증설**할 때
(5) **자동화재탐지설비**를 신설 또는 개설할 때
(6) **비상방송설비**를 신설 또는 개설할 때
(7) **통합감시시설**을 신설 또는 **개설**할 때
(8) **비상조명등**을 신설 또는 개설할 때
(9) **소화용수설비**를 신설 또는 **개설**할 때
(10) 다음의 **소화활동설비**에 대하여 시공할 때
  ㉠ **제연설비**를 신설·개설하거나 제연구역을 증설할 때 보기 ②
  ㉡ 연결송수관설비를 신설 또는 개설할 때
  ㉢ 연결살수설비를 신설·개설하거나 송수구역을 증설할 때
  ㉣ 비상콘센트설비를 신설·개설하거나 전용회로를 증설할 때
  ㉤ 무선통신보조설비를 신설 또는 개설할 때
  ㉥ **연소방지설비**를 신설·개설하거나 살수역을 증설할 때 보기 ③

④ 캐비닛형 간이스프링클러설비를 → 스프링클러설비(캐비닛형 간이스프링클러설비 제외)를

답 ④

 44 **소방기본법령상 소방신호의 방법으로 틀린 것은?**
12.03.문48
① 타종에 의한 훈련신호는 연 3타 반복
② 사이렌에 의한 발화신호는 5초 간격을 두고 10초씩 3회
③ 타종에 의한 해제신호는 상당한 간격을 두고 1타씩 반복
④ 사이렌에 의한 경계신호는 5초 간격을 두고 30초씩 3회

해설 **기본규칙〔별표 4〕**
소방신호표

신호방법 / 종 별	타종 신호	사이렌 신호
경계신호	**1타**와 연 **2타**를 반복	**5초** 간격을 두고 **30초**씩 **3회** 보기 ④
발화신호	**난**타	**5초** 간격을 두고 **5초**씩 **3회** 보기 ②
해제신호	상당한 간격을 두고 **1타**씩 반복 보기 ③	**1분간 1회**
훈련신호	**연 3타** 반복 보기 ①	**10초** 간격을 두고 **1분**씩 **3회**

기억법	타	사
경	1+2	5+30=3
발	난	5+5=3
해	1	1=1
훈	3	10+1=3

② 10초 → 5초

답 ②

⭐ **45** **소방시설 설치 및 관리에 관한 법령상 대통령령 또는 화재안전기준이 변경되어 그 기준이 강화되는 경우 기존 특정소방대상물의 소방시설 중 강화된 기준을 적용하여야 하는 소방시설은?**
17.03.문48
① 비상경보설비
② 비상방송설비
③ 비상콘센트설비
④ 옥내소화전설비

해설 **소방시설법 13조**
변경강화기준 적용설비
(1) **소**화기구
(2) **비**상경보설비 보기 ①
(3) 자동화재탐지설비
(4) **자**동화재속보설비
(5) **피**난구조설비
(6) 소방시설(공동구 설치용, 전력 및 통신사업용 지하구)
(7) **노**유자시설
(8) 의료시설

| 기억법 | 강비경 자속피노 |

👉 **중요**

소방시설법 시행령 13조
변경강화기준 적용설비

공동구, 전력 및 통신사업용 지하구	노유자시설에 설치하여야 하는 소방시설	의료시설에 설치하여야 하는 소방시설
● 소화기 ● 자동소화장치 ● 자동화재탐지설비 ● 통합감시시설 ● 유도등 및 연소방지설비	● 간이스프링클러설비 ● 자동화재탐지설비 ● 단독경보형 감지기	● 간이스프링클러설비 ● 스프링클러설비 ● 자동화재탐지설비 ● 자동화재속보설비

답 ①

⭐⭐⭐ **46** **소방시설 설치 및 관리에 관한 법령상 지하가는 연면적이 최소 몇 m² 이상이어야 스프링클러설비를 설치하여야 하는 특정소방대상물에 해당하는가? (단, 터널은 제외한다.)**
18.04.문47
15.05.문53
15.03.문56
14.03.문55
13.06.문43
12.05.문51
① 100
② 200
③ 1000
④ 2000

해설 소방시설법 시행령 〔별표 4〕
스프링클러설비의 설치대상

설치대상	조 건
① 문화 및 집회시설, 운동시설 ② 종교시설	• 수용인원 : **100명** 이상 • 영화상영관 : 지하층 · 무창층 **500m²**(기타 **1000m²**) 이상 • 무대부 　－ 지하층 · 무창층 · **4층** 이상 **300m²** 이상 　－ 1~3층 **500m²** 이상
③ 판매시설 ④ 운수시설 ⑤ 물류터미널	• 수용인원 : **500명** 이상 • 바닥면적 합계 **5000m²** 이상
⑥ 노유자시설 ⑦ 정신의료기관 ⑧ 수련시설(숙박 가능한 것) ⑨ 종합병원, 병원, 치과병원, 한방병원 및 요양병원(정신병원 제외) ⑩ 숙박시설	• 바닥면적 합계 **600m²** 이상
⑪ 지하층 · 무창층 · 4층 이상	• 바닥면적 **1000m²** 이상
⑫ 창고시설(물류터미널 제외)	• 바닥면적 합계 **5000m²** 이상 • 전층
⑬ 지하가(터널 제외)	• 연면적 **1000m²** 이상 보기 ③
⑭ 10m 넘는 랙크식 창고	• 연면적 **1500m²** 이상
⑮ 복합건축물 ⑯ 기숙사	• 연면적 **5000m²** 이상 : 전층
⑰ 6층 이상	• 전층
⑱ 보일러실 · 연결통로	• 전부
⑲ 특수가연물 저장 · 취급	• 지정수량 **1000배** 이상
⑳ 발전시설	• 전기저장시설

답 ③

★★★
47 화재의 예방 및 안전관리에 관한 법령상 특정소방대상물의 관계인이 수행하여야 하는 소방안전관리 업무가 아닌 것은?
19.09.문01
18.04.문45
14.09.문52
14.09.문53
13.06.문48
① 소방훈련의 지도 · 감독
② 화기(火氣)취급의 감독
③ 피난시설, 방화구획 및 방화시설의 관리
④ 소방시설이나 그 밖의 소방 관련 시설의 관리

해설 화재예방법 24조 ⑤항
관계인 및 소방안전관리자의 업무

특정소방대상물 (관계인)	소방안전관리대상물 (소방안전관리자)
① 피난시설 · 방화구획 및 방화시설의 관리 보기 ③ ② **소방시설**, 그 밖의 소방관련 시설의 관리 보기 ④ ③ **화기취급**의 감독 보기 ② ④ 소방안전관리에 필요한 업무 ⑤ 화재발생시 초기대응	① 피난시설 · 방화구획 및 방화시설의 관리 ② 소방시설, 그 밖의 소방관련 시설의 관리 ③ **화기취급**의 감독 ④ 소방안전관리에 필요한 업무 ⑤ **소방계획서**의 작성 및 시행(대통령령으로 정하는 사항 포함) ⑥ **자위소방대** 및 **초기대응체계**의 구성 · 운영 · 교육 ⑦ 소방훈련 및 교육 ⑧ 소방안전관리에 관한 업무 수행에 관한 기록 · 유지 ⑨ 화재발생시 초기대응

① 소방훈련의 지도 · 감독 : 소방본부장 · 소방서장 (화재예방법 37조)

용어

특정소방대상물	소방안전관리대상물
건축물 등의 규모 · 용도 및 수용인원 등을 고려하여 소방시설을 설치하여야 하는 소방대상물로서 대통령령으로 정하는 것	**대통령령**으로 정하는 특정소방대상물

답 ①

★★★
48 소방기본법령상 저수조의 설치기준으로 틀린 것은?
16.10.문52
16.05.문44
16.03.문41
13.03.문49
① 지면으로부터의 낙차가 4.5m 이상일 것
② 흡수부분의 수심이 0.5m 이상일 것
③ 흡수에 지장이 없도록 토사 및 쓰레기 등을 제거할 수 있는 설비를 갖출 것
④ 흡수관의 투입구가 사각형의 경우에는 한 변의 길이가 60cm 이상, 원형의 경우에는 지름이 60cm 이상일 것

해설 기본규칙 〔별표 3〕
소방용수시설의 저수조에 대한 설치기준
(1) 낙차 : **4.5m** 이하 보기 ①
(2) 수심 : **0.5m** 이상 보기 ②
(3) 투입구의 길이 또는 지름 : **60cm** 이상 보기 ④
(4) 소방펌프자동차가 **쉽게 접근**할 수 있도록 할 것
(5) 흡수에 지장이 없도록 **토사** 및 쓰레기 등을 제거할수 있는 설비를 갖출 것 보기 ③
(6) 저수조에 물을 공급하는 방법은 **상수도**에 연결하여 **자동**으로 **급수**되는 구조일 것

기억법 수5(수호천사)

① 4.5m 이상 → 4.5m 이하

| 저수조의 깊이 |

답 ①

★★★
49 위험물안전관리법상 시·도지사의 허가를 받지
<small>18.03.문43
17.05.문46
14.05.문44
13.09.문60
06.03.문58</small>
아니하고 당해 제조소 등을 설치할 수 있는 기준
중 다음 (   ) 안에 알맞은 것은?

> 농예용·축산용 또는 수산용으로 필요한 난방
> 시설 또는 건조시설을 위한 지정수량 (   )배
> 이하의 저장소

① 20　　　　　　② 30

③ 40　　　　　　④ 50

해설 **위험물법 6조**
제조소 등의 설치허가
(1) 설치허가자 : **시·도지사**
(2) 설치허가 제외장소
　㉠ 주택의 난방시설(공동주택의 중앙난방시설은 제외)
　　을 위한 **저장소** 또는 **취급소**
　㉡ 지정수량 **20배** 이하의 **농예용·축산용·수산용**
　　난방시설 또는 건조시설의 **저장소** 보기 ①
(3) 제조소 등의 변경신고 : 변경하고자 하는 날의 **1일** 전
　까지

> 기억법 **농축수2**

> 🔺 참고
>
> **시·도지사**
> (1) 특별시장
> (2) 광역시장
> (3) 특별자치시장
> (4) 도지사
> (5) 특별자치도지사

답 ①

★
50 소방안전교육사가 수행하는 소방안전교육의 업
<small>13.09.문42</small>
무에 직접적으로 해당되지 않는 것은?
① 소방안전교육의 분석
② 소방안전교육의 기획
③ 소방안전관리자 양성교육
④ 소방안전교육의 평가

해설 **기본법 17조 2**
소방안전교육사의 수행업무
(1) 소방안전교육의 **기**획 보기 ②
(2) 소방안전교육의 **진**행
(3) 소방안전교육의 **분**석 보기 ①
(4) 소방안전교육의 **평**가 보기 ④
(5) 소방안전교육의 **교**수업무

> 기억법 **기진분평교**

답 ③

★★★
51 소방시설 설치 및 관리에 관한 법령상 특정소방
<small>18.03.문80
17.09.문48
14.09.문78
14.03.문53</small>
대상물의 소방시설 설치의 면제기준 중 다음 (   )
안에 알맞은 것은?

> 물분무등소화설비를 설치하여야 하는 차고·
> 주차장에 (   )를 화재안전기준에 적합하게
> 설치한 경우에는 그 설비의 유효범위에서 설
> 치가 면제된다.

① 옥내소화전설비
② 스프링클러설비
③ 간이스프링클러설비
④ 청정소화약제소화설비

해설 **소방시설법 시행령〔별표 5〕**
소방시설 면제기준

면제대상(설치대상)	대체설비
스프링클러설비	• 물분무등소화설비
물분무등소화설비 →	• **스프링클러설비** 보기 ②
간이스프링클러설비	• 스프링클러설비 • **물분무소화설비** • 미분무소화설비
비상**경**보설비 또는 **단**독경보형 감지기	• **자동화재탐지설비** 기억법 **탐경단**
비상**경**보설비	• **2**개 이상 **단**독경보형 감지기 연동 기억법 **경단2**
비상방송설비	• 자동화재탐지설비 • 비상경보설비
연결살수설비	• 스프링클러설비 • 간이스프링클러설비 • 물분무소화설비 • 미분무소화설비
제연설비	• **공기조화설비**
연소방지설비	• 스프링클러설비 • 물분무소화설비 • 미분무소화설비

연결송수관설비	• 옥내소화전설비 • 스프링클러설비 • 간이스프링클러설비 • 연결살수설비
자동화재탐지설비	• 자동화재탐지설비의 기능을 가진 스프링클러설비 • 물분무등소화설비
옥내소화전설비	• 옥외소화전설비 • 미분무소화설비(호스릴방식)

답 ②

★ 52 (13.09.문57)

화재의 예방 및 안전관리에 관한 법령상 소방안전관리대상물의 소방계획서에 포함되어야 하는 사항이 아닌 것은?

① 소방시설 · 피난시설 및 방화시설의 점검 · 정비계획

② 위험물안전관리법에 따라 예방규정을 정하는 제조소 등의 위험물 저장 · 취급에 관한 사항

③ 특정소방대상물의 근무자 및 거주자의 자위소방대 조직과 대원의 임무에 관한 사항

④ 방화구획, 제연구획, 건축물의 내부 마감재료(불연재료 · 준불연재료 또는 난연재료로 사용된 것) 및 방염물품의 사용현황과 그 밖의 방화구조 및 설비의 유지 · 관리계획

해설 화재예방법 시행령 27조
소방안전관리대상물의 소방계획서 작성
(1) 소방안전관리대상물의 위치 · 구조 · 연면적 · 용도 및 수용인원 등의 **일반현황**
(2) 화재예방을 위한 **자체점검계획** 및 **진압대책**
(3) 특정소방대상물의 **근무자** 및 거주자의 **자위소방대** 조직과 대원의 임무에 관한 사항 보기 ③
(4) **소방시설** · **피난시설** 및 **방화시설**의 점검 · 정비계획 보기 ①
(5) **방화구획**, **제연구획**, 건축물의 **내부 마감재료**(불연재료 · 준불연재료 또는 난연재료로 사용된 것) 및 방염물품의 사용현황과 그 밖의 방화구조 및 설비의 유지 · 관리계획 보기 ④

② 위험물 관련은 해당 없음

답 ②

★★★ 53 (18.04.문53) (18.03.문57) (17.05.문41)

위험물안전관리법상 업무상 과실로 제조소 등에서 위험물을 유출 · 방출 또는 확산시켜 사람의 생명 · 신체 또는 재산에 대하여 위험을 발생시킨 자에 대한 벌칙기준은?

① 5년 이하의 금고 또는 2000만원 이하의 벌금

② 5년 이하의 금고 또는 7000만원 이하의 벌금

③ 7년 이하의 금고 또는 2000만원 이하의 벌금

④ 7년 이하의 금고 또는 7000만원 이하의 벌금

해설 위험물법 34조

벌 칙	행 위
7년 이하의 금고 또는 **7천만원** 이하의 벌금 보기 ④	업무상 과실로 제조소 등에서 **위험물**을 유출 · 방출 또는 확산시켜 사람의 생명 · 신체 또는 재산에 대하여 **위험**을 발생시킨 자 **기억법** 77천위(**위**험한 **칠천**량 해전)
10년 이하의 징역 또는 금고나 1억원 이하의 벌금	업무상 과실로 제조소 등에서 위험물을 유출 · 방출 또는 확산시켜 사람을 **사상**에 이르게 한 자

비교

소방시설법 56조

벌 칙	행 위
5년 이하의 징역 또는 **5천만원** 이하의 벌금	소방시설에 폐쇄 · 차단 등의 **행위**를 한 자
7년 이하의 징역 또는 **7천만원** 이하의 벌금	소방시설에 폐쇄 · 차단 등의 행위를 하여 사람을 **상해**에 이르게 한 때
10년 이하의 징역 또는 1억원 이하의 벌금	소방시설에 폐쇄 · 차단 등의 행위를 하여 사람을 **사망**에 이르게 한 때

답 ④

★★★ 54 (20.06.문47) (19.09.문47) (14.09.문58) (07.09.문58)

소방시설공사업법령상 소방시설업 등록을 하지 아니하고 영업을 한 자에 대한 벌칙은?

① 500만원 이하의 벌금

② 1년 이하의 징역 또는 1000만원 이하의 벌금

③ 3년 이하의 징역 또는 3000만원 이하의 벌금

④ 5년 이하의 징역

해설 소방시설법 57조, 공사업법 35조, 화재예방법 50조
3년 이하의 징역 또는 3000만원 이하의 벌금
(1) **화재안전조사** 결과에 따른 조치명령 위반(화재예방법 50조)
(2) **소방시설관리업** 무등록자(소방시설법 57조)
(3) **소방시설업** 무등록자(공사업법 35조) 보기 ③
(4) 형식승인을 받지 않은 **소방용품** 제조 · 수입자(소방시설법 57조)
(5) **제품검사**를 받지 않은 자(소방시설법 57조)
(6) **부정한 방법**으로 **전문기관**의 지정을 받은 자(소방시설법 57조)

중요

3년 이하의 징역 또는 3000만원 이하의 벌금	5년 이하의 징역 또는 1억원 이하의 벌금
① 소방시설업 무등록 ② 소방시설관리업 무등록	제조소 무허가(위험물법 34조 2)

답 ③

★ 55 위험물안전관리법령상 위험물의 유별 저장·취급의 공통기준 중 다음 ( ) 안에 알맞은 것은?

( ) 위험물은 산화제와의 접촉·혼합이나 불티·불꽃·고온체와의 접근 또는 과열을 피하는 한편, 철분·금속분·마그네슘 및 이를 함유한 것에 있어서는 물이나 산과의 접촉을 피하고 인화성 고체에 있어서는 함부로 증기를 발생시키지 아니하여야 한다.

① 제1류   ② 제2류
③ 제3류   ④ 제4류

해설 위험물규칙 〔별표 18〕 Ⅱ
위험물의 유별 저장·취급의 공통기준(중요 기준)

위험물	공통기준
제1류 위험물	**가연물**과의 접촉·혼합이나 분해를 촉진하는 물품과의 접근 또는 과열·충격·마찰 등을 피하는 한편, 알칼리금속의 과산화물 및 이를 함유한 것에 있어서는 물과의 접촉을 피할 것
제2류 위험물	**산화제**와의 접촉·혼합이나 불티·불꽃·고온체와의 접근 또는 과열을 피하는 한편, 철분·금속분·마그네슘 및 이를 함유한 것에 있어서는 물이나 산과의 접촉을 피하고 인화성 고체에 있어서는 함부로 증기를 발생시키지 않을 것 보기 ②
제3류 위험물	**자연발화성** 물질에 있어서는 불티·불꽃 또는 고온체와의 접근·과열 또는 공기와의 접촉을 피하고, 금수성 물질에 있어서는 물과의 접촉을 피할 것
제4류 위험물	**불티·불꽃·고온체**와의 접근 또는 과열을 피하고, 함부로 **증기**를 발생시키지 않을 것
제5류 위험물	**불티·불꽃·고온체**와의 접근이나 과열·충격 또는 **마찰**을 피할 것

답 ②

★★ 56 소방기본법령상 소방용수시설의 설치기준 중 급수탑의 급수배관의 구경은 최소 몇 mm 이상이어야 하는가?

20.06.문45
19.03.문58

① 100   ② 150
③ 200   ④ 250

해설 기본규칙 〔별표 3〕
소방용수시설별 설치기준

소화전	급수탑
•65mm : 연결금속구의 구경	•100mm : 급수배관의 구경 보기 ① •1.5~1.7m 이하 : 개폐밸브 높이

기억법 57탑(57층 탑)

답 ①

★★★ 57 소방시설 설치 및 관리에 관한 법령상 자동화재탐지설비를 설치하여야 하는 특정소방대상물에 대한 기준 중 ( )에 알맞은 것은?

16.05.문43
16.03.문57
14.03.문79
12.03.문74

근린생활시설(목욕장 제외), 의료시설(정신의료기관 또는 요양병원 제외), 위락시설, 장례시설 및 복합건축물로서 연면적 ( )m² 이상인 것

① 400   ② 600
③ 1000   ④ 3500

해설 소방시설법 시행령 〔별표 4〕
자동화재탐지설비의 설치대상

설치대상	조 건
① 정신의료기관·의료재활시설	• 창살설치 : 바닥면적 300m² 미만 • 기타 : 바닥면적 300m² 이상
② 노유자시설	• 연면적 400m² 이상
③ **근린**생활시설·**위락**시설 ④ **의료**시설(정신의료기관, 요양병원 제외) ⑤ **복합**건축물·**장례**시설 **기억법** 근위의복 6	• 연면적 600m² 이상 보기 ②
⑥ 목욕장·문화 및 집회시설, 운동시설 ⑦ 종교시설 ⑧ 방송통신시설·관광휴게시설 ⑨ 업무시설·판매시설 ⑩ 항공기 및 자동차관련시설·공장·창고시설 ⑪ **지하가**(터널 제외)·운수시설·발전시설·위험물 저장 및 처리시설 ⑫ 교정 및 군사시설 중 국방·군사시설	• 연면적 1000m² 이상

⑬ **교**육연구시설 · **동**식물관련시설 ⑭ **분**뇨 및 쓰레기 처리시설 · **교**정 및 군사시설(국방 · 군사시설 제외) ⑮ **수**련시설(숙박시설이 있는 것 제외) ⑯ 묘지관련시설	• 연면적 **2000m²** 이상

> **기억법** 교동분교수 2

⑰ 지하가 중 터널	• 길이 **1000m** 이상
⑱ 지하구 ⑲ 노유자생활시설 ⑳ 공동주택 ㉑ 숙박시설 ㉒ **6층** 이상인 건축물 ㉓ 조산원 및 산후조리원 ㉔ 전통시장 ㉕ 요양병원(정신병원, 의료재활시설 제외)	• 전부
㉖ 특수가연물 저장 · 취급	• 지정수량 **500배** 이상
㉗ 수련시설(숙박시설이 있는 것)	• 수용인원 **100명** 이상
㉘ 발전시설	• 전기저장시설

답 ②

★★ 58 소방기본법에서 정의하는 소방대상물에 해당되지 않는 것은?

15.05.문54
12.05.문48

① 산림
② 차량
③ 건축물
④ 항해 중인 선박

해설 **기본법 2조 1호**
소방대상물

(1) **건**축물 보기 ③
(2) **차**량 보기 ②
(3) **선**박(매어둔 것) 보기 ④
(4) 선박건조구조물
(5) **산**림 보기 ①
(6) **인**공구조물
(7) **물**건

> **기억법** 건차선 산인물

✏️ **비교**

위험물법 3조
위험물의 저장 · 운반 · 취급에 대한 적용 제외
(1) 항공기
(2) 선박
(3) 철도
(4) 궤도

답 ④

★★★ 59 소방시설 설치 및 관리에 관한 법령상 건축허가 등의 동의대상물의 범위 기준 중 틀린 것은?

20.06.문59
17.09.문53
12.09.문48

① 건축 등을 하려는 학교시설 : 연면적 **200m²** 이상
② 노유자시설 : 연면적 **200m²** 이상
③ 정신의료기관(입원실이 없는 정신건강의학과 의원은 제외) : 연면적 **300m²** 이상
④ 장애인 의료재활시설 : 연면적 **300m²** 이상

해설 **소방시설법 시행령 7조**
건축허가 등의 동의대상물

(1) 연면적 **400m²**(학교시설 : **100m²**, 수련시설 · 노유자시설 : **200m²**, 정신의료기관 · 장애인 의료재활시설 : **300m²**) 이상
(2) **6층** 이상인 건축물
(3) 차고 · 주차장으로서 바닥면적 **200m²** 이상(**자**동차 **20대** 이상)
(4) **항공기격납고, 관망탑, 항공관제탑, 방송용 송수신탑**
(5) 지하층 또는 무창층의 바닥면적 **150m²**(공연장은 **100m²**) 이상
(6) **위험물저장** 및 **처리시설, 지하구**
(7) **결핵환자**나 **한센인**이 24시간 생활하는 **노유자시설**
(8) 전기저장시설, 풍력발전소
(9) 노인주거복지시설 · 노인의료복지시설 및 재가노인복지시설 · 학대피해노인 전용쉼터 · 아동복지시설 · 장애인거주시설
(10) 정신질환자 관련시설(종합시설 중 24시간 주거를 제공하지 아니하는 시설 제외)
(11) 조산원, 산후조리원, 의원(입원실이 있는 것)
(12) 노숙인자활시설, 노숙인재활시설 및 노숙인요양시설
(13) 요양병원(의료재활시설 제외)
(14) 공장 또는 창고시설로서 지정수량의 **750배** 이상의 특수가연물을 저장 · 취급하는 것
(15) 가스시설로서 지상에 노출된 탱크의 저장용량의 합계가 **100t** 이상인 것

> **기억법** 2자(이자)

① 200m² 이상 → 100m² 이상

답 ①

★★★ 60 소방시설 설치 및 관리에 관한 법령상 형식승인을 받지 아니한 소방용품을 판매하거나 판매 목적으로 진열하거나 소방시설공사에 사용한 자에 대한 벌칙기준은?

19.09.문47
14.09.문58
07.09.문58

① 3년 이하의 징역 또는 3000만원 이하의 벌금
② 2년 이하의 징역 또는 1500만원 이하의 벌금
③ 1년 이하의 징역 또는 1000만원 이하의 벌금
④ 1년 이하의 징역 또는 500만원 이하의 벌금

해설 **소방시설법 57조**
3년 이하의 징역 또는 3000만원 이하의 벌금
(1) 소방시설관리업 무등록자
(2) 형식승인을 받지 않은 **소방용품 제조·수입자**
(3) 제품검사를 받지 않은 자
(4) **제품검사**를 받지 아니하거나 **합격표시**를 하지 아니한 소방용품을 판매·진열하거나 소방시설공사에 사용한 자
(5) 부정한 방법으로 전문기관의 지정을 받은 자
(6) 소방용품 판매·진열·소방시설공사에 사용한 자 보기 ①

답 ①

제4과목　소방기계시설의 구조 및 원리 ⠿

⭐⭐
61
20.09.문72
15.05.문64

스프링클러설비의 화재안전기준상 폐쇄형 스프링클러헤드의 방호구역·유수검지장치에 대한 기준으로 틀린 것은?

① 하나의 방호구역에는 1개 이상의 유수검지장치를 설치하되, 화재발생시 접근이 쉽고 점검하기 편리한 장소에 설치할 것

② 하나의 방호구역은 2개층에 미치지 아니하도록 할 것. 다만, 1개층에 설치되는 스프링클러헤드의 수가 10개 이하인 경우와 복층형 구조의 공동주택에는 3개층 이내로 할 수 있다.

③ 송수구를 통하여 스프링클러헤드에 공급되는 물은 유수검지장치 등을 지나도록 할 것

④ 조기반응형 스프링클러헤드를 설치하는 경우에는 습식 유수검지장치 또는 부압식 스프링클러설비를 설치할 것

해설 **폐쇄형 설비**의 **방호구역** 및 **유수검지장치**(NFPC 103 6조, NFTC 103 2.3)
(1) 하나의 방호구역의 바닥면적은 **3000m²**를 초과하지 않을 것
(2) 하나의 방호구역에는 1개 이상의 유수검지장치를 설치할 것 보기 ①
(3) 하나의 방호구역은 **2개층**에 미치지 아니하도록 하되, 1개층에 설치되는 스프링클러헤드의 수가 **10개 이하**인 경우와 복층형 구조의 공동주택 **3개층** 이내 보기 ②
(4) 유수검지장치를 실내에 설치하거나 보호용 철망 등으로 구획하여 바닥으로부터 **0.8m 이상 1.5m 이하**의 위치에 설치하되, 그 실 등에는 개구부가 가로 **0.5m 이상** 세로 **1m 이상**의 출입문을 설치하고 그 출입문 상단에 "**유수검지장치실**"이라고 표시한 표지를 설치할 것[단, 유수검지장치를 기계실(공조용 기계실 포함) 안에 설치하는 경우에는 별도의 실 또는 보호용 철망을 설치하지 않고 기계실 출입문 상단에 "**유수검지장치실**"이라고 표시한 표지 설치가능]
(5) 스프링클러헤드에 공급되는 물은 **유수검지장치**를 지나도록 할 것(단, **송수구**를 통하여 공급되는 물은 **제외**) 보기 ③

(6) **조기반응형** 스프링클러헤드를 설치하는 경우에는 **습식** 유수검지장치 또는 **부압식** 스프링클러설비를 설치할 것 보기 ④

③ 송수구 제외

중요

설치높이

0.5~1m 이하	0.8~1.5m 이하	1.5m 이하
• **연결**송수관설비의 송수구·방수구 • **연결**살수설비의 송수구 • 물분무소화설비의 송수구 • 소화용수설비의 **채수구**	• **제**어밸브(수동식 개방밸브) • **유**수검지장치 • **일**제개방밸브 기억법 제유일 85(제가 **유일**하게 팔았어요.)	• **옥내**소화전설비의 방수구 • **호**스릴함 • **소**화기(투척용 소화기 포함) 기억법 옥내호소 5(옥내에서 호소하시오.)

기억법 연소용 51(연소용 오일은 잘 탄다.)

답 ③

⭐⭐
62
17.03.문62
12.05.문70

스프링클러설비의 화재안전기준상 조기반응형 스프링클러헤드를 설치해야 하는 장소가 아닌 것은?

① 수련시설의 침실　② 공동주택의 거실
③ 오피스텔의 침실　④ 병원의 입원실

해설 **조기반응형 스프링클러헤드**의 **설치장소**(NFPC 103 10조, NFTC 103 2.7.5)
(1) **공동주택**의 거실
(2) **노유자시설**의 거실
(3) **오피스텔**의 침실
(4) **숙박시설**의 침실
(5) **병원**의 입원실

기억법 조공노 오숙병

답 ①

⭐
63
18.09.문71

스프링클러설비의 화재안전기준상 스프링클러설비를 설치하여야 할 특정소방대상물에 있어서 스프링클러헤드를 설치하지 아니할 수 있는 장소 기준으로 틀린 것은?

① 천장과 반자 양쪽이 불연재료로 되어 있고 천장과 반자 사이의 거리가 2.5m 미만인 부분

② 천장 및 반자가 불연재료 외의 것으로 되어 있고 천장과 반자 사이의 거리가 0.5m 미만인 부분

③ 천장·반자 중 한쪽이 불연재료로 되어 있고 천장과 반자 사이의 거리가 1m 미만인 부분

④ 현관 또는 로비 등으로서 바닥으로부터 높이가 20m 이상인 장소

해설 **스프링클러헤드**의 **설치 제외 장소**(NFTC 103 2.12)
(1) 계단실, 경사로, 승강기의 승강로, 파이프 덕트, 목욕실, 수영장(관람석 제외), 화장실, 직접 외기에 개방되어 있는 복도, 기타 이와 유사한 장소
(2) **통신기기실·전자기기실**, 기타 이와 유사한 장소
(3) **발전실·변전실·변압기**, 기타 이와 유사한 전기설비가 설치되어 있는 장소
(4) **병원의 수술실·응급처치실**, 기타 이와 유사한 장소
(5) 천장과 반자 양쪽이 **불연재료**로 되어 있는 경우로서 그 사이의 거리 및 구조가 다음에 해당하는 부분
　㉠ 천장과 반자 사이의 거리가 **2m** 미만인 부분 보기 ①

| 천장·반자가 불연재료인 경우 |

　㉡ 천장과 반자 사이의 **벽이 불연재료**이고 천장과 반자 사이의 거리가 **2m** 이상으로서 그 사이에 **가연물**이 **존재**하지 **아니하는 부분**
(6) 천장·반자 중 한쪽이 **불연재료**로 되어 있고, 천장과 반자 사이의 거리가 **1m** 미만인 부분 보기 ③

| 천장·반자 중 한쪽이 불연재료인 경우 |

(7) 천장 및 반자가 **불연재료 외**의 것으로 되어 있고, 천장과 반자 사이의 거리가 **0.5m 미만**인 경우 보기 ②

천장(불연재료 외)
0.5m 미만
반자(불연재료 외)

| 천장·반자 중 한쪽이 불연재료 외인 경우 |

(8) **펌프실·물탱크실·엘리베이터 권상기실** 그 밖의 이와 비슷한 장소
(9) **현관·로비** 등으로서 바닥에서 높이가 **20m 이상**인 장소 보기 ④

현관·로비　20m 이상

| 현관·로비 등의 헤드 설치 |

① 2.5m 미만 → 2m 미만

답 ①

★
64
15.05.문74

물분무소화설비의 화재안전기준상 **배관**의 **설치기준**으로 **틀린** 것은?

① 펌프 흡입측 배관은 공기고임이 생기지 않는 구조로 하고 여과장치를 설치한다.
② 펌프의 흡입측 배관은 수조가 펌프보다 낮게 설치된 경우에는 각 펌프(충압펌프를 포함한다)마다 수조로부터 별도로 설치한다.
③ 연결송수관설비의 배관과 겸용할 경우의 주배관은 구경 100mm 이상으로 한다.
④ 연결송수관설비의 배관과 겸용할 경우 방수구로 연결되는 배관의 구경은 65mm 이하로 한다.

해설 **물분무소화설비 배관** 등 **설치기준**(NFPC 104 6조, NFTC 104 2.3.5)
연결송수관설비의 배관과 겸용할 경우

배 관	구 경
방수구로 연결되는 배관 →	65mm 이상 보기 ④
주배관	100mm 이상

④ 65mm 이하 → 65mm 이상

답 ④

★★★
65
16.03.문78
15.03.문78
10.03.문75

분말소화설비의 화재안전기준상 **배관**에 관한 기준으로 **틀린** 것은?

① 배관은 전용으로 할 것
② 배관은 모두 스케줄 40 이상으로 할 것
③ 동관을 사용하는 경우의 배관은 고정압력 또는 최고사용압력의 1.5배 이상의 압력에 견딜 수 있는 것을 사용할 것
④ 밸브류는 개폐위치 또는 개폐방향을 표시한 것으로 할 것

해설 **분말소화설비**의 **배관**(NFPC 108 9조, NFTC 108 2.6.1)
(1) **전용** 보기 ①
(2) **강관 : 아연도금**에 의한 **배관용 탄소강관**(단, 축압식 분말소화설비에 사용하는 것 중 20℃에서 압력이 **2.5~4.2MPa 이하**인 것은 **압력배관용 탄소강관**(KS D 3562) 중 이음이 없는 스케줄 40 이상의 것 사용) 보기 ②
(3) **동관 :** 고정압력 또는 최고사용압력의 **1.5배 이상**의 압력에 견딜 것 보기 ③
(4) **밸브류 : 개폐위치** 또는 **개폐방향**을 표시한 것 보기 ④
(5) **배관의 관부속 및 밸브류 :** 배관과 동등 이상의 강도 및 내식성이 있는 것

(6) 주밸브~헤드까지의 배관의 분기 : **토너먼트방식**

(7) 저장용기 등~배관의 굴절부까지의 거리 : 배관 내경의 **20배** 이상

∥ 배관의 이격거리 ∥

② 모두 스케줄 40 이상 → 강관의 경우 축압식 중 20℃에서 압력이 **2.5~4.2MPa** 이하인 것만 **스케줄 40 이상**

답 ②

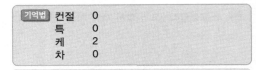

컨절	0
특	0
케	2
차	0

④ 20L/min → 10L/min

답 ④

★★★
67

19.09.문65
14.03.문77
13.03.문73
12.03.문65

분말소화설비의 화재안전기준상 제1종 분말을 사용한 전역방출방식 분말소화설비에서 방호구역의 체적 1m³에 대한 소화약제의 양은 몇 kg인가?

① 0.24
② 0.36
③ 0.60
④ 0.72

해설 (1) **분말소화설비**(전역방출방식)

약제 종별	약제량	개구부가산량 (자동폐쇄장치 미설치시)
제1종 분말 →	0.6kg/m³	4.5kg/m²
제2 · 3종 분말	0.36kg/m³	2.7kg/m²
제4종 분말	0.24kg/m³	1.8kg/m²

기억법
1	6	45
23	36	27
4	24	18

(2) **호스릴방식**(분말소화설비)

약제 종별	약제저장량	약제방사량
제1종 분말	50kg	45kg/min
제2·3종 분말	30kg	27kg/min
제4종 분말	20kg	18kg/min

기억법 **호분418**

답 ③

★★★
66

20.06.문61
20.06.문62
19.04.문75
17.03.문77
16.03.문63
15.09.문74

물분무소화설비의 화재안전기준상 수원의 저수량 설치기준으로 틀린 것은?

① 특수가연물을 저장 또는 취급하는 특정소방대상물 또는 그 부분에 있어서 그 바닥면적(최대방수구역의 바닥면적을 기준으로 하며, 50m² 이하인 경우에는 50m²) 1m²에 대하여 10L/min로 20분간 방수할 수 있는 양 이상으로 할 것

② 차고 또는 주차장은 그 바닥면적(최대방수구역의 바닥면적을 기준으로 하며, 50m² 이하인 경우에는 50m²) 1m²에 대하여 20L/min로 20분간 방수할 수 있는 양 이상으로 할 것

③ 케이블트레이, 케이블덕트 등은 투영된 바닥면적 1m²에 대하여 12L/min로 20분간 방수할 수 있는 양 이상으로 할 것

④ 컨베이어 벨트 등은 벨트부분의 바닥면적 1m²에 대하여 20L/min로 20분간 방수할 수 있는 양 이상으로 할 것

해설 **물분무소화설비**의 수원(NFPC 104 4조, NFTC 104 2.1)

특정소방대상물	토출량	비 고	방사시간
컨베이어 벨트 · **절**연유 봉입변압기	10L/min · m² 보기 ④	벨트부분의 바닥면적	
특수가연물	10L/min · m² 보기 ①	최소 50m² (바닥면적)	20분
케이블트레이 · 덕트	12L/min · m² 보기 ③	투영된 바닥면적	
차고 · 주차장	20L/min · m² 보기 ②	최소 50m² (바닥면적)	

★★
68

17.05.문78
12.05.문65

옥내소화전설비의 화재안전기준상 가압송수장치를 기동용 수압개폐장치로 사용할 경우 압력챔버의 용적 기준은?

① 50L 이상
② 100L 이상
③ 150L 이상
④ 200L 이상

해설 **100L 이상**
(1) **압력챔버**(기동용 수압개폐장치)의 용적
(2) **물올림탱크**의 용량

| 금속화재(D급) | 무색 | • 가연성 금속 |
| 주방화재(K급) | – | • 식용유화재 |

• 요즘은 표시색의 의무규정은 없음

답 ③

중요

물분무소화설비 가압송수장치의 설치기준(NFPC 104 5조, NFTC 104 2.2)

(1) 가압송수장치가 기동이 된 경우에는 **자동**으로 정 지되지 **아니하도록** 할 것
(2) 가압송수장치(**충압펌프 제외**)에는 **순환배관** 설치
(3) 가압송수장치에는 **펌프**의 **성능을 시험**하기 위한 배관 설치
(4) 가압송수장치는 점검이 편리하고, 화재 등의 재해로 인한 피해를 받을 우려가 없는 곳에 설치
(5) 기동용 수압개폐장치(압력챔버)를 사용할 경우 그 용적은 **100L 이상**으로 한다.
(6) 수원의 수위가 펌프보다 **낮은 위치**에 있는 가압송수장치에는 물올림장치를 설치한다.
(7) 기동용 수압개폐장치를 기동장치로 사용할 경우에 설치하는 충압펌프의 토출압력은 가압송수장치의 **정격토출압력**과 **같게** 한다.

답 ②

71
19.04.문74 19.03.문69 18.04.문79 17.03.문64 14.09.문75 14.03.문63 13.03.문61 07.03.문70
상수도 소화용수설비의 화재안전기준상 소화전은 구경(호칭지름)이 최소 얼마 이상의 수도배관에 접속하여야 하는가?

① 50mm 이상의 수도배관
② 75mm 이상의 수도배관
③ 85mm 이상의 수도배관
④ 100mm 이상의 수도배관

해설 상수도 소화용수설비의 설치기준(NFPC 401 4조, NFTC 401 2.1)
(1) 호칭지름

수도배관	소화전
75mm 이상	100mm 이상
기억법 수75(**수**지침으로 **치료**)	**기억법** 소1(**소**일거리)

(2) 소화전은 소방자동차 등의 진입이 쉬운 **도로변** 또는 **공지**에 설치하여야 한다.
(3) 소화전은 특정소방대상물의 수평투영면의 각 부분으로부터 **140m** 이하가 되도록 설치하여야 한다.

기억법 용14

답 ②

69
15.03.문79 14.03.문68
포소화설비의 화재안전기준상 포헤드를 소방대상물의 천장 또는 반자에 설치하여야 할 경우 헤드 1개가 방호해야 할 바닥면적은 최대 몇 m²인가?

① 3 ② 5
③ 7 ④ 9

해설 헤드의 설치개수(NFPC 105 12조, NFTC 105 2.9.2)

구 분	설치개수
포워터 스프링클러헤드	바닥면적/8m²
포헤드 →	바닥면적/9m²
압축공기포 소화설비 특수가연물 저장소	바닥면적/9.3m²
유류탱크 주위	바닥면적/13.9m²

답 ④

72
17.09.문78 14.09.문74 04.03.문75
할로겐화합물 및 불활성기체소화설비의 화재안전기준상 저장용기 설치기준으로 틀린 것은?

① 온도가 40℃ 이하이고 온도의 변화가 작은 곳에 설치할 것
② 용기 간의 간격은 점검에 지장이 없도록 3cm 이상의 간격을 유지할 것
③ 직사광선 및 빗물이 침투할 우려가 없는 곳에 설치할 것
④ 저장용기를 방호구역 외에 설치한 경우에는 방화문으로 구획된 실에 설치할 것

해설 저장용기 온도

40℃ 이하	55℃ 이하
• 이산화탄소소화설비 • 할론소화설비 • 분말소화설비	• 할로겐화합물 및 불활성 기체소화설비

① 40℃ 이하 → 55℃ 이하

답 ①

70
19.09.문16 19.03.문08 17.09.문07 16.05.문09 15.09.문19 13.09.문07
소화기구 및 자동소화장치의 화재안전기준상 규정하는 화재의 종류가 아닌 것은?

① A급 화재 ② B급 화재
③ G급 화재 ④ K급 화재

해설 화재의 종류

구 분	표시색	적응물질
일반화재(A급)	백색	• 일반가연물 • 종이류 화재 • 목재 · 섬유화재
유류화재(B급)	황색	• 가연성 액체 • 가연성 가스 • 액화가스화재 • 석유화재
전기화재(C급)	청색	• 전기설비

★★★ 73 제연설비의 화재안전기준상 제연풍도의 설치기준으로 틀린 것은?

20.06.문76
16.10.문70
15.03.문80
10.05.문76

① 배출기의 전동기 부분과 배풍기 부분은 분리하여 설치할 것
② 배출기와 배출풍도의 접속부분에 사용하는 캔버스는 내열성이 있는 것으로 할 것
③ 배출기의 흡입측 풍도 안의 풍속은 20m/s 이하로 할 것
④ 유입풍도 안의 풍속은 20m/s 이하로 할 것

해설 **제연설비**의 **풍속**(NFPC 501 8∼10조, NFTC 501 2.5.5, 2.6.2.2, 2.7.1)

조 건	풍 속
• 예상제연구역의 공기유입 풍속	**5m/s** 이하
• 배출기의 흡입측 풍속	**15m/s** 이하 보기 ③
• 배출기의 **배출측** 풍속 • **유입풍도** 안의 풍속	**20m/s** 이하

기억법 배2유(배이다 아파! 이유)

용어

풍도
공기가 유동하는 덕트

③ 20m/s 이하 → 15m/s 이하

답 ③

★★ 74 포소화설비의 화재안전기준상 압축공기포소화설비의 분사헤드를 유류탱크 주위에 설치하는 경우 바닥면적 몇 m²마다 1개 이상 설치하여야 하는가?

20.08.문70
18.03.문69

① 9.3
② 10.8
③ 12.3
④ 13.9

해설 **포헤드**의 **설치기준**(NFPC 105 12조, NFTC 105 2.9.2)

구 분		설치개수
포워터 스프링클러헤드		바닥면적 / 8m²
포헤드		바닥면적 / 9m²
압축공기포 소화설비	특수가연물 저장소	바닥면적 / 9.3m²
	유류탱크 주위	바닥면적 / 13.9m²

중요

포헤드의 **설치기준**(NFPC 105 12조, NFTC 105 2.9.2)
압축공기포소화설비의 분사헤드는 천장 또는 반자에 설치하되 방호대상물에 따라 측벽에 설치할 수 있으며 유류탱크 주위에는 바닥면적 **13.9m²**마다 1개 이상, **특수가연물** 저장소에는 바닥면적 **9.3m²**마다 1개 이상으로 당해 방호대상물의 화재를 유효하게 소화할 수 있도록 할 것

방호대상물	방호면적 1m²에 대한 1분당 방출량
특수가연물	2.3L
기타의 것	1.63L

답 ④

★★ 75 소화기구 및 자동소화장치의 화재안전기준상 일반화재, 유류화재, 전기화재 모두에 적응성이 있는 소화약제는?

20.06.문65
19.03.문75

① 마른모래
② 인산염류소화약제
③ 중탄산염류소화약제
④ 팽창질석 · 팽창진주암

해설 **분말소화약제**

종 별	소화약제	충전비 [L/kg]	적응화재	비 고
제1종	중탄산나트륨 (NaHCO₃)	0.8	BC급	**식**용유 및 지방질유의 화재에 적합 **기억법** 1**식**분(일**식** 분**식**)
제2종	중탄산칼륨 (KHCO₃)		BC급	–
제3종	인산암모늄 (NH₄H₂PO₄)	1.0	ABC 급	**차**고 · **주**차장에 적합 **기억법** 3분 **차주**(삼**보**컴퓨터 **차주**)
제4종	중탄산칼륨+요소 (KHCO₃ +(NH₂)₂CO)	1.25	BC급	–

② 인산암모늄=인산염류

• ABC급 : 일반화재, 유류화재, 전기화재

답 ②

★★★
76
18.03.문78
15.03.문65
12.05.문62

소화기구 및 자동소화장치의 화재안전기준상 바닥면적이 280m²인 발전실에 부속용도별로 추가하여야 할 적응성이 있는 소화기의 최소 수량은 몇 개인가?

① 2 　　　　② 4
③ 6 　　　　④ 12

해설 **전기설비(발전실) 부속용도 추가 소화기**

$$전기설비 = \frac{바닥면적}{50m^2} = \frac{280m^2}{50m^2} = 5.6 ≒ 6개(절상)$$

용어
절상
'소수점은 끊어 올린다'는 뜻

중요
전기설비
발전실·변전실·송전실·변압기실·배전반실·통신기기실·전산기기실

공식
소화기 추가 설치개수(NFTC 101 2.1.1.3)

보일러·음식점·의료시설·업무시설 등	전기설비(발전실, 통신기기실)
해당 바닥면적 25m²	해당 바닥면적 50m²

답 ③

★★★
77
19.04.문74
19.03.문69
18.04.문79
17.03.문64
14.03.문63
13.03.문61
07.03.문70

상수도 소화용수설비의 화재안전기준상 소화전은 소방대상물의 수평투영면의 각 부분으로부터 최대 몇 m 이하가 되도록 설치하는가?

① 75 　　　　② 100
③ 125 　　　　④ 140

해설 **상수도 소화용수설비의 기준**(NFPC 401 4조, NFTC 401 2.1)
(1) 호칭지름

수도배관	소화전
75mm 이상	100mm 이상
기억법 수75(수지침으로 치료)	기억법 소1(소일거리)

(2) 소화전은 소방자동차 등의 진입이 쉬운 **도로변** 또는 **공지**에 설치
(3) 소화전은 특정소방대상물의 수평투영면의 각 부분으로부터 **140m** 이하가 되도록 설치 보기 ④

기억법 용14

답 ④

★★
78
14.03.문72
07.09.문69

이산화탄소소화설비의 화재안전기준상 배관의 설치기준 중 다음 ( ) 안에 알맞은 것은?

고압식의 경우 개폐밸브 또는 선택밸브의 2차측 배관부속은 호칭압력 2.0MPa 이상의 것을 사용하여야 하며, 1차측 배관부속은 호칭압력 (㉠)MPa 이상의 것을 사용하여야 하고, 저압식의 경우에는 (㉡)MPa의 압력에 견딜 수 있는 배관부속을 사용할 것

① ㉠ 3.0, ㉡ 2.0 　　② ㉠ 4.0, ㉡ 2.0
③ ㉠ 3.0, ㉡ 2.5 　　④ ㉠ 4.0, ㉡ 2.5

해설 **이산화탄소소화설비의 배관**

구 분		고압식	저압식
강관		스케줄 80(호스구경 20mm 스케줄 40) 이상	스케줄 40 이상
동관		16.5MPa 이상	3.75MPa 이상
배관부속	·1차측 배관부속: 4MPa ·2차측 배관부속: 2MPa		2MPa

답 ②

★★★
79
19.03.문76
17.05.문62
16.10.문69
16.05.문74
15.05.문75
11.03.문72
10.03.문71

피난기구의 화재안전기준상 의료시설에 구조대를 설치해야 할 층이 아닌 것은?

① 2 　　　　② 3
③ 4 　　　　④ 5

해설 **피난기구의 적응성**(NFTC 301 2.1.1)

층별 설치장소별 구분	1층	2층	3층	4층 이상 10층 이하
노유자시설	·미끄럼대 ·구조대 ·피난교 ·다수인 피난장비 ·승강식 피난기	·미끄럼대 ·구조대 ·피난교 ·다수인 피난장비 ·승강식 피난기	·미끄럼대 ·구조대 ·피난교 ·다수인 피난장비 ·승강식 피난기	·구조대[1] ·피난교 ·다수인 피난장비 ·승강식 피난기
의료시설·입원실이 있는 의원·접골원·조산원	–	보기 ①	·미끄럼대 ·구조대 ·피난교 ·피난용 트랩 ·다수인 피난장비 ·승강식 피난기	·구조대 ·피난교 ·피난용 트랩 ·다수인 피난장비 ·승강식 피난기
영업장의 위치가 4층 이하인 다중이용업소	–	·미끄럼대 ·피난사다리 ·구조대 ·완강기 ·다수인 피난장비 ·승강식 피난기	·미끄럼대 ·피난사다리 ·구조대 ·완강기 ·다수인 피난장비 ·승강식 피난기	·미끄럼대 ·피난사다리 ·구조대 ·완강기 ·다수인 피난장비 ·승강식 피난기
그 밖의 것(근린생활시설 사무실 등)	–	–	·미끄럼대 ·피난사다리 ·구조대 ·완강기 ·피난교 ·피난용 트랩 ·간이완강기[2] ·공기안전매트[2] ·다수인 피난장비 ·승강식 피난기	·피난사다리 ·구조대 ·완강기 ·피난교 ·간이완강기[2] ·공기안전매트[2] ·다수인 피난장비 ·승강식 피난기

[비고] 1) 구조대의 적응성은 장애인 관련 시설로서 주된 사용자 중 스스로 피난이 불가한 자가 있는 경우 추가로 설치하는 경우에 한한다.

2) 간이완강기의 적응성은 숙박시설의 3층 이상에 있는 객실에 공기안전매트의 적응성은 공동주택에 추가로 설치하는 경우에 한한다.

답 ①

★★
80 인명구조기구의 화재안전기준상 특정소방대상물의 용도 및 장소별로 설치하여야 할 인명구조기구 종류의 기준 중 다음 ( ) 안에 알맞은 것은?

18.09.문75
17.03.문75

특정소방대상물	인명구조기구의 종류
물분무등소화설비 중 ( )를 설치하여야 하는 특정소방대상물	공기호흡기

① 분말소화설비

② 할론소화설비

③ 이산화탄소소화설비

④ 할로겐화합물 및 불활성기체소화설비

해설 **특정소방대상물**의 **용도** 및 **장소별로** 설치하여야 할 **인명구조기구**(NFTC 302 2.1.1.1)

특정소방대상물	인명구조기구의 종류	설치수량
7층 이상인 **관광호텔** 및 **5층** 이상인 **병원**(지하층 포함)	• **방열복** 또는 **방화복**(안전모, 보호장갑, 안전화 포함) • **공기호흡기** • **인공소생기**	각 2개 이상 비치할 것(단, 병원의 경우에는 인공소생기 설치 제외 가능)
• 문화 및 집회시설 중 수용인원 **100명** 이상의 영화상영관 • 대규모 점포 • 지하역사 • **지하상가**	공기호흡기	층마다 **2개** 이상 비치할 것(단, 각 층마다 갖추어 두어야 할 공기호흡기 중 일부를 직원이 상주하는 인근 사무실에 갖추어 둘 수 있음)
이산화탄소소화설비(호스릴 이산화탄소소화설비 **제외**)를 설치하여야 하는 특정소방대상물 보기 ③	공기호흡기	이산화탄소소화설비가 설치된 장소의 출입구 외부 인근에 **1대** 이상 비치할 것

답 ③

■ 2021년 기사 제2회 필기시험 ■				수험번호	성명
자격종목 **소방설비기사(기계분야)**	종목코드	시험시간 **2시간**	형별		

※ 답안카드 작성시 시험문제지 형별누락, 마킹착오로 인한 불이익은 전적으로 수험자의 귀책사유임을 알려드립니다.
※ 각 문항은 4지택일형으로 질문에 가장 적합한 보기 항을 선택하여 마킹하여야 합니다.

제1과목 소방원론

01 내화건축물과 비교한 목조건축물 화재의 일반적인 특징을 옳게 나타낸 것은?

19.09.문11
18.03.문05
16.10.문04
14.05.문01
10.09.문08

① 고온, 단시간형
② 저온, 단시간형
③ 고온, 장시간형
④ 저온, 장시간형

해설 (1) **목조건물**의 화재온도 표준곡선
  ㉠ 화재성상 : **고**온 **단**기형 [보기 ①]
  ㉡ 최고온도(최성기 온도) : **1300℃**

  (2) **내화건물**의 화재온도 표준곡선
  ㉠ 화재성상 : 저온 장기형
  ㉡ 최고온도(최성기 온도) : **900~1000℃**

  ● 목조건물=목재건물

기억법 목고단 13

답 ①

02 다음 중 증기비중이 가장 큰 것은?

16.10.문20
11.06.문06

① Halon 1301
② Halon 2402
③ Halon 1211
④ Halon 104

해설 **증기비중**이 큰 순서
Halon 2402 > Halon 1211 > Halon 104 > Halon 1301

중요

증기비중

$$증기비중 = \frac{분자량}{29}$$

여기서, 29 : 공기의 평균분자량

답 ②

03 화재발생시 피난기구로 직접 활용할 수 없는 것은?

11.03.문18

① 완강기
② 무선통신보조설비
③ 피난사다리
④ 구조대

해설 **피난기구**
  (1) **완강기** [보기 ①]
  (2) **피난사다리** [보기 ③]
  (3) **구조대**(수직구조대 포함) [보기 ④]
  (4) 소방청장이 정하여 고시하는 화재안전기준으로 정하는 것(미끄럼대, 피난교, 공기안전매트, 피난용 트랩, 다수인 피난장비, 승강식 피난기, 간이완강기, 하향식 피난구용 내림식 사다리)

  ② 무선통신보조설비 : **소화활동설비**

답 ②

04 정전기에 의한 발화과정으로 옳은 것은?

16.10.문11

① 방전 → 전하의 축적 → 전하의 발생 → 발화
② 전하의 발생 → 전하의 축적 → 방전 → 발화
③ 전하의 발생 → 방전 → 전하의 축적 → 발화
④ 전하의 축적 → 방전 → 전하의 발생 → 발화

해설 **정전기의 발화과정**

전하의 발생	→	전하의 축적	→	방전	→	발화

답 ②

★★★ 05 물리적 소화방법이 아닌 것은?

15.09.문05
14.05.문13
13.03.문12
11.03.문16

① 산소공급원 차단
② 연쇄반응 차단
③ 온도냉각
④ 가연물 제거

해설

물리적 소화방법	화학적 소화방법
• 질식소화(산소공급원 차단) • 냉각소화(온도냉각) • 제거소화(가연물 제거)	• **억**제소화(연쇄반응의 억제) **기억법** 억화(**억화**감정)

② 화학적 소화방법

중요

소화의 방법

소화방법	설 명
냉각소화	• 다량의 물 등을 이용하여 **점화원**을 **냉각**시켜 소화하는 방법 • 다량의 물을 뿌려 소화하는 방법
질식소화	• 공기 중의 **산소농도**를 16%(10~15%) 이하로 희박하게 하여 소화하는 방법
제거소화	• 가연물을 제거하여 소화하는 방법
억제소화 (부촉매효과)	• 연쇄반응을 차단하여 소화하는 방법으로 '화학소화'라고도 함

답 ②

★★★ 06 탄화칼슘이 물과 반응할 때 발생되는 기체는?

19.03.문17
18.04.문18
17.05.문09
11.10.문05
10.09.문12

① 일산화탄소
② 아세틸렌
③ 황화수소
④ 수소

해설 (1) **탄화칼슘**과 물의 반응식 보기②

$$CaC_2 + 2H_2O \rightarrow Ca(OH)_2 + C_2H_2 \uparrow$$
탄화칼슘   물   수산화칼슘 아세틸렌

(2) **탄화알루미늄**과 물의 반응식

$$Al_4C_3 + 12H_2O \rightarrow 4Al(OH)_3 + 3CH_4 \uparrow$$
탄화알루미늄 물   수산화알루미늄 메탄

(3) **인화칼슘**과 물의 반응식

$$Ca_3P_2 + 6H_2O \rightarrow 3Ca(OH)_2 + 2PH_3 \uparrow$$
인화칼슘   물   수산화칼슘   포스핀

(4) **수소화리튬**과 물의 반응식

$$LiH + H_2O \rightarrow LiOH + H_2$$
수소화리튬 물   수산화리튬 수소

답 ②

★★★ 07 분말소화약제 중 A급, B급, C급 화재에 모두 사용할 수 있는 것은?

12.03.문16

① 제1종 분말
② 제2종 분말
③ 제3종 분말
④ 제4종 분말

해설 **분말소화약제**

종 별	분자식	착 색	적응 화재	비 고
제1종	중탄산나트륨 ($NaHCO_3$)	백색	BC급	**식용유** 및 **지방질유**의 화재에 적합
제2종	중탄산칼륨 ($KHCO_3$)	담자색 (담회색)	BC급	–
제3종 보기 ③	제1인산암모늄 ($NH_4H_2PO_4$)	담홍색	ABC급	**차고·주차장**에 적합
제4종	중탄산칼륨 +요소 ($KHCO_3+$ $(NH_2)_2CO$)	회(백)색	BC급	–

기억법 1식분(**일식 분식**)
3분 차주(**삼보**컴퓨터 **차주**)

답 ③

★★★ 08 조연성 가스에 해당하는 것은?

16.10.문03
14.05.문10
12.09.문08

① 수소
② 일산화탄소
③ 산소
④ 에탄

해설 **가연성 가스**와 **지연성 가스**

가연성 가스	지연성 가스(조연성 가스)
• 수소 보기① • 메탄 • 일산화탄소 보기② • 천연가스 • 부탄 • 에탄 보기④	• **산소** 보기③ • **공기** • **염소** • **오존** • **불소**

기억법 조산공 염오불

용어

가연성 가스와 **지연성 가스**

가연성 가스	지연성 가스(조연성 가스)
물질 자체가 연소하는 것	자기 자신은 연소하지 않지만 연소를 도와주는 가스

답 ③

09 분자 내부에 니트로기를 갖고 있는 TNT, 니트로셀룰로오스 등과 같은 제5류 위험물의 연소형태는?

★★★

15.03.문19
14.03.문13

① 분해연소   ② 자기연소
③ 증발연소   ④ 표면연소

해설 **연소**의 **형태**

연소 형태	종 류
표면연소	• **숯**, 코크스 • **목탄**, **금속분**
분해연소	• 석탄, 종이 • 플라스틱, 목재 • 고무, 중유, 아스팔트
증발연소	• 황, 왁스 • 파라핀, 나프탈렌 • 가솔린, 등유 • 경유, 알코올, 아세톤
자기연소 (제5류 위험물) 보기 ②	• 니트로글리세린, 니트로셀룰로오스 (질화면) • TNT, 피크린산(TNP)
액적연소	• 벙커C유
확산연소	• 메탄(CH_4), 암모니아(NH_3) • 아세틸렌(C_2H_2), 일산화탄소(CO) • 수소(H_2)

기억법 **표숯코목탄금**

중요

연소 형태	설 명
증발연소	• 가열하면 **고체**에서 **액체**로, **액체**에서 **기체**로 상태가 변하여 그 기체가 연소하는 현상
자기연소 (제5류 위험물)	• 열분해에 의해 **산소**를 발생하면서 연소하는 현상 • 분자 자체 내에 포함하고 있는 **산소**를 이용하여 연소하는 형태
분해연소	• 연소시 **열분해**에 의하여 발생된 가스와 산소가 혼합하여 연소하는 현상
표면연소	• 열분해에 의하여 가연성 가스를 발생하지 않고 그 **물질 자체**가 **연소**하는 현상

기억법 **자산**

답 ②

10 가연물질의 종류에 따라 화재를 분류하였을 때 섬유류 화재가 속하는 것은?

★★★

13.03.문05

① A급 화재   ② B급 화재
③ C급 화재   ④ D급 화재

해설

화재의 종류	표시색	적응물질
일반화재(A급)	백색	• 일반가연물 • 종이류 화재 • 목재, **섬유화재**(섬유류 화재) 보기 ①
유류화재(B급)	황색	• 가연성 액체 • 가연성 가스 • 액화가스화재 • 석유화재
전기화재(C급)	청색	• 전기설비
금속화재(D급)	무색	• 가연성 금속
주방화재(K급)	–	• 식용유화재

• 요즘은 표시색의 의무규정은 없음

답 ①

11 위험물안전관리법령상 제6류 위험물을 수납하는 운반용기의 외부에 주의사항을 표시하여야 할 경우, 어떤 내용을 표시하여야 하는가?

★★

19.04.문58
16.10.문53
15.03.문44
11.10.문45

① 물기엄금
② 화기엄금
③ 화기주의 · 충격주의
④ 가연물접촉주의

해설 **위험물규칙** 〔**별표 19**〕
위험물 운반용기의 주의사항

위험물		주의사항
제1류 위험물	알칼리금속의 과산화물	• 화기 · 충격주의 • 물기엄금 • 가연물접촉주의
	기타	• 화기 · 충격주의 • 가연물접촉주의
제2류 위험물	철분 · 금속분 · 마그네슘	• 화기주의 • 물기엄금
	인화성 고체	• 화기엄금
	기타	• 화기주의
제3류 위험물	자연발화성 물질	• 화기엄금 • 공기접촉엄금
	금수성 물질	• 물기엄금
제4류 위험물		• 화기엄금
제5류 위험물		• 화기엄금 • 충격주의
제6류 위험물		• 가연물접촉주의 보기 ④

비교

위험물규칙 〔별표 4〕
위험물제조소의 게시판 설치기준

위험물	주의사항	비 고
• 제1류 위험물(알칼리금속의 과산화물) • 제3류 위험물(금수성 물질)	물기엄금	**청색**바탕에 **백색**문자
• 제2류 위험물(인화성 고체 제외)	화기주의	
• 제2류 위험물(인화성 고체) • 제3류 위험물(자연발화성 물질) • 제4류 위험물 • 제5류 위험물	화기엄금	**적색**바탕에 **백색**문자
• 제6류 위험물	별도의 표시를 하지 않는다.	

답 ④

★★★
12 다음 연소생성물 중 인체에 독성이 가장 높은 것은?

19.04.문10
11.03.문10
04.09.문14

① 이산화탄소
② 일산화탄소
③ 수증기
④ 포스겐

해설 **연소가스**

연소가스	설 명
일산화탄소(CO)	화재시 흡입된 일산화탄소(CO)의 화학적 작용에 의해 **헤모글로빈**(Hb)이 혈액의 산소운반작용을 저해하여 사람을 질식·사망하게 한다.
이산화탄소(CO₂)	연소가스 중 **가장 많은 양**을 차지하고 있으며 가스 그 자체의 독성은 거의 없으나 다량이 존재할 경우 호흡속도를 증가시키고, 이로 인하여 화재가스에 혼합된 유해가스의 혼입을 증가시켜 위험을 가중시키는 가스이다.
암모니아(NH₃)	나무, 페놀수지, 멜라민수지 등의 **질소함유물**이 연소할 때 발생하며, 냉동시설의 **냉매**로 쓰인다.
포스겐(COCl₂) 보기 ④	**매우 독성이 강한 가스**로서 소화제인 **사염화탄소**(CCl₄)를 화재시에 사용할 때도 발생한다.
황화수소(H₂S)	**달걀 썩는 냄새**가 나는 특성이 있다.
아크롤레인 (CH₂=CHCHO)	독성이 매우 높은 가스로서 **석유제품, 유지** 등이 연소할 때 생성되는 가스이다.

답 ④

★★★
13 알킬알루미늄 화재에 적합한 소화약제는?

16.05.문20
07.09.문03

① 물
② 이산화탄소
③ 팽창질석
④ 할로겐화합물

해설 **알킬알루미늄 소화약제**

위험물	소화약제
• 알킬알루미늄	• 마른모래 • 팽창질석 보기 ③ • 팽창진주암

답 ③

★
14 열전도도(Thermal conductivity)를 표시하는 단위에 해당하는 것은?

18.03.문13
15.05.문23
06.05.문34

① $J/m^2 \cdot h$
② $kcal/h \cdot \mathrm{℃}^2$
③ $W/m \cdot K$
④ $J \cdot K/m^3$

해설 **전도**

$$\overset{\circ}{q}'' = \frac{K(T_2 - T_1)}{l}$$

여기서, $\overset{\circ}{q}''$: 단위면적당 열량(열손실)〔W/m²〕
K : **열전도율(열전도도)**〔W/m · K〕
$T_2 - T_1$: 온도차〔℃〕 또는 〔K〕
l : 두께〔m〕

답 ③

★★
15 위험물안전관리법령상 위험물에 대한 설명으로 옳은 것은?

20.08.문20
19.03.문06
16.05.문01
15.03.문51
09.05.문57

① 과염소산은 위험물이 아니다.
② 황린은 제2류 위험물이다.
③ 황화린의 지정수량은 100kg이다.
④ 산화성 고체는 제6류 위험물의 성질이다.

해설 **위험물의 지정수량**

위험물	지정수량
• 질산에스테르류	10kg
• 황린	20kg
• 무기과산화물 • 과산화나트륨	50kg
• 황화린 • 적린	100kg 보기 ③
• 트리니트로톨루엔	200kg
• 탄화알루미늄	300kg

① 위험물이 아니다. → 위험물이다.
② 제2류 → 제3류
④ 제6류 → 제1류

중요

위험물령 〔별표 1〕
위험물

유별	성질	품명
제1류	산화성 고체	• 아염소산염류 • 염소산염류(**염소산나트륨**) • 과염소산염류 • 질산염류 • 무기과산화물 **기억법** 1산고염나
제2류	가연성 고체	• **황**화린 • **적**린 • **유**황 • **마**그네슘 **기억법** 황화적유마
제3류	자연발화성 물질 및 금수성 물질	• **황**린 • **칼**륨 • **나**트륨 • **알**칼리토금속 • **트**리에틸알루미늄 **기억법** 황칼나알트
제4류	인화성 액체	• 특수인화물 • 석유류(벤젠) • 알코올류 • 동식물유류
제5류	자기반응성 물질	• 유기과산화물 • 니트로화합물 • 니트로소화합물 • 아조화합물 • 질산에스테르류(셀룰로이드)
제6류	산화성 액체	• **과염소산** • 과산화수소 • 질산

답 ③

★★★
16 제3종 분말소화약제의 주성분은?

17.09.문10
16.10.문06
16.10.문10
16.05.문15
16.05.문17
16.03.문09
16.03.문11
15.09.문01

① 인산암모늄
② 탄산수소칼륨
③ 탄산수소나트륨
④ 탄산수소칼륨과 요소

해설 (1) **분말소화약제**

종별	주성분	착색	적응화재	비고
제1종	중탄산나트륨 ($NaHCO_3$)	백색	BC급	**식용유** 및 **지방질유**의 화재에 적합
제2종	중탄산칼륨 ($KHCO_3$)	담자색 (담회색)	BC급	–
제3종	제1인산암모늄 ($NH_4H_2PO_4$)	담홍색 (황색)	ABC급	**차고·주차장**에 적합
제4종	중탄산칼륨 +요소 ($KHCO_3 +$ $(NH_2)_2CO$)	회(백)색	BC급	

기억법 1식분(일식 분식)
3분 차주(삼보컴퓨터 차주)

• 제1인산암모늄=인산암모늄=인산염

(2) **이산화탄소 소화약제**

주성분	적응화재
이산화탄소(CO_2)	BC급

답 ①

★★★
17 이산화탄소 소화기의 일반적인 성질에서 단점이 아닌 것은?

14.09.문03
03.03.문08

① 밀폐된 공간에서 사용시 질식의 위험성이 있다.
② 인체에 직접 방출시 동상의 위험성이 있다.
③ 소화약제의 방사시 소음이 크다.
④ 전기가 잘 통하기 때문에 전기설비에 사용할 수 없다.

해설 이산화탄소 소화설비

구분	설명
장점	• 화재진화 후 깨끗하다. • **심부화재**에 적합하다. • **증거보존**이 **양호**하여 화재원인조사가 쉽다. • 전기의 **부도체**로서 전기절연성이 높다(**전기설비**에 사용 가능).
단점	• 인체의 **질식**이 우려된다. 보기 ① • 소화약제의 방출시 인체에 닿으면 **동상**이 우려된다. 보기 ② • 소화약제의 방사시 **소리**가 요란하다. 보기 ③

④ 잘 통하기 때문에 → 통하지 않기 때문에, 없다. → 있다.

답 ④

★ 18

IG-541이 15℃에서 내용적 50리터 압력용기에 155kgf/cm²으로 충전되어 있다. 온도가 30℃가 되었다면 IG-541 압력은 약 몇 kgf/cm²가 되겠는가? (단, 용기의 팽창은 없다고 가정한다.)

① 78
② 155
③ 163
④ 310

해설 **(1) 기호**

- T_1 : 15℃=(273+15)K=288K
- $V_1 = V_2$: 50L(용기의 팽창이 없으므로)
- P_1 : 155kgf/cm²
- T_2 : 30℃=(273+30)K=303K
- P_2 : ?

(2) 보일-샤를의 법칙

$$\frac{P_1 V_1}{T_1} = \frac{P_2 V_2}{T_2}$$

여기서, P_1, P_2 : 기압[atm]
V_1, V_2 : 부피[m³]
T_1, T_2 : 절대온도[K](273+℃)

$V_1 = V_2$ 이므로

$$\frac{P_1 \cancel{V_1}}{T_1} = \frac{P_2 \cancel{V_2}}{T_2}$$

$$\frac{P_1}{T_1} = \frac{P_2}{T_2}$$

$$\frac{155\text{kgf/cm}^2}{288\text{K}} = \frac{x\,[\text{kgf/cm}^2]}{303\text{K}}$$

$$x\,[\text{kgf/cm}^2] = \frac{155\text{kgf/cm}^2}{288\text{K}} \times 303\text{K}$$

$$\fallingdotseq 163\text{kgf/cm}^2$$

용어

보일-샤를의 법칙(Boyle-Charl's law)
기체가 차지하는 **부피**는 압력에 **반비례**하며, **절대온도**에 **비례**한다.

답 ③

★★ 19

17.09.문06
16.10.문12
15.03.문20
14.03.문15

소화약제 중 HFC-125의 화학식으로 옳은 것은?

① CHF_2CF_3
② CHF_3
③ CF_3CHFCF_3
④ CF_3I

해설 **할로겐화합물 및 불활성기체 소화약제**

구 분	소화약제	화학식
할로겐화합물 소화약제	**FC-3-1-10** 기억법 FC31(**FC** 서울의 **3.1**절)	C_4F_{10}
	HCFC BLEND A	HCFC-123($CHCl_2CF_3$) : **4.75%** HCFC-22($CHClF_2$) : **82%** HCFC-124($CHClFCF_3$) : **9.5%** $C_{10}H_{16}$: **3.75%** 기억법 475 82 95 375(**사시오** 빨리 그래서 **구어 살키시오!**)
	HCFC-124	$CHClFCF_3$
	HFC-125 ——→ 기억법 125(**이리온**)	CHF_2CF_3 보기 ①
	HFC-227ea 기억법 227e(**둘둘치킨이** 맛있다)	CF_3CHFCF_3
	HFC-23	CHF_3
	HFC-236fa	$CF_3CH_2CF_3$
	FIC-13I1	CF_3I
불활성기체 소화약제	**IG-01**	Ar
	IG-100	N_2
	IG-541	• **N**₂(질소) : **52%** • **A**r(아르곤) : **40%** • **CO**₂(이산화탄소) : **8%** 기억법 NACO(**내코**) 52408
	IG-55	N_2 : 50%, Ar : 50%
	FK-5-1-12	$CF_3CF_2C(O)CF(CF_3)_2$

답 ①

★★ 20

17.05.문03

프로판 50vol%, 부탄 40vol%, 프로필렌 10vol%로 된 혼합가스의 폭발하한계는 약 몇 vol%인가? (단, 각 가스의 폭발하한계는 프로판은 2.2vol%, 부탄은 1.9vol%, 프로필렌은 2.4vol%이다.)

① 0.83
② 2.09
③ 5.05
④ 9.44

해설 혼합가스의 폭발하한계

$$\frac{100}{L} = \frac{V_1}{L_1} + \frac{V_2}{L_2} + \frac{V_3}{L_3}$$

여기서, L : 혼합가스의 폭발하한계[vol%]
  L_1, L_2, L_3 : 가연성 가스의 폭발하한계[vol%]
  V_1, V_2, V_3 : 가연성 가스의 용량[vol%]

$$\frac{100}{L} = \frac{V_1}{L_1} + \frac{V_2}{L_2} + \frac{V_3}{L_3}$$

$$\frac{100}{L} = \frac{50}{2.2} + \frac{40}{1.9} + \frac{10}{2.4}$$

$$\frac{100}{\frac{50}{2.2} + \frac{40}{1.9} + \frac{10}{2.4}} = L$$

$$L = \frac{100}{\frac{50}{2.2} + \frac{40}{1.9} + \frac{10}{2.4}} ≒ 2.09\%$$

• 단위가 원래는 [vol%] 또는 [v%], [vol.%]인데 줄여서 [%]로 쓰기도 한다.

답 ②

21 직경 20cm의 소화용 호스에 물이 392N/s 흐른다. 이때의 평균유속[m/s]은?

① 2.96   ② 4.34
③ 3.68   ④ 1.27

해설 (1) 기호

• D : 20cm=0.2m(100cm=1m)
• G : 392N/s
• V : ?

(2) **중량유량**(Weight flowrate)

$$G = AV\gamma = \left(\frac{\pi}{4}D^2\right)V\gamma$$

여기서, G : 중량유량[N/s]
  A : 단면적[m²]
  V : 유속[m/s]
  γ : 비중량(물의 비중량 9800N/m³)
  D : 직경[m]

유속 V는

$$V = \frac{G}{\left(\frac{\pi}{4}D^2\right)\gamma} = \frac{392\text{N/s}}{\frac{\pi}{4}\times(0.2\text{m})^2\times 9800\text{N/m}^3} ≒ 1.27\text{m/s}$$

비교

질량유량 (mass flowrate)	유량(flowrate) = 체적유량
$\overline{m} = AV\rho = \left(\frac{\pi D^2}{4}\right)V\rho$	$Q = AV$

여기서, $\overline{m}$: 질량유량[kg/s]   여기서, Q : 유량[m³/s]
  A : 단면적[m²] A : 단면적[m²]
  V : 유속[m/s] V : 유속[m/s]
  ρ : 밀도(물의 밀도
    1000kg/m³)
  D : 직경[m]

답 ④

22 수은이 채워진 U자관에 수은보다 비중이 작은 어떤 액체를 넣었다. 액체기둥의 높이가 10cm, 수은과 액체의 자유 표면의 높이 차이가 6cm일 때 이 액체의 비중은? (단, 수은의 비중은 13.6 이다.)

12.05.문23

① 5.44   ② 8.16
③ 9.63   ④ 10.88

해설 (1) 기호

• h_2 : 10cm
• h_1 : 4cm
• s_2 : ?
• s_1 : 13.6

$h_2 = 10\text{cm}$ γ_2 6cm $h_1 = 10-6 = 4\text{cm}$ γ_1

| U자관 |

$$\gamma_1 h_1 = \gamma_2 h_2$$
$$s_1 h_1 = s_2 h_2$$

여기서, γ_1, γ_2 : 비중량[N/m³]
  h_1, h_2 : 높이[m]
  s_1, s_2 : 비중

액체의 비중 s_2는

$$s_2 = \frac{s_1 h_1}{h_2} = \frac{13.6\times 4\text{cm}}{10\text{cm}} ≒ 5.44$$

• 수은의 비중 : 13.6

답 ①

★★★
23

19.09.문39
19.03.문30
17.09.문37
17.05.문26
05.03.문22

수압기에서 피스톤의 반지름이 각각 20cm와 10cm이다. 작은 피스톤에 19.6N의 힘을 가하는 경우 평형을 이루기 위해 큰 피스톤에는 몇 N의 하중을 가하여야 하는가?

① 4.9
② 9.8
③ 68.4
④ 78.4

(1) 기호

- D_1 : 20cm
- D_2 : 10cm
- F_2 : 19.6N
- F_1 : ?

(2) 압력

$$P = \gamma h = \frac{F}{A}$$

여기서, P : 압력[N/cm²]
γ : 비중량[N/cm³]
h : 움직인 높이[cm]
F : 힘[N]
A : 단면적[cm²]

힘 $F = \gamma h A = \gamma h\left(\dfrac{\pi D^2}{4}\right) \propto D^2$

$F_1 : D_1{}^2 = F_2 : D_2{}^2$

$F_1 : (20\text{cm})^2 = 19.6\text{N} : (10\text{cm})^2$

$F_1 \times (10\text{cm})^2 = (20\text{cm})^2 \times 19.6\text{N}$

$F_1 \times 100\text{cm}^2 = 7840\text{N} \cdot \text{cm}^2$

$F_1 = \dfrac{7840\text{N} \cdot \text{cm}^2}{100\text{cm}^2} = 78.4\text{N}$

답 ④

★
24

18.04.문24
12.05.문25
(산업)

그림과 같이 중앙부분에 구멍이 뚫린 원판에 지름 D의 원형 물제트가 대기압 상태에서 V의 속도로 충돌하여 원판 뒤로 지름 $\dfrac{D}{2}$의 원형 물제트가 V의 속도로 흘러나가고 있을 때, 이 원판이 받는 힘을 구하는 계산식으로 옳은 것은? (단, ρ는 물의 밀도이다.)

① $\dfrac{3}{16}\rho\pi V^2 D^2$
② $\dfrac{3}{8}\rho\pi V^2 D^2$
③ $\dfrac{3}{4}\rho\pi V^2 D^2$
④ $3\rho\pi V^2 D^2$

(1) 유량

$$Q = AV = \left(\frac{\pi D^2}{4}\right)V$$

여기서, Q : 유량[m³/s]
A : 단면적[m²]
V : 유속[m/s]
D : 지름[m]

(2) 원판이 받는 힘

$$F = \rho Q V$$

여기서, F : 원판이 받는 힘[N]
ρ : 밀도(물의 밀도 1000N · s²/m⁴)
Q : 유량[m³/s]
V : 유속[m/s]

원판이 받는 힘 F는

$F = \rho Q V$
$\quad = \rho(AV)V$
$\quad = \rho A V^2$
$\quad = \rho\left(\dfrac{\pi D^2}{4}\right)V^2 = \dfrac{\rho\pi V^2 D^2}{4}$

$\therefore$ 변형식 $F = \dfrac{\rho\pi V^2\left(D^2 - \left(\dfrac{D}{2}\right)^2\right)}{4}$

$\qquad = \dfrac{\rho\pi V^2\left(D^2 - \dfrac{D^2}{4}\right)}{4}$

$\qquad = \dfrac{\rho\pi V^2\left(\dfrac{4D^2}{4} - \dfrac{D^2}{4}\right)}{4}$

$\qquad = \dfrac{\rho\pi V^2\left(\dfrac{3D^2}{4}\right)}{4}$

$\qquad = \rho\pi V^2\dfrac{3D^2}{16}$

$\qquad = \dfrac{3}{16}\rho\pi V^2 D^2$

답 ①

25 압력 0.1MPa, 온도 250℃ 상태인 물의 엔탈피가 2974.33kJ/kg이고, 비체적은 2.40604m^3/kg이다. 이 상태에서 물의 내부에너지[kJ/kg]는 얼마인가?

17.03.문35
04.03.문28

① 2733.7   ② 2974.1
③ 3214.9   ④ 3582.7

 (1) 기호

- P : 0.1MPa=0.1×10^3kPa(1MPa=10^3kPa)
- H : 2974.33kJ/kg
- V : 2.40604m^3/kg

(2) 엔탈피

$$H = U + PV$$

여기서, H : 엔탈피[kJ/kg]
U : 내부에너지[kJ/kg]
P : 압력[kPa]
V : 비체적[m^3/kg]

내부에너지 U는
$U = H - PV$
$\quad = 2974.33$kJ/kg$- 0.1×10^3$kPa$×2.40604m^3$/kg
$\quad ≒ 2733.7$kJ/kg

답 ①

26 300K의 저온 열원을 가지고 카르노 사이클로 작동하는 열기관의 효율이 70%가 되기 위해서 필요한 고온 열원의 온도[K]는?

12.03.문37

① 800   ② 900
③ 1000   ④ 1100

 (1) 기호

- T_L : 300K
- η : 70%=0.7
- T_H : ?

(2) 카르노사이클(열효율)

$$\eta = 1 - \frac{T_L}{T_H} = 1 - \frac{Q_L}{Q_H}$$

여기서, η : 카르노사이클의 열효율
T_L : 저온(273+℃)[K]
T_H : 고온(273+℃)[K]
Q_L : 저온열량[kJ]
Q_H : 고온열량[kJ]

$\eta = 1 - \dfrac{T_L}{T_H}$

$\eta - 1 = -\dfrac{T_L}{T_H}$

$\dfrac{T_L}{T_H} = 1 - \eta$

$\dfrac{T_L}{1-\eta} = T_H$

$T_H = \dfrac{T_L}{1-\eta} = \dfrac{300}{1-0.7} = 1000$K

답 ③

27 물이 들어 있는 탱크에 수면으로부터 20m 깊이에 지름 50mm 의 오리피스가 있다. 이 오리피스에서 흘러나오는 유량[m^3/min]은? (단, 탱크의 수면 높이는 일정하고 모든 손실은 무시한다.)

15.05.문37
97.10.문40

① 1.3   ② 2.3
③ 3.3   ④ 4.3

(1) 기호

- H : 20m
- D : 50mm=0.05m(1000mm=1m)
- Q : ?

(2) 유속

$$V = C_0 C_v \sqrt{2gH}$$

여기서, V : 유속[m/s]
C_0 : 수축계수
C_v : 속도계수
g : 중력가속도(9.8m/s^2)
H : 깊이(높이)[m]

유속 V는
$V = C_0 C_v \sqrt{2gH}$
$\quad = \sqrt{2×9.8m/s^2×20m} ≒ 19.799$m/s

- 수축계수·속도계수는 주어지지 않았으므로 무시

(3) 유량

$$Q = AV = \left(\frac{\pi}{4}D^2\right)V$$

여기서, Q : 유량[m^3/s]
A : 단면적[m^2]
V : 유속[m/s]
D : 직경[m]

유량 Q는
$Q = \left(\dfrac{\pi}{4}D^2\right)V$

$\quad = \dfrac{\pi}{4}×(0.05m)^2×19.799m/s ≒ 0.038m^3$/s

$0.038m^3$/s $= 0.038m^3 \left| \dfrac{1}{60}\text{min} \right. = (0.038×60)m^3$/min

$\quad ≒ 2.3m^3$/min

- 1min=60s이고 1s=$\frac{1}{60}$min이므로

  0.038m³/s=0.038m³$\left/ \frac{1}{60} \right.$min

답 ②

★★★
28 다음 중 열전달 매질이 없이도 열이 전달되는 형

18.03.문13
17.09.문35
17.05.문33
16.10.문40

태는?

① 전도   ② 자연대류

③ 복사   ④ 강제대류

해설 **열전달**의 **종류**

종류	설 명	관련 법칙
전도 (conduction)	하나의 물체가 다른 물체와 직접 **접촉**하여 열이 이동하는 현상	**푸리에**(Fourier)의 법칙
대류 (convection)	**유체**의 흐름에 의하여 열이 이동하는 현상	**뉴턴**의 법칙
복사 (radiation)	① 화재시 화원과 **격리**된 인접 가연물에 불이 옮겨 붙는 현상 ② **열전달 매질이 없이 열이 전달되는 형태** ③ 열에너지가 **전자파**의 형태로 옮겨지는 현상으로, **가장 크게 작용**한다.	**스테판-볼츠만**의 법칙

중요

공식

(1) 전도

$$Q = \frac{kA(T_2 - T_1)}{l}$$

여기서, Q : 전도열[W]
    k : 열전도율[W/m·K]
    A : 단면적[m²]
    $(T_2 - T_1)$: 온도차[K]
    l : 벽체 두께[m]

(2) 대류

$$Q = h(T_2 - T_1)$$

여기서, Q : 대류열[W/m²]
    h : 열전달률[W/m²·℃]
    $(T_2 - T_1)$: 온도차[℃]

(3) 복사

$$Q = aAF(T_1^4 - T_2^4)$$

여기서, Q : 복사열[W]
    a : 스테판-볼츠만 상수[W/m²·K⁴]
    A : 단면적[m²]
    F : 기하학적 Factor
    T_1 : 고온[K]
    T_2 : 저온[K]

참고

대류의 종류

강제대류	자연대류
송풍기, 펌프 또는 바람들의 외부 사단에 의해 표면 위의 유동이 **강제**적으로 생길 때의 대류	강제대류와 달리 유체의 **온도** 차이로 인한 **밀도** 차이에 의해 발생하는 부력이 유체의 유동을 생기게 할 때의 대류

답 ③

★★
29 양정 220m, 유량 0.025m³/s, 회전수 2900rpm인

13.03.문28

4단 원심 펌프의 **비교회전도**(비속도)[m³/min, m, rpm]는 얼마인가?

① 176   ② 167

③ 45   ④ 23

해설 **(1) 기호**

- H : 220m
- Q : 0.025m³/s=0.025m³$\left/ \frac{1}{60} \right.$min

  =(0.025×60)m³/min

  (1min=60s, 1s=$\frac{1}{60}$min)

- N : 2900rpm
- n : 4
- N_s : ?

(2) 비교회전도(비속도)

$$N_s = N \frac{\sqrt{Q}}{\left(\dfrac{H}{n}\right)^{\frac{3}{4}}}$$

여기서, N_s : 펌프의 비교회전도(비속도)
    [m³/min·m/rpm]
    N : 회전수[rpm]
    Q : 유량[m³/min]
    H : 양정[m]
    n : 단수

펌프의 **비교회전도** N_s는

$N_s = N \dfrac{\sqrt{Q}}{\left(\dfrac{H}{n}\right)^{\frac{3}{4}}}$

$= 2900\text{rpm} \times \dfrac{\sqrt{(0.025 \times 60)\text{m}^3/\text{min}}}{\left(\dfrac{220\text{m}}{4}\right)^{\frac{3}{4}}}$

$= 175.8 \fallingdotseq 176$

- **rpm**(revolution per minute) : 분당 회전속도

비속도
펌프의 성능을 나타내거나 가장 적합한 **회전수를** 결정하는 데 이용되며, **회전자의 형상을** 나타내는 척도가 된다.

답 ①

★★★ 30

19.04.문40
17.05.문40
16.05.문25
12.03.문25
10.03.문37

동력(power)의 차원을 MLT(질량 M, 길이 L, 시간 T)계로 바르게 나타낸 것은?

① MLT^{-1}

② M^2LT^{-2}

③ ML^2T^{-3}

④ MLT^{-2}

해설 **단위와 차원**

차 원	중력단위 [차원]	절대단위 [차원]
부력(힘)	N [F]	$kg \cdot m/s^2$ $[MLT^{-2}]$
일 (에너지 · 열량)	N · m [FL]	$kg \cdot m^2/s^2$ $[ML^2T^{-2}]$
동력(일률)	N · m/s $[FLT^{-1}]$	$kg \cdot m^2/s^3$ $[ML^2T^{-3}]$
표면장력	N/m $[FL^{-1}]$	kg/s^2 $[MT^{-2}]$

중요

차 원	중력단위[차원]	절대단위[차원]
길이	m[L]	m[L]
시간	s[T]	s[T]
운동량	N · s[FT]	$kg \cdot m/s[MLT^{-1}]$
속도	$m/s[LT^{-1}]$	$m/s[LT^{-1}]$
가속도	$m/s^2[LT^{-2}]$	$m/s^2[LT^{-2}]$
질량	$N \cdot s^2/m[FL^{-1}T^2]$	kg[M]
압력	$N/m^2[FL^{-2}]$	$kg/m \cdot s^2[ML^{-1}T^{-2}]$
밀도	$N \cdot s^2/m^4[FL^{-4}T^2]$	$kg/m^3[ML^{-3}]$
비중	무차원	무차원
비중량	$N/m^3[FL^{-3}]$	$kg/m^2 \cdot s^2[ML^{-2}T^{-2}]$
비체적	$m^4/N \cdot s^2[F^{-1}L^4T^{-2}]$	$m^3/kg[M^{-1}L^3]$
점성계수	$N \cdot s/m^2[FL^{-2}T]$	$kg/m \cdot s[ML^{-1}T^{-1}]$
동점성계수	$m^2/s[L^2T^{-1}]$	$m^2/s[L^2T^{-1}]$

답 ③

★★★ 31

17.09.문28
17.05.문22
17.03.문36
16.10.문37
14.03.문24
08.05.문33
06.09.문31

직사각형 단면의 덕트에서 가로와 세로가 각각 a 및 $1.5a$이고, 길이가 L이며, 이 안에서 공기가 V의 평균속도로 흐르고 있다. 이때 손실수두를 구하는 식으로 옳은 것은? (단, f는 이 수력지름에 기초한 마찰계수이고, g는 중력가속도를 의미한다.)

① $f \dfrac{L}{a} \dfrac{V^2}{2.4g}$

② $f \dfrac{L}{a} \dfrac{V^2}{2g}$

③ $f \dfrac{L}{a} \dfrac{V^2}{1.4g}$

④ $f \dfrac{L}{a} \dfrac{V^2}{g}$

해설 (1) **기호**

- $A : a \times 1.5a$
- $L : a + a + 1.5a + 1.5a$
- $H : ?$

(2) **수력반경**(hydraulic radius)

$$R_h = \frac{A}{L} \quad \cdots\cdots\cdots ⑦$$

여기서, R_h : 수력반경[m]
　　　　A : 단면적[m²]
　　　　L : 접수길이(단면둘레의 길이)[m]

(3) **수력직경**(수력지름)

$$D_h = 4R_h \quad \cdots\cdots\cdots ⑧$$

여기서, D_h : 수력직경[m]
　　　　R_h : 수력반경[m]

⑦식을 ⑧식에 대입하면

$$D_h = 4R_h = \frac{4A}{L}$$

수력반경 $R_h = \dfrac{A}{L}$ 에서

$A = (가로 \times 세로) = a \times 1.5a$
$L = a + a + 1.5a + 1.5a$

수력직경 D_h 는

$$D_h = 4R_h = \frac{4A}{L} = \frac{4 \times (a \times 1.5a)}{a + a + 1.5a + 1.5a}$$

$$= \frac{6a^2}{2a + 3a} = \frac{6a^2}{5a} = 1.2a$$

(4) 손실수두

$$H = \frac{fLV^2}{2gD} = \frac{fLV^2}{2gD_h}$$

여기서, H : 손실수두(마찰손실)[m]
  f : 관마찰계수
  L : 길이[m]
  V : 유속[m/s]
  g : 중력가속도(9.8m/s²)
  $D(D_h)$: 내경(수력직경)[m]

위에서 $D_h = 1.2a$이므로

$$H = \frac{fLV^2}{2gD_h} = \frac{fLV^2}{2g(1.2a)} = \frac{fLV^2}{a2.4g} = f\frac{L}{a}\frac{V^2}{2.4g}$$

답 ①

★★★ 32 무차원수 중 레이놀즈수(Reynolds number)의 물리적인 의미는?

20.09.문39
18.03.문22
14.05.문35
12.03.문28
07.09.문30
06.09.문26
06.05.문37
03.05.문25

① $\dfrac{관성력}{중력}$

② $\dfrac{관성력}{탄성력}$

③ $\dfrac{관성력}{점성력}$

④ $\dfrac{관성력}{음속}$

해설 레이놀즈수

원관 내에 유체가 흐를 때 유동의 특성을 결정하는 가장 중요한 요소

‖ 요소의 물리적 의미 ‖

명 칭	물리적 의미	비 고
레이놀즈(Reynolds)수	$\dfrac{관성력}{점성력}$	–
프루드(Froude)수	$\dfrac{관성력}{중력}$	–
마하(Mach)수	$\dfrac{관성력}{압축력}$	여기서, V : 유속[m/s] C : 음속[m/s] $\dfrac{V}{C}$
코우시스(Cauchy)수	$\dfrac{관성력}{탄성력}$	$\dfrac{\rho V^2}{k}$ 여기서, ρ : 밀도[N·s²/m⁴] k : 탄성계수[Pa] 또는 [N/m²] V : 유속[m/s]
웨버(Weber)수	$\dfrac{관성력}{표면장력}$	–
오일러(Euler)수	$\dfrac{압축력}{관성력}$	–

기억법 레관점

답 ③

★★★ 33 동일한 노즐구경을 갖는 소방차에서 방수압력이 1.5배가 되면 방수량은 몇 배로 되는가?

19.04.문33
17.09.문33
14.03.문23
12.09.문36

① 1.22배   ② 1.41배
③ 1.52배   ④ 2.25배

해설 (1) 기호

- P_2 : $1.5P_1$
- Q_2 : ?

(2) 방수량

$$Q = 0.653D^2\sqrt{10P} \propto \sqrt{P}$$

여기서, Q : 방수량[L/min]
  D : 구경[mm]
  P : 방수압(계기압력)[MPa]

$$Q_1 : Q_2 = \sqrt{P_1} : \sqrt{P_2}$$

$$Q_1 : xQ_1 = \sqrt{P_1} : \sqrt{1.5P_1}$$

$$xQ_1\sqrt{P_1} = Q_1 \times \sqrt{1.5P_1}$$

$$x = \frac{Q_1 \times \sqrt{1.5P_1}}{Q_1\sqrt{P_1}} = 1.22배$$

답 ①

★★★ 34 전양정 80m, 토출량 500L/min인 물을 사용하는 소화펌프가 있다. 펌프효율 65%, 전달계수(K) 1.1인 경우 필요한 전동기의 최소동력[kW]은?

19.09.문26
17.09.문38
17.03.문38
15.09.문30
13.06.문38

① 9   ② 11
③ 13   ④ 15

해설 (1) 기호

- H : 80m
- Q : 500L/min = 0.5m³/min(1000L=1m³)
- η : 65% = 0.65
- K : 1.1

(2) 소요동력

$$P = \frac{0.163QH}{\eta}K$$

여기서, P : 전동력(소요동력)[kW]
  Q : 유량[m³/min]
  H : 전양정[m]
  K : 전달계수
  η : 효율

소요동력 P 는

$$P = \frac{0.163QH}{\eta}K$$

$$= \frac{0.163 \times 0.5m^3/min \times 80m}{0.65} \times 1.1$$

$$≒ 11kW$$

답 ②

★★★ 35

17.05.문39
16.10.문37
15.05.문36
11.10.문27

안지름 10cm인 수평 원관의 층류유동으로 4km 떨어진 곳에 원유(점성계수 0.02N·s/m², 비중 0.86)를 0.10m³/min의 유량으로 수송하려 할 때 펌프에 필요한 동력[W]은? (단, 펌프의 효율은 100%로 가정한다.)

① 76   ② 91

③ 10900   ④ 9100

 해설

(1) 기호

- $D = 10\text{cm} = 0.1\text{m} \ (100\text{cm} = 1\text{m})$
- $l = 4\text{km} = 4000\text{m} (1\text{km} = 1000\text{m})$
- $\mu = 0.02\text{N}\cdot\text{s/m}^2 = 0.02\text{kg/m}\cdot\text{s}$
  $(1\text{N}\cdot\text{s/m}^2 = 1\text{kg/m}\cdot\text{s})$
- $Q = 0.1\text{m}^3/\text{min} = 0.1\text{m}^3/60\text{s}$
  $= 1.666 \times 10^{-3}\,\text{m}^3/\text{s}$
- $\eta = 100\% = 1$
- $P : ?$
- $s = 0.86$

(2) 유량

$$Q = AV = \left(\frac{\pi D^2}{4}\right)V$$

여기서, Q : 유량[m³/s]
      A : 단면적[m²]
      V : 유속[m/s]
      D : 지름[m]

유속 V는

$$V = \frac{Q}{\frac{\pi D^2}{4}} = \frac{(1.666 \times 10^{-3})\text{m}^3/\text{s}}{\frac{\pi \times (0.1\text{m})^2}{4}} \fallingdotseq 0.212\text{m/s}$$

(3) 비중

$$s = \frac{\rho}{\rho_w} = \frac{\gamma}{\gamma_w}$$

여기서, s : 비중
      ρ : 어떤 물질의 밀도[kg/m³]
      ρ_w : 물의 밀도(1000kg/m³)
      γ : 어떤 물질의 비중량[N/m³]
      γ_w : 물의 비중량(9800N/m³)

원유의 밀도 ρ는
$\rho = s \cdot \rho_w$
$= 0.86 \times 1000\text{kg/m}^3 = 860\text{kg/m}^3$

원유의 비중량 γ는
$\gamma = s \cdot \gamma_w$
$= 0.86 \times 9800\text{N/m}^3 = 8428\text{N/m}^3$

(4) 레이놀즈수

$$Re = \frac{DV\rho}{\mu} = \frac{DV}{\nu}$$

여기서, Re : 레이놀즈수
      D : 내경[m]
      V : 유속[m/s]
      ρ : 밀도[kg/m³]
      μ : 점도[kg/m·s] = [N·s/m²]
      ν : 동점성계수 $\left(\frac{\mu}{\rho}\right)$[m²/s]

레이놀즈수 Re는

$$Re = \frac{DV\rho}{\mu}$$
$$= \frac{0.1\text{m} \times 0.212\text{m/s} \times 860\text{kg/m}^3}{0.02\text{kg/m}\cdot\text{s}} = 911.6$$

(5) 관마찰계수

$$f = \frac{64}{Re}$$

여기서, f : 관마찰계수
      Re : 레이놀즈수

관마찰계수 f는
$$f = \frac{64}{Re} = \frac{64}{911.6} \fallingdotseq 0.07$$

(6) 마찰손실

달시-웨버의 식(Darcy-Weisbach formula) : 층류

$$H = \frac{\Delta p}{\gamma} = \frac{flV^2}{2gD}$$

여기서, H : 마찰손실(수두)[m]
      Δp : 압력차([kPa] 또는 [kN/m²])
      γ : 비중량(물의 비중량 9800N/m³)
      f : 관마찰계수
      l : 길이[m]
      V : 유속(속도)[m/s]
      g : 중력가속도(9.8m/s²)
      D : 내경[m]

마찰손실 H는
$$H = \frac{flV^2}{2gD} = \frac{0.07 \times 4000\text{m} \times (0.212\text{m/s})^2}{2 \times 9.8\text{m/s}^2 \times 0.1\text{m}} \fallingdotseq 6.42\text{m}$$

(7) 전동력(전동기의 용량)

$$P = \frac{\gamma QH}{1000\eta}K$$

여기서, P : 전동력[kW]
      γ : 비중량(물의 비중량 9800N/m³)
      Q : 유량[m³/s]
      H : 전양정[m]
      K : 전달계수
      η : 효율

전동기의 용량 P는
$$P = \frac{\gamma QH}{1000\eta}K$$
$$= \frac{8428\text{N/m}^3 \times (1.666 \times 10^{-3})\text{m}^3/\text{s} \times 6.42\text{m}}{1000 \times 1}$$

$\fallingdotseq 0.09\text{kW}$
$= 90\text{W}(\therefore$ 소수점 등을 고려하면 91W 정답)

- K : 주어지지 않았으므로 무시
- γ : 원유의 비중량 8428N/m³(물의 비중량이 아님을 주의!)

답 ②

★★★ 36

유속 6m/s로 정상류의 물이 화살표 방향으로 흐르는 배관에 압력계와 피토계가 설치되어 있다. 이때 압력계의 계기압력이 300kPa이었다면 피토계의 계기압력은 약 몇 kPa인가?

① 180
② 280
③ 318
④ 336

해설 (1) **기호**

- V : 6m/s
- P_o : 300kPa
- P : ?

(2) **속도수두**

$$H = \frac{V^2}{2g}$$

여기서, H : 속도수두[m]
　　　　V : 유속[m/s]
　　　　g : 중력가속도(9.8m/s²)

속도수두 H는

$$H = \frac{V^2}{2g} = \frac{(6\text{m/s})^2}{2 \times 9.8\text{m/s}^2} ≒ 1.836\text{m}$$

(3) **피토계 계기압력**

$$P = P_o + \gamma H$$

여기서, P : 피토계 계기압력[kPa]
　　　　P_o : 압력계 계기압력[kPa]
　　　　γ : 비중량(물의 비중량 9.8kN/m³)
　　　　H : 수두(속도수두)[m]

피토계 계기압력 P는

$P = P_o + \gamma H = 300\text{kPa} + 9.8\text{kN/m}^3 \times 1.836\text{m}$
　$= 300\text{kPa} + 17.99\text{kN/m}^2$
　$= 300\text{kPa} + 17.99\text{kPa}(1\text{kN/m}^2 = 1\text{kPa})$
　$≒ 318\text{kPa}$

답 ③

★★ 37

유체의 압축률에 관한 설명으로 올바른 것은?

① 압축률 = 밀도 × 체적탄성계수

② 압축률 = $\dfrac{1}{\text{체적탄성계수}}$

③ 압축률 = $\dfrac{\text{밀도}}{\text{체적탄성계수}}$

④ 압축률 = $\dfrac{\text{체적탄성계수}}{\text{밀도}}$

해설 **압축률**

$$\beta = \frac{1}{K}$$

여기서, β : 압축률[1/kPa]
　　　　K : 체적탄성계수[kPa]

중요

압축률
(1) 체적탄성계수의 역수
(2) 단위압력변화에 대한 체적의 변형도
(3) 압축률이 적은 것은 압축하기 어렵다.

답 ②

★ 38

질량이 5kg인 공기(이상기체)가 온도 333K로 일정하게 유지되면서 체적이 10배가 되었다. 이 계(system)가 한 일[kJ]은? (단, 공기의 기체상수는 287J/kg·K이다.)

① 220
② 478
③ 1100
④ 4779

해설 (1) **기호**

- m : 5kg
- T : 333K
- V_2 : $10V_1$
- $_1W_2$: ?
- R : 287J/kg·K = 0.287kJ/kg·K(1000J = 1kJ)

(2) **등온과정** : 문제에서 **온도**가 **일정**하게 유지되므로
절대일(압축일)

$$_1W_2 = P_1 V_1 \ln \frac{V_2}{V_1}$$

$$= mRT \ln \frac{V_2}{V_1}$$

$$= mRT \ln \frac{P_1}{P_2}$$

$$= P_1 V_1 \ln \frac{P_1}{P_2}$$

여기서, $_1W_2$: 절대일[kJ]
　　　　P_1, P_2 : 변화 전후의 압력[kJ/m³]
　　　　V_1, V_2 : 변화 전후의 체적[m³]
　　　　m : 질량[kg]
　　　　R : 기체상수[kJ/kg·K]
　　　　T : 절대온도(273+℃)[K]

절대일 $_1W_2$는

$$_1W_2 = mRT\ln\frac{V_2}{V_1}$$

$$= mRT\ln\frac{10\cancel{V_1}}{\cancel{V_1}}$$

$$= 5\text{kg} \times 0.287\text{kJ/kg} \cdot \text{K} \times 333\text{K} \times \ln 10$$

$$= 1100\text{kJ}$$

답 ③

★★★ 39

18.04.문38
15.09.문34

무한한 두 평판 사이에 유체가 채워져 있고 한 평판은 정지해 있고 또 다른 평판은 일정한 속도로 움직이는 Couette 유동을 하고 있다. 유체 A만 채워져 있을 때 평판을 움직이기 위한 단위면적당 힘을 τ_1이라 하고 같은 평판 사이에 점성이 다른 유체 B만 채워져 있을 때 필요한 힘을 τ_2라 하면 유체 A와 B가 반반씩 위아래로 채워져 있을 때 평판을 같은 속도로 움직이기 위한 단위면적당 힘에 대한 표현으로 옳은 것은?

① $\dfrac{\tau_1 + \tau_2}{2}$

② $\sqrt{\tau_1 \tau_2}$

③ $\dfrac{2\tau_1 \tau_2}{\tau_1 + \tau_2}$

④ $\tau_1 + \tau_2$

해설 **단위면적당 힘**

$$\tau = \frac{2\tau_1 \tau_2}{\tau_1 + \tau_2}$$

여기서, τ : 단위면적당 힘[N]
　　　 τ_1 : 평판을 움직이기 위한 단위면적당 힘[N]
　　　 τ_2 : 평판 사이에 다른 유체만 채워져 있을 때 필요한 힘[N]

답 ③

★★★ 40

17.09.문39
17.03.문31
15.05.문40
14.09.문36

2m 깊이로 물이 차있는 물탱크 바닥에 한 변이 20cm인 정사각형 모양의 관측창이 설치되어 있다. 관측창이 물로 인하여 받는 순 힘(net force)은 몇 N인가? (단, 관측창 밖의 압력은 대기압이다.)

① 784

② 392

③ 196

④ 98

해설

(1) **기호**

- h : 2m
- A : 20cm×20cm=0.2m×0.2m=0.04m²
　　(100cm=1m)
- F : ?

(2) **정수력**

$$F = \gamma h A$$

여기서, F : 정수력[N]
　　　 γ : 비중량(물의 비중량 9800N/m³)
　　　 h : 표면에서 수문 중심까지의 수직거리[m]
　　　 A : 수문의 단면적[m²]

정수력 F는

$F = \gamma h A = 9800\text{N/m}^3 \times 2\text{m} \times 0.04\text{m}^2 ≒ 784\text{N}$

답 ①

제3과목　소방관계법규

★★★ 41

14.05.문48
10.03.문60

소방기본법의 정의상 소방대상물의 관계인이 아닌 자는?

① 감리자　　　② 관리자

③ 점유자　　　④ 소유자

해설 **기본법 2조**
관계인

(1) **소**유자 보기 ④
(2) **관**리자 보기 ②
(3) **점**유자 보기 ③

기억법 **소관점**

답 ①

★★★ 42

17.09.문45

화재의 예방 및 안전관리에 관한 법령상 화재의 예방상 위험하다고 인정되는 행위를 하는 사람에게 행위의 금지 또는 제한명령을 할 수 있는 사람은?

① 소방본부장

② 시·도지사

③ 의용소방대원

④ 소방대상물의 관리자

해설 소방청장 · 소방본부장 · 소방서장(소방관서장)
(1) **화재**의 **예방조치**(화재예방법 17조) 보기 ①
(2) 옮긴 물건 등의 보관
(3) 화재예방강화지구의 화재안전조사 · 소방훈련 및 교육
(화재예방법 18조)
(4) 화재위험경보발령(화재예방법 20조)

답 ①

43
18.03.문53
08.09.문51
위험물안전관리법령상 위험물제조소에서 취급하는 위험물의 최대수량이 지정수량의 10배 이하인 경우 공지의 너비기준은?

① 2m 이하
② 2m 이상
③ 3m 이하
④ 3m 이상

해설 위험물규칙 〔별표 4〕
위험물제조소의 보유공지

지정수량의 10배 이하	지정수량의 10배 초과
3m 이상	5m 이상

비교

보유공지
(1) **옥외탱크저장소**의 **보유공지**(위험물규칙 〔별표 6〕)

위험물의 최대수량	공지의 너비
지정수량의 500배 이하	3m 이상
지정수량의 501~1000배 이하	5m 이상
지정수량의 1001~2000배 이하	9m 이상
지정수량의 2001~3000배 이하	12m 이상
지정수량의 3001~4000배 이하	15m 이상

(2) **옥내저장소**의 **보유공지**(위험물규칙 〔별표 5〕)

위험물의 최대수량	공지의 너비	
	내화구조	기타구조
지정수량의 5배 이하	–	0.5m 이상
지정수량의 5배 초과 10배 이하	1m 이상	1.5m 이상
지정수량의 10배 초과 20배 이하	2m 이상	3m 이상
지정수량의 20배 초과 50배 이하	3m 이상	5m 이상
지정수량의 50배 초과 200배 이하	5m 이상	10m 이상
지정수량의 200배 초과	10m 이상	15m 이상

(3) **옥외저장소**의 **보유공지**(위험물규칙 〔별표 11〕)

위험물의 최대수량	공지의 너비
지정수량의 10배 이하	3m 이상
지정수량의 11~20배 이하	5m 이상
지정수량의 21~50배 이하	9m 이상
지정수량의 51~200배 이하	12m 이상
지정수량의 200배 초과	15m 이상

답 ④

44
17.05.문52
11.10.문56
위험물안전관리법령상 제조소 또는 일반취급소에서 취급하는 제4류 위험물의 최대수량의 합이 지정수량의 48만배 이상인 사업소의 자체소방대에 두는 화학소방자동차 및 인원기준으로 다음 (   ) 안에 알맞은 것은?

화학소방자동차	자체소방대원의 수
(㉠)	(㉡)

① ㉠ 1대, ㉡ 5인
② ㉠ 2대, ㉡ 10인
③ ㉠ 3대, ㉡ 15인
④ ㉠ 4대, ㉡ 20인

해설 위험물령 〔별표 8〕
자체소방대에 두는 화학소방자동차 및 인원

구 분	화학소방자동차	자체소방대원의 수
지정수량 **3천~12만배** 미만	1대	5인
지정수량 **12~24만배** 미만	2대	10인
지정수량 **24~48만배** 미만	3대	15인
지정수량 **48만배** 이상 →	4대	20인
옥외탱크저장소에 저장하는 제4류 위험물의 최대수량이 지정수량의 **50만배** 이상	2대	10인

답 ④

45
19.03.문55
18.03.문60
14.05.문46
14.03.문46
13.03.문60
화재의 예방 및 안전관리에 관한 법령상 특수가연물의 저장 및 취급기준이 아닌 것은? (단, 석탄 · 목탄류를 발전용으로 저장하는 경우는 제외)

① 품명별로 구분하여 쌓는다.
② 쌓는 높이는 20m 이하가 되도록 한다.
③ 쌓는 부분의 바닥면적 사이는 실내의 경우 1.2m 또는 쌓는 높이의 $\frac{1}{2}$ 중 큰 값 이상이 되도록 한다.
④ 특수가연물을 저장 또는 취급하는 장소에는 품명 · 최대수량 및 화기취급의 금지표지를 설치해야 한다.

해설 화재예방법 시행령 〔별표 3〕
특수가연물의 저장 · 취급기준
(1) **품명별**로 구분하여 쌓을 것 보기 ①
(2) 쌓는 높이는 **10m** 이하가 되도록 할 것 보기 ②
(3) 쌓는 부분의 바닥면적은 **50m²**(석탄 · 목탄류는 **200m²**) 이하가 되도록 할 것(단, 살수설비를 설치하거나 대형 수동식 소화기를 설치하는 경우에는 높이 **15m** 이하, 바닥면적 **200m²**(석탄 · 목탄류는 **300m²**) 이하)

(4) 쌓는 부분의 바닥면적 사이는 실내의 경우 **1.2m** 또는 **쌓는 높이의 $\frac{1}{2}$ 중 큰 값**(실외 **3m** 또는 쌓는 높이 중 **큰 값**) 이상으로 간격을 둘 것 보기 ③

(5) 취급장소에는 **품명 · 최대수량** 및 화기취급의 **금지 표지** 설치 보기 ④

ㅤ② 20m 이하 → 10m 이하

답 ②

⭐
46
15.03.문49
14.09.문42
소방시설 설치 및 관리에 관한 법령상 소화설비를 구성하는 제품 또는 기기에 해당하지 않는 것은?
① 가스누설경보기
② 소방호스
③ 스프링클러헤드
④ 분말자동소화장치

해설 **소방시설법 시행령〔별표 3〕**
소방용품

구 분	설 명
소화설비를 구성하는 제품 또는 기기	• 소화기구(소화약제 외의 것을 이용한 간이소화용구 제외) 보기 ④ • 소화전 • 자동소화장치 • 관창(菅槍) • 소방호스 보기 ② • 스프링클러헤드 보기 ③ • 기동용 수압개폐장치 • 유수제어밸브 • 가스관선택밸브
경보설비를 구성하는 제품 또는 기기	• 누전경보기 • 가스누설경보기 • 발신기 • 수신기 • 중계기 • 감지기 및 음향장치(경종만 해당)
피난구조설비를 구성하는 제품 또는 기기	• 피난사다리 • 구조대 • 완강기(간이완강기 및 지지대 포함) • 공기호흡기(충전기 포함) • 유도등 • 예비전원이 내장된 비상조명등
소화용으로 사용하는 제품 또는 기기	• 소화약제 • 방염제

ㅤ① 가스누설경보기는 소화설비가 아니고 **경보설비**

답 ①

⭐⭐⭐
47
18.09.문42
17.03.문49
16.05.문57
15.09.문43
15.05.문58
11.10.문51
10.09.문54
소방기본법령상 출동한 소방대원에게 폭행 또는 협박을 행사하여 화재진압 · 인명구조 또는 구급활동을 방해한 사람에 대한 벌칙기준은?

① 500만원 이하의 과태료
② 1년 이하의 징역 또는 1000만원 이하의 벌금
③ 3년 이하의 징역 또는 3000만원 이하의 벌금
④ 5년 이하의 징역 또는 5000만원 이하의 벌금

해설 **기본법 50조**
5년 이하의 징역 또는 5000만원 이하의 벌금
(1) 소방자동차의 **출동 방해**
(2) **사람구출** 방해
(3) **소방용수시설** 또는 **비상소화장치**의 효용 방해
(4) 출동한 소방대의 화재진압 · 인명구조 또는 구급활동 **방해**
(5) 소방대의 현장출동 **방해**
(6) 출동한 소방대원에게 **폭행 · 협박** 행사 보기 ④

답 ④

⭐⭐⭐
48
14.05.문51
13.09.문53
소방시설 설치 및 관리에 관한 법령상 건축허가 등의 동의대상물의 범위로 틀린 것은?

① 항공기 격납고
② 방송용 송 · 수신탑
③ 연면적이 400제곱미터 이상인 건축물
④ 지하층 또는 무창층이 있는 건축물로서 바닥면적이 50제곱미터 이상인 층이 있는 것

해설 **소방시설법 시행령 7조**
건축허가 등의 동의대상물
(1) 연면적 **400m²**(학교시설 : **100m²**, 수련시설 · 노유자시설 : **200m²**, 정신의료기관 · 장애인의료재활시설 : **300m²**) 이상 보기 ③
(2) **6층** 이상인 건축물
(3) 차고 · 주차장으로서 바닥면적 **200m²** 이상(**자동차 20대** 이상)
(4) **항공기 격납고, 관망탑, 항공관제탑, 방송용 송수신탑** 보기 ①②
(5) 지하층 또는 무창층의 바닥면적 **150m²**(공연장은 **100m²**) 이상 보기 ④
(6) **위험물저장** 및 **처리시설, 지하구**
(7) **결핵환자**나 **한센인**이 24시간 생활하는 **노유자시설**
(8) 전기저장시설, 풍력발전소
(9) 노인주거복지시설 · 노인의료복지시설 및 재가노인복지시설 · 학대피해노인 전용쉼터 · 아동복지시설 · 장애인거주시설
(10) 정신질환자 관련시설(종합시설 중 24시간 주거를 제공하지 아니하는 시설 제외)
(11) 조산원, 산후조리원, 의원(입원실이 있는 것)
(12) 노숙인자활시설, 노숙인재활시설 및 노숙인요양시설
(13) 요양병원(의료재활시설 제외)
(14) 공장 또는 창고시설로서 지정수량의 **750배** 이상의 특수가연물을 저장 · 취급하는 것

(15) 가스시설로서 지상에 노출된 탱크의 저장용량의 합계가 **100t** 이상인 것

> [기억법] **2자**(이자)

> ④ 50제곱미터 → 150제곱미터

> **답 ④**

49 소방시설공사업법령에 따른 완공검사를 위한 현장확인 대상 특정소방대상물의 범위기준으로 틀린 것은?

18.03.문51
17.03.문43
15.03.문59
14.05.문54

① 연면적 1만제곱미터 이상이거나 11층 이상인 특정소방대상물(아파트는 제외)
② 가연성 가스를 제조·저장 또는 취급하는 시설 중 지상에 노출된 가연성 가스탱크의 저장용량 합계가 1천톤 이상인 시설
③ 호스릴방식의 소화설비가 설치되는 특정소방대상물
④ 문화 및 집회시설, 종교시설, 판매시설, 노유자시설, 수련시설, 운동시설, 숙박시설, 창고시설, 지하상가

해설 **공사업령 5조**
완공검사를 위한 **현장확인** 대상 **특정소방대상물의 범위**
(1) **문**화 및 집회시설, **종**교시설, **판**매시설, **노**유자시설, **수**련시설, **운**동시설, **숙**박시설, **창**고시설, 지하**상**가 및 다중이용업소 [보기 ④]
(2) 다음의 어느 하나에 해당하는 설비가 설치되는 특정소방대상물
  ㉠ 스프링클러설비 등
  ㉡ 물분무등소화설비(호스릴방식의 소화설비 제외) [보기 ③]
(3) 연면적 **10000m²** 이상이거나 **11층** 이상인 특정소방대상물(아파트 제외) [보기 ①]
(4) 가연성 가스를 제조·저장 또는 취급하는 시설 중 지상에 노출된 가연성 가스탱크의 저장용량 합계가 **1000t** 이상인 시설 [보기 ②]

> [기억법] **문종판 노수운 숙창상현**

> ③ 호스릴방식 제외

> **답 ③**

50 소방시설 설치 및 관리에 관한 법령상 스프링클러설비를 설치하여야 할 특정소방대상물에 다음 중 어떤 소방시설을 화재안전기준에 적합하게 설치할 때 면제받을 수 없는 소화설비는?

17.09.문48
14.09.문78
14.03.문53

① 포소화설비
② 물분무소화설비
③ 간이스프링클러설비
④ 이산화탄소 소화설비

해설 **소방시설법 시행령〔별표 5〕**
소방시설 면제기준

면제대상	대체설비
스프링클러설비	• 물분무등소화설비
물분무등소화설비 ←	• 스프링클러설비
간이스프링클러설비	• 스프링클러설비 • **물분무소화설비** • **미분무소화설비**
비상**경**보설비 또는 **단**독경보형 감지기	• **자동화재탐지설비** [기억법] **탐경단**
비상**경**보설비	• **2개 이상 단독경보형 감지기 연동** [기억법] **경단2**
비상방송설비	• 자동화재탐지설비 • 비상경보설비
연결살수설비	• 스프링클러설비 • 간이스프링클러설비 • 물분무소화설비 • 미분무소화설비
제연설비	• **공기조화설비**
연소방지설비	• 스프링클러설비 • 물분무소화설비 • 미분무소화설비
연결송수관설비	• 옥내소화전설비 • 스프링클러설비 • 간이스프링클러설비 • 연결살수설비
자동화재탐지설비	• 자동화재탐지설비의 기능을 가진 스프링클러설비 • 물분무등소화설비
옥내소화전설비	• 옥외소화전설비 • 미분무소화설비(호스릴방식)

> **중요**

물분무등소화설비
(1) **분**말소화설비
(2) **포**소화설비 [보기 ①]
(3) **할**론소화설비
(4) **이**산화탄소 소화설비 [보기 ④]
(5) **할**로겐화합물 및 불활성기체 소화설비
(6) **강**화액소화설비
(7) **미**분무소화설비
(8) 물분무소화설비 [보기 ②]
(9) **고**체에어로졸 소화설비

> [기억법] **분포할이 할강미고**

> **답 ③**

★★★
51 소방시설 설치 및 관리에 관한 법령상 대통령령 또는 화재안전기준이 변경되어 그 기준이 강화되는 경우 기존 특정소방대상물의 소방시설 중 강화된 기준을 설치장소와 관계없이 항상 적용하여야 하는 것은? (단, 건축물의 신축·개축·재축·이전 및 대수선 중인 특정소방대상물을 포함한다.)

17.03.문48
14.09.문41
12.03.문53

① 제연설비
② 비상경보설비
③ 옥내소화전설비
④ 화재조기진압용 스프링클러설비

해설 **소방시설법 13조**
변경**강화기준 적용설비**
(1) **소화**기구
(2) **비**상**경**보설비 보기 ②
(3) **자**동화재탐지설비
(4) **자**동화재**속**보설비
(5) **피**난구조설비
(6) 소방시설(공동구 설치용, 전력 및 통신사업용 지하구)
(7) **노**유자시설
(8) **의**료시설

> 기억법 **강비경 자속피노**

📢 중요

소방시설법 시행령 13조
변경강화기준 적용설비

공동구, 전력 및 통신사업용 지하구	노유자시설에 설치하여야 하는 소방시설	의료시설에 설치하여야 하는 소방시설
• 소화기 • 자동소화장치 • 자동화재탐지설비 • 통합감시시설 • 유도등 및 연소방지설비	• 간이스프링클러설비 • 자동화재탐지설비 • 단독경보형 감지기	• 간이스프링클러설비 • 스프링클러설비 • 자동화재탐지설비 • 자동화재속보설비

답 ②

★★★
52 소방시설 설치 및 관리에 관한 법령상 시·도지사가 소방시설 등의 자체점검을 하지 아니한 관리업자에게 영업정지를 명할 수 있으나, 이로 인해 국민에게 심한 불편을 줄 때에는 영업정지처분을 갈음하여 과징금 처분을 한다. 과징금의 기준은?

17.09.문52
17.05.문57

① 1000만원 이하
② 2000만원 이하
③ 3000만원 이하
④ 5000만원 이하

해설 소방시설법 36조, 위험물법 13조, 소방공사업법 10조
과징금

3000만원 이하	2억원 이하
• **소방시설관리업** 영업정지처분 갈음	• **제조소** 사용정지처분 갈음 • **소방시설업** 영업정지처분 갈음

📢 중요

소방시설업
(1) 소방시설설계업
(2) 소방시설공사업
(3) 소방공사감리업
(4) 방염처리업

답 ③

★★★
53 위험물안전관리법령상 위험물별 성질로서 틀린 것은?

17.09.문02
16.05.문46
16.05.문52
15.09.문03
15.05.문10
15.03.문51
14.09.문18
11.06.문54

① 제1류 : 산화성 고체
② 제2류 : 가연성 고체
③ 제4류 : 인화성 액체
④ 제6류 : 인화성 고체

해설 **위험물령** 〔별표 1〕
위험물

유별	성질	품명
제**1**류	**산**화성 **고**체	• 아염소산염류 • 염소산염류(**염소산나트륨**) • 과염소산염류 • 질산염류 • 무기과산화물 기억법 **1산고염나**
제**2**류	가연성 고체	• **황화**린 • **적**린 • **유**황 • **마**그네슘 기억법 **황화적유마**
제3류	자연발화성 물질 및 금수성 물질	• **황**린 • **칼**륨 • **나**트륨 • **알**칼리토금속 • **트**리에틸알루미늄 기억법 **황칼나알트**
제4류	인화성 액체	• 특수인화물 • 석유류(벤젠) • 알코올류 • 동식물유류
제5류	자기반응성 물질	• 유기과산화물 • 니트로화합물 • 니트로소화합물 • 아조화합물 • 질산에스테르류(셀롤로이드)
제6류	산화성 액체	• **과염소산** • 과산화수소 • 질산

④ 인화성 고체 → 산화성 액체

답 ④

54

17.09.문57
16.05.문55
12.05.문45

소방시설 설치 및 관리에 관한 법령상 소방시설 등의 종합점검 대상 기준에 맞게 ( )에 들어갈 내용으로 옳은 것은?

> 물분무등소화설비(호스릴방식의 물분무등소화설비만을 설치한 경우는 제외)가 설치된 연면적 ( )m² 이상인 특정소방대상물(위험물제조소 등은 제외)

① 2000

② 3000

③ 4000

④ 5000

해설 소방시설법 시행규칙 〔별표 3〕
소방시설 등 자체점검의 구분과 대상, 점검자의 자격

점검구분	정의	점검대상	점검자의 자격 (주된 인력)
작동점검	소방시설 등을 인위적으로 조작하여 정상적으로 작동하는지를 점검하는 것	① 간이스프링클러설비 ② 자동화재탐지설비	① 관계인 ② 소방안전관리자로 선임된 **소방시설관리사** 또는 **소방기술사** ③ 소방시설관리업에 등록된 소방시설관리사 또는 **특급점검자**
		③ 간이스프링클러설비 또는 자동화재탐지설비가 미설치된 특정소방대상물	① 소방시설관리업에 등록된 기술인력 중 소방시설관리사 ② 소방안전관리자로 선임된 소방시설관리사 또는 소방기술사

④ **작동점검**대상 **제외**
　㉠ 특정소방대상물 중 소방안전관리자를 선임하지 않는 대상
　㉡ **위험물제조소** 등
　㉢ **특급**소방안전관리대상물

종합점검	소방시설 등의 작동점검을 포함하여 소방시설 등의 설비별 주요구성부품의 구조기준이 관련법령에서 정하는 기준에 적합한지 여부를 점검하는 것 (1) 최초점검 : 특정소방대상물의 소방시설이 새로 설치되는 경우 건축물을 사용할 수 있게 된 날부터 **60일** 이내 점검하는 것 (2) 그 밖의 종합점검 : 최초점검을 제외한 종합점검	① 소방시설 등이 신설된 경우에 해당하는 특정소방대상물 ② **스프링클러설비**가 설치된 특정소방대상물 ③ **물분무등소화설비**(호스릴방식의 물분무등소화설비만을 설치한 경우는 제외)가 설치된 연면적 **5000m²** 이상인 특정소방대상물(위험물제조소 등 제외) [보기 ④] ④ 다중이용업의 영업장이 설치된 특정소방대상물로서 연면적이 2000m² 이상인 것 ⑤ 제연설비가 설치된 터널 ⑥ 공공기관 중 연면적(터널·지하구의 경우 그 길이와 평균폭을 곱하여 계산된 값을 말한다)이 **1000m²** 이상인 것으로서 옥내소화전설비 또는 자동화재탐지설비가 설치된 것(단, 소방대가 근무하는 공공기관 제외)	① 소방시설관리업에 등록된 기술인력 중 소방시설관리사 ② 소방안전관리자로 선임된 소방시설관리사 또는 소방기술사

답 ④

55

18.03.문50
17.03.문53
16.03.문43

소방시설 설치 및 관리에 관한 법령상 음료수 공장의 충전을 하는 작업장 등과 같이 화재안전기준을 적용하기 어려운 특정소방대상물에 설치하지 아니할 수 있는 소방시설의 종류가 아닌 것은?

① 상수도소화용수설비

② 스프링클러설비

③ 연결송수관설비

④ 연결살수설비

해설 소방시설법 시행령 〔별표 6〕
소방시설을 설치하지 아니할 수 있는 특정소방대상물 및 소방시설의 범위

구 분	특정소방대상물	소방시설
화재위험도가 낮은 특정소방대상물	**석**재, **불**연성 금속, **불**연성 건축재료 등의 가공공장·기계조립공장 또는 불연성 물품을 저장하는 창고	① 옥**외**소화전설비 ② 연결살수설비 **기억법** 석불금외
화재안전기준을 적용하기 어려운 특정소방대상물	펄프공장의 작업장, 음료수 공장의 세정 또는 충전을 하는 작업장, 그 밖에 이와 비슷한 용도로 사용하는 것	① 스프링클러설비 ② 상수도소화용수설비 ③ 연결살수설비 보기 ③
	정수장, 수영장, 목욕장, 어류양식용 시설, 그 밖에 이와 비슷한 용도로 사용되는 것	① 자동화재탐지설비 ② 상수도소화용수설비 ③ 연결살수설비
화재안전기준을 달리 적용하여야 하는 특수한 용도 또는 구조를 가진 특정소방대상물	원자력발전소, 중·저준위방사성폐기물의 저장시설	① 연결송수관설비 ② 연결살수설비
자체소방대가 설치된 특정소방대상물	자체소방대가 설치된 위험물제조소 등에 부속된 사무실	① 옥내소화전설비 ② 소화용수설비 ③ 연결살수설비 ④ 연결송수관설비

중요

소방시설법 시행령 〔별표 6〕
소방시설을 설치하지 아니할 수 있는 소방시설의 범위
(1) **화재위험도**가 낮은 특정소방대상물
(2) 화재안전기준을 적용하기가 어려운 특정소방대상물
(3) 화재안전기준을 달리 적용하여야 하는 특수한 **용도·구조**를 가진 특정소방대상물
(4) **자체소방대**가 설치된 특정소방대상물

답 ③

★★★
56 화재의 예방 및 안전관리에 관한 법령에 따른 특수가연물의 기준 중 다음 ( ) 안에 알맞은 것은?

15.09.문47
15.05.문49
14.03.문52
12.05.문60

품 명	수 량
나무껍질 및 대팻밥	(㉠)kg 이상
면화류	(㉡)kg 이상

① ㉠ 200, ㉡ 400 ② ㉠ 200, ㉡ 1000
③ ㉠ 400, ㉡ 200 ④ ㉠ 400, ㉡ 1000

해설 화재예방법 시행령 〔별표 2〕
특수가연물

품 명	수 량
가연성 **액**체류	2m³ 이상
목재가공품 및 나무부스러기	10m³ 이상
면화류	200kg 이상
나무껍질 및 대팻밥	400kg 이상
넝마 및 종이부스러기	
사류(絲類)	1000kg 이상
볏짚류	
가연성 **고**체류	3000kg 이상
합성수지류	발포시킨 것 20m³ 이상
	그 밖의 것 3000kg 이상
석탄·목탄류	10000kg 이상

용어

특수가연물
화재가 발생하면 그 확대가 빠른 물품

기억법 가액목면나 넝사볏가고 합석
2 1 2 4 1 3 3 1

답 ③

★
57 화재의 예방 및 안전관리에 관한 법령상 화재안전조사위원회의 위원에 해당하지 아니하는 사람은?

19.03.문43
16.10.문60

① 소방기술사
② 소방시설관리사
③ 소방 관련 분야의 석사학위 이상을 취득한 사람
④ 소방 관련 법인 또는 단체에서 소방 관련 업무에 3년 이상 종사한 사람

해설 화재예방법 시행령 11조
화재안전조사위원회의 구성
(1) **과장급** 직위 이상의 소방공무원
(2) 소방기술사 보기 ①
(3) 소방시설관리사 보기 ②
(4) 소방 관련 분야의 **석사**학위 이상을 취득한 사람 보기 ③
(5) 소방 관련 법인 또는 단체에서 소방 관련 업무에 **5년** 이상 종사한 사람 보기 ④
(6) 소방공무원 교육훈련기관, 학교 또는 연구소에서 소방과 관련한 교육 또는 연구에 **5년** 이상 종사한 사람

④ 3년 → 5년

답 ④

★★★ 58
_{18.09.문60}
_{16.10.문44}
위험물안전관리법령상 소화난이도 등급 I의 옥내탱크저장소에서 유황만을 저장·취급할 경우 설치하여야 하는 소화설비로 옳은 것은?

① 물분무소화설비　② 스프링클러설비
③ 포소화설비　　　④ 옥내소화전설비

^{해설} **위험물규칙** 〔별표 17〕
유황만을 저장·취급하는 옥내·외탱크저장소·암반탱크저장소에 설치해야 하는 소화설비
물분무소화설비 보기 ①

기억법 유물

답 ①

★★★ 59
_{17.05.문51}
_{16.10.문56}
_{15.05.문59}
_{15.03.문52}
_{12.05.문59}
소방시설공사업법령상 하자보수를 하여야 하는 소방시설 중 하자보수 보증기간이 3년이 아닌 것은?

① 자동소화장치　　② 비상방송설비
③ 스프링클러설비　④ 상수도소화용수설비

^{해설} **공사업령 6조**
소방시설공사의 하자보수 보증기간

보증기간	소방시설
2년	① **유**도등·유도표지·**피**난기구 ② **비**상**조**명등·비상**경**보설비·비상**방**송설비 보기 ② ③ **무**선통신보조설비 기억법 유비 조경방무피2
3년	① 자동소화장치 ② 옥내·외소화전설비 ③ 스프링클러설비·간이스프링클러설비 ④ 물분무등소화설비·상수도소화용수설비 ⑤ 자동화재탐지설비·소화활동설비

② 2년

답 ②

★★★ 60
_{19.04.문42}
_{15.03.문43}
_{11.06.문48}
_{06.03.문44}
소방기본법령상 소방대장은 화재, 재난·재해 그 밖의 위급한 상황이 발생한 현장에 소방활동구역을 정하여 소방활동에 필요한 자로서 대통령령으로 정하는 사람 외에는 그 구역에의 출입을 제한할 수 있다. 다음 중 소방활동구역에 출입할 수 없는 사람은?

① 소방활동구역 안에 있는 소방대상물의 소유자·관리자 또는 점유자
② 전기·가스·수도·통신·교통의 업무에 종사하는 사람으로서 원활한 소방활동을 위하여 필요한 사람

③ 시·도지사가 소방활동을 위하여 출입을 허가한 사람
④ 의사·간호사 그 밖에 구조·구급업무에 종사하는 사람

^{해설} **기본령 8조**
소방활동구역 출입자
(1) **소방활동구역 안**에 있는 **소유자·관리자** 또는 **점유자** 보기 ①
(2) **전기·가스·수도·통신·교통**의 업무에 종사하는 자로서 원활한 **소방활동**을 위하여 필요한 자 보기 ②
(3) **의사·간호사**, 그 밖에 구조·구급업무에 종사하는 자 보기 ④
(4) **취재인력** 등 보도업무에 종사하는 자
(5) **수사업무**에 종사하는 자
(6) **소방대장**이 소방활동을 위하여 **출입**을 **허가**한 자 보기 ③

용어
소방활동구역
화재, 재난·재해 그 밖의 위급한 상황이 발생한 현장에 정하는 구역

③ 시·도지사가 → 소방대장이

답 ③

제 4 과목 **소방기계시설의 구조 및 원리** ⠿

★★ 61
_{18.09.문80}
다음 중 화재조기진압용 스프링클러설비의 화재안전기준상 헤드의 설치기준 중 ( ) 안에 알맞은 것은?

> 헤드 하나의 방호면적은 (㉠)m² 이상 (㉡)m² 이하로 할 것

① ㉠ 2.4, ㉡ 3.7　② ㉠ 3.7, ㉡ 9.1
③ ㉠ 6.0, ㉡ 9.3　④ ㉠ 9.1, ㉡ 13.7

^{해설} **화재조기진압용 스프링클러헤드의 적합기준**(NFPC 103B 10조, NFTC 103B 2.7)
(1) 헤드 하나의 방호면적은 $6.0 \sim 9.3 m^2$ 이하로 할 것
(2) 가지배관의 헤드 사이의 거리는 천장의 높이가 9.1m 미만인 경우에는 2.4~3.7m 이하로, 9.1~13.7m 이하인 경우에는 3.1m 이하로 할 것

천장높이	가지배관 헤드 사이의 거리
9.1m 미만	2.4~3.7m 이하
9.1~13.7m 이하	3.1m 이하

(3) 헤드의 반사판은 천장 또는 반자와 평행하게 설치하고 저장물의 최상부와 914mm 이상 확보되도록 할 것
(4) **하향식 헤드**의 반사판의 위치는 천장이나 반자 아래 125~355mm 이하일 것
(5) **상향식 헤드**의 감지부 중앙은 천장 또는 반자와 101~152mm 이하이어야 하며, 반사판의 위치는 스프링클러관의 윗부분에서 최소 178mm 상부에 설치되도록 할 것

(6) 헤드와 벽과의 거리는 헤드 상호 간 거리의 $\frac{1}{2}$ 을 초과하지 않아야 하며 최소 **102mm 이상**일 것

(7) 헤드의 작동온도는 **74℃ 이하**일 것(단, 헤드 주위의 온도가 **38℃ 이상**의 경우에는 그 온도에서의 화재시험 등에서 헤드작동에 관하여 공인기관의 시험을 거친 것을 사용할 것)

답 ③

★★
62 분말소화설비의 화재안전기준상 수동식 기동장
12.05.문61 치의 부근에 설치하는 비상스위치에 대한 설명으로 옳은 것은?

① 자동복귀형 스위치로서 수동식 기동장치의 타이머를 순간 정지시키는 기능의 스위치를 말한다.

② 자동복귀형 스위치로서 수동식 기동장치가 수신기를 순간 정지시키는 기능의 스위치를 말한다.

③ 수동복귀형 스위치로서 수동식 기동장치의 타이머를 순간 정지시키는 기능의 스위치를 말한다.

④ 수동복귀형 스위치로서 수동식 기동장치가 수신기를 순간 정지시키는 기능의 스위치를 말한다.

해설 **방출지연 스위치**
자동복귀형 스위치로서 수동식 기동장치의 **타이머**를 **순간 정지**시키는 기능의 스위치

● 방출지연 스위치=방출지연 비상스위치

답 ①

★
63 할론소화설비의 화재안전기준상 화재표시반의 설치기준이 아닌 것은?

① 소화약제 방출지연 비상스위치를 설치할 것

② 소화약제의 방출을 명시하는 표시등을 설치할 것

③ 수동식 기동장치는 그 방출용 스위치의 작동을 명시하는 표시등을 설치할 것

④ 자동식 기동장치는 자동·수동의 절환을 명시하는 표시등을 설치할 것

해설 **할론소화설비 화재표시반**의 **설치기준**(NFTC 107 2.4.1.2)
(1) 각 방호구역마다 **음향경보장치**의 조작 및 **감지기**의 작동을 명시하는 표시등과 이와 연동하여 작동하는 벨·버저 등의 **경보기**를 설치할 것. 이 경우 음향경보장치의 조작 및 감지기의 작동을 명시하는 **표시등**을 **겸용**할 수 있다.

(2) **수동식** 기동장치는 그 **방출용 스위치**의 작동을 명시하는 **표시등**을 설치할 것 [보기 ③]

(3) 소화약제의 **방출**을 **명시**하는 표시등을 설치할 것 [보기 ②]

(4) 자동식 기동장치는 **자동·수동**의 **절환**을 **명시**하는 **표시등**을 설치할 것 [보기 ④]

① 방출지연 비상스위치는 화재표시반이 아니고 수동식 기동장치의 부근에 설치

답 ①

★★★
64 피난기구의 화재안전기준상 노유자시설의 4층
19.03.문76 이상 10층 이하에서 적응성이 있는 피난기구가
17.05.문62
16.10.문69 아닌 것은?
16.05.문74
11.03.문72 ① 피난교   ② 다수인 피난장비
③ 승강식 피난기   ④ 미끄럼대

해설 **피난기구**의 **적응성**(NFTC 301 2.1.1)

설치 장소별 구분	1층	2층	3층	4층 이상 10층 이하
노유자시설	●미끄럼대 ●구조대 ●피난교 ●다수인 피난장비 ●승강식 피난기	●미끄럼대 ●구조대 ●피난교 ●다수인 피난장비 ●승강식 피난기	●미끄럼대 ●구조대 ●피난교 ●다수인 피난장비 ●승강식 피난기	●구조대¹⁾ ●피난교 [보기 ①] ●다수인 피난장비 [보기 ②] ●승강식 피난기 [보기 ③]
의료시설· 입원실이 있는 의원·접골원 ·조산원	―	―	●미끄럼대 ●구조대 ●피난교 ●피난용 트랩 ●다수인 피난장비 ●승강식 피난기	●구조대 ●피난교 ●피난용 트랩 ●다수인 피난장비 ●승강식 피난기
영업장의 위치가 4층 이하인 다중 이용업소	―	●미끄럼대 ●피난사다리 ●구조대 ●완강기 ●다수인 피난장비 ●승강식 피난기	●미끄럼대 ●피난사다리 ●구조대 ●완강기 ●다수인 피난장비 ●승강식 피난기	●미끄럼대 ●피난사다리 ●구조대 ●완강기 ●다수인 피난장비 ●승강식 피난기
그 밖의 것 (근린생활시설 사무실 등)	―	―	●미끄럼대 ●피난사다리 ●구조대 ●완강기 ●피난교 ●피난용 트랩 ●간이완강기²⁾ ●공기안전매트²⁾ ●다수인 피난장비 ●승강식 피난기	●피난사다리 ●구조대 ●완강기 ●피난교 ●간이완강기²⁾ ●공기안전매트²⁾ ●다수인 피난장비 ●승강식 피난기

[비고] 1) 구조대의 적응성은 장애인 관련 시설로서 주된 사용자 중 스스로 피난이 불가한 자가 있는 경우 추가로 설치하는 경우에 한한다.
2) 간이완강기의 적응성은 숙박시설의 3층 이상에 있는 객실에 공기안전매트의 적응성은 공동주택에 추가로 설치하는 경우에 한한다.

답 ④

★★★
65 분말소화설비의 화재안전기준상 다음 ( ) 안에 알맞은 것은?

19.04.문69
18.03.문67
13.09.문77

> 분말소화약제의 가압용 가스 용기에는 ( )의 압력에서 조정이 가능한 압력조정기를 설치하여야 한다.

① 2.5MPa 이하

② 2.5MPa 이상

③ 25MPa 이하

④ 25MPa 이상

해설 **(1) 압력조정기(압력조정장치)의 압력**

할론소화설비	분말소화설비(분말소화약제)
2MPa 이하	**2.5**MPa 이하

기억법 분압25(분압이오.)

(2) 전자개방밸브 부착

분말소화약제 가압용 가스용기	• **이**산화탄소소화설비 전가식 기동장치 • 분말소화설비 전기식 기동장치
3병 이상 설치한 경우 **2개** 이상	**7병** 이상 개방시 **2병** 이상

기억법 이7(이치)

답 ①

★★★
66 스프링클러설비의 화재안전기준상 개방형 스프링클러설비에서 하나의 방수구역을 담당하는 헤드의 개수는 최대 몇 개 이하로 해야 하는가? (단, 방수구역은 나누어져 있지 않고 하나의 구역으로 되어 있다.)

19.03.문62
17.03.문78
16.05.문66
11.10.문62

① 50 ② 40

③ 30 ④ 20

해설 **개방형 설비의 방수구역**(NFPC 103 7조, NFTC 103 2.4.1)
(1) 하나의 방수구역은 **2개층**에 미치지 아니할 것
(2) 방수구역마다 **일제개방밸브**를 설치
(3) 하나의 방수구역을 담당하는 헤드의 개수는 **50개** 이하
   (단, 2개 이상의 방수구역으로 나눌 경우에는 **25개** 이상)

기억법 5개(오골개)

(4) 표지는 '**일제개방밸브실**'이라고 표시한다.

답 ①

★★★
67 연결살수설비의 화재안전기준상 배관의 설치기준 중 하나의 배관에 부착하는 살수헤드의 개수가 3개인 경우 배관의 구경은 최소 몇 mm 이상으로 설치해야 하는가? (단, 연결살수설비 전용 헤드를 사용하는 경우이다.)

17.03.문72
14.03.문73
13.03.문64

① 40 ② 50

③ 65 ④ 80

해설 **연결살수설비**(NFPC 503 5조, NFTC 503 2.2.3.1)

배관의 구경	32mm	40mm	**50mm**	65mm	80mm
살수헤드 개수	1개	2개	**3개**	4개 또는 5개	6~10개 이하

기억법 503살

답 ②

★★★
68 이산화탄소소화설비의 화재안전기준상 수동식 기동장치의 설치기준에 적합하지 않은 것은?

20.06.문79
19.09.문61
17.05.문70
15.05.문63
12.03.문70
98.07.문73

① 전역방출방식에 있어서는 방호대상물마다 설치

② 전기를 사용하는 기동장치에는 전원표시등을 설치할 것

③ 기동장치의 조작부는 바닥으로부터 높이 0.8m 이상 1.5m 이하의 위치에 설치하고, 보호판 등에 따른 보호장치를 설치할 것

④ 기동장치의 방출용 스위치는 음향경보장치와 연동하여 조작될 수 있는 것으로 할 것

해설 **이산화탄소소화설비의 기동장치**
(1) 자동식 기동장치는 **자동화재탐지설비 감지기**의 작동과 **연동**
(2) **전역방출방식**에 있어서 수동식 기동장치는 **방호구역**마다 설치 보기 ①
(3) 가스압력식 자동기동장치의 기동용 가스용기 용적은 **5L 이상**
(4) 수동식 기동장치의 조작부는 **0.8~1.5m** 이하 높이에 설치 보기 ③
(5) 전기식 기동장치는 **7병** 이상의 경우에 **2병** 이상이 전자개방밸브 설치
(6) 수동식 기동장치의 부근에는 **방출지연**을 위한 **비상스위치** 설치
(7) **전기**를 사용하는 기동장치에는 **전원표시등**을 설치할 것 보기 ②
(8) 기동장치의 **방출용 스위치**는 **음향경보장치**와 연동하여 조작될 수 있는 것으로 할 것 보기 ④

① 방호대상물 → 방호구역

답 ①

69 옥내소화전설비의 화재안전기준상 옥내소화전 펌프의 후드밸브를 소방용 설비 외의 다른 설비의 후드밸브보다 낮은 위치에 설치한 경우의 유효수량으로 옳은 것은? (단, 옥내소화전설비와 다른 설비 수원을 저수조로 겸용하여 사용한 경우이다.)

① 저수조의 바닥면과 상단 사이의 전체 수량
② 옥내소화전설비 후드밸브와 소방용 설비 외의 다른 설비의 후드밸브 사이의 수량
③ 옥내소화전설비의 후드밸브와 저수조 상단 사이의 수량
④ 저수조의 바닥면과 소방용 설비 외의 다른 설비의 후드밸브 사이의 수량

해설 **유효수량**(NFPC 102 4조, NFTC 102 2.1.5)
일반급수펌프의 후드밸브와 옥내소화전용 펌프의 후드밸브 사이의 수량

| 유효수량 |

답 ②

70 포소화설비의 화재안전기준상 포소화설비의 배관 등의 설치기준으로 옳은 것은?

① 포워터스프링클러설비 또는 포헤드설비의 가지배관의 배열은 토너먼트방식으로 한다.
② 송액관은 겸용으로 하여야 한다. 다만, 포소화전의 기동장치의 조작과 동시에 다른 설비의 용도에 사용하는 배관의 송수를 차단할 수 있거나, 포소화설비의 성능에 지장이 없는 경우에는 전용으로 할 수 있다.
③ 송액관은 포의 방출 종료 후 배관 안의 액을 배출하기 위하여 적당한 기울기를 유지하도록 하고 그 낮은 부분에 배액밸브를 설치하여야 한다.
④ 연결송수관설비의 배관과 겸용할 경우의 주배관은 구경 65mm 이상, 방수구로 연결되는 배관의 구경은 100mm 이상의 것으로 하여야 한다.

해설 **포소화설비**의 **배관**(NFPC 105 7조, NFTC 105 2.4.3)
(1) 송액관은 포의 방출 종료 후 배관 안의 액을 배출하기 위하여 적당한 기울기를 유지하도록 하고 그 낮은 부분에 **배액밸브** 설치 보기 ③

(송액관 / 배액밸브 그림)

| 송액관의 기울기 |

(2) **포워터스프링클러설비** 또는 **포헤드설비**의 가지배관의 배열은 **토너먼트방식**이 **아니어야** 하며, 교차배관에서 분기하는 지점을 기점으로 한쪽 가지배관에 설치하는 헤드의 수 **8개 이하** 보기 ①

• 포워터스프링클러설비 • 포헤드설비	• 압축공기포소화설비
토너먼트방식이 아닐 것	토너먼트방식

(3) 송액관은 **전용**(단, 포소화전의 기동장치의 조작과 동시에 다른 설비의 용도에 사용하는 배관의 송수를 차단할 수 있거나, 포소화설비의 성능에 지장이 없는 경우에는 다른 설비와 겸용 가능) 보기 ②
(4) **연결송수관설비**의 배관과 겸용할 경우의 **주배관**은 구경 100mm 이상, 방수구로 연결되는 배관의 구경은 65mm 이상의 것 보기 ④

주배관	방수구로 연결되는 배관
구경 100mm 이상	구경 65mm 이상

① 토너먼트방식으로 한다 → 토너먼트방식이 아니어야 한다.
② 겸용 → 전용, 전용 → 겸용
④ 65mm → 100mm, 100mm → 65mm

답 ③

71 물분무소화설비의 화재안전기준상 송수구의 설치기준으로 틀린 것은?

17.05.문64
16.10.문80
13.03.문66

① 구경 65mm의 쌍구형으로 할 것
② 지면으로부터 높이가 0.5m 이상 1m 이하의 위치에 설치할 것
③ 송수구는 하나의 층의 바닥면적이 1500m^{2}를 넘을 때마다 1개(5개를 넘을 경우에는 5개로 한다) 이상을 설치할 것
④ 가연성 가스의 저장·취급시설에 설치하는 송수구는 그 방호대상물로부터 20m 이상의 거리를 두거나 방호대상물에 면하는 부분이 높이 1.5m 이상, 폭 2.5m 이상의 철근콘크리트 벽으로 가려진 장소에 설치할 것

해설 **물분무소화설비**의 **송수구**의 **설치기준**(NFPC 104 7조, NFTC 104 2.4)
(1) 구경 **65mm**의 **쌍구형**으로 할 것 보기 ①
(2) 지면으로부터 높이가 **0.5~1m 이하**의 위치에 설치할 것 보기 ②

(3) 가연성 가스의 저장·취급시설에 설치하는 송수구는 그 방호대상물로부터 **20m** 이상의 거리를 두거나 방호대상물에 면하는 부분이 높이 **1.5m** 이상, 폭 **2.5m** 이상의 **철근콘크리트 벽**으로 가려진 장소에 설치하여야 한다. 보기 ④

(4) 송수구는 하나의 층의 바닥면적이 **3000㎡**를 넘을 때마다 1개(5개를 넘을 경우에는 **5개**로 한다) 이상을 설치할 것 보기 ③

(5) 송수구의 가까운 부분에 **자동배수밸브**(또는 직경 5mm의 **배수공**) 및 **체크밸브**를 설치할 것

‖자동배수밸브 및 체크밸브‖

③ 1500㎡ → 3000㎡

📝 중요

설치높이

0.5~1m 이하	0.8~1.5m 이하	1.5m 이하
① **연**결송수관 설비의 송수구	① **수**동식 **기동**장치 조작부	① **옥내**소화전설비의 방수구
② **연**결살수설비의 송수구	② **제**어밸브(수동식 개방밸브)	② **호**스릴함
③ **물**분무소화설비의 송수구	③ **유**수검지장치	③ **소**화기(투척용 소화기)
④ **소**화용수설비의 채수구	④ **일**제개방밸브	기억법 옥내호소5(옥내에서 호소하시오.)
기억법 연용51(연소용 오일은 잘 탄다.)	기억법 수기8(수기 팔아요.) 제유일 85(제가 유일하게 팔았어요.)	

답 ③

★
72 미분무소화설비의 화재안전기준상 미분무소화설비의 성능을 확인하기 위하여 하나의 발화원을 가정한 설계도서 작성시 고려하여야 할 인자를 모두 고른 것은?

ㄱ 화재 위치
ㄴ 점화원의 형태
ㄷ 시공 유형과 내장재 유형
ㄹ 초기 점화되는 연료 유형
ㅁ 공기조화설비, 자연형(문, 창문) 및 기계형 여부
ㅂ 문과 창문의 초기상태(열림, 닫힘) 및 시간에 따른 변화상태

① ㄱ, ㄷ, ㅂ
② ㄱ, ㄴ, ㄷ, ㅁ

③ ㄱ, ㄴ, ㄹ, ㅁ, ㅂ
④ ㄱ, ㄴ, ㄷ, ㄹ, ㅁ, ㅂ

해설 **미분무소화설비**의 **성능확인**을 위한 **설계도서**의 **작성** (NFTC 104A 2.1.1)
(1) **점화원**의 형태 ㄴ
(2) **초기 점화**되는 연료 유형 ㄹ
(3) **화재 위치** ㄱ
(4) 문과 **창문**의 **초기상태**(열림, 닫힘) 및 시간에 따른 변화상태 ㅂ
(5) **공기조화설비**, 자연형(문, 창문) 및 기계형 여부 ㅁ
(6) 시공 유형과 **내장재** 유형 ㄷ

답 ④

★★★
73 특별피난계단의 계단실 및 부속실 제연설비의 화재안전기준상 차압 등에 관한 기준 중 다음 ( ) 안에 알맞은 것은?
19.09.문76
18.04.문68
09.05.문64

제연설비가 가동되었을 경우 출입문의 개방에 필요한 힘은 ( )N 이하로 하여야 한다.

① 12.5
② 40
③ 70
④ 110

해설 **차압**(NFPC 501A 6·10조, NFTC 501A 2.3, 2.7.1)
(1) 제연구역과 옥내와의 사이에 유지하여야 하는 최소차압은 40Pa(옥내에 **스프링클러설비**가 설치된 경우는 **12.5Pa**) 이상
(2) 제연설비가 가동되었을 경우 출입문의 개방에 필요한 힘은 **110N 이하** 보기 ④
(3) 계단실과 부속실을 동시에 제연하는 경우 부속실의 기압은 계단실과 같게 하거나 계단실의 기압보다 낮게 할 경우에는 부속실과 계단실의 압력차이는 **5Pa 이하**
(4) 계단실 및 그 부속실을 동시에 제연하는 것 또는 계단실만 제연할 때의 방연풍속은 **0.5m/s 이상**
(5) 피난을 위하여 제연구역의 출입문이 일시적으로 개방되는 경우 개방되지 아니하는 제연구역과 옥내와의 차압은 기준 차압의 70% 미만이 되어서는 아니 된다

답 ④

★★★
74 포소화설비의 화재안전기준상 펌프의 토출관에 압입기를 설치하여 포소화약제 압입용 펌프로 포소화약제를 압입시켜 혼합하는 방식은?
16.03.문64
15.09.문76
15.05.문80
12.05.문64
① 라인 프로포셔너방식
② 펌프 프로포셔너방식
③ 프레져 프로포셔너방식
④ 프레져사이드 프로포셔너방식

해설 **포소화약제의 혼합장치**

(1) 펌프 프로포셔너방식(펌프 혼합방식)
- ㉠ 펌프 토출측과 흡입측에 바이패스를 설치하고, 그 바이패스의 도중에 설치한 어댑터(adaptor)로 펌프 토출측 수량의 일부를 통과시켜 공기포 용액을 만드는 방식
- ㉡ 펌프의 **토출관**과 **흡입관** 사이의 배관 도중에 설치한 흡입기에 펌프에서 토출된 물의 일부를 보내고 **농도조정밸브**에서 조정된 포소화약제의 필요량을 포소화약제 탱크에서 펌프 흡입측으로 보내어 약제를 혼합하는 방식

기억법 **펌농**

| 펌프 프로포셔너방식 |

(2) 프레져 프로포셔너방식(차압 혼합방식)
- ㉠ 가압송수관 도중에 공기포 소화원액 혼합조(P.P.T)와 혼합기를 접속하여 사용하는 방법
- ㉡ **격막방식 휨탱크**를 사용하는 에어휨 혼합방식
- ㉢ 펌프와 발포기의 중간에 설치된 벤투리관의 **벤투리작용**과 펌프 가압수의 **포소화약제 저장탱크**에 대한 압력에 의하여 포소화약제를 흡입·혼합하는 방식

| 프레져 프로포셔너방식 |

(3) 라인 프로포셔너방식(관로 혼합방식)
- ㉠ 급수관의 배관 도중에 포소화약제 흡입기를 설치하여 그 흡입관에서 소화약제를 흡입하여 혼합하는 방식
- ㉡ 펌프와 발포기의 중간에 설치된 **벤**투리관의 **벤투리작용**에 의하여 포소화약제를 흡입·혼합하는 방식

기억법 **라벤벤**

| 라인 프로포셔너방식 |

(4) 프레져사이드 프로포셔너방식(압입 혼합방식) 보기 ④
- ㉠ 소화원액 가압펌프(압입용 펌프)를 별도로 사용하는 방식
- ㉡ 펌프 **토출관**에 압입기를 설치하여 포소화약제 **압입용 펌프**로 포소화약제를 압입시켜 혼합하는 방식

기억법 **프사압**

| 프레져사이드 프로포셔너방식 |

(5) 압축공기포 믹싱챔버방식
포수용액에 공기를 강제로 주입시켜 **원거리 방수**가 가능하고 물 사용량을 줄여 **수손피해**를 **최소화**할 수 있는 방식

| 압축공기포 믹싱챔버방식 |

답 ④

★★★
75 소화기구 및 자동소화장치의 화재안전기준에 따라 다음과 같이 간이소화용구를 비치하였을 경우 능력단위의 합은?

18.04.문76
17.09.문76
15.03.문02
13.06.문78

- 삽을 상비한 마른모래 50L포 2개
- 삽을 상비한 팽창질석 80L포 1개

① 1단위　　　　　② 1.5단위
③ 2.5단위　　　　④ 3단위

해설 **간이소화용구**의 능력단위(NFTC 101 1.7.1.6)

간이소화용구		능력단위
마른모래	삽을 상비한 **50L** 이상의 것 1포	**0.5**단위
팽창질석 또는 팽창진주암	삽을 상비한 **80L** 이상의 것 1포	

기억법 **마 0.5**

마른모래 50L포 2개×0.5단위=1단위
팽창질석 80L포 1개×0.5단위=0.5단위
　　　　　　　　　　합계 **1.5단위**

비교

위험물규칙 〔별표 17〕
능력단위

소화설비	용량	능력단위
소화전용 물통	8L	0.3단위
수조(소화전용 물통 3개 포함)	80L	1.5단위
수조(소화전용 물통 6개 포함)	190L	2.5단위

답 ②

76 소화수조 및 저수조의 화재안전기준상 연면적이
18.03.문74 40000m²인 특정소방대상물에 소화용수설비를
11.06.문67 설치하는 경우 소화수조의 최소저수량은 몇 m³
인가? (단, 지상 1층 및 2층의 바닥면적 합계가
15000m² 이상인 경우이다.)

① 53.3 ② 60
③ 106.7 ④ 120

해설 저수량

$$저수량 = \frac{연면적}{기준면적}(절상) \times 20m^3$$

$$\frac{연면적}{기준면적} = \frac{40000m^2}{7500m^2}(절상) = 5.3 ≒ 6$$

$$저수량 = 6 \times 20m^3 = 120m^3$$

• 단서 조건에 의해 기준면적은 7500m² 적용

중요

소화수조 또는 저수조의 저수량 산출(NFPC 402 4조,
NFTC 402 2.1.2)

구 분	기준면적
지상 1층 및 2층 바닥면적 합계 15000m² 이상	7500m²
기타	12500m²

답 ④

77 소화기구 및 자동소화장치의 화재안전기준에 따
20.09.문74 른 용어에 대한 정의로 틀린 것은?
17.03.문71
16.05.문72 ① "소화약제"란 소화기구 및 자동소화장치에
13.03.문68 사용되는 소화성능이 있는 고체·액체 및
기체의 물질을 말한다.

② "대형소화기"란 화재시 사람이 운반할 수
있도록 운반대와 바퀴가 설치되어 있고 능
력단위가 A급 20단위 이상, B급 10단위 이
상인 소화기를 말한다.

③ "전기화재(C급 화재)"란 전류가 흐르고 있는
전기기기, 배선과 관련된 화재를 말한다.

④ "능력단위"란 소화기 및 소화약제에 따른 간
이소화용구에 있어서는 소방시설법에 따라
형식승인된 수치를 말한다.

해설 **소화능력단위**에 의한 **분류**(소화기 형식 3조)

소화기 분류		능력단위
소형소화기		1단위 이상
대형소화기 보기 ②	A급	10단위 이상
	B급	20단위 이상

기억법 대2B(데이빗!)

② 20단위 → 10단위, 10단위 → 20단위

답 ②

78 옥내소화전설비의 화재안전기준상 배관 등에 관
18.03.문62 한 설명으로 옳은 것은?
13.06.문78
13.03.문67 ① 펌프의 토출측 주배관의 구경은 유속이
08.09.문80 5m/s 이하가 될 수 있는 크기 이상으로 하
여야 한다.

② 연결송수관설비의 배관과 겸용할 경우의 주
배관은 구경 80mm 이상, 방수구로 연결되
는 배관의 구경은 65mm 이상의 것으로 하
여야 한다.

③ 성능시험배관은 펌프의 토출측에 설치된 개
폐밸브 이전에서 분기하여 설치하고, 유량
측정장치를 기준으로 전단 직관부에 개폐밸
브를, 후단 직관부에는 유량조절밸브를 설
치하여야 한다.

④ 가압송수장치의 체절운전시 수온의 상승을
방지하기 위하여 체크밸브와 펌프 사이에서
분기한 구경 20mm 이상의 배관에 체절압력
이상에서 개방되는 릴리프밸브를 설치하여
야 한다.

해설 **옥내소화전설비**의 **배관**(NFPC 102 6조, NFTC 102 2.3)
(1) 펌프의 토출측 주배관의 구경은 유속이 **4m/s** 이하
가 될 수 있는 크기 이상으로 하여야 하고, 옥내소
화전방수구와 연결되는 **가지배관**의 구경은 **40mm**
(**호스릴**옥내소화전설비의 경우에는 **25mm**) 이상으로
하여야 하며, 주배관 중 **수직배관**의 구경은 **50mm**
(**호스릴**옥내소화전설비의 경우에는 **32mm**) 이상으
로 하여야 한다. 보기 ①

설 비		유 속
옥내소화전설비		4m/s 이하
스프링클러설비	가지배관	6m/s 이하
	기타의 배관	10m/s 이하

(2) **연결송수관설비**의 배관과 겸용할 경우의 **주배관**은 구경 100mm 이상, 방수구로 연결되는 배관의 구경은 65mm 이상 보기 ②

주배관	방수구로 연결되는 배관
구경 100mm 이상	구경 65mm 이상

(3) 성능시험배관은 펌프의 토출측에 설치된 **개폐밸브이전**에서 분기하여 설치하고, 유량측정장치를 기준으로 **전단 직관부**에 **개폐밸브**를, **후단 직관부**에는 **유량조절밸브**를 설치 보기 ③

|성능시험배관|

(4) 가압송수장치의 체절운전시 수온의 상승을 방지하기 위하여 체크밸브와 펌프 사이에서 분기한 구경 **20mm** 이상의 배관에 **체절압력 미만**에서 개방되는 **릴리프밸브**를 설치 보기 ④

① 5m/s 이하 → 4m/s 이하
② 80mm 이상 → 100mm 이상
④ 체절압력 이상 → 체절압력 미만

답 ③

★★★
79 소화전함의 성능인증 및 제품검사의 기술기준상 옥내소화전함의 재질을 합성수지 재료로 할 경우 두께는 최소 몇 mm 이상이어야 하는가?
14.05.문77
05.09.문61

① 1.5　　　② 2.0
③ 3.0　　　④ 4.0

해설 **옥내소화전함**의 **재질**

강 판	합성수지재
1.5mm 이상	**4**mm 이상 보기 ④

기억법 **내합4**(**내**가 **합**한 **사**과)

답 ④

★★★
80 소화설비용 헤드의 성능인증 및 제품검사의 기술기준상 소화설비용 헤드의 분류 중 수류를 살수판에 충돌하여 미세한 물방울을 만드는 물분무헤드 형식은?
17.05.문66
03.05.문63

① 디프렉타형
② 충돌형
③ 슬리트형
④ 분사형

해설 **물분무헤드**의 **종류**

종 류	설 명
충돌형	유수와 유수의 충돌에 의해 미세한 물방울을 만드는 물분무헤드 |충돌형|
분사형	소구경의 오리피스로부터 고압으로 분사하여 미세한 물방울을 만드는 물분무헤드 |분사형|
선회류형	선회류에 의해 확산 방출하든가 선회류와 직선류의 충돌에 의해 확산 방출하여 미세한 물방울을 만드는 물분무헤드 |선회류형|

디프렉타형 (디플렉터형)	수류를 **살**수판에 충돌하여 미세한 물방울을 만드는 물분무헤드 보기 ① ‖ 디플렉터형 ‖ 기억법 **살디**(살지)
슬리트형	수류를 슬리트에 의해 방출하여 수막상의 분무를 만드는 물분무헤드 ‖ 슬리트형 ‖

기억법 **충분선디슬**

답 ①

| 2021년 기사 제4회 필기시험 |

				수험번호	성명
자격종목 **소방설비기사(기계분야)**	종목코드	시험시간 **2시간**	형별		

※ 답안카드 작성시 시험문제지 형별누락, 마킹착오로 인한 불이익은 전적으로 수험자의 귀책사유임을 알려드립니다.
※ 각 문항은 4지택일형으로 질문에 가장 적합한 보기 항을 선택하여 마킹하여야 합니다.

제 1 과목　　소방원론

01 다음 중 피난자의 집중으로 패닉현상이 일어날 우려가 가장 큰 형태는?

17.03.문09
12.03.문06
08.05.문20

① T형
② X형
③ Z형
④ H형

해설 피난형태

형 태	피난방향	상 황
X형	↕↔	**확실한 피난통로**가 보장되어 신속한 피난이 가능하다.
Y형	↓Y	
CO형	→□←	피난자들의 집중으로 **패닉**(Panic)**현상**이 일어날 수가 있다.
H형	←→	

답 ④

02 연기감지기가 작동할 정도이고 가시거리가 20~30m에 해당하는 감광계수는 얼마인가?

17.03.문10
16.10.문16
16.03.문03
14.05.문06
13.09.문11

① 0.1m⁻¹
② 1.0m⁻¹
③ 2.0m⁻¹
④ 10m⁻¹

해설 감광계수와 가시거리

감광계수 $[m^{-1}]$	가시거리 $[m]$	상 황
0.1	20~30	연기**감**지기가 작동할 때의 농도(연기감지기가 작동하기 직전의 농도)
0.3	5	건물 내부에 **익**숙한 사람이 피난에 지장을 느낄 정도의 농도
0.5	3	**어**두운 것을 느낄 정도의 농도
1	1~2	앞이 거의 **보**이지 않을 정도의 농도
10	0.2~0.5	화재 **최**성기 때의 농도
30	—	출화실에서 연기가 **분**출할 때의 농도

기억법	0123	감
	035	익
	053	어
	112	보
	100205	최
	30	분

답 ①

03 소화에 필요한 CO_2의 이론소화농도가 공기 중에서 37vol%일 때 한계산소농도는 약 몇 vol%인가?

19.04.문13
17.03.문14
15.03.문14
14.05.문07
12.05.문14

① 13.2
② 14.5
③ 15.5
④ 16.5

해설 CO_2의 농도(이론소화농도)

$$CO_2 = \frac{21 - O_2}{21} \times 100$$

여기서, CO_2 : CO_2의 이론소화농도[vol%]
　　　　O_2 : 한계산소농도[vol%]

$$CO_2 = \frac{21 - O_2}{21} \times 100$$

$$37 = \frac{21 - O_2}{21} \times 100, \quad \frac{37}{100} = \frac{21 - O_2}{21}$$

$$0.37 = \frac{21 - O_2}{21}, \quad 0.37 \times 21 = 21 - O_2$$

$$O_2 + (0.37 \times 21) = 21$$

$$O_2 = 21 - (0.37 \times 21) \fallingdotseq 13.2 \text{vol}\%$$

용어

vol%
어떤 공간에 차지하는 부피를 백분율로 나타낸 것

답 ①

04 건물화재시 패닉(Panic)의 발생원인과 직접적인 관계가 없는 것은?
16.03.문16
11.03.문19
① 연기에 의한 시계제한
② 유독가스에 의한 호흡장애
③ 외부와 단절되어 고립
④ 불연내장재의 사용

해설 패닉(Panic)의 발생원인
(1) 연기에 의한 시계제한 보기 ①
(2) 유독가스에 의한 호흡장애 보기 ②
(3) 외부와 단절되어 고립 보기 ③

용어

패닉(Panic)
인간이 극도로 긴장되어 돌출행동을 하는 것

답 ④

05 소화기구 및 자동소화장치의 화재안전기준에 따르면 소화기구(자동확산소화기는 제외)는 거주자 등이 손쉽게 사용할 수 있는 장소에 바닥으로부터 높이 몇 m 이하의 곳에 비치하여야 하는가?
16.05.문12
11.03.문01
① 0.5   ② 1.0
③ 1.5   ④ 2.0

해설 설치높이

0.5~1m 이하	0.8~1.5m 이하	1.5m 이하
① **연**결송수관설비의 송수구	① **수**동식 **기**동장치 조작부	① **옥**내소화전설비의 방수구
② **연**결살수설비의 송수구	② **제**어밸브(수동식 개방밸브)	② **호**스릴함
③ **물**분무소화설비의 송수구	③ **유**수검지장치	③ **소**화기(투척용 소화기) 보기 ③
④ **소**화용수설비의 채수구	④ **일**제개방밸브	
		기억법 옥내호5(옥내에서 **호소**하시**오**.)
기억법	**기억법**	
연소용51(연소용 **오**일은 잘 탄다.)	수기8(**수**기 팔아요.) 제유일 85(제가유일하게 **팔았**어요.)	

답 ③

06 물리적 폭발에 해당하는 것은?
18.04.문11
17.09.문04
① 분해폭발
② 분진폭발
③ 중합폭발
④ 수증기폭발

해설 폭발의 종류

화학적 폭발	물리적 폭발
• 가스폭발	• 증기폭발(수증기폭발) 보기 ④
• 유증기폭발	• 전선폭발
• 분진폭발	• 상전이폭발
• 화약류의 폭발	• 압력방출에 의한 폭발
• 산화폭발	
• 분해폭발	
• 중합폭발	
• 증기운폭발	

답 ④

07 소화약제로 사용되는 이산화탄소에 대한 설명으로 옳은 것은?
19.03.문05
14.03.문16
10.09.문14
① 산소와 반응시 흡열반응을 일으킨다.
② 산소와 반응하여 불연성 물질을 발생시킨다.
③ 산화하지 않으나 산소와는 반응한다.
④ 산소와 반응하지 않는다.

해설 가연물이 될 수 없는 물질(불연성 물질)

특징	불연성 물질
주기율표의 0족 원소	• 헬륨(He) • 네온(Ne) • 아르곤(Ar) • 크립톤(Kr) • 크세논(Xe) • 라돈(Rn)
산소와 더 이상 반응하지 않는 물질 보기 ④	• 물(H_2O) • 이산화탄소(CO_2) • 산화알루미늄(Al_2O_3) • 오산화인(P_2O_5)
흡열반응 물질	질소(N_2)

• 탄산가스=이산화탄소(CO_2)

답 ④

08 Halon 1211의 화학식에 해당하는 것은?
13.09.문14
12.05.문04
① CH_2BrCl
② CF_2ClBr
③ CH_2BrF
④ CF_2HBr

해설 **할론소화약제**의 **약칭** 및 **분자식**

종 류	약 칭	분자식
할론 1011	CB	CH_2ClBr
할론 104	CTC	CCl_4
할론 1211	BCF	CF_2ClBr 보기 ②
할론 1301	BTM	CF_3Br
할론 2402	FB	$C_2F_4Br_2$

답 ②

09 건축물 화재에서 플래시오버(Flash over) 현상이 일어나는 시기는?

15.09.문07
11.06.문11

① 초기에서 성장기로 넘어가는 시기
② 성장기에서 최성기로 넘어가는 시기
③ 최성기에서 감쇠기로 넘어가는 시기
④ 감쇠기에서 종기로 넘어가는 시기

해설 **플래시오버**(Flash over)

구 분	설 명
발생시간	화재발생 후 **5~6분**경
발생시점	**성장기~최성기**(성장기에서 최성기로 넘어가는 분기점) 보기 ② **기억법** 플성최
실내온도	약 **800~900℃**

답 ②

10 인화칼슘과 물이 반응할 때 생성되는 가스는?

20.06.문12
18.04.문18
14.09.문08
11.10.문05
10.09.문12
04.03.문02

① 아세틸렌
② 황화수소
③ 황산
④ 포스핀

해설 (1) **탄화칼슘**과 물의 **반응식**

$$CaC_2 + 2H_2O \rightarrow Ca(OH)_2 + C_2H_2 \uparrow$$
탄화칼슘   물   수산화칼슘 아세틸렌

(2) **탄화알루미늄**과 물의 **반응식**

$$Al_4C_3 + 12H_2O \rightarrow 4Al(OH)_3 + 3CH_4 \uparrow$$
탄화알루미늄   물   수산화알루미늄   메탄

(3) **인화칼슘**과 물의 **반응식** 보기 ④

$$Ca_3P_2 + 6H_2O \rightarrow 3Ca(OH)_2 + 2PH_3 \uparrow$$
인화칼슘   물   수산화칼슘   포스핀

(4) **수소화리튬**과 물의 **반응식**

$$LiH + H_2O \rightarrow LiOH + H_2$$
수소화리튬   물   수산화리튬   수소

답 ④

11 위험물안전관리법령상 자기반응성 물질의 품명에 해당하지 않는 것은?

19.04.문44
16.05.문46
15.09.문03
15.09.문18
15.05.문10
15.05.문42
15.03.문51
14.09.문18
14.03.문18
11.06.문54

① 니트로화합물
② 할로겐간화합물
③ 질산에스테르류
④ 히드록실아민염류

해설 **위험물규칙 3조, 위험물령 〔별표 1〕**
위험물

유별	성질	품 명
제1류	산화성 고체	• 아염소산**염류** • 염소산**염류** • 과염소산**염류** • 질산**염류** • **무기과산화물** • 과요오드산염류 • 과요오드산 • 크롬, 납 또는 요오드의 산화물 • 아질산염류 • 차아염소산염류 • 염소화이소시아눌산 • 퍼옥소이황산염류 • 퍼옥소붕산염류 **기억법** 1산고(일산GO), ~염류, 무기과산화물
제2류	가연성 고체	• **황화린** • **적**린 • **유**황 • **마**그네슘 • 금속분 **기억법** 2황화적유마
제3류	자연발화성 물질 및 금수성 물질	• **황**린 • **칼**륨 • **나**트륨 • **트**리에틸**알**루미늄 • 금속의 수소화물 • 염소화규소화합물 **기억법** 황칼나트알
제4류	인화성 액체	• 특수인화물 • 석유류(벤젠) • 알코올류 • 동식물유류
제5류	자기반응성 물질	• 유기과산화물 • 니트로화합물 보기 ① • 니트로소화합물 • 아조화합물 • 질산에스테르류(셀룰로이드) 보기 ③ • 히드록실아민염류 보기 ④ • 금속의 아지화합물 • 질산구아니딘

제6류	산화성 액체	• 과염소산 • 과산화수소 • 질산 • 할로겐간화합물 보기 ②

② 산화성 액체

답 ②

제4종	중탄산칼륨 +요소 ($KHCO_3 +$ $(NH_2)_2CO$)	회(백)색	BC급	–

기억법 1식분(일식 분식)
3분 차주(삼보컴퓨터 차주)

(2) 이산화탄소 소화약제

주성분	적응화재
이산화탄소(CO_2)	BC급

답 ④

★★★
12 마그네슘의 화재에 주수하였을 때 물과 마그네슘의 반응으로 인하여 생성되는 가스는?

19.03.문04
15.09.문06
15.09.문13
14.03.문06
12.09.문16
12.05.문05

① 산소
② 수소
③ 일산화탄소
④ 이산화탄소

해설 **주수소화**(물소화)시 위험한 물질

위험물	발생물질
• **무**기과산화물	**산소**(O_2) 발생 기억법 **무산**(**무산**되다.)
• 금속분 • **마그네슘** → • 알루미늄 • 칼륨 문제 14 • 나트륨 • 수소화리튬	**수소**(H_2) 발생 기억법 **마수**
• 가연성 액체의 유류화재 (경유)	**연소면**(화재면) 확대

답 ②

★★★
13 제2종 분말소화약제의 주성분으로 옳은 것은?

20.08.문15
19.03.문01
18.04.문06
17.09.문10
16.10.문06
16.05.문15
16.03.문09
15.09.문01

① NaH_2PO_4
② KH_2PO_4
③ $NaHCO_3$
④ $KHCO_3$

해설 **(1) 분말소화약제**

종 별	주성분	착 색	적응 화재	비 고
제**1**종	중탄산나트륨 ($NaHCO_3$)	백색	BC급	**식용유** 및 **지방질유**의 화재에 적합
제**2**종	중탄산칼륨 ($KHCO_3$)	담자색 (담회색)	BC급	–
제**3**종	제1인산암모늄 ($NH_4H_2PO_4$)	담홍색	ABC급	**차고·주차 장**에 적합

★★★
14 물과 반응하였을 때 가연성 가스를 발생하여 화재의 위험성이 증가하는 것은?

15.03.문09
13.06.문15
10.05.문07

① 과산화칼슘
② 메탄올
③ 칼륨
④ 과산화수소

해설 **문제 12 참조**

📢 중요

경유화재시 주수소화가 부적당한 이유
물보다 비중이 가벼워 물 위에 떠서 **화재확대**의 우려가 있기 때문이다.

답 ③

★★★
15 물리적 소화방법이 아닌 것은?

16.03.문17
15.09.문05
14.05.문13
11.03.문16

① 연쇄반응의 억제에 의한 방법
② 냉각에 의한 방법
③ 공기와의 접촉 차단에 의한 방법
④ 가연물 제거에 의한 방법

해설
구 분	물리적 소화방법	화학적 소화방법
소화 형태	• 질식소화(공기와의 접속 차단) • 냉각소화(냉각) • 제거소화(가연물 제거)	• **억**제소화(연쇄반응의 억제) 보기 ① 기억법 **억화**(**억**화감정)
소화 약제	• 물소화약제 • 이산화탄소소화약제 • 포소화약제 • 불활성기체소화약제 • 마른모래	• 할론소화약제 • 할로겐화합물소화약제

① 화학적 소화방법

중요

소화의 방법

소화방법	설 명
냉각소화	• 다량의 물 등을 이용하여 **점화원**을 **냉각**시켜 소화하는 방법 • 다량의 물을 뿌려 소화하는 방법
질식소화	• 공기 중의 **산소농도**를 16%(10~15%) 이하로 희박하게 하여 소화하는 방법
제거소화	• 가연물을 제거하여 소화하는 방법
억제소화 (부촉매효과)	• 연쇄반응을 차단하여 소화하는 방법으로 '**화학소화**'라고도 함

답 ①

★★★
16 다음 중 착화온도가 가장 낮은 것은?

19.09.문02
17.03.문14
15.09.문02
14.05.문05
12.09.문04

① 아세톤
② 휘발유
③ 이황화탄소
④ 벤젠

해설

물 질	인화점	착화점
• 프로필렌	-107℃	497℃
• 에틸에터 • 디에틸에터	-45℃	180℃
• **가솔린(휘발유)** 보기 ②	-43℃	**300℃**
• **이황화탄소** 보기 ③	-30℃	**100℃**
• 아세틸렌	-18℃	335℃
• **아세톤** 보기 ①	-18℃	**538℃**
• **벤젠** 보기 ④	-11℃	**562℃**
• 톨루엔	4.4℃	480℃
• 에틸알코올	13℃	423℃
• 아세트산	40℃	-
• 등유	43~72℃	210℃
• 경유	50~70℃	200℃
• 적린	-	260℃

• 착화점=발화점=착화온도=발화온도

답 ③

★★★
17 화재의 분류방법 중 유류화재를 나타낸 것은?

19.03.문08
17.09.문07
16.05.문09
15.09.문19
13.09.문07

① A급 화재
② B급 화재
③ C급 화재
④ D급 화재

해설
화재의 종류

구 분	표시색	적응물질
일반화재(A급)	백색	• 일반가연물 • 종이류 화재 • 목재・섬유화재
유류화재(B급) 보기 ②	황색	• 가연성 액체 • 가연성 가스 • 액화가스화재 • 석유화재
전기화재(C급)	청색	• 전기설비
금속화재(D급)	무색	• 가연성 금속
주방화재(K급)	-	• 식용유화재

※ 요즘은 표시색의 의무규정은 없음

답 ②

★★
18 소화약제로 사용되는 물에 관한 소화성능 및 물성에 대한 설명으로 틀린 것은?

19.04.문06
18.03.문19
15.05.문01
99.08.문06

① 비열과 증발잠열이 커서 냉각소화 효과가 우수하다.
② 물(15℃)의 비열은 약 $1cal/g \cdot ℃$이다.
③ 물(100℃)의 증발잠열은 439.6cal/g이다.
④ 물의 기화에 의한 팽창된 수증기는 질식소화 작용을 할 수 있다.

해설
물의 소화능력
(1) **비열**이 크다. 보기 ①
(2) **증발잠열**(기화잠열)이 크다. 보기 ①
(3) 밀폐된 장소에서 증발가열하면 수증기에 의해서 **산소희석작용** 또는 **질식소화작용**을 한다. 보기 ④
(4) **무상**으로 주수하면 **중질유** 화재에도 사용할 수 있다.

융해잠열	증발잠열(기화잠열)
80cal/g	539cal/g 보기 ③

③ 439.6cal/g → 539cal/g

참고

물이 소화약제로 많이 쓰이는 이유

장 점	단 점
① 쉽게 구할 수 있다. ② 증발잠열(기화잠열)이 크다. ③ 취급이 간편하다.	① 가스계 소화약제에 비해 사용 후 **오염**이 **크다.** ② 일반적으로 **전기화재**에는 사용이 **불가**하다.

답 ③

★★★
19 다음 중 공기에서의 연소범위를 기준으로 했을 때 위험도(H) 값이 가장 큰 것은?

20.06.문19
19.03.문03
15.09.문08
10.03.문14

① 디에틸에테르   ② 수소
③ 에틸렌   ④ 부탄

해설 **위험도**

$$H = \frac{U-L}{L}$$

여기서, H : 위험도
       U : 연소상한계
       L : 연소하한계

① 디에틸에테르 $= \dfrac{48-1.9}{1.9} = 24.26$

② 수소 $= \dfrac{75-4}{4} = 17.75$

③ 에틸렌 $= \dfrac{36-2.7}{2.7} = 12.33$

④ 부탄 $= \dfrac{8.4-1.8}{1.8} = 3.67$

👉 중요

공기 중의 폭발한계(상온, 1atm)

가스	하한계 [vol%]	상한계 [vol%]
보기① 디에틸에테르((C₂H₅)₂O) →	1.9	48
보기② 수소(H₂) →	4	75
보기③ 에틸렌(C₂H₄) →	2.7	36
보기④ 부탄(C₄H₁₀) →	1.8	8.4
아세틸렌(C₂H₂)	2.5	81
일산화탄소(CO)	12.5	74
이황화탄소(CS₂)	1.2	44
암모니아(NH₃)	15	28
메탄(CH₄)	5	15
에탄(C₂H₆)	3	12.4
프로판(C₃H₈)	2.1	9.5

- 연소한계=연소범위=가연한계=가연범위=폭발한계=폭발범위
- 디에틸에테르=에테르

답 ①

★★★
20 조연성 가스로만 나열되어 있는 것은?

18.04.문07
17.03.문07
16.10.문03
16.03.문10
14.05.문10
12.09.문08
10.05.문18

① 질소, 불소, 수증기
② 산소, 불소, 염소
③ 산소, 이산화탄소, 오존
④ 질소, 이산화탄소, 염소

해설 **가연성 가스**와 **지연성 가스**(조연성 가스)

가연성 가스	지연성 가스(조연성 가스)
• **수**소 • **메**탄 • **일**산화탄소 • **천**연가스 • **부**탄 • **에**탄 • **암**모니아 • **프**로판	• **산**소 보기② • **공**기 • **염**소 보기② • **오**존 • **불**소 보기②

기억법 가수일천 암부 메에프

기억법 조산공 염오불

🔖 용어

가연성 가스와 **지연성 가스**

가연성 가스	지연성 가스(조연성 가스)
물질 자체가 연소하는 것	자기 자신은 연소하지 않지만 연소를 도와주는 가스

답 ②

제2과목   소방유체역학

★★
21 지름이 5cm인 원형 관 내에 이상기체가 층류로 흐른다. 다음 중 이 기체의 속도가 될 수 있는 것을 모두 고르면? (단, 이 기체의 절대압력은 200kPa, 온도는 27℃, 기체상수는 2080J/kg · K, 점성계수는 2×10^{-5}N · s/m², 하임계 레이놀즈수는 2200으로 한다.)

17.03.문30
14.03.문21

㉠ 0.3m/s	㉡ 1.5m/s
㉢ 8.3m/s	㉣ 15.5m/s

① ㉠   ② ㉠, ㉡
③ ㉠, ㉡, ㉢   ④ ㉠, ㉡, ㉢, ㉣

해설 **(1) 기호**

- D : 5cm=0.05m(100cm=1m)
- P : 200kPa=200kN/m²
  $= 200 \times 10^3$N/m²
  (1Pa=1N/m²이고 1kPa=10³Pa)
- T : 27℃
- R : 2080J/kg · K=2080N · m/kg · K(1J=1N · m)
- μ : 2×10^{-5}N · s/m²
- Re : 2200 이하(하임계 레이놀즈수이므로 '이하'를 붙임)

(2) 밀도

$$\rho = \frac{P}{RT}$$

여기서, ρ : 밀도[kg/m³]

P : 압력[Pa] 또는 [N/m²]

R : 기체상수[N·m/kg·K]

T : 절대온도(273+℃)[K]

밀도 $\rho = \dfrac{P}{RT}$

$$= \frac{200 \times 10^3 \text{N/m}^2}{2080 \text{N·m/kg·K} \times (273+27)\text{K}}$$

$$= 0.3205 \text{kg/m}^3 = 0.3205 \text{N·s}^2/\text{m}^4$$

• 1kg/m³ = 1N·s²/m⁴

(3) 레이놀즈수

$$Re = \frac{DV\rho}{\mu} = \frac{DV}{\nu}$$

여기서, Re : 레이놀즈수

D : 내경[m]

V : 유속[m/s]

ρ : 밀도[kg/m³]

μ : 점성계수[kg/m·s]

ν : 동점성계수$\left(\dfrac{\mu}{\rho}\right)$[m²/s]

$Re = \dfrac{DV\rho}{\mu}$ 에서

유속 $V = \dfrac{Re\mu}{D\rho}$

$$= \frac{2200 \text{ 이하} \times (2 \times 10^{-5})\text{N·s/m}^2}{0.05\text{m} \times 0.3205 \text{N·s}^2/\text{m}^4}$$

$$= 2.8\text{m/s} \text{ 이하}$$

∴ ㉠ 0.3m/s, ㉡ 1.5m/s 선택

답 ②

★★★
22 표면장력에 관련된 설명 중 옳은 것은?

18.09.문32
13.09.문27
10.05.문35

① 표면장력의 차원은 $\dfrac{\text{힘}}{\text{면적}}$ 이다.

② 액체와 공기의 경계면에서 액체분자의 응집력보다 공기분자와 액체분자 사이의 부착력이 클 때 발생된다.

③ 대기 중의 물방울은 크기가 작을수록 내부 압력이 크다.

④ 모세관 현상에 의한 수면 상승 높이는 모세관의 직경에 비례한다.

해설 보기 ① 차원

차 원	중력단위 [차원]	절대단위 [차원]
부력(힘)	N [F]	kg·m/s² [MLT⁻²]
일 (에너지·열량)	N·m [FL]	kg·m²/s² [ML²T⁻²]
동력(일률)	N·m/s [FLT⁻¹]	kg·m²/s³ [ML²T⁻³]
표면장력 →	N/m [FL⁻¹]	kg/s² [MT⁻²]

① $\dfrac{\text{힘}}{\text{면적}} \rightarrow \dfrac{\text{힘}}{\text{길이}}$

보기 ②③④ 모세관 현상(capillarity in tube)

액체와 고체가 접촉하면 상호 **부착**하려는 **성질**을 갖는데 이 **부착력**과 액체의 **응집력**의 **상대적 크기**에 의해 일어나는 현상

(a) 물(H₂O) : 응집력<부착력 (b) 수은(Hg) : 응집력>부착력

▮ 모세관 현상 ▮

② 공기의 → 고체의
   공기분자와 → 고체분자와

$$h = \frac{4\sigma \cos\theta(\text{비례})}{\gamma D(\text{반비례})}, \quad P = \gamma h$$

여기서, h : 상승높이[m]

σ : 표면장력[N/m]

θ : 각도(접촉각)

γ : 비중량(물의 비중량 9800N/m³)($\gamma = \rho g$)

ρ : 밀도(물의 밀도 1000kg/m³)

g : 중력가속도(9.8m/s²)

D : 관의 내경[m]

P : 압력[N/m²]

④ 비례 → 반비례

$$P = \gamma h = \cancel{\gamma} \times \frac{4\sigma\cos\theta}{\cancel{\gamma}D} = \frac{4\sigma\cos\theta}{D} \propto \frac{1}{D}$$

③ 물방울의 **직경**과 **압력**은 **반비례**하므로 물방울이 작을수록 내부압력이 크다.

답 ③

★★ 23 유체의 점성에 대한 설명으로 틀린 것은?

16.03.문31
12.03.문31
11.06.문40

① 질소 기체의 동점성계수는 온도 증가에 따라 감소한다.
② 물(액체)의 점성계수는 온도 증가에 따라 감소한다.
③ 점성은 유동에 대한 유체의 저항을 나타낸다.
④ 뉴턴유체에 작용하는 전단응력은 속도기울기에 비례한다.

해설 **유체의 점성**

(1) 액체의 점성(점성계수, 동점성계수) 온도가 상승하면 감소한다. 보기 ②
(2) 기체의 점성(점성계수, 동점성계수) 온도가 상승하면 증가하는 경향이 있다. 보기 ①
(3) 이상유체가 아닌 모든 실제유체는 점성을 가진다.
(4) **점성**은 유동에 대한 유체의 **저항**을 나타낸다. 보기 ③
(5) **뉴턴(Newton)**의 **점성법칙**

$$\tau = \mu \frac{du}{dy} \propto \frac{du}{dy}$$

여기서, τ : 전단응력[N/m²]
μ : 점성계수[N · s/m²]
$\frac{du}{dy}$: 속도구배(속도기울기) $\left[\dfrac{1}{s}\right]$

• 전단응력은 **속도구배**(속도기울기)에 **비례**한다. 보기 ④

답 ①

★★★ 24 회전속도 1000rpm일 때 송출량 Q[m³/min], 전양정 H[m]인 원심펌프가 상사한 조건에서 송출량이 $1.1Q$[m³/min]가 되도록 회전속도를 증가시킬 때 전양정은?

19.03.문34
17.05.문29
14.09.문23
11.06.문35
11.03.문35
00.10.문61

① $0.91H$
② H
③ $1.1H$
④ $1.21H$

해설 **펌프의 상사법칙(송출량)**

(1) **유량(송출량)**

$$Q_2 = Q_1\left(\frac{N_2}{N_1}\right)\left(\frac{D_2}{D_1}\right)^3$$

(2) **전양정**

$$H_2 = H_1\left(\frac{N_2}{N_1}\right)^2\left(\frac{D_2}{D_1}\right)^2$$

(3) **축동력**

$$P_2 = P_1\left(\frac{N_2}{N_1}\right)^3\left(\frac{D_2}{D_1}\right)^5$$

여기서, $Q_1 \cdot Q_2$: 변화 전후의 유량(송출량)[m³/min]
$H_1 \cdot H_2$: 변화 전후의 전양정[m]

$P_1 \cdot P_2$: 변화 전후의 축동력[kW]
$N_1 \cdot N_2$: 변화 전후의 회전수(회전속도)[rpm]
$D_1 \cdot D_2$: 변화 전후의 직경[m]

• 위의 공식에서 D는 생략 가능

유량 $Q_2 = Q_1\left(\dfrac{N_2}{N_1}\right) = 1.1Q_1$

$Q_1\left(\dfrac{N_2}{N_1}\right) = 1.1Q_1$

$\left(\dfrac{N_2}{N_1}\right) = \dfrac{1.1Q_1}{Q_1} = 1.1$

전양정 $H_2 = H_1\left(\dfrac{N_2}{N_1}\right)^2 = H_1(1.1)^2 = 1.21H_1$

※ **상사법칙** : 기하학적으로 유사하거나 같은 펌프에 적용하는 법칙

답 ④

★ 25 그림과 같이 노즐이 달린 수평관에서 계기압력이 0.49MPa이었다. 이 관의 안지름이 6cm이고 관의 끝에 달린 노즐의 지름이 2cm라면 노즐의 분출속도는 몇 m/s인가? (단, 노즐에서의 손실은 무시하고, 관마찰계수는 0.025이다.)

① 16.8
② 20.4
③ 25.5
④ 28.4

해설

(1) **기호**

• P_1 : 0.49MPa=0.49×10⁶Pa=0.49×10⁶N/m²
  =490×10³N/m²=490kN/m²
• D_1 : 6cm=0.06m(100cm=1m)
• D_2 : 2cm=0.02m(100cm=1m)
• V_2 : ?
• f : 0.025
• l : 100m

(2) **유량**

$$Q = AV = \frac{\pi D^2}{4}V$$

여기서, Q : 유량[m³/s]

　　A : 단면적[m²]

　　V : 유속[m/s]

　　D : 지름(안지름)[m]

식을 변형하면

$$Q = A_1 V_1 = A_2 V_2 = \frac{\pi D_1^{\ 2}}{4} V_1 = \frac{\pi D_2^{\ 2}}{4} V_2 \quad 에서$$

$$\frac{\pi D_1^{\ 2}}{4} V_1 = \frac{\pi D_2^{\ 2}}{4} V_2$$

$$\left(\frac{\pi \times 0.06^2}{4}\right) m^2 \times V_1 = \left(\frac{\pi \times 0.02^2}{4}\right) m^2 \times V_2$$

$$\therefore \ V_2 = 9 V_1$$

(3) 마찰손실수두

$$\Delta H = \frac{\Delta P}{\gamma} = \frac{f l V^2}{2gD}$$

여기서, ΔH : 마찰손실(수두)[m]

　　ΔP : 압력차[kPa] 또는 [kN/m²]

　　γ : 비중량(물의 비중량 9800N/m³)

　　f : 관마찰계수

　　l : 길이[m]

　　V : 유속[m/s]

　　g : 중력가속도(9.8m/s²)

　　D : 내경[m]

배관의 **마찰손실** ΔH 는

$$\Delta H = \frac{f l V_1^{\ 2}}{2gD_1} = \frac{0.025 \times 100m \times V_1^{\ 2}}{2 \times 9.8m/s^2 \times 0.06m}$$

$$\coloneqq 2.12 V_1^{\ 2}$$

(4) 베르누이 방정식(비압축성 유체)

$$\frac{V_1^{\ 2}}{2g} + \frac{P_1}{\gamma} + Z_1 = \frac{V_2^{\ 2}}{2g} + \frac{P_2}{\gamma} + Z_2 + \Delta H$$

속도수두　압력수두　위치수두

여기서, V_1, V_2 : 유속[m/s]

　　P_1, P_2 : 압력[N/m²]

　　Z_1, Z_2 : 높이[m]

　　g : 중력가속도(9.8m/s²)

　　γ : 비중량(물의 비중량 9.8kN/m³)

　　ΔH : 마찰손실(수두)[m]

• 수평관이므로 $Z_1 = Z_2$

• 노즐을 통해 대기로 분출되므로 노즐로 분출되는 계기압 $P_2 \coloneqq 0$

$$\frac{V_1^{\ 2}}{2g} + \frac{P_1}{\gamma} + \cancel{Z_1} = \frac{V_2^{\ 2}}{2g} + \frac{0}{\gamma} + \cancel{Z_2} + \Delta H$$

$$\frac{V_1^{\ 2}}{2 \times 9.8m/s^2} + \frac{490kN/m^2}{9.8kN/m^3} = \frac{(9 V_1)^2}{2 \times 9.8m/s^2} + 0m + 2.12 V_1^{\ 2}$$

$$\frac{490kN/m^2}{9.8kN/m^3} = \frac{(9 V_1)^2}{2 \times 9.8m/s^2} - \frac{V_1^{\ 2}}{2 \times 9.8m/s^2} + 2.12 V_1^{\ 2}$$

$$\frac{490kN/m^2}{9.8kN/m^3} = \frac{81 V_1^{\ 2} - V_1^{\ 2}}{2 \times 9.8m/s^2} + 2.12 V_1^{\ 2}$$

$$\frac{490kN/m^2}{9.8kN/m^3} = \frac{80 V_1^{\ 2}}{2 \times 9.8m/s^2} + 2.12 V_1^{\ 2}$$

$$50m = 4.081 V_1^{\ 2} + 2.12 V_1^{\ 2}$$

$$50m = 6.201 V_1^{\ 2}$$

$$6.201 V_1^{\ 2} = 50m$$

$$V_1^{\ 2} = \frac{50m}{6.201}$$

$$\sqrt{V_1^{\ 2}} = \sqrt{\frac{50m}{6.201}}$$

$$V_1 = \sqrt{\frac{50m}{6.201}} = 2.84m/s$$

노즐에서의 유속 V_2 는

$$V_2 = 9 V_1 = 9 \times 2.84m/s \coloneqq 25.5m/s$$

답 ③

★★

26 원심펌프가 전양정 120m에 대해 6m³/s의 물을 공급할 때 필요한 축동력이 9530kW이었다. 이때 펌프의 체적효율과 기계효율이 각각 88%, 89% 라고 하면, 이 펌프의 수력효율은 약 몇 %인가?

15.03.문24
13.03.문36

① 74.1

② 84.2

③ 88.5

④ 94.5

해설 (1) 기호

• H : 120m

• Q : $6m^3/s = 6m^3 \left/ \frac{1}{60} min \right. = (6 \times 60)m^3/min$

• P : 9530kW

• η_v : 88% = 0.88

• η_m : 89% = 0.89

• η_h : ?

(2) 축동력

$$P = \frac{0.163QH}{\eta}$$

여기서, P : 축동력[kW]

　　Q : 유량[m³/min]

　　H : 전양정[m]

　　$\eta(\eta_T)$: 효율(전효율)

전효율 η_T는

$$\eta_T = \frac{0.163QH}{P}$$

$$= \frac{0.163 \times (6 \times 60)\text{m}^3/\text{min} \times 120\text{m}}{9530\text{kW}} = 0.73888$$

> ※ **축동력**: 전달계수(K)를 고려하지 않은 동력

(3) 펌프의 전효율

$$\eta_T = \eta_m \times \eta_h \times \eta_v$$

여기서, η_T : 펌프의 전효율
η_m : 기계효율
η_h : 수력효율
η_v : 체적효율

수력효율 η_h는

$$\eta_h = \frac{\eta_T}{\eta_m \times \eta_v} = \frac{0.73888}{0.89 \times 0.88} = 0.943 = 94.3\%$$

(∴ 계산과정에서 소수점 무시 등을 고려하면 94.5가 정답)

답 ④

★★★
27 안지름 4cm, 바깥지름 6cm인 동심 이중관의 수력직경(hydraulic diameter)은 몇 cm인가?

18.03.문40
17.09.문28
17.05.문22
17.03.문36
16.10.문37
14.03.문24
08.05.문33
07.03.문36
06.09.문31

유체

① 2 　　② 3
③ 4 　　④ 5

해설 (1) **기호**

> • D_2 : 4cm → r_2 : 2cm
> • D_1 : 6cm → r_1 : 3cm

(2) **수력반경**(hydraulic radius)

$$R_h = \frac{A}{L}$$

여기서, R_h : 수력반경[cm]
A : 단면적[cm²]
L : 접수길이(단면둘레의 길이)[cm]

(3) **수력직경**(수력지름)

$$D_h = 4R_h$$

여기서, D_h : 수력직경[cm]
R_h : 수력반경[cm]
바깥지름 6cm, 안지름 4cm인 환형관

6cm
4cm

> **수력반경**

$$R_h = \frac{A}{L} = \frac{\pi(r_1^2 - r_2^2)}{2\pi(r_1 + r_2)} = \frac{\pi \times (3^2 - 2^2)\text{cm}^2}{2\pi \times (3+2)\text{cm}} = 0.5\text{cm}$$

> • 수력직경을 cm로 물어보았으므로 안지름, 바깥지름을 m로 환산하지 말고 cm를 그대로 두고 계산하면 편함
> • 단면적 $A = \pi r^2$
> 　여기서, A : 단면적[cm²]
> 　　　　r : 반지름[cm]
> • 접수길이(원둘레) $L = 2\pi r$
> 　여기서, L : 접수길이[cm]
> 　　　　r : 반지름[cm]

> **수력지름**
> $$D_h = 4R_h = 4 \times 0.5\text{cm} = 2\text{cm}$$

답 ①

★★★
28 열역학 관련 설명 중 틀린 것은?

19.03.문21
18.09.문29
18.03.문33

① 삼중점에서는 물체의 고상, 액상, 기상이 공존한다.
② 압력이 증가하면 물의 끓는점도 높아진다.
③ 열을 완전히 일로 변환할 수 있는 효율이 100%인 열기관은 만들 수 없다.
④ 기체의 정적비열은 정압비열보다 크다.

해설 **열역학**
① **삼중점**(3중점) : 물체의 고상, 액상, 기상이 공존한다.
② 압력이 증가하면 물의 끓는점도 높아진다.
③ 열을 완전히 일로 변환할 수 있는 효율이 100%인 열기관은 만들 수 없다(열역학 **제2법칙**).
④ 기체의 정적비열은 정압비열보다 작다.

④ 크다 → 작다

> **용어**

고 상	액 상	기 상
고체상태	액체상태	기체상태

중요

(1) **비열**

ㄱ **정적비열** : **체적**이 **일정**하게 유지되는 동안 온도변화에 대한 내부에너지 변화율

ㄴ **정압비열**을 **정적비열**로 나눈 것이 **비열비**이다.

ㄷ **정압비열** : **압력**이 **일정**하게 유지될 때 온도변화에 대한 엔탈피 변화율

ㄹ **비열비** : 항상 1보다 크다.

ㅁ **정압비열** : 항상 정적비열보다 크다. 보기 ④

(2) **열역학의 법칙**

법 칙	설 명
열역학 제0법칙 (열평형의 법칙)	① 온도가 높은 물체에 낮은 물체를 접촉시키면 온도가 높은 물체에서 낮은 물로 열이 이동하여 두 물체의 온도는 **평형**을 이루게 된다. ② 열평형 상태에 있는 물체의 온도는 같다.
열역학 제1법칙 (에너지보존의 법칙)	① 기체의 공급에너지는 **내부에너지**와 외부에서 한 일의 합과 같다. ② 사이클과정에서 **시스템(계)**이 한 **총일**은 시스템이 받은 **총열량**과 같다. ③ 일은 열로 변환시킬 수 있고 열은 일로 변환시킬 수 있다.
열역학 제2법칙	① 열은 스스로 **저온**에서 **고온**으로 절대로 흐르지 않는다(일을 가하면 **저온**부로부터 **고온**부로 열을 이동시킬 수 있다). ② 열은 그 스스로 저열원체에서 고열원체로 이동할 수 없다. ③ 자발적인 변화는 **비가역적**이다. ④ 열을 완전히 일로 바꿀 수 있는 **열기관**을 만들 수 **없다**(일을 100% 열로 변환시킬 수 없다). 보기 ③ ⑤ 사이클과정에서 열이 모두 일로 변화할 수 없다.
열역학 제3법칙	① 순수한 물질이 1atm하에서 결정 상태이면 **엔트로피**는 0K에서 0이다. ② 단열과정에서 시스템의 **엔트로피**는 변하지 않는다.

답 ④

29 다음 중 차원이 서로 같은 것을 모두 고르면? (단, P : 압력, ρ : 밀도, V : 속도, h : 높이, F : 힘, m : 질량, g : 중력가속도)

ㄱ ρV^2	ㄴ $\rho g h$
ㄷ P	ㄹ $\dfrac{F}{m}$

① ㄱ, ㄴ
② ㄱ, ㄷ
③ ㄱ, ㄴ, ㄷ
④ ㄱ, ㄴ, ㄷ, ㄹ

해설 (1) 기호

- P [N/m²]
- ρ [N·s²/m⁴]
- V [m/s]
- h [m]
- F [N]
- m [kg]
- g [m/s²]

(2) ㄱ $\rho V^2 = $ N·s²/m⁴ × (m/s)² = N·s²/m⁴ × m²/s²

$$= \frac{\text{N}}{\text{m}^2} \cdot \frac{\text{s}^2}{\text{m}^2} \cdot \frac{\text{m}^2}{\text{s}^2} = \text{N/m}^2$$

ㄴ $\rho g h = $ N·s²/m⁴ × m/s² × m

$$= \frac{\text{N}}{\text{m}^2} \cdot \frac{\text{s}^2}{\text{m}^2} \cdot \frac{\text{m}}{\text{s}^2} \cdot \text{m} = \text{N/m}^2$$

ㄷ $P = $ N/m²

ㄹ $\dfrac{F}{m} = \dfrac{\text{N}}{\text{kg}}$

∴ ㄱ, ㄴ, ㄷ은 N/m²로 차원이 모두 같다.

답 ③

★★★
30 밀도가 10kg/m³인 유체가 지름 30cm인 관 내를 1m³/s로 흐른다. 이때의 평균유속은 몇 m/s 인가?

20.08.문23
19.03.문22
16.03.문40
11.06.문33

① 4.25
② 14.1
③ 15.7
④ 84.9

해설 (1) 기호

- ρ : 10kg/m³
- D : 30cm=0.3m(100cm=1m)
- Q : 1m³/s
- V : ?

(2) **유량**(flowrate, **체적유량**, **용량유량**)

$$Q = AV = \left(\frac{\pi D^2}{4}\right) V$$

여기서, Q : 유량[m³/s]
A : 단면적[m²]
V : 유속[m/s]
D : 직경(안지름)[m]

유속 V는

$$V = \frac{Q}{\frac{\pi D^2}{4}} = \frac{1\text{m}^3/\text{s}}{\frac{\pi \times (0.3\text{m})^2}{4}} ≒ 14.1\text{m/s}$$

- 밀도(ρ)는 평균유속을 구하는 데 필요 없음

답 ②

31 초기 상태에서 압력 100kPa, 온도 15℃인 공기가 있다. 공기의 부피가 초기 부피의 $\frac{1}{20}$이 될 때까지 가역단열 압축할 때 압축 후의 온도는 약 몇 ℃인가? (단, 공기의 비열비는 1.4이다.)

20.06.문30
18.04.문29
18.03.문35
13.03.문28
04.09.문32

① 54   ② 348

③ 682   ④ 912

해설 (1) 기호

- P_1 : 100kPa
- T_1 : 15℃=(273+15)K
- V_1 : 1m³
- V_2 : $\frac{1}{20}$m³ ── 공기의 부피(v_2)가 초기 부피(v_1)의 $\frac{1}{20}$ 이므로
- T_2 : ?
- K : 1.4

(2) 단열변화

$$\frac{T_2}{T_1}=\left(\frac{v_1}{v_2}\right)^{K-1}=\left(\frac{V_1}{V_2}\right)^{K-1}=\left(\frac{P_2}{P_1}\right)^{\frac{K-1}{K}}$$

여기서, T_1, T_2 : 변화 전후의 온도(273+℃)[K]
$\quad\quad v_1$, v_2 : 변화 전후의 비체적[m³/kg]
$\quad\quad V_1$, V_2 : 변화 전후의 체적[m³]
$\quad\quad P_1$, P_2 : 변화 전후의 압력[kJ/m³] 또는 [kPa]
$\quad\quad K$: 비열비

$$\frac{T_2}{T_1}=\left(\frac{V_1}{V_2}\right)^{K-1}$$

압축 후의 온도 T_2는

$$T_2=(273+15)\text{K}\times\left(\frac{1\text{m}^3}{\frac{1}{20}\text{m}^3}\right)^{1.4-1}≒955\text{K}$$

(3) 절대온도

$$K=273+℃$$

여기서, K : 절대온도[K]
$\quad\quad ℃$: 섭씨온도[℃]

$K=273+℃$
$955=273+℃$
$℃=955-273=682℃$

답 ③

32 부피가 240m³인 방 안에 들어 있는 공기의 질량은 약 몇 kg인가? (단, 압력은 100kPa, 온도는 300K이며, 공기의 기체상수는 0.287kJ/kg·K 이다.)

12.05.문36

① 0.279   ② 2.79

③ 27.9   ④ 279

해설 (1) 기호

- V : 240m³
- m : ?
- P : 100kPa=100kN/m²(1kPa=1kN/m²)
- T : 300K
- R : 0.287kJ/kg·K=0.287kN·m/kg·K(1kJ=1kN·m)

(2) 이상기체 상태방정식

$$PV=mRT$$

여기서, P : 압력[kJ/m³]
$\quad\quad V$: 체적[m³]
$\quad\quad m$: 질량[kg]
$\quad\quad R$: 기체상수[kJ/kg·K]
$\quad\quad T$: 절대온도(273+℃)[K]

공기의 질량 m은

$$m=\frac{PV}{RT}=\frac{100\text{kN/m}^2\times240\text{m}^3}{0.287\text{kN}\cdot\text{m/kg}\cdot\text{K}\times300\text{K}}≒279\text{kg}$$

답 ④

33 그림의 액주계에서 밀도 ρ_1=1000kg/m³, ρ_2=13600kg/m³, 높이 h_1=500mm, h_2=800mm 일 때 관 중심 A의 계기압력은 몇 kPa인가?

11.03.문33

① 101.7   ② 109.6

③ 126.4   ④ 131.7

해설 (1) 기호

- ρ_1 : 1000kg/m³=1000N·s²/m⁴
  (1kg/m³=1N·s²/m⁴)
- ρ_2 : 13600kg/m³=13600N·s²/m⁴
  (1kg/m³=1N·s²/m⁴)
- h_1 : 500mm=0.5m(1000mm=1m)
- h_2 : 800mm=0.8m(1000mm=1m)
- p_A : ?

(2) 비중량

$$\gamma=\rho g$$

여기서, γ : 비중량[N/m³]
$\quad\quad \rho$: 밀도[N·s²/m⁴]
$\quad\quad g$: 중력가속도(9.8m/s²)

밀도 γ_1은
$\gamma_1=\rho_1 g$=1000N·s²/m⁴×9.8m/s²
$\quad\quad$=9800N/m³=9.8kN/m³

밀도 γ_2는
$\gamma_2=\rho_2 g$=13600N·s²/m⁴×9.8m/s²
$\quad\quad$=133280N/m³=133.28kN/m³

(3) 액주계 압력

$$p_A + \gamma_1 h_1 - \gamma_2 h_2 = P_o$$

여기서, p_A : 중심 A의 압력[kPa]
γ_1, γ_2 : 비중량[kN/m²]
h_1, h_2 : 액주계의 높이[m]
P_o : 대기압[kPa]

$p_A = -\gamma_1 h_1 + \gamma_2 h_2 + P_o$
$= -9.8\text{kN/m}^3 \times 0.5\text{m} + 133.28\text{kN/m}^3 \times 0.8\text{m} + 0$
$\fallingdotseq 101.7\text{kN/m}^2$
$= 101.7\text{kPa}$

- 대기 중에서 계기압력 $P_o \fallingdotseq 0$
- $1\text{kN/m}^2 = 1\text{kPa}$

중요

시차액주계의 압력계산 방법
점 A를 기준으로 내려가면 더하고, 올라가면 빼면
된다.

올라가므로 $-\gamma_2 h_2$

내려가므로 $+\gamma_1 h_1$

답 ①

34
05.05.문31
98.03.문39
그림과 같이 수조의 두 노즐에서 물이 분출하여
한 점(A)에서 만나려고 하면 어떤 관계가 성립
되어야 하는가? (단, 공기저항과 노즐의 손실은
무시한다.)

① $h_1 y_1 = h_2 y_2$

② $h_1 y_2 = h_2 y_1$

③ $h_1 h_2 = y_1 y_2$

④ $h_1 y_1 = 2h_2 y_2$

해설

① $h_1 y_1 = h_2 y_2$

답 ①

35 ★
15.03.문21
길이 100m, 직경 50mm, 상대조도 0.01인 원형
수도관 내에 물이 흐르고 있다. 관 내 평균유속
이 3m/s에서 6m/s로 증가하면 압력손실은 몇
배로 되겠는가? (단, 유동은 마찰계수가 일정한
완전난류로 가정한다.)

① 1.41배　② 2배

③ 4배　④ 8배

해설 (1) 기호

- V_1 : 3m/s
- V_2 : 6m/s
- ΔP : ?

(2) 난류(패닝의 법칙)

$$H = \frac{\Delta P}{\gamma} = \frac{2flV^2}{gD}\text{[m]}$$

여기서, H : 손실수두[m]
ΔP : 압력손실[Pa]
γ : 비중량(물의 비중량 9800N/m³)
f : 관마찰계수
l : 길이[m]
V : 유속[m/s]
g : 중력가속도(9.8m/s²)
D : 내경[m]

$\frac{\Delta P}{\gamma} = \frac{2flV^2}{gD} \propto V^2$

$\Delta P \propto V^2 = \left(\frac{V_2}{V_1}\right)^2 = \left(\frac{6\text{m/s}}{3\text{m/s}}\right)^2 = 2^2 = 4$배

비교

층류 : 손실수두

유체의 속도를 알 수 있는 경우	유체의 속도를 알 수 없는 경우
$H = \dfrac{\Delta P}{\gamma} = \dfrac{flV^2}{2gD}$[m] (다르시-바이스바하의 식)	$H = \dfrac{\Delta P}{\gamma} = \dfrac{128\mu Ql}{\gamma\pi D^4}$[m] (하젠-포아젤의 식)
여기서, H : 마찰손실(손실수두)[m] ΔP : 압력차[Pa 또는 [N/m²] γ : 비중량(물의 비중량 9800N/m³) f : 관마찰계수 l : 길이[m] V : 유속[m/s] g : 중력가속도(9.8m/s²) D : 내경[m]	여기서, ΔP : 압력차(압력강하, 압력손실)[N/m²] γ : 비중량(물의 비중량 9800N/m³) μ : 점성계수[N·s/m²] Q : 유량[m³/s] l : 길이[m] D : 내경[m]

답 ③

36 한 변이 8cm인 정육면체를 비중이 1.26인 글리
[12.03.문26] 세린에 담그니 절반의 부피가 잠겼다. 이때 정육
면체를 수직방향으로 눌러 완전히 잠기게 하는
데 필요한 힘은 약 몇 N인가?

① 2.56　　　　② 3.16
③ 6.53　　　　④ 12.5

해설 **(1) 기호**

- 잠긴 체적 : 8cm×8cm×4cm
  =0.08m×0.08m×0.04m(100cm=1m)
  ∵ 절반만 잠겼으므로 4cm
- s : 1.26
- F : ?

8cm | 4cm
8cm
글리세린 비중=1.26

(2) 비중

$$s = \frac{\gamma}{\gamma_w}$$

여기서, s : 비중
　　　γ : 어떤 물질의 비중량(글리세린의 비중량)[N/m³]
　　　γ_w : 물의 비중량(9800N/m³)
글리세린의 비중량 γ는
$\gamma = s \times \gamma_w = 1.26 \times 9800\text{N/m}^3 = 12348\text{N/m}^3$

(3) 물체의 잠기는 무게

$$W = \gamma V$$

여기서, W : 물체의 잠기는 무게[N]
　　　γ : 비중량(물의 비중량 9800N/m³)
　　　V : 물체가 잠긴 체적[m³]
물체의 잠기는 무게 W는
$W = \gamma V$
　　$= 12348\text{N/m}^3 \times$(가로×세로×잠긴 높이)
　　$= 12348\text{N/m}^3 \times (0.08\text{m} \times 0.08\text{m} \times 0.04\text{m}) ≒ 3.16\text{N}$

- 8cm=0.08m
- 4cm=0.04m(절반의 부피가 잠겼으므로)

(4) 부력

$$F_B = \gamma V$$

여기서, F_B : 부력[N]
　　　γ : 물질의 비중량[N/m³]
　　　V : 물체가 잠긴 체적[m³]
부력 F_B는
$F_B = \gamma V = 12348\text{N/m}^3 \times$(가로×세로×높이)
　　$= 12348\text{N/m}^3 \times (0.08\text{m} \times 0.08\text{m} \times 0.08\text{m}) ≒ 6.32\text{N}$

(5) 정육면체가 완전히 잠기는 데 필요한 힘

$$F = F_B - W$$

여기서, F : 정육면체가 완전히 잠기는 데 필요한 힘[N]
　　　F_B : 부력[N]
　　　W : 물에서 구한 정육면체의 중량[N]
정육면체가 완전히 잠기는 데 필요한 힘 F는
$F = F_B - W = 6.32 - 3.16\text{N} = 3.16\text{N}$

답 ②

★★★ **37** 그림과 같이 반지름이 0.8m이고 폭이 2m인 곡
[19.03.문35]
[18.04.문28] 면 AB가 수문으로 이용된다. 물에 의한 힘의 수
[17.03.문23]
[15.03.문30] 평성분의 크기는 약 몇 kN인가? (단, 수문의 폭
[13.09.문34]
[13.06.문27] 은 2m이다.)
[13.03.문21]
[11.03.문37]

5m | 물 | 폭 : 2m
0.8m
A | R=0.8m
B

① 72.1　　　　② 84.7
③ 90.2　　　　④ 95.4

해설 **(1) 기호**

- $h' : \dfrac{0.8\text{m}}{2} = 0.4\text{m}$
- $h : (5 - 0.4)\text{m} = 4.6\text{m}$
- A : 세로×폭=0.8m×2m=1.6m²

(2) 수평분력

$$F_H = \gamma h A$$

여기서, F_H : 수평분력[N]
　　　γ : 비중량(물의 비중량 9800N/m³)
　　　h : 표면에서 수문 중심까지의 수직거리[m]
　　　A : 수문의 단면적[m²]

5m | 물 | 폭 : 2m | h=4.6m
세로 0.8m | A | R=0.8m
h'=0.4m
B

$F_H = \gamma h A = 9800\text{N/m}^3 \times 4.6\text{m} \times 1.6\text{m}^2$
　　$= 72128\text{N} ≒ 72100\text{N} = 72.1\text{kN}$

답 ①

★★★

38 펌프 운전시 발생하는 캐비테이션의 발생을 예 방하는 방법이 아닌 것은?

19.04.문22
17.09.문35
17.05.문37
16.10.문23
15.03.문35
14.05.문39
14.03.문32

① 펌프의 회전수를 높여 흡입 비속도를 높게 한다.

② 펌프의 설치높이를 될 수 있는 대로 낮춘다.

③ 입형펌프를 사용하고, 회전차를 수중에 완전히 잠기게 한다.

④ 양흡입펌프를 사용한다.

해설 공동현상(cavitation, 캐비테이션)

개 요	펌프의 흡입측 배관 내의 물의 정압이 기존의 증기압보다 낮아져서 기포가 발생되어 물이 흡입되지 않는 현상
발생현상	• **소음**과 **진동** 발생 • 관 **부식** • **임펠러**의 손상(수차의 날개를 해친다) • 펌프의 성능저하
발생원인	• 펌프의 흡입수두가 클 때(소화펌프의 흡입고가 클 때) • 펌프의 마찰손실이 클 때 • 펌프의 임펠러속도가 클 때 • 펌프의 설치위치가 수원보다 높을 때 • 관 내의 수온이 높을 때(물의 온도가 높을 때) • 관 내의 물의 정압이 그때의 **증기압**보다 낮을 때 • 흡입관의 **구경**이 작을 때 • 흡입거리가 길 때 • 유량이 증가하여 펌프물이 과속으로 흐를 때
방지대책	• 펌프의 흡입수두를 작게 한다. • 펌프의 마찰손실을 작게 한다. • 펌프의 임펠러속도(회전수)를 낮추어 흡입비속도를 낮게 한다. 보기 ① • 펌프의 설치위치를 수원보다 낮게 한다. 보기 ② • **양흡입펌프**를 사용한다(펌프의 흡입측을 가압한다). 보기 ④ • 관 내의 물의 정압을 그때의 증기압보다 **높게** 한다. • 흡입관의 구경을 **크게** 한다. • 펌프를 2개 이상 설치한다. • 입형펌프를 사용하고, 회전차를 수중에 완전히 잠기게 한다. 보기 ③

① 높여 → 낮추어, 높게 → 낮게

중요

비속도(비교회전도)

$$N_s = N \frac{\sqrt{Q}}{\left(\dfrac{H}{n}\right)^{\frac{3}{4}}} \propto N$$

여기서, N_s : 펌프의 비교회전도(비속도)[m³/min・m/rpm]
  N : 회전수[rpm]
  Q : 유량[m³/min]
  H : 양정[m]
  n : 단수

• 공식에서 비속도(N_s)와 회전수(N)는 비례 보기 ①

답 ①

★

39 실내의 난방용 방열기(물-공기 열교환기)에는 대부분 방열핀(fin)이 달려 있다. 그 주된 이유는?

12.09.문27

① 열전달 면적 증가 ② 열전달계수 증가

③ 방사율 증가   ④ 열저항 증가

해설 **방열핀**(fin)
방열핀은 **열전달 면적**을 **증가**시켜 열을 외부로 잘 전달하는 역할을 한다.

방열핀

| 난방용 방열기 |

답 ①

★★

40 그림에서 물 탱크차가 받는 추력은 약 몇 N인가? (단, 노즐의 단면적은 0.03m²이며, 탱크 내의 계기압력은 40kPa이다. 또한 노즐에서 마찰손실은 무시한다.)

19.03.문28
13.03.문24

① 812   ② 1490

③ 2710   ④ 5340

해설 **(1) 기호**
- F : ?
- A : 0.03m²
- P : 40kPa=40kN/m²(1kPa=1kN/m²)
- H_2 : 5m(그림에서 주어짐)

(2) 수두

$$H = \frac{P}{\gamma}$$

여기서, H : 수두[m]
  P : 압력[kPa] 또는 [kN/m²]
  γ : 비중량(물의 비중량 9.8kN/m³)

수두 H_1은

$$H_1 = \frac{P}{\gamma} = \frac{40\text{kN/m}^2}{9.8\text{kN/m}^3} = 4.08\text{m}$$

(3) 토리첼리의 식

$$V = \sqrt{2gH} = \sqrt{2g(H_1 + H_2)}$$

여기서, V : 유속[m/s]
  g : 중력가속도(9.8m/s²)
  H, H_1, H_2 : 높이[m]

유속 V는
$$V = \sqrt{2g(H_1 + H_2)}$$
$$= \sqrt{2 \times 9.8\text{m/s}^2 \times (4.08 + 5)\text{m}} ≒ 13.34\text{m/s}$$

(4) 유량

$$Q = AV = \left(\frac{\pi D^2}{4}\right)V$$

여기서, Q : 유량[m³/s]
  A : 단면적[m²]
  V : 유속[m/s]
  D : 직경[m]

(5) 추력(힘)

$$F = \rho QV$$

여기서, F : 추력(힘)[N]
  ρ : 밀도(물의 밀도 1000N·s²/m⁴)
  Q : 유량[m³/s]
  V : 유속[m/s]

추력 F는
$F = \rho QV = \rho(AV)V = \rho A V^2$
$= 1000\text{N·s}^2/\text{m}^4 \times 0.03\text{m}^2 \times (13.34\text{m/s})^2 ≒ 5340\text{N}$

- $Q = AV$이므로 $F = \rho QV = \rho(AV)V$

답 ④

제3과목 소방관계법규

41
16.03.문50
08.03.문54

다음 위험물안전관리법령의 자체소방대 기준에 대한 설명으로 틀린 것은?

다량의 위험물을 저장·취급하는 제조소 등으로서 대통령령이 정하는 제조소 등이 있는 동일한 사업소에서 대통령령이 정하는 수량 이상의 위험물을 저장 또는 취급하는 경우 당해 사업소의 관계인은 대통령령이 정하는 바에 따라 당해 사업소에 자체소방대를 설치하여야 한다.

① "대통령령이 정하는 제조소 등"은 제4류 위험물을 취급하는 제조소를 포함한다.
② "대통령령이 정하는 제조소 등"은 제4류 위험물을 취급하는 일반취급소를 포함한다.
③ "대통령령이 정하는 수량 이상의 위험물"은 제4류 위험물의 최대수량의 합이 지정수량의 3천배 이상인 것을 포함한다.
④ "대통령령이 정하는 제조소 등"은 보일러로 위험물을 소비하는 일반취급소를 포함한다.

해설 **위험물령 18조**
자체소방대를 설치하여야 하는 사업소 : 대통령령

(1) **제4류** 위험물을 취급하는 **제조소** 또는 **일반취급소** (대통령령이 정하는 제조소 등) 보기 ①②
  제조소 또는 **일반취급소**에서 취급하는 제4류 위험물의 최대수량의 합이 지정수량의 **3천배** 이상 보기 ③

(2) **제4류 위험물**을 저장하는 **옥외탱크저장소**
  옥외탱크저장소에 저장하는 제4류 위험물의 최대수량이 지정수량의 **50만배** 이상

답 ④

42
13.06.문59

위험물안전관리법령상 제조소등에 설치하여야할 자동화재탐지설비의 설치기준 중 ( ) 안에 알맞은 내용은? (단, 광전식 분리형 감지기 설치는 제외한다.)

하나의 경계구역의 면적은 (㉠)m² 이하로 하고 그 한 변의 길이는 (㉡)m 이하로 할 것. 다만, 당해 건축물 그 밖의 공작물의 주요한 출입구에서 그 내부의 전체를 볼 수 있는 경우에 있어서는 그 면적을 1000m² 이하로 할 수 있다.

① ㉠ 300, ㉡ 20 ② ㉠ 400, ㉡ 30
③ ㉠ 500, ㉡ 40 ④ ㉠ 600, ㉡ 50

위험물규칙〔별표 17〕
제조소 등의 자동화재탐지설비 설치기준
(1) 하나의 경계구역의 면적은 **600m²** 이하로 하고 그 한 변의 길이는 **50m** 이하로 한다. 보기 ④
(2) 경계구역은 건축물 그 밖의 공작물의 **2** 이상의 층에 걸치지 아니하도록 한다.
(3) 건축물의 그 밖의 공작물의 주요한 출입구에서 그 내부의 전체를 볼 수 있는 경우에 경계구역의 면적을 **1000m²** 이하로 할 수 있다.

답 ④

⭐⭐⭐
43 소방시설공사업법령상 전문 소방시설공사업의
13.09.문43 등록기준 및 영업범위의 기준에 대한 설명으로 틀린 것은?
① 법인인 경우 자본금은 최소 1억원 이상이다.
② 개인인 경우 자산평가액은 최소 1억원 이상이다.
③ 주된 기술인력 최소 1명 이상, 보조기술인력 최소 3명 이상을 둔다.
④ 영업범위는 특정소방대상물에 설치되는 기계분야 및 전기분야 소방시설의 공사·개설·이전 및 정비이다.

공사업령〔별표 1〕
소방시설공사업

종류	기술인력	자본금	영업범위
전문	• 주된 기술인력 : 1명 이상 • 보조기술인력 : 2명 이상 보기 ③	• 법인 : 1억원 이상 • 개인 : 1억원 이상	• 특정소방대상물
일반	• 주된 기술인력 : 1명 이상 • 보조기술인력 : 1명 이상	• 법인 : 1억원 이상 • 개인 : 1억원 이상	• 연면적 10000m² 미만 • 위험물제조소 등

③ 3명 이상 → 2명 이상

답 ③

⭐⭐
44 소방시설 설치 및 관리에 관한 법령상 특정소방대상물의 관계인의 특정소방대상물의 규모·용도 및 수용인원 등을 고려하여 갖추어야 하는 소방시설의 종류에 대한 기준 중 다음 (   ) 안에 알맞은 것은?

화재안전기준에 따라 소화기구를 설치하여야 하는 특정소방대상물은 연면적 (㉠)m² 이상인 것. 다만, 노유자시설의 경우에는 투척용 소화용구 등을 화재안전기준에 따라 산정된 소화기 수량의 (㉡) 이상으로 설치할 수 있다.

① ㉠ 33, ㉡ $\frac{1}{2}$ ② ㉠ 33, ㉡ $\frac{1}{5}$

③ ㉠ 50, ㉡ $\frac{1}{2}$ ④ ㉠ 50, ㉡ $\frac{1}{5}$

소방시설법 시행령〔별표 4〕
소화설비의 설치대상

종류	설치대상
소화기구	① 연면적 33m² 이상(단, **노유자시설은 투척용 소화용구** 등을 산정된 소화기 수량의 $\frac{1}{2}$ 이상으로 설치 가능) 보기 ① ② 문화재 ③ 가스시설, 전기저장시설 ④ 터널 ⑤ 지하구 ⑥ 전기저장시설
주거용 주방자동소화장치	① 아파트 등 ② **오피스텔**

답 ①

⭐⭐⭐
45 화재의 예방 및 안전관리에 관한 법령상 천재지변
17.03.문45 및 그 밖에 대통령령으로 정하는 사유로 화재안전조사를 받기 곤란하여 화재안전조사의 연기를 신청하려는 자는 화재안전조사 시작 최대 며칠 전까지 연기신청서 및 증명서류를 제출해야 하는가?
① 3 ② 5
③ 7 ④ 10

화재예방법 7·8조, 화재예방법 시행규칙 4조
화재안전조사
(1) 실시자 : **소방청장·소방본부장·소방서장**
(2) 관계인의 승낙이 필요한 곳 : **주거**(주택)
(3) 화재안전조사 연기신청 : **3일 전** 보기 ①

🔖 용어

화재안전조사
소방대상물, 관계지역 또는 관계인에 대하여 소방시설 등이 소방관계법령에 적합하게 설치·관리되고 있는지, 소방대상물에 화재의 발생위험이 있는지 등을 확인하기 위하여 실시하는 현장조사·문서열람·보고요구 등을 하는 활동

답 ①

★★★ 46

위험물안전관리법령상 정기점검의 대상인 제조소 등의 기준으로 틀린 것은?

20.09.문48
17.09.문51
16.10.문45

① 지하탱크저장소
② 이동탱크저장소
③ 지정수량의 10배 이상의 위험물을 취급하는 제조소
④ 지정수량의 20배 이상의 위험물을 저장하는 옥외탱크저장소

해설 **위험물령 15·16조**
정기점검의 대상인 제조소 등
(1) **제조소** 등(**이**송취급소·**암**반탱크저장소)
(2) **지하탱크**저장소 보기 ①
(3) **이동탱크**저장소 보기 ②
(4) 위험물을 취급하는 탱크로서 지하에 매설된 탱크가 있는 **제조소·주유취급소** 또는 **일반취급소**

> 기억법 **정이암 지이**

(5) **예방규정을 정하여야 할 제조소 등**

배 수	제조소 등
10배 이상	•**제조소** 보기 ③ •**일**반취급소
100배 이상	•옥**외**저장소
150배 이상	•옥**내**저장소
200배 이상	•옥외**탱**크저장소 보기 ④
모두 해당	•이송취급소 •암반탱크저장소

> 기억법 **1 제일**
> **0 외**
> **5 내**
> **2 탱**

④ 20배 이상 → 200배 이상

※ **예방규정** : 제조소 등의 화재예방과 화재 등 재해발생시의 비상조치를 위한 규정

답 ④

★★★ 47

위험물안전관리법령상 제4류 위험물 중 경유의 지정수량은 몇 리터인가?

20.09.문46
17.09.문42
15.05.문41
13.09.문54

① 500
② 1000
③ 1500
④ 2000

해설 **위험물령 〔별표 1〕**
제4류 위험물

성 질	품 명		지정수량	대표물질
인화성 액체	특수인화물		50L	•디에틸에테르 •이황화탄소
	제1 석유류	비수용성	200L	•휘발유 •콜로디온
		수용성	**4**00L	•아세톤 기억법 **수4**
	알코올류		400L	•변성알코올
	제2 석유류	비수용성	1000L	•등유 •**경유** 보기 ②
		수용성	2000L	•아세트산
	제3 석유류	비수용성	2000L	•중유 •클레오소트유
		수용성	4000L	•글리세린
	제4석유류		6000L	•기어유 •실린더유
	동식물유류		10000L	•아마인유

답 ②

★★ 48

화재의 예방 및 안전관리에 관한 법령상 1급 소방안전관리대상물의 소방안전관리자 선임대상기준 중 ( ) 안에 알맞은 내용은?

소방공무원으로 ( ) 근무한 경력이 있는 사람으로서 1급 소방안전관리자 자격증을 받은 사람

① 1년 이상
② 3년 이상
③ 5년 이상
④ 7년 이상

해설 **화재예방법 시행령 〔별표 4〕**
(1) **특급 소방안전관리대상물의 소방안전관리자 선임조건**

자 격	경 력	비 고
•소방기술사 •소방시설관리사	경력 필요 없음	
•1급 소방안전관리자(소방설비기사)	5년	
•1급 소방안전관리자(소방설비산업기사)	7년	특급 소방안전관리자 자격증을 받은 사람
•소방공무원	20년	
•소방청장이 실시하는 특급 소방안전관리대상물의 소 방안전관리에 관한 시험에 합격한 사람	경력 필요 없음	

(2) 1급 소방안전관리대상물의 소방안전관리자 선임조건

자 격	경 력	비 고
• 소방설비기사 · 소방설비산업기사	경력 필요 없음	1급 소방안전관리자 자격증을 받은 사람
• 소방공무원 보기④	7년	
• 소방청장이 실시하는 1급 소방안전관리대상물의 소방안전관리에 관한 시험에 합격한 사람	경력 필요 없음	
• 특급 소방안전관리대상물의 소방안전관리자 자격이 인정되는 사람		

(3) 2급 소방안전관리대상물의 소방안전관리자 선임조건

자 격	경 력	비 고
• 위험물기능장 · 위험물산업기사 · 위험물기능사	경력 필요 없음	2급 소방안전관리자 자격증을 받은 사람
• 소방공무원	3년	
• 소방청장이 실시하는 2급 소방안전관리대상물의 소방안전관리에 관한 시험에 합격한 사람	경력 필요 없음	
• 특급 또는 1급 소방안전관리대상물의 소방안전관리자 자격이 인정되는 사람		

(4) 3급 소방안전관리대상물의 소방안전관리자 선임조건

자 격	경 력	비 고
• 소방공무원	1년	3급 소방안전관리자 자격증을 받은 사람
• 소방청장이 실시하는 3급 소방안전관리대상물의 소방안전관리에 관한 시험에 합격한 사람	경력 필요 없음	
• 특급 소방안전관리대상물, 1급 소방안전관리대상물 또는 2급 소방안전관리대상물의 소방안전관리자 자격이 인정되는 사람		

답 ④

★
49 소방시설 설치 및 관리에 관한 법령상 용어의 정의
[18.03.문55] 중 ( ) 안에 알맞은 것은?

> 특정소방대상물이란 건축물 등의 규모 · 용도 및 수용인원 등을 고려하여 소방시설을 설치하여야 하는 소방대상물로서 ( )으로 정하는 것을 말한다.

① 대통령령
② 국토교통부령
③ 행정안전부령
④ 고용노동부령

해설 **소방시설법 2조**
정의

용 어	뜻
소방시설	**소화설비**, **경보설비**, **피난구조설비**, **소화용수설비**, 그 밖에 **소화활동설비**로서 **대통령령**으로 정하는 것
소방시설 등	**소방시설**과 **비상구**, 그 밖에 소방관련시설로서 **대통령령**으로 정하는 것
특정소방대상물	건축물 등의 규모 · 용도 및 수용인원 등을 고려하여 **소방시설**을 **설치**하여야 하는 소방대상물로서 **대통령령**으로 정하는 것 보기①
소방용품	소방시설 등을 구성하거나 소방용으로 사용되는 **제품** 또는 **기기**로서 **대통령령**으로 정하는 것

답 ①

★★★
50 소방기본법 제1장 총칙에서 정하는 목적의 내용
[15.05.문50] 으로 거리가 먼 것은?
[13.06.문60]
① 구조, 구급 활동 등을 통하여 공공의 안녕 및 질서유지
② 풍수해의 예방, 경계, 진압에 관한 계획, 예산지원 활동
③ 구조, 구급 활동 등을 통하여 국민의 생명, 신체, 재산 보호
④ 화재, 재난, 재해 그 밖의 위급한 상황에서의 구조, 구급 활동

해설 **기본법 1조**
소방기본법의 목적
(1) 화재의 **예방** · **경계** · **진압**
(2) 국민의 **생명** · **신체** 및 **재산보호** 보기③
(3) 공공의 안녕질서유지와 **복리증진** 보기①
(4) **구조** · **구급**활동 보기④

기억법 **예경진**(**경진**이한테 **예**를 갖춰라!)

답 ②

★★★ 51

18.04.문41
17.05.문53
16.03.문46
05.09.문55

소방기본법령상 소방본부 종합상황실의 실장이 서면·팩스 또는 컴퓨터 통신 등으로 소방청 종합상황실에 보고하여야 하는 화재의 기준이 아닌 것은?

① 이재민이 100인 이상 발생한 화재

② 재산피해액이 50억원 이상 발생한 화재

③ 사망자가 3인 이상 발생하거나 사상자가 5인 이상 발생한 화재

④ 층수가 5층 이상이거나 병상이 30개 이상인 종합병원에서 발생한 화재

해설 기본규칙 3조
종합상황실 실장의 보고화재

(1) 사망자 **5인** 이상 화재 보기 ③

(2) 사상자 **10인** 이상 화재 보기 ③

(3) 이재민 **100인** 이상 화재 보기 ①

(4) 재산피해액 **50억원** 이상 화재 보기 ②

(5) 관광호텔, 층수가 11층 이상인 건축물, 지하상가, 시장, 백화점

(6) 5층 이상 또는 객실 30실 이상인 **숙박시설**

(7) **5층** 이상 또는 병상 **30개** 이상인 **종합병원·정신병원·한방병원·요양소** 보기 ④

(8) **1000t** 이상인 선박(항구에 매어둔 것)

(9) 지정수량 **3000배** 이상의 위험물 제조소·저장소·취급소

(10) 연면적 **15000m²** 이상인 **공장** 또는 화재예방강화지구에서 발생한 화재

(11) 가스 및 화약류의 폭발에 의한 화재

(12) 관공서·학교·정부미도정공장·문화재·지하철 또는 지하구의 화재

(13) 철도차량, 항공기, 발전소 또는 변전소

(14) 다중이용업소의 화재

③ 3인 이상 → 5인 이상, 5인 이상 → 10인 이상

용어

종합상황실
화재·재난·재해·구조·구급 등이 필요한 때에 신속한 소방활동을 위한 정보를 수집·전파하는 소방서 또는 소방본부의 지령관제실

답 ③

★★★ 52

19.04.문49
15.09.문57
10.03.문57

소방시설 설치 및 관리에 관한 법령상 관리업자가 소방시설 등의 점검을 마친 후 점검기록표에 기록하고 이를 해당 특정소방대상물에 부착하여야 하나 이를 위반하고 점검기록표를 기록하지 아니하거나 특정소방대상물의 출입자가 쉽게 볼 수 있는 장소에 게시하지 아니하였을 때 벌칙기준은?

① 100만원 이하의 과태료

② 200만원 이하의 과태료

③ 300만원 이하의 과태료

④ 500만원 이하의 과태료

해설 소방시설법 61조
300만원 이하의 과태료

(1) 소방시설을 화재안전기준에 따라 설치·관리하지 아니한 자

(2) 피난시설, 방화구획 또는 방화시설의 **폐쇄·훼손·변경** 등의 행위를 한 자

(3) 임시소방시설을 설치·관리하지 아니한 자

(4) 점검기록표를 기록하지 아니하거나 특정소방대상물의 출입자가 쉽게 볼 수 있는 장소에 게시하지 아니한 관계인

답 ③

★ 53

소방시설 설치 및 관리에 관한 법령상 분말형태의 소화약제를 사용하는 소화기의 내용연수로 옳은 것은? (단, 소방용품의 성능을 확인받아 그 사용기한을 연장하는 경우는 제외한다.)

① 3년   ② 5년

③ 7년   ④ 10년

해설 소방시설법 시행령 19조
분말형태의 소화약제를 사용하는 소화기 : 내용연수 10년

답 ④

★★★ 54

17.09.문43

소방시설공사업법령상 소방시설공사업자가 소속 소방기술자를 소방시설공사 현장에 배치하지 않았을 경우에 과태료 기준은?

① 100만원 이하   ② 200만원 이하

③ 300만원 이하   ④ 400만원 이하

해설 **200만원 이하의 과태료**

(1) 소방용수시설·소화기구 및 설비 등의 설치명령 위반 (화재예방법 52조)

(2) 특수가연물의 저장·취급 기준 위반(화재예방법 52조)

(3) 한국119청소년단 또는 이와 유사한 명칭을 사용한 자 (기본법 56조)

(4) 소방활동구역 출입(기본법 56조)

(5) 소방자동차의 출동에 지장을 준 자(기본법 56조)

(6) 한국소방안전원 또는 이와 유사한 명칭을 사용한 자 (기본법 56조)

(7) 관계서류 미보관자(공사업법 40조)

(8) **소방기술자 미배치자**(공사업법 40조) 보기 ②

(9) 완공검사를 받지 아니한 자(공사업법 40조)

(10) 방염성능기준 미만으로 방염한 자(공사업법 40조)

(11) 하도급 미통지자(공사업법 40조)

(12) 관계인에게 지위승계·행정처분·휴업·폐업 사실을 거짓으로 알린 자(공사업법 40조)

답 ②

★★★
55 화재의 예방 및 안전관리에 관한 법령상 위험물 또는 물건의 보관기간은 소방본부 또는 소방서의 게시판에 공고하는 기간의 종료일 다음 날부터 며칠로 하는가?

19.04.문48
19.04.문56
18.04.문56
16.05.문49
14.03.문58
11.06.문49

① 3　　　　② 4
③ 5　　　　④ 7

해설 **7일**
(1) <u>위험물이나 물건의 보관기간</u>(화재예방법 시행령 17조) 보기 ④
(2) 건축허가 등의 취소통보(소방시설법 시행규칙 5조)
(3) **소방공사 감리원의 배치통보일**(공사업규칙 17조)
(4) 소방공사 감리결과 통보·보고일(공사업규칙 19조)

기억법 감배7(감 배치)

답 ④

★★★
56 소방기본법령상 소방활동장비와 설비의 구입 및 설치시 국고보조의 대상이 아닌 것은?

19.09.문54
14.09.문46
14.05.문52
14.03.문59
06.05.문60

① 소방자동차
② 사무용 집기
③ 소방헬리콥터 및 소방정
④ 소방전용통신설비 및 전산설비

해설 **기본령 2조**
(1) <u>국고보조의 대상</u>
　㉠ 소방활동장비와 설비의 구입 및 설치
　　• 소방**자**동차 보기 ①
　　• 소방**헬**리콥터 · 소방**정** 보기 ③
　　• 소방**전**용통신설비 · 전산설비 보기 ④
　　• 방**화**복
　㉡ 소방관서용 **청**사
(2) **소방활동장비** 및 설비의 **종류**와 **규격**: 행정안전부령
(3) **대상사업**의 **기준보조율**: 「보조금관리에 관한 법률 시행령」에 따름

기억법 자헬 정전화 청국

답 ②

★
57 화재의 예방 및 안전관리에 관한 법령상 특정소방대상물의 관계인은 소방안전관리자를 기준일로부터 30일 이내에 선임하여야 한다. 다음 중 기준일로 틀린 것은?

① 소방안전관리자를 해임한 경우 : 소방안전관리자를 해임한 날
② 특정소방대상물을 양수하여 관계인의 권리를 취득한 경우 : 해당 권리를 취득한 날

③ 신축으로 해당 특정소방대상물의 소방안전관리자를 신규로 선임하여야 하는 경우 : 해당 특정소방대상물의 완공일
④ 증축으로 인하여 특정소방대상물이 소방안전관리대상물로 된 경우 : 증축공사의 개시일

해설 **화재예방법 시행규칙 14조**
소방안전관리자 30일 이내 선임조건

구분	설명
소방안전관리자를 해임한 경우 보기 ①	소방안전관리자를 해임한 날
특정소방대상물을 양수하여 관계인의 권리를 취득한 경우 보기 ②	해당 권리를 취득한 날
신축으로 해당 특정소방대상물의 소방안전관리자를 신규로 선임하여야 하는 경우 보기 ③	해당 특정소방대상물의 완공일
증축으로 인하여 특정소방대상물이 소방안전관리대상물로 된 경우 보기 ④	증축공사의 완공일

④ 개시일 → 완공일

답 ④

★★
58 위험물안전관리법령상 위험물을 취급함에 있어서 정전기가 발생할 우려가 있는 설비에 설치할 수 있는 정전기 제거설비 방법이 아닌 것은?

13.06.문44
12.09.문53

① 접지에 의한 방법
② 공기를 이온화하는 방법
③ 자동적으로 압력의 상승을 정지시키는 방법
④ 공기 중의 상대습도를 70% 이상으로 하는 방법

해설 **위험물규칙 〔별표 4〕**
정전기 제거방법
(1) **접지**에 의한 방법 보기 ①
(2) 공기 중의 상대습도를 **70%** 이상으로 하는 방법 보기 ④
(3) 공기를 **이온화**하는 방법 보기 ②

비교

위험물규칙 〔별표 4〕
위험물을 가압하는 설비 또는 그 취급하는 위험물의 압력이 상승할 우려가 있는 설비에 설치하는 안전장치
(1) 자동적으로 **압력**의 **상승**을 **정지**시키는 장치 보기 ③
(2) 감압측에 **안전밸브**를 부착한 **감압밸브**
(3) **안전밸브**를 겸하는 **경보장치**
(4) **파괴판**

답 ③

★★★
59 화재의 예방 및 안전관리에 관한 법령상 특수가연물의 수량 기준으로 옳은 것은?

20.08.문55
15.09.문47
15.05.문49
14.03.문52
12.05.문60

① 면화류 : 200kg 이상
② 가연성 고체류 : 500kg 이상
③ 나무껍질 및 대팻밥 : 300kg 이상
④ 넝마 및 종이부스러기 : 400kg 이상

해설 **화재예방법 시행령 〔별표 2〕**
특수가연물

품 명		수 량
가연성 **액**체류		**2**m³ 이상
목재가공품 및 나무부스러기		**10**m³ 이상
면화류	→	**200**kg 이상 보기 ①
나무껍질 및 대팻밥	→	**400**kg 이상 보기 ③
넝마 및 종이부스러기	→	
사류(絲類)		**1000**kg 이상 보기 ④
볏짚류		
가연성 **고**체류	→	**3000**kg 이상 보기 ②
합성수지류	발포시킨 것	**20**m³ 이상
	그 밖의 것	**3**000kg 이상
석탄 · 목탄류		**10000**kg 이상

② 500kg → 3000kg
③ 300kg → 400kg
④ 400kg → 1000kg

※ **특수가연물** : 화재가 발생하면 그 확대가 빠른 물품

기억법
가액목면나 넝사볏가고 합석
2 1 2 4　　1　 3　 3 1

답 ①

★★★
60 비상경보설비를 설치하여야 할 특정소방대상물이 아닌 것은?

19.04.문48
19.04.문56
18.04.문56
16.05.문49
14.03.문58
11.06.문49

① 연면적 400m² 이상이거나 지하층 또는 무창층의 바닥면적이 150m² 이상인 것
② 지하층에 위치한 바닥면적 100m²인 공연장
③ 지하가 중 터널로서 길이가 500m 이상인 것
④ 30명 이상의 근로자가 작업하는 옥내작업장

해설 **소방시설법 시행령 〔별표 4〕**
비상경보설비의 설치대상

설치대상	조 건
지하층 · 무창층	• 바닥면적 **150**m²(공연장 **100**m²)이상 보기 ① ②
전부	• 연면적 **400**m² 이상 보기 ①
지하가 중 터널	• 길이 **500**m 이상 보기 ③
옥내작업장	• **50**명 이상 작업 보기 ④

④ 30명 이상 → 50명 이상

답 ④

제 4 과목　　**소방기계시설의 구조 및 원리** ::

★★
61 특별피난계단의 계단실 및 부속실 제연설비의 화재안전기준상 수직풍도에 따른 배출기준 중 각 층의 옥내와 면하는 수직풍도의 관통부에 설치하여야 하는 배출댐퍼 설치기준으로 틀린 것은?

18.03.문65
14.05.문61

① 화재층의 옥내에 설치된 화재감지기의 동작에 따라 당해 층의 댐퍼가 개방될 것
② 풍도의 배출댐퍼는 이 · 탈착구조가 되지 않도록 설치할 것
③ 개폐여부를 당해 장치 및 제어반에서 확인할 수 있는 감지기능을 내장하고 있을 것
④ 배출댐퍼는 두께 1.5mm 이상의 강판 또는 이와 동등 이상의 성능이 있는 것으로 설치하여야 하며 비내식성 재료의 경우에는 부식방지 조치를 할 것

해설 **각 층의 옥내와 면하는 수직풍도의 관통부 배출댐퍼 설치기준**(NFPC 501A 14조, NFTC 501A 2.11.1.3.1)
(1) 배출댐퍼는 두께 **1.5mm** 이상의 강판 또는 이와 동등 이상의 강도가 있는 것으로 설치하여야 하며, 비내식성 재료의 경우에는 부식방지 조치를 할 것 보기 ④
(2) 평상시 **닫힘구조**로 기밀상태를 유지할 것
(3) 개폐여부를 해당 장치 및 **제어반**에서 확인할 수 있는 감지기능을 내장하고 있을 것 보기 ③
(4) 구동부의 작동상태와 닫혀 있을 때의 기밀상태를 수시로 점검할 수 있는 구조일 것
(5) 풍도의 내부마감상태에 대한 점검 및 댐퍼의 정비가 가능한 **이 · 탈착구조**로 할 것 보기 ②

(6) 화재층의 옥내에 설치된 화재감지기의 동작에 의하여 해당 층의 댐퍼가 개방될 것 보기 ①

(7) 개방시의 실제개구부의 크기는 수직풍도의 내부단면적과 같도록 할 것

(8) 댐퍼는 풍도 내의 공기흐름에 지장을 주지 않도록 수직풍도의 내부로 돌출하지 않게 설치할 것

> ② 이·탈착구조가 되지 않도록 설치할 것 → 이·탈착구조로 할 것

답 ②

62 포소화설비의 화재안전기준에 따라 포소화설비 송수구의 설치기준에 대한 설명으로 옳은 것은?

① 구경 65mm의 쌍구형으로 할 것

② 지면으로부터 높이가 0.5m 이상 1.5m 이하의 위치에 설치할 것

③ 하나의 층의 바닥면적이 2000m²를 넘을 때마다 1개 이상을 설치할 것

④ 송수구의 가까운 부분에 자동배수밸브(또는 직경 3mm의 배수공) 및 안전밸브를 설치할 것

해설 포소화설비 송수구 설치기준(NFPC 105 7조, NFTC 105 2.4.14)

(1) 화재층으로부터 지면으로 떨어지는 유리창 등이 송수 및 그 밖의 소화작업에 지장을 주지 아니하는 장소에 설치

(2) 포소화설비의 주배관에 이르는 연결배관에 개폐밸브를 설치한 때에는 그 개폐상태를 쉽게 확인 및 조작할 수 있는 옥외 또는 기계실 등의 장소에 설치

(3) 구경 65mm의 쌍구형으로 할 것 보기 ①

(4) 그 가까운 곳의 보기 쉬운 곳에 송수압력범위를 표시한 표지를 할 것

(5) 하나의 층의 바닥면적이 3000m²를 넘을 때마다 1개(5개를 넘을 경우에는 5개로 한다)를 설치 보기 ③

(6) 지면으로부터 0.5~1m 이하의 위치에 설치 보기 ②

(7) 가까운 부분에 자동배수밸브(또는 직경 5mm의 배수공) 및 체크밸브를 설치 보기 ④

(8) 이물질을 막기 위한 마개를 씌울 것

> ② 1.5m 이하 → 1m 이하
> ③ 2000m² → 3000m²
> ④ 3mm → 5mm

답 ①

63 스프링클러설비 본체 내의 유수현상을 자동적으로 검지하여 신호 또는 경보를 발하는 장치는?

14.05.문71
07.03.문76

① 수압개폐장치
② 물올림장치
③ 일제개방밸브장치
④ 유수검지장치

해설

구 분	설 명
기동용 수압개폐장치	① 소화설비의 배관 내 압력변동을 검지하여 자동적으로 펌프를 가동 또는 정지시키는 장치 ② 종류 : 압력챔버, 기동용 압력스위치 보기 ①
물올림장치	수원의 수위가 펌프보다 아래에 있을 때 설치하며, 주기능은 펌프와 후드밸브 사이의 흡입관 내에 항상 물을 충만시켜 펌프가 물을 흡입할 수 있도록 하는 설비 보기 ②
일제개방밸브	개방형 스프링클러헤드를 사용하는 일제살수식 스프링클러설비에 설치하는 밸브로서 화재발생 시 자동 또는 수동식 기동장치에 따라 밸브가 열려지는 것 보기 ③
유수검지장치	본체 내의 유수현상을 자동적으로 검지하여 신호 또는 경보를 발하는 장치 보기 ④

답 ④

64 옥내소화전설비의 화재안전기준에 따라 옥내소화전설비의 표시등 설치기준으로 옳은 것은?

① 가압송수장치의 기동을 표시하는 표시등은 옥내소화전함의 상부 또는 그 직근에 설치한다.

② 가압송수장치의 기동을 표시하는 표시등은 녹색등으로 한다.

③ 자체소방대를 구성하여 운영하는 경우 가압송수장치의 기동표시등을 반드시 설치해야 한다.

④ 옥내소화전설비의 위치를 표시하는 표시등은 함의 하부에 설치하되, 「표시등의 성능인증 및 제품검사의 기술기준」에 적합한 것으로 한다.

해설 **옥내소화전설비의 표시등 설치기준**(NFPC 102 7조, NFTC 102 2.4.3)

(1) 옥내소화전설비의 위치를 표시하는 **표시등**은 **함**의 **상부**에 설치하되, 소방청장이 고시하는 「표시등의 성능인증 및 제품검사의 기술기준」에 적합한 것으로 할 것 보기 ④

(2) 가압송수장치의 기동을 표시하는 **표시등**은 옥내소화전함의 **상부** 또는 그 **직근**에 설치하되 **적색등**으로 할 것(단, **자체소방대**를 구성하여 운영하는 경우(「위험물안전관리법 시행령」〔별표 8〕에서 정한 소방자동차와 자체소방대원의 규모) **가압송수장치**의 **기동표시등**을 설치하지 않을 수 있다) 보기 ①②③

② 녹색등 → 적색등
③ 반드시 설치해야 한다 → 설치하지 않을 수 있다
④ 하부 → 상부

답 ①

★★★
65 소화기구 및 자동소화장치의 화재안전기준상 건축물의 주요구조부가 내화구조이고, 벽 및 반자의 실내에 면하는 부분이 불연재료로 된 바닥면적이 600m²인 노유자시설에 필요한 소화기구의 능력단위는 최소 얼마 이상으로 하여야 하는가?

19.04.문78
18.09.문79
16.05.문65
15.09.문78
14.03.문71
05.03.문72

① 2단위
② 3단위
③ 4단위
④ 6단위

해설 **특정소방대상물별 소화기구의 능력단위기준**(NFTC 101 2.1.1.2)

특정소방대상물	소화기구의 능력단위	건축물의 주요구조부가 내화구조이고, 벽 및 반자의 실내에 면하는 부분이 불연재료·준불연재료 또는 난연재료로 된 특정소방대상물의 능력단위
• **위**락시설 기억법 **위**3(**위상**)	바닥면적 30m²마다 1단위 이상	바닥면적 60m²마다 1단위 이상
• **공**연장 • **집**회장 • **관람**장 및 **문**화재 • **의**료시설·**장**례시설 기억법 5**공**연장 **문**의 **집관람** (손오공 연장 문의 집관람)	바닥면적 50m²마다 1단위 이상	바닥면적 100m²마다 1단위 이상

• **근**린생활시설 • **판**매시설 • **숙**박시설 • **노**유자시설 • **전**시장 • 공동**주**택 • **업**무시설 • **방**송통신시설 • 공장·**창**고 • **항**공기 및 자동**차** 관련 시설 및 **관광**휴게시설 기억법 근판숙노전 주업방차창 1항관광(근판숙노전 주업방차창 일본항 관광)	바닥면적 100m²마다 1단위 이상	바닥면적 200m²마다 1단위 이상
• 그 밖의 것	바닥면적 200m²마다 1단위 이상	바닥면적 400m²마다 1단위 이상

노유자시설로서 **내화구조**이고 **불연재료**를 사용하므로 바닥면적 200m²마다 1단위 이상

노유자시설 최소능력단위 $= \dfrac{600m^2}{200m^2} = 3$단위

답 ②

★★★
66 분말소화설비의 화재안전기준에 따라 분말소화설비의 자동식 기동장치의 설치기준으로 틀린 것은? (단, 자동식 기동장치는 자동화재탐지설비의 감지기의 작동과 연동하는 것이다.)

18.09.문61
17.03.문67
16.10.문61

① 기동용 가스용기의 충전비는 1.5 이상으로 할 것

② 자동식 기동장치에는 수동으로도 기동할 수 있는 구조로 할 것

③ 전기식 기동장치로서 3병 이상의 저장용기를 동시에 개방하는 설비는 2병 이상의 저장용기에 전자개방밸브를 부착할 것

④ 기동용 가스용기에는 내압시험압력의 0.8배 내지 내압시험압력 이하에서 작동하는 안전장치를 설치할 것

해설 **전자개방밸브 부착**

분말소화약제 가압용 가스용기	이산화탄소소화설비 전기식 기동장치·분말 소화설비 전기식 기동장치
3병 이상 설치한 경우 2개 이상	7병 이상 개방시 2병 이상 보기 ③

③ 3병 이상 → 7병 이상

📌 **중요**

(1) **분말소화설비 가스압력식 기동장치**

구 분	기 준
이산화탄소량	0.6kg 이상
기동용 가스용기의 체적	1L 이상
기동용 가스용기 충전비	1.5 이상
기동용 가스용기 안전장치의 압력	내압시험압력의 0.8~ 내압시험압력 이하
기동용 가스용기 및 해당 용기에 사용하는 밸브의 견디는 압력	25MPa 이상

(2) **이산화탄소소화설비 가스압력식 기동장치**

구 분	기 준
기동용 가스용기의 체적	5L 이상

답 ③

⭐⭐⭐
67 상수도소화용수설비의 화재안전기준에 따른 설치기준 중 다음 (　) 안에 알맞은 것은?

19.09.문66
19.04.문74
19.03.문69
17.03.문64
14.03.문63
07.03.문70

> 호칭지름 (　㉠　)mm 이상의 수도배관에 호칭지름 (　㉡　)mm 이상의 소화전을 접속하여야 하며, 소화전은 특정소방대상물의 수평투영면의 각 부분으로부터 (　㉢　)m 이하가 되도록 설치할 것

① ㉠ 65, ㉡ 80, ㉢ 120
② ㉠ 65, ㉡ 100, ㉢ 140
③ ㉠ 75, ㉡ 80, ㉢ 120
④ ㉠ 75, ㉡ 100, ㉢ 140

해설 **상수도 소화용수설비의 기준**(NFPC 401 4조, NFTC 401 2.1)
(1) 호칭지름

<u>수</u>도배관	<u>소</u>화전
<u>75</u>mm 이상	<u>100</u>mm 이상

(2) 소화전은 소방자동차 등의 진입이 쉬운 **도로변** 또는 **공지**에 설치하여야 한다.
(3) 소화전은 특정소방대상물의 수평투영면의 각 부분으로부터 **140m** 이하가 되도록 설치하여야 한다.

기억법 **수75**(<u>수</u>지침으로 <u>치료</u>), <u>소1</u>(<u>소일</u>거리)

답 ④

⭐⭐⭐
68 스프링클러설비의 화재안전기준에 따라 스프링클러헤드를 설치하지 않을 수 있는 장소로만 나열된 것은?

19.04.문65
15.03.문72
13.03.문79
12.09.문73

① 계단실, 병실, 목욕실, 냉동창고의 냉동실, 아파트(대피공간 제외)

② 발전실, 병원의 수술실·응급처치실, 통신기기실, 관람석이 없는 실내 테니스장(실내 바닥·벽 등이 불연재료)

③ 냉동창고의 냉동실, 변전실, 병실, 목욕실, 수영장 관람석

④ 병원의 수술실, 관람석이 없는 실내 테니스장(실내 바닥·벽 등이 불연재료), 변전실, 발전실, 아파트(대피공간 제외)

해설 **스프링클러헤드 설치 제외 장소**(NFTC 103 2.12)
(1) 발전실
(2) 수술실
(3) 응급처치실
(4) 통신기기실
(5) 직접 외기에 개방된 복도
(6) 기계실

📌 **비교**

스프링클러헤드 설치장소
(1) <u>보</u>일러실
(2) 복도
(3) 슈퍼마켓
(4) 소매시장
(5) 위험물·특수가연물 취급장소
(6) 아파트

기억법 **보스**(BOSS)

답 ②

⭐
69 포소화설비의 화재안전기준에서 포소화설비에 소방용 합성수지배관을 설치할 수 있는 경우로 틀린 것은?

① 배관을 지하에 매설하는 경우
② 다른 부분과 내화구조로 구획된 덕트 또는 피트의 내부에 설치하는 경우
③ 동결방지조치를 하거나 동결의 우려가 없는 경우
④ 천장과 반자를 불연재료 또는 준불연재료로 설치하고 그 내부에 습식으로 배관을 설치하는 경우

해설 **포소화설비 소방용 합성수지배관으로 설치**할 수 있는 경우(NFTC 105 2.4.2)
(1) 배관을 **지하**에 **매설**하는 경우 보기 ①
(2) 다른 부분과 **내화구조**로 구획된 덕트 또는 피트의 내부에 설치하는 경우 보기 ②
(3) 천장(상층이 있는 경우에는 상층바닥의 하단 포함)과 반자를 **불연재료** 또는 **준불연재료**로 설치하고 그 내부에 **습식**으로 **배관**을 설치하는 경우 보기 ④

스프링클러헤드	연소방지설비 전용헤드
1.5m 이하	2m 이하

기억법 연방2(연방이 좋다.)

(3) 한쪽 방향의 살수구역의 길이는 **3m 이상**으로 할 것 보기 ④

기억법 연방3

① 1.5m 이하 → 2m 이하
② 2m 이하 → 1.5m 이하
④ 2m → 3m

답 ③

72 소화기구 및 자동소화장치의 화재안전기준상 소화기구의 소화약제별 적응성 중 C급 화재에 적응성이 없는 소화약제는?
19.04.문62
16.03.문80
① 마른모래
② 할로겐화합물 및 불활성기체 소화약제
③ 이산화탄소 소화약제
④ 중탄산염류 소화약제

해설 소화기구 및 자동소화장치(NFTC 101 2.1.1.1)
전기화재(C급 화재)에 적응성이 있는 소화약제
(1) 이산화탄소 소화약제 보기 ③
(2) 할론소화약제
(3) 할로겐화합물 및 불활성기체 소화약제 보기 ②
(4) 인산염류 소화약제(분말)
(5) 중탄산염류 소화약제(분말) 보기 ④
(6) 고체 에어로졸화합물

답 ①

---

70 다음 중 피난기구의 화재안전기준에 따라 피난기구를 설치하지 아니하여도 되는 소방대상물로 틀린 것은?
13.09.문79
① 갓복도식 아파트 또는 4층 이상인 층에서 발코니에 해당하는 구조 또는 시설을 설치하여 인접세대로 피난할 수 있는 아파트
② 주요구조부가 내화구조로서 거실의 각 부분으로 직접 복도로 피난할 수 있는 학교(강의실 용도로 사용되는 층에 한함)
③ 무인공장 또는 자동창고로서 사람의 출입이 금지된 장소
④ 문화집회 및 운동시설·판매시설 및 영업시설 또는 노유자시설의 용도로 사용되는 층으로서 그 층의 바닥면적이 1000m² 이상인 것

해설 피난기구의 설치장소(NFTC 301 2.2.1.3)
문화집회 및 운동시설·판매시설 및 영업시설 또는 노유자시설의 용도로 사용되는 층으로서 그 층의 바닥면적이 1000m² 이상 보기 ④

기억법 피설문1000(피설문천)

답 ④

71 지하구의 화재안전기준에 따라 연소방지설비 헤드의 설치기준으로 옳은 것은?
17.03.문73
14.03.문62
① 헤드 간의 수평거리는 연소방지설비 전용헤드의 경우에는 1.5m 이하로 할 것
② 헤드 간의 수평거리는 스프링클러헤드의 경우에는 2m 이하로 할 것
③ 천장 또는 벽면에 설치할 것
④ 한쪽 방향의 살수구역의 길이는 2m 이상으로 할 것

해설 지하구 연소방지설비 헤드의 설치기준(NFPC 605 8조, NFTC 605 2.4.2)
(1) 천장 또는 벽면에 설치하여야 한다. 보기 ③
(2) 헤드 간의 수평거리 보기 ①②

73 이산화탄소소화설비 및 할론소화설비의 국소방출방식에 대한 설명으로 옳은 것은?
12.03.문76
① 고정식 소화약제 공급장치에 배관 및 분사헤드를 설치하여 직접 화점에 소화약제를 방출하는 방식이다.
② 고정된 분사헤드에서 밀폐 방호구역 공간 전체로 소화약제를 방출하는 방식이다.
③ 호스 선단에 부착된 노즐을 이동하여 방호대상물에 직접 소화약제를 방출하는 방식이다.
④ 소화약제 용기 노즐 등을 운반기구에 적재하고 방호대상물에 직접 소화약제를 방출하는 방식이다.

비교

동결방지조치를 하거나 동결의 우려가 없는 장소에 설치 보기 ③
(1) 수조 설치기준(NFPC 105 5조, NFTC 105 2.2.4.2)
(2) 가압송수장치 설치기준(NFPC 105 6조, NFTC 105 2.3.1.2)
(3) 배관설치기준(NFPC 105 7조, NFTC 105 2.4.10)

답 ③

해설 **소화설비**의 **방출방식**

방출방식	설 명
전역방출방식	① 고정식 소화약제 공급장치에 배관 및 분사헤드를 고정 설치하여 **밀폐 방호구역** 내에 소화약제를 방출하는 설비 ② 내화구조 등의 벽 등으로 구획된 방호대상물로서 고정한 분사헤드에서 공간 전체로 소화약제를 분사하는 방식
국소방출방식	① 고정식 소화약제 공급장치에 배관 및 분사헤드를 설치하여 **직접 화점**에 소화약제를 방출하는 설비로 화재발생 부분에만 **집중적**으로 소화약제를 방출하도록 설치하는 방식 ② 고정된 분사헤드에서 특정 방호대상물에 직접 소화약제를 분사하는 방식
호스방출방식 (호스릴방식)	① 분사헤드가 배관에 고정되어 있지 않고 소화약제 저장용기에 호스를 연결하여 사람이 직접 화점에 소화약제를 방출하는 이동식 소화설비 ② 호스 선단에 부착된 노즐을 이동하여 방호대상물에 직접 소화약제를 분사하는 방식 ③ 소화약제 용기 노즐 등을 운반기구에 적재하고 방호대상물에 직접 소화약제를 방출하는 방식이다.

② 전역방출방식
③, ④ 호스릴방식

답 ①

★★★
74
16.03.문75
13.06.문69
08.05.문79

특고압의 전기시설을 보호하기 위한 소화설비로 물분무소화설비를 사용한다. 그 주된 이유로 옳은 것은?

① 물분무설비는 다른 물 소화설비에 비해서 신속한 소화를 보여주기 때문이다.
② 물분무설비는 다른 물 소화설비에 비해서 물의 소모량이 적기 때문이다.
③ 분무상태의 물은 전기적으로 비전도성이기 때문이다.
④ 물분무입자 역시 물이므로 전기전도성이 있으나 전기시설물을 젖게 하지 않기 때문이다.

해설 **물분무(무상주수)**가 **전기설비**에 **적합**한 **이유**
분무상태의 물은 전기적으로 **비전도성**을 나타내기 때문

※ **무상주수** : 물을 안개모양으로 방사하는 것

답 ③

★★★
75
19.03.문70
17.09.문72
17.03.문67
16.10.문67
16.05.문79
15.05.문78
10.03.문63

물분무소화설비의 화재안전기준에 따라 물분무소화설비를 설치하는 차고 또는 주차장의 배수설비 설치기준으로 틀린 것은?

① 차량이 주차하는 바닥은 배수구를 향해 $\frac{1}{100}$ 이상의 기울기를 유지할 것
② 배수구에서 새어나온 기름을 모아 소화할 수 있도록 길이 40m 이하마다 집수관·소화피트 등 기름분리장치를 설치할 것
③ 차량이 주차하는 장소의 적당한 곳에 높이 10cm 이상의 경계턱으로 배수구를 설치할 것
④ 배수설비는 가압송수장치의 최대송수능력의 수량을 유효하게 배수할 수 있는 크기 및 기울기로 할 것

해설 **물분무소화설비**의 **배수설비**(NFPC 104 11조, NFTC 104 2.8)
(1) **10cm** 이상의 경계턱으로 배수구 설치(차량이 주차하는 곳) 보기 ③
(2) **40m** 이하마다 기름분리장치 설치 보기 ②

‖기름분리장치‖

(3) 차량이 주차하는 바닥은 $\frac{2}{100}$ 이상의 기울기 유지 보기 ①
(4) **배수설비** : 가압송수장치의 최대송수능력의 수량을 유효하게 배수할 수 있는 크기 및 기울기로 할 것 보기 ④

‖배수설비‖

① $\frac{1}{100}$ 이상 → $\frac{2}{100}$ 이상

참고

기울기

구 분	설 명
$\frac{1}{100}$ 이상	연결살수설비의 수평주행배관
$\frac{2}{100}$ 이상	물분무소화설비의 배수설비
$\frac{1}{250}$ 이상	습식·부압식 설비 외 설비의 가지배관
$\frac{1}{500}$ 이상	습식·부압식 설비 외 설비의 수평주행배관

답 ①

★★ 76

[18.09.문76]

연결송수관설비의 화재안전기준에 따라 송수구가 부설된 옥내소화전을 설치한 특정소방대상물로서 연결송수관설비의 방수구를 설치하지 아니할 수 있는 층의 기준 중 다음 (   ) 안에 알맞은 것은? (단, 집회장·관람장·백화점·도매시장·소매시장·판매시설·공장·창고시설 또는 지하가를 제외한다.)

- 지하층을 제외한 층수가 (㉠)층 이하이고 연면적이 (㉡)m² 미만인 특정소방대상물의 지상층
- 지하층의 층수가 (㉢) 이하인 특정소방대상물의 지하층

① ㉠ 3, ㉡ 5000, ㉢ 3
② ㉠ 4, ㉡ 6000, ㉢ 2
③ ㉠ 5, ㉡ 3000, ㉢ 3
④ ㉠ 6, ㉡ 4000, ㉢ 2

해설 연결송수관설비의 방수구 설치제외 장소(NFPC 502 6조, NFTC 502 2.3)

(1) **아파트**의 **1층** 및 **2층**
(2) 소방차의 접근이 가능하고 소방대원이 소방차로부터 각 부분에 쉽게 도달할 수 있는 피난층
(3) 송수구가 부설된 옥내소화전을 설치한 특정소방대상물(집회장·관람장·백화점·도매시장·소매시장·판매시설·공장·창고시설 또는 지하가 제외)로서 다음에 해당하는 층 [보기 ②]
  ㉠ 지하층을 제외한 **4층** 이하이고 연면적이 **6000m²** 미만인 특정소방대상물의 지상층
  ㉡ 지하층의 층수가 **2** 이하인 특정소방대상물의 지하층

기억법 송426(송사리로 **육**포를 만들다.)

답 ②

★★★ 77

[19.04.문64]
[13.09.문80]
[04.05.문69]

스프링클러설비의 화재안전기준에 따라 폐쇄형 스프링클러헤드를 최고 주위온도 40℃인 장소(공장 및 창고 제외)에 설치할 경우 표시온도는 몇 ℃의 것을 설치하여야 하는가?

① 79℃ 미만
② 79℃ 이상 121℃ 미만
③ 121℃ 이상 162℃ 미만
④ 162℃ 이상

해설 폐쇄형 스프링클러헤드(NFTC 103 2.7.6)

설치장소의 최고주위온도	표시온도
39℃ 미만	**79℃** 미만
39℃ 이상 **64℃** 미만 →	79℃ 이상 **121℃** 미만
64℃ 이상 **106℃** 미만	121℃ 이상 **162℃** 미만
106℃ 이상	162℃ 이상

기억법
39	79
64	121
106	162

답 ②

★★ 78

[18.09.문74]
[13.06.문64]

할론소화설비의 화재안전기준상 할론 1211을 국소방출방식으로 방사할 때 분사헤드의 방사압력 기준은 몇 MPa 이상인가?

① 0.1
② 0.2
③ 0.9
④ 1.05

해설 할론소화약제

구 분		할론 1301	할론 1211	할론 2402
저장압력		2.5 MPa 또는 4.2 MPa	1.1 MPa 또는 2.5 MPa	–
방사압력		0.9 MPa	0.2 MPa	0.1 MPa
충전비	가압식	0.9~1.6 이하	0.7~1.4 이하	0.51~0.67 미만
	축압식			0.67~2.75 이하

답 ②

★★★
79 물분무소화설비의 화재안전기준상 물분무헤드를 설치하지 아니할 수 있는 장소의 기준 중 다음 ( ) 안에 알맞은 것은?

18.03.문73
17.09.문77
15.03.문76
14.09.문61
07.09.문72

> 운전시에 표면의 온도가 (   )℃ 이상으로 되는 등 직접 분무를 하는 경우 그 부분에 손상을 입힐 우려가 있는 기계장치 등이 있는 장소

① 160　　　　　② 200
③ 260　　　　　④ 300

해설 **물분무헤드 설치제외 장소**(NFPC 104 15조, NFTC 104 2.12)
(1) **물**과 심하게 **반응**하는 물질 취급장소
(2) **고온물질** 취급장소
(3) **표면온도 260℃** 이상 보기 ③

기억법 **물표26**(물표 이륙)

답 ③

★★
80 인명구조기구의 화재안전기준에 따라 특정소방대상물의 용도 및 장소별로 설치해야 할 인명구조기구의 기준으로 틀린 것은?

17.03.문75

① 지하가 중 지하상가는 인공소생기를 층마다 2개 이상 비치할 것
② 판매시설 중 대규모 점포는 공기호흡기를 층마다 2개 이상 비치할 것
③ 지하층을 포함하는 층수가 7층 이상인 관광호텔은 방열복(또는 방화복), 공기호흡기, 인공소생기를 각 2개 이상 비치할 것
④ 물분무등소화설비 중 이산화탄소소화설비를 설치해야 하는 특정소방대상물은 공기호흡기를 이산화탄소소화설비가 설치된 장소의 출입구 외부 인근에 1대 이상 비치할 것

해설 **특정소방대상물**의 용도 및 장소별로 설치하여야 할 **인명구조기구**(NFTC 302 2.1.1.1)

특정소방대상물	인명구조기구의 종류	설치수량
• **7층** 이상인 **관광호텔** 및 **5층** 이상인 **병원**(지하층 포함)	• **방열복** • **방화복**(안전헬멧 보호장갑, 안전화 포함) • **공기호흡기** • **인공소생기**	• 각 **2개** 이상 비치할 것(단, **병원**의 경우에는 **인공소생기** 설치**제외** 가능) 보기 ③
• 문화 및 집회시설 중 수용인원 **100명** 이상의 영화상영관 • **대규모 점포** • 지하역사 • **지하상가**	• **공기호흡기** 보기 ①	• 층마다 **2개** 이상 비치할 것(단, 각 층마다 갖추어 두어야 할 공기호흡기 중 일부를 직원이 상주하는 인근 사무실에 갖추어 둘 수 있다) 보기 ②
• **이산화탄소소화설비**를 설치하여야 하는 특정소방대상물	• **공기호흡기**	• 이산화탄소소화설비가 설치된 장소의 출입구 외부 인근에 **1대** 이상 비치할 것 보기 ④

① 인공소생기 → 공기호흡기

답 ①

성공자와 실패자

1. 성공자는 실패자보다 더 열심히 일하면서도 더 많은 여유를 가집니다.

2. 실패자는 언제나 분주해서 꼭 필요한 일도 하지 못합니다. 성공자는 뉘우치면서도 결단합니다.

3. 실패자는 후회하지만 그 다음 순간 꼭 같은 실수를 저지릅니다.

4. 성공자는 자기의 기본원칙이 망가지지 않는 한 그가 할 수 있는 모든 양보를 합니다.

5. 실패자는 자존심에 매달려 양보하기를 두려워한 나머지 그의 원칙까지도 완전히 잃어버립니다.

** 수험자 유의사항 **

1. 문제지를 받는 즉시 본인이 응시한 종목이 맞는지 확인하시기 바랍니다.

2. 문제지 표지에 본인의 수험번호와 성명을 기재하여야 합니다.

3. 문제지의 총면수, 문제번호 일련순서, 인쇄상태, 중복 및 누락 페이지 유무를 확인하시기 바랍니다.

4. 답안은 각 문제마다 요구하는 가장 적합하거나 가까운 답 1개만을 선택하여야 합니다.

5. 답안카드는 뒷면의 「수험자 유의사항」에 따라 작성하시고, 답안카드 작성 시 형별누락, 마킹착오로 인한 불이익은 전적으로 수험자에게 책임이 있음을 알려드립니다.

6. 문제지는 시험 종료 후 본인이 가져갈 수 있습니다.

** 안내사항 **

• 가답안/최종정답은 큐넷(www.q-net.or.kr)에서 확인하실 수 있습니다. 가답안에 대한 의견은 큐넷의 [가답안 의견 제시]를 통해 제시하실 수 있으며, 확정된 답안은 최종정답으로 갈음합니다.

• 공단에서 제공하는 자격검정서비스에 대해 개선할 점이 있으시면 고객참여(http://hrdkorea.or.kr/7/1/1)를 통해 건의하여 주시기 바랍니다.

■ 2020년 기사 제1·2회 통합 필기시험 ■

자격종목	종목코드	시험시간	형별	수험번호	성명
소방설비기사(기계분야)	·	**2시간**			

※ 답안카드 작성시 시험문제지 형별누락, 마킹착오로 인한 불이익은 전적으로 수험자의 귀책사유임을 알려드립니다.
※ 각 문항은 4지택일형으로 질문에 가장 적합한 보기 항을 선택하여 마킹하여야 합니다.

제 1 과목 　 소방원론

★★★
01 실내 화재시 발생한 연기로 인한 감광계수[m⁻¹]와 가시거리에 대한 설명 중 틀린 것은?

17.03.문10
16.10.문16
14.05.문06
13.09.문11

① 감광계수가 0.1일 때 가시거리는 20~30m 이다.
② 감광계수가 0.3일 때 가시거리는 15~20m 이다.
③ 감광계수가 1.0일 때 가시거리는 1~2m이다.
④ 감광계수가 10일 때 가시거리는 0.2~0.5m 이다.

유사문제부터 풀어보세요. 실력이 팍!팍! 올라갑니다.

해설 감광계수와 가시거리

감광계수 [m⁻¹]	가시거리 [m]	상 황
<u>0.1</u>	<u>20~30</u>	연기**감**지기가 작동할 때의 농도(연기감지기가 작동하기 직전의 농도)
<u>0.3</u>	<u>5</u>	건물 내부에 **익**숙한 사람이 피난에 지장을 느낄 정도의 농도
<u>0.5</u>	<u>3</u>	**어**두운 것을 느낄 정도의 농도
<u>1</u>	<u>1~2</u>	앞이 거의 **보**이지 않을 정도의 농도
<u>10</u>	<u>0.2~0.5</u>	화재 **최**성기 때의 농도
<u>30</u>	–	출화실에서 연기가 **분**출할 때의 농도

기억법	0123	**감**
	035	**익**
	053	**어**
	112	**보**
	100205	**최**
	30	**분**

② 15~20m → 5m

답 ②

★★★
02 종이, 나무, 섬유류 등에 의한 화재에 해당하는 것은?

19.03.문08
17.09.문07
16.05.문09
15.09.문19
13.09.문07

① A급 화재
② B급 화재
③ C급 화재
④ D급 화재

해설 화재의 종류

구 분	표시색	적응물질
일반화재(A급)	백색	• 일반가연물 • 종이류 화재 • 목재·섬유화재
유류화재(B급)	황색	• 가연성 액체 • 가연성 가스 • 액화가스화재 • 석유화재
전기화재(C급)	청색	• 전기설비
금속화재(D급)	무색	• 가연성 금속
주방화재(K급)	–	• 식용유화재

※ 요즘은 표시색의 의무규정은 없음

답 ①

★★
03 다음 중 소화에 필요한 이산화탄소 소화약제의 최소설계농도값이 가장 높은 물질은?

15.03.문11

① 메탄
② 에틸렌
③ 천연가스
④ 아세틸렌

해설 설계농도

방호대상물	설계농도[vol%]
① 부탄	34
② **메탄**	
③ 프로판	36
④ 이소부탄	
⑤ 사이크로 프로판	37
⑥ 석탄가스, 천연가스	
⑦ 에탄	40
⑧ 에틸렌	49
⑨ 산화에틸렌	53
⑩ 일산화탄소	64
⑪ **아**세틸렌	**66**
⑫ 수소	75

기억법 아66

※ **설계농도** : 소화농도에 20%의 여유분을 더한 값

답 ④

04 가연물이 연소가 잘 되기 위한 구비조건으로 틀린 것은?

17.05.문18
08.03.문11

① 열전도율이 클 것
② 산소와 화학적으로 친화력이 클 것
③ 표면적이 클 것
④ 활성화에너지가 작을 것

해설 **가연물이 연소하기 쉬운 조건**
(1) 산소와 **친화력**이 클 것
(2) **발열량**이 클 것
(3) **표면적**이 넓을 것
(4) **열전도율**이 작을 것
(5) **활성화에너지**가 작을 것
(6) **연쇄반응**을 일으킬 수 있을 것
(7) 산소가 포함된 **유기물**일 것

> ① 클 것 → 작을 것

> ※ **활성화에너지** : 가연물이 처음 연소하는 데 필요한 열

답 ①

05 다음 중 상온·상압에서 액체인 것은?

18.03.문04
13.09.문04
12.03.문17

① 탄산가스
② 할론 1301
③ 할론 2402
④ 할론 1211

해설

상온·상압에서 **기체상태**	상온·상압에서 **액체상태**
• 할론 1301	• 할론 1011
• 할론 1211	• 할론 104
• 이산화탄소(CO_2)	• **할론 2402**

> ※ **상온·상압** : 평상시의 온도·평상시의 압력

답 ③

06 $NH_4H_2PO_4$를 주성분으로 한 분말소화약제는 제몇 종 분말소화약제인가?

19.03.문01
18.04.문06
17.09.문10
16.10.문06
16.05.문15
16.03.문09
15.09.문01
15.05.문08
14.09.문10
14.03.문03
14.03.문14
12.03.문13

① 제1종
② 제2종
③ 제3종
④ 제4종

해설 (1) **분말소화약제**

종 별	주성분	착 색	적응화재	비 고
제**1**종	중탄산나트륨 ($NaHCO_3$)	백색	BC급	**식용유** 및 **지방질유**의 화재에 적합
제2종	중탄산칼륨 ($KHCO_3$)	담자색 (담회색)	BC급	–
제**3**종	제1인산암모늄 ($NH_4H_2PO_4$)	담홍색	AB C급	**차고·주차장**에 적합
제4종	중탄산칼륨 + 요소 ($KHCO_3$ + $(NH_2)_2CO$)	회(백)색	BC급	–

기억법 1식분(일식 분식)
3분 차주(삼보컴퓨터 차주)

(2) **이산화탄소 소화약제**

주성분	적응화재
이산화탄소(CO_2)	BC급

답 ③

07 제거소화의 예에 해당하지 않는 것은?

19.04.문18
16.10.문07
16.03.문12
14.05.문11
13.03.문01
11.03.문04
08.09.문17

① 밀폐 공간에서의 화재시 공기를 제거한다.
② 가연성 가스화재시 가스의 밸브를 닫는다.
③ 산림화재시 확산을 막기 위하여 산림의 일부를 벌목한다.
④ 유류탱크 화재시 연소되지 않은 기름을 다른 탱크로 이동시킨다.

해설 **제거소화의 예**
(1) **가연성 기체** 화재시 **주밸브를 차단**한다(화학반응기의 화재시 원료공급관의 **밸브**를 **잠금**). → 보기 ②
(2) **가연성 액체** 화재시 펌프를 이용하여 **연료**를 제거한다.
(3) **연료탱크**를 **냉각**하여 가연성 가스의 발생속도를 작게 하여 연소를 억제한다.
(4) 금속화재시 **불활성 물질**로 가연물을 덮는다.
(5) **목재**를 **방염처리**한다.
(6) 전기화재시 **전원**을 **차단**한다.
(7) 산불이 발생하면 화재의 진행방향을 앞질러 **벌목**한다(산불의 확산방지를 위하여 **산림의 일부**를 **벌채**). → 보기 ③
(8) 가스화재시 **밸브**를 **잠궈** 가스흐름을 차단한다(가스화재시 중간밸브를 잠금).
(9) 불타고 있는 장작더미 속에서 아직 타지 않은 것을 안전한 곳으로 **운반**한다.
(10) 유류탱크 화재시 주변에 있는 유류탱크의 **유류**를 **다른 곳**으로 **이동**시킨다. → 보기 ④
(11) 촛불을 입김으로 불어서 끈다.

> ① **질식소화**

🌱 **용어**

> **제거효과**
> 가연물을 반응계에서 제거하든지 또는 반응계로의 공급을 정지시켜 소화하는 효과

답 ①

★★
08 위험물안전관리법령상 제2석유류에 해당하는 것

19.03.문45
14.09.문06
07.05.문09

으로만 나열된 것은?

① 아세톤, 벤젠
② 중유, 아닐린
③ 에테르, 이황화탄소
④ 아세트산, 아크릴산

해설 **제4류 위험물**

품 명	대표물질
특수인화물	이황화탄소·디에틸에테르·아세트알데히드·산화프로필렌·이소프렌·펜탄·디비닐에테르·트리클로로실란
제1석유류	• **아세톤**·휘발유·**벤젠** • 톨루엔·크실렌·시클로헥산 • 아크롤레인·초산에스테르류 • 의산에스테르류 • 메틸에틸케톤·에틸벤젠·피리딘
제**2**석유류	• 등유·경유·의산 • 초산·테레빈유·장뇌유 • **아세트산·아크릴산** 보기④ • 송근유·스티렌·메틸셀로솔브 • 에틸셀로솔브·**클로로벤젠**·알릴알코올 기억법 2클(이크!)
제3석유류	• **중유**·클레오소트유·에틸렌글리콜 • 글리세린·니트로벤젠·**아닐린** • 담금질유
제4석유류	• 기어유·실린더유

답 ④

★★★
09 산소의 농도를 낮추어 소화하는 방법은?

19.09.문13
18.09.문19
17.05.문06
16.03.문08
15.03.문17
14.03.문19
11.10.문19
03.08.문11

① 냉각소화
② 질식소화
③ 제거소화
④ 억제소화

해설 **소화의 형태**

구 분	설 명
냉각소화	① **점화원**을 냉각하여 소화하는 방법 ② **증**발잠열을 이용하여 열을 빼앗아 가연물의 온도를 떨어뜨려 화재를 진압하는 소화방법 ③ **다량의 물**을 뿌려 소화하는 방법 ④ 가연성 물질을 **발화점 이하**로 **냉각**하여 소화하는 방법 ⑤ **식용유화재**에 신선한 **야채**를 넣어 소화하는 방법 ⑥ 용융잠열에 의한 **냉각효과**를 이용하여 소화하는 방법 기억법 냉점증발

질식소화	① 공기 중의 **산소농도**를 16%(10~15%) 이하로 희박하게 하여 소화하는 방법 ② 산화제의 농도를 낮추어 연소가 지속될 수 없도록 소화하는 방법 ③ 산소공급을 차단하여 소화하는 방법 ④ **산소**의 **농도를 낮추어** 소화하는 방법 보기② ⑤ 화학반응으로 발생한 **탄산가스**에 의한 소화방법 기억법 질산
제거소화	**가연물**을 **제거**하여 소화하는 방법
부촉매소화 (억제소화, 화학소화)	① **연쇄반응**을 **차단**하여 소화하는 방법 ② 화학적인 방법으로 화재를 억제하여 소화하는 방법 ③ **활성기**(free radical, 자유라디칼)의 **생성**을 **억제**하여 소화하는 방법 ④ 할론계 소화약제 기억법 부억(부엌)
희석소화	① 기체·고체·액체에서 나오는 분해가스나 증기의 농도를 낮춰 소화하는 방법 ② 불연성 가스의 **공기** 중 **농도**를 높여 소화하는 방법 ③ 불활성기체를 방출하여 연소범위 이하로 낮추어 소화하는 방법

🔥 중요

화재의 **소화원리**에 따른 **소화방법**

소화원리	소화설비
냉각소화	① 스프링클러설비 ② 옥내·외소화전설비
질식소화	① 이산화탄소 소화설비 ② 포소화설비 ③ 분말소화설비 ④ 불활성기체 소화약제
억제소화 (부촉매효과)	① 할론소화약제 ② 할로겐화합물 소화약제

답 ②

★★★
10 유류탱크 화재시 기름 표면에 물을 살수하면 기

17.05.문04

름이 탱크 밖으로 비산하여 화재가 확대되는 현상은?

① 슬롭오버(Slop over)
② 플래시오버(Flash over)
③ 프로스오버(Froth over)
④ 블레비(BLEVE)

해설 **유류탱크, 가스탱크**에서 **발생**하는 **현상**

구 분	설 명
블래비=블레비 (BLEVE)	• 과열상태의 탱크에서 내부의 액화가스가 분출하여 기화되어 폭발하는 현상

보일오버 (Boil over)	• 중질유의 석유탱크에서 장시간 조용히 연소하다 탱크 내의 잔존기름이 갑자기 분출하는 현상 • 유류탱크에서 **탱크바닥**에 **물**과 기름의 **에멀션**이 섞여 있을 때 이로 인하여 화재가 발생하는 현상 • 연소유면으로부터 100℃ 이상의 열파가 탱크 저부에 고여 있는 물을 비등하게 하면서 연소유를 탱크 밖으로 비산시키며 연소하는 현상
오일오버 (Oil over)	• 저장탱크에 저장된 유류저장량이 내용적의 **50%** 이하로 충전되어 있을 때 화재로 인하여 탱크가 폭발하는 현상
프로스오버 (Froth over)	• 물이 점성의 뜨거운 기름표면 아래에서 끓을 때 화재를 수반하지 않고 용기가 넘치는 현상
슬롭오버 (Slop over)	• 유류탱크 화재시 기름 표면에 물을 실수하면 **기름**이 **탱크** 밖으로 **비산**하여 화재가 확대되는 현상(연소유가 비산되어 탱크 외부까지 화재가 확산) 보기 ① • 물이 연소유의 뜨거운 표면에 들어갈 때 기름 표면에서 화재가 발생하는 현상 • 유화제로 소화하기 위한 물이 수분의 급격한 증발에 의하여 액면이 거품을 일으키면서 열유층 밑의 냉유가 급히 열팽창하여 기름의 일부가 불이 붙은 채 탱크벽을 넘어서 일출하는 현상 • 연소면의 온도가 100℃ 이상일 때 물을 주수하면 발생 • 소화시 외부에서 방사하는 포에 의해 발생

답 ①

★★ 11 물질의 화재 위험성에 대한 설명으로 틀린 것은?

14.05.문03
13.03.문14

① 인화점 및 착화점이 낮을수록 위험
② 착화에너지가 작을수록 위험
③ 비점 및 융점이 높을수록 위험
④ 연소범위가 넓을수록 위험

해설 **화재 위험성**

(1) **비**점 및 **융**점이 **낮**을수록 위험하다. 보기 ③
(2) **발**점(착화점) 및 **인**화점이 **낮**을수록 **위**험하다. 보기 ①
(3) 착화에너지가 작을수록 위험하다. 보기 ②
(4) 연소하한계가 낮을수록 위험하다.
(5) 연소범위가 넓을수록 위험하다. 보기 ④
(6) 증기압이 클수록 위험하다.

기억법 비용발인 낮위

③ 높을수록 → 낮을수록

• 연소한계＝연소범위＝폭발한계＝폭발범위＝가연한계＝가연범위

답 ③

★ 12 인화알루미늄의 화재시 주수소화하면 발생하는 물질은?

18.04.문18

① 수소
② 메탄
③ 포스핀
④ 아세틸렌

해설 **인화알루미늄**과 **물**과의 반응식 보기 ③

$$AlP + 3H_2O \rightarrow Al(OH)_3 + PH_3$$
인화알루미늄 물 　수산화알루미늄 포스핀＝인화수소

비교

(1) 인화칼슘과 물의 반응식
$$Ca_3P_2 + 6H_2O \rightarrow 3Ca(OH)_2 + 2PH_3 \uparrow$$
인화칼슘 　물 　수산화칼슘 　포스핀

(2) 탄화알루미늄과 물의 반응식
$$Al_4C_3 + 12H_2O \rightarrow 4Al(OH)_3 + 3CH_4 \uparrow$$
탄화알루미늄 　물 　수산화알루미늄 　메탄

답 ③

★★★ 13 이산화탄소의 증기비중은 약 얼마인가? (단, 공기의 분자량은 29이다.)

19.03.문18
16.03.문01
15.03.문05
14.09.문15
12.09.문18
07.05.문17

① 0.81
② 1.52
③ 2.02
④ 2.51

해설 (1) **증기비중**

$$증기비중 = \frac{분자량}{29}$$

여기서, 29 : 공기의 평균 분자량

(2) **분자량**

원 소	원자량
H	1
C	12
N	14
O	16

이산화탄소(CO_2) 분자량 $= 12 + 16 \times 2 = 44$

증기비중 $= \dfrac{44}{29} \fallingdotseq 1.52$

• 증기비중 ＝가스비중

중요

이산화탄소의 물성

구 분	물 성
임계압력	72.75atm
임계온도	31.35℃(약 31.1℃)
3중점	**−56**.3℃(약 −56℃)
승화점(**비**점)	**−78**.5℃
허용농도	0.5%
증기비중	1.**5**29
수분	0.05% 이하(함량 99.5% 이상)

기억법 이356, 이비78, 이증15

답 ②

14 다음 물질의 저장창고에서 화재가 발생하였을 때 주수소화를 할 수 없는 물질은?

16.10.문19
13.06.문19

① 부틸리튬
② 질산에틸
③ 니트로셀룰로오스
④ 적린

해설 **주수소화**(물소화)시 **위험**한 **물질**

구 분	현 상
• 무기과산화물	**산소** 발생
• **금**속분 • **마**그네슘 • 알루미늄 • 칼륨 • 나트륨 • 수소화리튬 • **부틸리튬** 보기 ①	**수소** 발생
• 가연성 액체의 유류화재	**연소면**(화재면) 확대

기억법 **금마수**

※ **주수소화** : 물을 뿌려 소화하는 방법

답 ①

15 이산화탄소에 대한 설명으로 틀린 것은?

19.03.문11
16.03.문15
14.05.문08
13.06.문20
11.03.문06

① 임계온도는 97.5℃이다.
② 고체의 형태로 존재할 수 있다.
③ 불연성 가스로 공기보다 무겁다.
④ 드라이아이스와 분자식이 동일하다.

해설 **이산화탄소**의 **물성**

구 분	물 성
임계압력	72.75atm
임계온도	31.35℃(약 31.1℃) 보기 ①
3중점	−**56**.3℃(약 −56℃)
승화점(**비**점)	−**78**.5℃
허용농도	0.5%
증기비중	**1.5**29
수분	0.05% 이하(함량 99.5% 이상)
형상	**고체**의 형태로 존재할 수 있음
가스 종류	**불연성 가스**로 공기보다 무거움
분자식	**드라이아이스**와 분자식이 동일

기억법 이356, 이비78, 이증15

16 다음 물질 중 연소하였을 때 시안화수소를 가장 많이 발생시키는 물질은?

① Polyethylene
② Polyurethane
③ Polyvinyl chloride
④ Polystyrene

해설 연소시 **시안화수소**(HCN) 발생물질
(1) 요소
(2) 멜라닌
(3) 아닐린
(4) Polyurethane(폴리우레탄) 보기 ②

기억법 시폴우

답 ②

17 0℃, 1기압에서 44.8m³의 용적을 가진 이산화탄소를 액화하여 얻을 수 있는 액화탄산가스의 무게는 약 몇 kg인가?

18.09.문11
14.09.문07
12.03.문19
06.09.문13
97.03.문03

① 88
② 44
③ 22
④ 11

해설 (1) 기호

- T : 0℃=(273+0℃)K
- P : 1기압=1atm
- V : 44.8m³
- m : ?

(2) **이상기체상태 방정식**

$$PV = nRT$$

여기서, P : 기압[atm]
V : 부피[m³]
n : 몰수$\left(n = \dfrac{m(질량)[kg]}{M(분자량)[kg/kmol]}\right)$
R : 기체상수(0.082atm · m³/kmol · K)
T : 절대온도(273+℃)[K]

$PV = \dfrac{m}{M}RT$에서

$m = \dfrac{PVM}{RT}$

$= \dfrac{1atm \times 44.8m^3 \times 44kg/kmol}{0.082atm \cdot m^3/kmol \cdot K \times (273+0℃)K}$

$≒ 88kg$

- 이산화탄소 분자량(M)=44kg/kmol

답 ①

★ 18 밀폐된 내화건물의 실내에 화재가 발생했을 때 그 실내의 환경변화에 대한 설명 중 틀린 것은?

16.10.문17
01.03.문03

① 기압이 급강하한다.
② 산소가 감소된다.
③ 일산화탄소가 증가한다.
④ 이산화탄소가 증가한다.

해설 밀폐된 내화건물

실내에 화재가 발생하면 **기압**이 **상승**한다. 보기 ①

① 급강하 → 상승

답 ①

★★★ 19 다음 중 연소범위를 근거로 계산한 위험도값이 가장 큰 물질은?

19.03.문03
15.09.문08
10.03.문14

① 이황화탄소   ② 메탄
③ 수소   ④ 일산화탄소

해설 위험도

$$H = \frac{U - L}{L}$$

여기서, H : 위험도
U : 연소상한계
L : 연소하한계

① 이황화탄소 $= \dfrac{44 - 1.2}{1.2} = 35.66$

② 메탄 $= \dfrac{15 - 5}{5} = 2$

③ 수소 $= \dfrac{75 - 4}{4} = 17.75$

④ 일산화탄소 $= \dfrac{74 - 12.5}{12.5} = 4.92$

중요

공기 중의 **폭발한계**(상온, 1atm)

가 스	하한계 [vol%]	상한계 [vol%]
에테르($(C_2H_5)_2O$)	1.9	48
보기 ③ → 수소(H_2) →	4	75
에틸렌(C_2H_4)	2.7	36
부탄(C_4H_{10})	1.8	8.4
아세틸렌(C_2H_2)	2.5	81
보기 ④ → 일산화탄소(CO) →	12.5	74
보기 ① → 이황화탄소(CS_2) →	1.2	44
암모니아(NH_3)	15	28
보기 ② → 메탄(CH_4) →	5	15
에탄(C_2H_6)	3	12.4
프로판(C_3H_8)	2.1	9.5

● 연소한계＝연소범위＝가연한계＝가연범위＝
  폭발한계＝폭발범위

답 ①

★★★ 20 화재시 나타나는 인간의 피난특성으로 볼 수 없는 것은?

18.04.문03
16.05.문03
12.05.문15
11.10.문09
10.09.문11

① 어두운 곳으로 대피한다.
② 최초로 행동한 사람을 따른다.
③ 발화지점의 반대방향으로 이동한다.
④ 평소에 사용하던 문, 통로를 사용한다.

해설 화재발생시 인간의 **피난특성**

구 분	설 명
귀소본능 보기 ④	● **친숙한 피난경로**를 선택하려는 행동 ● 무의식 중에 평상시 사용하는 출입구나 통로를 사용하려는 행동
지광본능 보기 ①	● **밝은 쪽**을 지향하는 행동 ● 화재의 공포감으로 인하여 **빛**을 따라 외부로 달아나려고 하는 행동
퇴피본능 보기 ③	● 화염, 연기에 대한 공포감으로 **발화의 반대방향**으로 이동하려는 행동
추종본능 보기 ②	● 많은 사람이 달아나는 방향으로 쫓아 가려는 행동 ● 화재시 최초로 행동을 개시한 사람을 따라 전체가 움직이려는 행동
좌회본능	● **좌측통행**을 하고 **시계반대방향**으로 회전하려는 행동
폐쇄공간 지향본능	가능한 넓은 공간을 찾아 **이동**하다가 위험성이 높아지면 의외의 좁은 공간을 찾는 본능
초능력본능	비상시 **상상도 못할 힘**을 내는 본능
공격본능	**이상심리현상**으로서 구조용 헬리콥터를 부수려고 한다든지 무차별적으로 주변 사람과 구조인력 등에게 공격을 가하는 본능
패닉 (panic) 현상	인간의 비이성적인 또는 부적합한 **공포 반응행동**으로서 무모하게 높은 곳에서 뛰어내리는 행위라든지, 몸이 굳어서 움직이지 못하는 행동

① 어두운 곳 → 밝은 곳

답 ①

제2과목 소방유체역학

★★★ 21 240mmHg의 절대압력은 계기압력으로 약 몇 kPa 인가? (단, 대기압은 760mmHg이고, 수은의 비중은 13.6이다.)

14.05.문34
14.03.문33
13.06.문22

① −32.0   ② 32.0
③ −69.3   ④ 69.3

해설 (1) **기호**

- 절대압(력) : 240mmHg
- 계기압(력) : ?
- 대기압 : 760mmHg
- s : 13.6

(2) **절대압**

ㄱ **절**대압= **대**기압 + **게**이지압(계기압)
ㄴ 절대압= 대기압 − 진공압

> **기억법** 절대게

ㄷ 계기압(력)= 절대압 − 대기압
= (240−760)mmHg
= −520mmHg

(3) **표준대기압**

$1atm = 760mmHg = 1.0332kg_f/cm^2$
$= 10.332mH_2O(mAq)$
$= 14.7PSI(lb_f/in^2)$
$= 101.325kPa(kN/m^2)$
$= 101325Pa(N/m^2)$
$= 1013mbar$

$$-520mmHg = \frac{-520mmHg}{760mmHg} \times 101.325kPa$$
$$\fallingdotseq -69.3kPa$$

답 ③

★★★ 22 다음 (ㄱ), (ㄴ)에 알맞은 것은?

19.04.문22
18.03.문36
17.09.문35
17.05.문37
16.10.문23
15.03.문35
14.05.문39
14.03.문32

파이프 속을 유체가 흐를 때 파이프 끝의 밸브를 갑자기 닫으면 유체의 (ㄱ)에너지가 압력으로 변환되면서 밸브 직전에서 높은 압력이 발생하고 상류로 압축파가 전달되는 (ㄴ)현상이 발생한다.

① ㄱ 운동, ㄴ 서징
② ㄱ 운동, ㄴ 수격작용
③ ㄱ 위치, ㄴ 서징
④ ㄱ 위치, ㄴ 수격작용

해설 **수격작용**(water hammering)

개요	① 흐르는 물을 갑자기 정지시킬 때 **수압**이 **급격히 변화**하는 현상 ② 배관 속의 물흐름을 급히 차단하였을 때 **동압**이 정압으로 전환되면서 일어나는 **쇼크**(shock)현상 ③ 배관 내를 흐르는 유체의 유속을 급격하게 변화시키므로 압력이 상승 또는 하강하여 **관로의 벽면**을 **치는 현상** ④ 파이프 속을 유체가 흐를 때 파이프 끝의 밸브를 갑자기 닫으면 유체의 **운동에너지**가 압력으로 변환되면서 밸브 직전에서 높은 압력이 발생하고 상류로 **압축파**가 전달되는 **수격작용현상**이 발생한다.

발생원인	① 펌프가 갑자기 정지할 때 ② 급히 밸브를 개폐할 때 ③ 정상운전시 유체의 압력변동이 생길 때
방지대책	① 관로의 **관경**을 크게 한다. ② 관로 내의 유속을 낮게 한다(관로에서 일부 고압수 방출). ③ 조압수조(surge tank)를 설치하여 적정압력을 유지한다. ④ **플라이 휠**(fly wheel)을 설치한다. ⑤ 펌프송출구 가까이에 **밸브**를 설치한다. ⑥ 펌프송출구에 **수격**을 **방지**하는 **체크밸브**를 달아 역류를 막는다. ⑦ **에어챔버**(air chamber)를 설치한다. ⑧ 회전체의 **관성모멘트**를 **크게** 한다.

- 수격작용=수격현상=수격작용현상

> **비교**

공동현상 (cavitation, 캐비테이션)	맥동현상 (surging, 서징)
펌프의 흡입측 배관 내의 물의 정압이 기존의 증기압보다 낮아져서 **기포**가 **발생**되어 물이 흡입되지 않는 현상	유량이 단속적으로 변하여 펌프 입출구에 설치된 **진공계·압력계**가 흔들리고 **진동**과 **소음**이 일어나며 펌프의 **토출유량**이 변하는 현상

답 ②

★★★ 23 표준대기압 상태인 어떤 지방의 호수 밑 72.4m에 있던 공기의 기포가 수면으로 올라오면 기포의 부피는 최초 부피의 몇 배가 되는가? (단, 기포 내의 공기는 보일의 법칙을 따른다.)

16.05.문26
11.06.문37
07.09.문27

① 2
② 4
③ 7
④ 8

해설 (1) **기호**

- h : 72.4m
- V_2 : ?

(2) **물속의 압력**

$$P = P_0 + \gamma h$$

여기서, P : 물속의 압력(kPa)
P_0 : 표준대기압(101.325kPa=101.325kN/m²)
γ : 비중량(물의 비중량 9.8kN/m³)
h : 높이(m)

$P = P_0 + \gamma h$

수면으로 올라왔을 때 기포의 **부피배수**를 x로 놓으면
$xP_0 = P_0 + \gamma h$
$xP_0 - P_0 = \gamma h$
$(x-1)P_0 = \gamma h$
$$x - 1 = \frac{\gamma h}{P_0} = \frac{9.8kN/m^3 \times 72.4m}{101.325kN/m^2}$$

$x - 1 ≒ 7$

$x = 7 + 1 = 8$

(3) **보일의 법칙**

$$P_1 V_1 = P_2 V_2$$

여기서, P_1, P_2 : 압력[kPa]

V_1, V_2 : 체적[m³]

$P_1 V_1 = P_2 V_2$

$$V_2 = \frac{P_1}{P_2} V_1 = x V_1 = 8 V_1$$

- x : 수면으로 올라왔을 때 기포의 부피배수

답 ④

★ 24 [19.03.문29]

펌프의 일과 손실을 고려할 때 베르누이 수정 방정식을 바르게 나타낸 것은? (단, H_P와 H_L은 펌프의 수두와 손실수두를 나타내며, 하첨자 1, 2는 각각 펌프의 전후 위치를 나타낸다.)

① $\dfrac{V_1^2}{2g} + \dfrac{P_1}{\gamma} + Z_1 = \dfrac{V_2^2}{2g} + \dfrac{P_2}{\gamma} + H_L$

② $\dfrac{V_1^2}{2g} + \dfrac{P_1}{\gamma} + Z_1 + H_P = \dfrac{V_2^2}{2g} + \dfrac{P_2}{\gamma} + H_L$

③ $\dfrac{V_1^2}{2g} + \dfrac{P_1}{\gamma} + H_P = \dfrac{V_2^2}{2g} + \dfrac{P_2}{\gamma} + Z_2 + H_L$

④ $\dfrac{V_1^2}{2g} + \dfrac{P_1}{\gamma} + Z_1 + H_P = \dfrac{V_2^2}{2g} + \dfrac{P_2}{\gamma} + Z_2 + H_L$

해설 (1) **베르누이 방정식**(기본식)

$$\frac{V_1^2}{2g} + \frac{P_1}{\gamma} + Z_1 = \frac{V_2^2}{2g} + \frac{P_2}{\gamma} + Z_2 + \Delta H$$

(2) **베르누이 방정식**(변형식)

$$\frac{V_1^2}{2g} + \frac{P_1}{\gamma} + Z_1 + H_P = \frac{V_2^2}{2g} + \frac{P_2}{\gamma} + Z_2 + H_L$$

(속도수두)(압력수두)(위치수두)

여기서, V_1, V_2 : 유속[m/s]

P_1, P_2 : 압력[kPa] 또는 [kN/m²]

Z_1, Z_2 : 높이[m]

g : 중력가속도(9.8m/s²)

γ : 비중량(물의 비중량 9.81kN/m³)

H_P : 펌프의 수두[m]

H_L : 손실수두[m]

답 ④

★ 25 [16.05.문24]

지름 10cm의 호스에 출구지름이 3cm인 노즐이 부착되어 있고, 1500L/min의 물이 대기 중으로 뿜어져 나온다. 이때 4개의 플랜지볼트를 사용하여 노즐을 호스에 부착하고 있다면 볼트

1개에 작용되는 힘의 크기[N]는? (단, 유동에서 마찰이 존재하지 않는다고 가정한다.)

① 58.3   ② 899.4

③ 1018.4   ④ 4098.2

해설 (1) **기호**

- D_1 : 10cm=0.1m(100cm=1m)
- D_2 : 3cm=0.03m
- Q : 1500L/min=1.5m³/min=1.5m³/60s

$= \left(1.5 \times \dfrac{1}{60}\right)$m³/s (∵ 1min=60s)

- F_1 : ?

(2) **단면적**

$$A = \frac{\pi D^2}{4}$$

여기서, A : 단면적[m²]

D : 지름[m]

호스의 단면적(A_1)

$$A_1 = \frac{\pi D_1^2}{4} = \frac{\pi \times (0.1\text{m})^2}{4} ≒ 7.85 \times 10^{-3}\text{m}^2$$

노즐의 출구단면적(A_2)

$$A_2 = \frac{\pi D_2^2}{4} = \frac{\pi \times (0.03\text{m})^2}{4} ≒ 7.068 \times 10^{-4}\text{m}^2$$

(3) **플랜지볼트**에 **작용하는 힘**

$$F = \frac{\gamma Q^2 A_1}{2g} \left(\frac{A_1 - A_2}{A_1 A_2}\right)^2$$

여기서, F : 플랜지볼트에 작용하는 힘[N]

γ : 비중량(물의 비중량 9800N/m³)

Q : 유량[m³/s]

A_1 : 호스의 단면적[m²]

A_2 : 노즐의 출구단면적[m²]

g : 중력가속도(9.8m/s²)

플랜지볼트에 **작용하는 힘** F는

$F = \dfrac{\gamma Q^2 A_1}{2g} \left(\dfrac{A_1 - A_2}{A_1 A_2}\right)^2$

$= \dfrac{9800\text{N/m}^3 \times \left(1.5 \times \dfrac{1}{60}\text{m}^3/\text{s}\right)^2 \times (7.85 \times 10^{-3})\text{m}^2}{2 \times 9.8\text{m/s}^2}$

$\times \left(\dfrac{(7.85 \times 10^{-3})\text{m}^2 - (7.068 \times 10^{-4})\text{m}^2}{(7.85 \times 10^{-3})\text{m}^2 \times (7.068 \times 10^{-4})\text{m}^2}\right)^2$

$≒ 4066.05\text{N}$

(4) 플랜지볼트 **1개**에 작용하는 힘(F_1)

$$F_1 = \frac{F}{4\text{개}} = \frac{4066.05\text{N}}{4\text{개}} = 1016.5\text{N}$$

∴ 소수점 절상 등의 차이를 감안하면 ③ 1018.4N 정답

답 ③

★★★
26 다음 중 배관의 유량을 측정하는 계측장치가 아 닌 것은?

18.09.문28
16.03.문28
08.03.문37
01.09.문36
01.06.문25
99.08.문33

① 로터미터(rotameter)

② 유동노즐(flow nozzle)

③ 마노미터(manometer)

④ 오리피스(orifice)

해설 유량 · 유속 측정

배관의 **유량** 또는 **유속** 측정	개수로의 유량 측정
① 벤투리미터(벤투리관) ② 오리피스 ③ 로터미터 ④ 노즐(유동노즐) ⑤ 피토관	위어(삼각위어)

③ 마노미터 : 배관의 **압력** 측정

중요

측정기구의 용도	
측정기구	**설 명**
피토관 (pitot tube)	유체의 **국부속도**를 측정하는 장치 ‖ 피토관 ‖
로터미터 (rotameter)	**부자**(float)의 오르내림에 의해서 배관 내의 **유량** 및 **유속**을 측정할 수 있는 기구 부자 200 180 100 80 60 40 20 ‖ 로터미터 ‖
오리피스 (orifice)	① 두 점 간의 압력차를 측정하여 유속 및 유량을 측정하는 기구 ② **저가**이나 압력손실이 크다. ‖ 오리피스 ‖

벤투리미터 (venturimeter)	**고가**이고 유량 · 유속의 손실이 적은 유체의 **유량** 측정 장치 마노미터 읽음 ‖ 벤투리미터 ‖
액주계 (manometer, 마노미터)	유체의 압력차를 측정하여 유량을 계산하는 계기 ‖ 액주계 ‖
피에조 미터 (piezometer)	매끄러운 표면에 수직으로 작은 구멍이 뚫어져서 액주계와 연결되어 있으며, **유동**하고 있는 유체의 **정압** 측정 ‖ 피에조미터 ‖

답 ③

★
27 점성에 관한 설명으로 틀린 것은?

15.05.문33

① 액체의 점성은 분자 간 결합력에 관계된다.

② 기체의 점성은 분자 간 운동량 교환에 관계된다.

③ 온도가 증가하면 기체의 점성은 감소된다.

④ 온도가 증가하면 액체의 점성은 감소된다.

해설 점성

(1) 액체의 점성은 분자 간 **결합력**에 관계된다.

(2) 기체의 점성은 분자 간 **운동량 교환**에 관계된다.

(3) **온도**가 **증가**하면 기체는 분자의 **운동량**이 **증가**하기 때문에 분자 사이의 **마찰력**도 **증가**하여 결국은 **점성**이 **증가**된다.

(4) **온도**가 **증가**하면 액체는 분자 사이의 결속력이 약해져서 **점성**은 **감소**된다.

용어

점성
운동하고 있는 유체에 서로 인접하고 있는 층 사이에 **미끄럼**이 생겨 **마찰**이 발생하는 성질

③ 감소 → 증가

답 ③

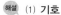

28
18.03.문26
04.09.문31

펌프의 입구에서 진공계의 계기압력은 −160mmHg, 출구에서 압력계의 계기압력은 300kPa, 송출유량은 10m³/min일 때 펌프의 수동력[kW]은? (단, 진공계와 압력계 사이의 수직거리는 2m이고, 흡입관과 송출관의 직경은 같으며, 손실은 무시한다.)

① 5.7
② 56.8
③ 557
④ 3400

해설 (1) 기호

- Q : 10m³/min
- P : ?

300kPa
2m
−160mmHg
후드밸브

101.325kPa = 10.332m 이므로

$$300\text{kPa} = \frac{300\text{kPa}}{101.325\text{kPa}} \times 10.332\text{m} ≒ 30.59\text{m}$$

760mmHg = 10.332m 이므로

$$-160\text{mmHg} = \frac{-160\text{mmHg}}{760\text{mmHg}} \times 10.332\text{m} = -2.175\text{m}$$

(2) 펌프의 **전양정**
H = 압력계 지시값−진공계 지시값+높이
= 30.59m−(−2.175m)+2m
= 34.765m

(3) **수동력**
$$P = 0.163QH$$

여기서, P : 수동력[kW]
Q : 유량[m³/min]
H : 전양정[m]
수동력 P는
$P = 0.163QH$
= $0.163 \times 10\text{m}^3/\text{min} \times 34.765\text{m} ≒ 56.8\text{kW}$

용어

수동력
전달계수(K)와 효율(η)을 고려하지 않은 동력

중요

펌프의 동력
(1) **수동력**

$$P = 0.163QH$$

여기서, P : 수동력[kW]
Q : 유량[m³/min]
H : 전양정[m]

(2) **축동력**

$$P = \frac{0.163QH}{\eta}$$

여기서, P : 축동력[kW]
Q : 유량[m³/min]
H : 전양정[m]
η : 효율

(3) **모터동력**(전동력)

$$P = \frac{0.163QH}{\eta}K$$

여기서, P : 전동력[kW]
Q : 유량[m³/min]
H : 전양정[m]
K : 전달계수
η : 효율

답 ②

29
19.04.문37
19.03.문26
18.09.문11
14.09.문07
12.03.문19
06.09.문13
97.03.문03

압력이 100kPa이고 온도가 20℃인 이산화탄소를 완전기체라고 가정할 때 밀도[kg/m³]는? (단, 이산화탄소의 기체상수는 188.95J/kg · K이다.)

① 1.1
② 1.8
③ 2.56
④ 3.8

해설 (1) 기호

- P : 100kPa=100kN/m²(1kPa=1kN/m²)
- T : 20℃=(273+20)K
- ρ : ?
- R : 188.95J/kg · K=0.18895kJ/kg · K
  =0.18895kN · m/kg · K
  (1J=1N · m)

(2) **밀도**

$$\rho = \frac{P}{RT}$$

여기서, ρ : 밀도[kg/m³]
P : 압력[kPa] 또는 [kN/m²]
R : 기체상수[kJ/kg · K]
T : 절대온도[K]
밀도 ρ는
$$\rho = \frac{P}{RT} = \frac{100\text{kN/m}^2}{0.18895\text{kN} \cdot \text{m/kg} \cdot \text{K} \times (273+20)\text{K}}$$
$$≒ 1.8\text{kg/m}^3$$

답 ②

30
18.03.문35

−10℃, 6기압의 이산화탄소 10kg이 분사노즐에서 1기압까지 가역 단열팽창을 하였다면 팽창 후의 온도는 몇 ℃가 되겠는가? (단, 이산화탄소의 비열비는 1.289이다.)

① −85
② −97
③ −105
④ −115

해설 **(1) 기호**

- T_1 : −10℃=[273+(−10)]K
- P_1 : 6기압=6atm
- m : 10kg
- P_2 : 1기압=1atm
- T_2 : ?
- K : 1.289

(2) 단열변화

$$\frac{T_2}{T_1} = \left(\frac{v_1}{v_2}\right)^{K-1} = \left(\frac{P_2}{P_1}\right)^{\frac{K-1}{K}}$$

여기서, T_1, T_2 : 변화 전후의 온도(273+℃)[K]
v_1, v_2 : 변화 전후의 비체적[m³/kg]
P_1, P_2 : 변화 전후의 압력[kJ/m³] 또는 [kPa]
K : 비열비

$$\frac{T_2}{T_1} = \left(\frac{P_2}{P_1}\right)^{\frac{K-1}{K}}$$

팽창 후의 온도 T_2는

$$T_2 = T_1\left(\frac{P_2}{P_1}\right)^{\frac{K-1}{K}} = 273+(−10) \times \left(\frac{1\text{atm}}{6\text{atm}}\right)^{\frac{1.289-1}{1.289}}$$

$$≒ 176\text{K}$$

(3) 절대온도

$$\text{K} = 273 + ℃$$

$\text{K} = 273 + ℃$
$176 = 273 + ℃$
$℃ = 176 - 273 = −97℃$

답 ②

31
19.03.문22

비중이 0.85이고 동점성계수가 3×10^{-4}m²/s인 기름이 직경 10cm의 수평원형관 내에 20L/s로 흐른다. 이 원형관의 100m 길이에서의 수두손실[m]은? (단, 정상 비압축성 유동이다.)

① 16.6
② 25.0
③ 49.8
④ 82.2

해설 **(1) 기호**

- s : 0.85
- ν : 3×10^{-4}m²/s
- D : 10cm=0.1m(100cm=1m)
- Q : 20L/s=0.02m³/s(1000L=1m³)
- l : 100m
- H : ?

(2) 비중

$$s = \frac{\rho}{\rho_w} = \frac{\gamma}{\gamma_w}$$

여기서, s : 비중
ρ : 어떤 물질의 밀도(기름의 밀도)[kg/m³] 또는 [N·s²/m⁴]
ρ_w : 물의 밀도(1000kg/m³ 또는 1000N·s²/m⁴)
γ : 어떤 물질의 비중량(기름의 비중량)[N/m³]
γ_w : 물의 비중량(9800N/m³)
기름의 밀도 ρ는
$\rho = s \times \rho_w = 0.85 \times 1000\text{kg/m}^3 = 850\text{kg/m}^3$

(3) 유량(flowrate, **체적유량, 용량유량**)

$$Q = AV = \left(\frac{\pi D^2}{4}\right)V$$

여기서, Q : 유량[m³/s]
A : 단면적[m²]
V : 유속[m/s]
D : 직경(안지름)[m]
유속 V는

$$V = \frac{Q}{\frac{\pi D^2}{4}} = \frac{0.02\text{m}^3/\text{s}}{\frac{\pi \times (0.1\text{m})^2}{4}} ≒ 2.546\text{m/s}$$

(4) 레이놀즈수

$$Re = \frac{DV\rho}{\mu} = \frac{DV}{\nu}$$

여기서, Re : 레이놀즈수
D : 내경[m]
V : 유속[m/s]
ρ : 밀도[kg/m³]
μ : 점성계수[g/cm·s] 또는 [kg/m·s]
ν : 동점성계수$\left(\frac{\mu}{\rho}\right)$[cm²/s] 또는 [m²/s]
레이놀즈수 Re는
$$Re = \frac{DV}{\nu} = \frac{0.1\text{m} \times 2.546\text{m/s}}{3 \times 10^{-4}\text{m}^2/\text{s}} ≒ 848.7(\text{층류})$$

‖ 레이놀즈수 ‖

층 류	천이영역(임계영역)	난 류
$Re < 2100$	$2100 < Re < 4000$	$Re > 4000$

(5) 관마찰계수(**층류**일 때만 적용 가능)

$$f = \frac{64}{Re}$$

여기서, f : 관마찰계수
Re : 레이놀즈수

관마찰계수 f는

$$f = \frac{64}{Re} = \frac{64}{848.7} = 0.075$$

(6) 달시-웨버의 식(Darcy-Weisbach formula, 층류)

$$H = \frac{\Delta p}{\gamma} = \frac{f l V^2}{2gD}$$

여기서, H : 마찰손실수두(전양정, 수두손실)[m]

Δp : 압력차[Pa] 또는 [N/m²]

γ : 비중량(물의 비중량 9800N/m³)

f : 관마찰계수

l : 길이[m]

V : 유속[m/s]

g : 중력가속도(9.8m/s²)

D : 내경[m]

마찰손실수두 H는

$$H = \frac{f l V^2}{2gD}$$

$$= \frac{0.075 \times 100\text{m} \times (2.546\text{m/s})^2}{2 \times 9.8\text{m/s}^2 \times 0.1\text{m}} = 24.8 = 25\text{m}$$

답 ②

⭐ **32**

[19.03.문29]

그림과 같이 길이 5m, 입구직경(D_1) 30cm, 출구직경(D_2) 16cm인 직관을 수평면과 30° 기울어지게 설치하였다. 입구에서 0.3m³/s로 유입되어 출구에서 대기 중으로 분출된다면 입구에서의 압력[kPa]은? (단, 대기는 표준대기압 상태이고 마찰손실은 없다.)

① 24.5 ② 102

③ 127 ④ 228

해설

(1) 기호

- D_1 : 30cm=0.3m(100cm=1m)
- D_2 : 16cm=0.16m(100cm=1m)
- θ : 30°
- Q : 0.3m³/s
- P_2 : 0(대기 중으로 분출되므로)
- Z_1 : 3m(그림에 주어짐)
- Z_2 : 3m+5sin30°=5.5m
- P_1 : ?

(2) 유량

$$Q = AV = \left(\frac{\pi D^2}{4}\right)V$$

여기서, Q : 유량[m³/s]

A : 단면적[m²]

V : 유속[m/s]

D : 직경[m]

입구유속 V_1은

$$V_1 = \frac{Q}{\frac{\pi D_1{}^2}{4}} = \frac{0.3\text{m}^3/\text{s}}{\frac{\pi \times (0.3\text{m})^2}{4}} = 4.24\text{m/s}$$

출구유속 V_2는

$$V_2 = \frac{Q}{\frac{\pi D_2{}^2}{4}} = \frac{0.3\text{m}^3/\text{s}}{\frac{\pi \times (0.16\text{m})^2}{4}} = 14.92\text{m/s}$$

(3) 베르누이 방정식

$$\underset{(\text{속도수두})}{\frac{V_1{}^2}{2g}} + \underset{(\text{압력수두})}{\frac{p_1}{\gamma}} + \underset{(\text{위치수두})}{Z_1} = \frac{V_2{}^2}{2g} + \frac{p_2}{\gamma} + Z_2$$

여기서, V_1, V_2 : 유속[m/s]

p_1, p_2 : 압력(게이지압)[kPa] 또는 [kN/m²]

Z_1, Z_2 : 높이[m]

g : 중력가속도(9.8m/s²)

γ : 비중량(물의 비중량 9.8kN/m³)

$$\frac{p_1}{\gamma} = \frac{V_2{}^2}{2g} + \frac{p_2}{\gamma} + Z_2 - \frac{V_1{}^2}{2g} - Z_1$$

$$p_1 = \gamma\left(\frac{V_2{}^2}{2g} + \frac{p_2}{\gamma} + Z_2 - \frac{V_1{}^2}{2g} - Z_1\right)$$

$$= 9.8\text{kN/m}^3\left(\frac{(14.92\text{m/s})^2}{2 \times 9.8\text{m/s}^2} + \frac{0}{9.8\text{kN/m}^3} + 5.5\text{m}\right.$$

$$\left. - \frac{(4.24\text{m/s})^2}{2 \times 9.8\text{m/s}^2} - 3\text{m}\right)$$

$$= 126.81\text{kN/m}^2$$

$$= 127\text{kN/m}^2 = 127\text{kPa}(\because 1\text{kN/m}^2 = 1\text{kPa})$$

(4) 절대압

㉠ **절**대압=**대**기압+**게**이지압(계기압)

㉡ 절대압=대기압-진공압

기억법 **절대게**

ⓒ 절대압=대기압+게이지압(계기압)
  =101.325kPa+127kPa
  =228.325kPa
  ≒228kPa

- 일반적으로 압력이라 하면 절대압을 말하므로 228kPa 정답

중요

표준대기압

1atm=760mmHg=1.0332kg$_f$/cm^2
      =10.332mH$_2$O(mAq)
      =14.7PSI(lb$_f$/in^2)
      =101.325kPa(kN/m^2)
      =1013mbar

답 ④

★★★

33 회전속도 N(rpm)일 때 송출량 Q(m^3/min), 전양정 H(m)인 원심펌프를 상사한 조건에서 회전속도를 $1.4N$(rpm)으로 바꾸어 작동할 때 (㉠) 유량과 (㉡) 전양정은?

19.03.문34
17.05.문29
14.09.문23
11.06.문35
11.03.문35
05.09.문29
00.10.문61

① ㉠ $1.4Q$, ㉡ $1.4H$
② ㉠ $1.4Q$, ㉡ $1.96H$
③ ㉠ $1.96Q$, ㉡ $1.4H$
④ ㉠ $1.96Q$, ㉡ $1.96H$

해설 (1) 기호

- N_1 : N(rpm)
- Q_1 : Q(m^3/min)
- H_1 : H(m)
- N_2 : $1.4N$(rpm)
- Q_2 : ?
- H_2 : ?

(2) 펌프의 상사법칙

㉠ **유량**(송출량)

$$Q_2 = Q_1\left(\frac{N_2}{N_1}\right)$$

㉡ **전양정**

$$H_2 = H_1\left(\frac{N_2}{N_1}\right)^2$$

㉢ **축동력**

$$P_2 = P_1\left(\frac{N_2}{N_1}\right)^3$$

여기서, Q_2, Q_1 : 변경 전후의 유량(송출량)(m^3/min)
H_2, H_1 : 변경 전후의 전양정(m)
P_2, P_1 : 변경 전후의 축동력(kW)
N_2, N_1 : 변경 전후의 회전수(회전속도)(rpm)

∴ 유량 $Q_2 = Q_1\left(\frac{N_2}{N_1}\right) = Q\frac{1.4N}{N} = 1.4Q$

전양정 $H_2 = H_1\left(\frac{N_2}{N_1}\right)^2 = H\left(\frac{1.4\cancel{N}}{\cancel{N}}\right)^2 = 1.96H$

용어

상사법칙
기하학적으로 유사하거나 같은 펌프에 적용하는 법칙

답 ②

★

34 과열증기에 대한 설명으로 틀린 것은?

① 과열증기의 압력은 해당 온도에서의 포화압력보다 높다.
② 과열증기의 온도는 해당 압력에서의 포화온도보다 높다.
③ 과열증기의 비체적은 해당 온도에서의 포화증기의 비체적보다 크다.
④ 과열증기의 엔탈피는 해당 압력에서의 포화증기의 엔탈피보다 크다.

해설 **과열증기**

(1) **과열증기**의 **압력**은 해당 온도에서의 **포화압력**과 **같다**.
(2) **과열증기**의 **온도**는 해당 압력에서의 **포화온도보다 높다**.
(3) **과열증기**의 **비체적**은 해당 온도에서의 **포화증기**의 비체적보다 **크다**.
(4) **과열증기**의 **엔탈피**는 해당 압력에서의 **포화증기**의 엔탈피보다 **크다**.

① 포화압력보다 높다. → 포화압력과 같다.

용어

포화증기	과열증기
포화온도에서 수분과 증기가 공존하는 습증기	포화온도 이상에서 증기만 존재하는 건증기

답 ①

★

35 그림과 같이 단면 A에서 정압이 500kPa이고 10m/s로 난류의 물이 흐르고 있을 때 단면 B에서의 유속(m/s)은?

① 20
② 40
③ 60
④ 80

해설 (1) **기호**

- P_1 : 500kPa
- V_1 : 10m/s
- V_2 : ?
- D_1 : 10cm=0.1m(그림에 주어짐)
- D_2 : 5cm=0.05m(그림에 주어짐)

(2) **비압축성 유체**

압력을 받아도 체적변화를 일으키지 아니하는 유체

$$\frac{V_1}{V_2}=\frac{A_2}{A_1}=\left(\frac{D_2}{D_1}\right)^2$$

여기서, V_1, V_2 : 유속[m/s]
　　　　 A_1, A_2 : 단면적[m²]
　　　　 D_1, D_2 : 직경[m]

$$\frac{V_1}{V_2}=\left(\frac{D_2}{D_1}\right)^2$$

$$V_1\times\left(\frac{D_1}{D_2}\right)^2=V_2$$

$$V_2=V_1\times\left(\frac{D_1}{D_2}\right)^2=10\text{m/s}\times\left(\frac{0.1\text{m}}{0.05\text{m}}\right)^2=40\text{m/s}$$

- 이 문제에서 정압 500kPa은 적용할 필요 없음

답 ②

★★
36 온도차이가 ΔT, 열전도율이 k_1, 두께 x인 벽을
19.03.문38
13.03.문27
통한 열유속(heat flux)과 온도차이가 $2\Delta T$, 열
전도율이 k_2, 두께 $0.5x$인 벽을 통한 열유속이
서로 같다면 두 재질의 열전도율비 k_1/k_2의
값은?

① 1　　　　　② 2
③ 4　　　　　④ 8

해설 (1) **기호**

- T_2-T_1 : ΔT
- k : k_1
- l : x
- T_2-T_1 : $2\Delta T$
- k : k_2
- l : $0.5x$

(2) **전도**

$$\overset{\circ}{q}''=\frac{k(T_2-T_1)}{l}$$

여기서, $\overset{\circ}{q}''$: 열전달량[W/m²]
　　　　 k : 열전도율[W/(m·K)]
　　　　 (T_2-T_1) : 온도차[℃] 또는 [K]
　　　　 l : 벽체두께[m]

- 열전달량=열전달률=열유동률=열흐름률

$$k=\frac{\overset{\circ}{q}''l}{T_2-T_1}$$

$$\therefore \frac{k_1}{k_2}=\frac{\dfrac{\overset{\circ}{q}''x}{\Delta T}}{\dfrac{\overset{\circ}{q}''\,0.5x}{2\Delta T}}=\frac{2}{0.5}=4$$

답 ③

★
37 관의 길이가 l이고, 지름이 d, 관마찰계수가 f
일 때, 총 손실수두 H[m]를 식으로 바르게 나
타낸 것은? (단, 입구 손실계수가 0.5, 출구 손
실계수가 1.0, 속도수두는 $V^2/2g$이다.)

① $\left(1.5+f\dfrac{l}{d}\right)\dfrac{V^2}{2g}$

② $\left(f\dfrac{l}{d}+1\right)\dfrac{V^2}{2g}$

③ $\left(0.5+f\dfrac{l}{d}\right)\dfrac{V^2}{2g}$

④ $\left(f\dfrac{l}{d}\right)\dfrac{V^2}{2g}$

해설 (1) **기호**

- K_1 : 0.5
- K_2 : 1.0
- H : ?

(2) **돌연 축소관에서의 손실**

$$H=K\frac{V^2}{2g}$$

여기서, H : 손실수두[m]
　　　　 K : 손실계수
　　　　 V : 축소관 유속[m/s]
　　　　 g : 중력가속도(9.8m/s²)

- 마찰손실수두=손실수두

(3) **마찰손실**

달시-웨버의 식(Darcy-Weisbach formula, 층류)

$$H=\frac{\Delta p}{\gamma}=\frac{flV^2}{2gD}$$

여기서, H : 마찰손실(수두)[m]
Δp : 압력차[kPa] 또는 [kN/m²]
γ : 비중량(물의 비중량 9800N/m³)
f : 관마찰계수
l : 길이[m]
V : 유속(속도)[m/s]
g : 중력가속도(9.8m/s²)
D : 내경[m]

마찰손실 H는

$$H = \frac{fl\,V^2}{2gD} + K_1\frac{V^2}{2g} + K_2\frac{V^2}{2g}$$

주손실 　부차적 손실 　부차적 손실

$$= \frac{fl\,V^2}{2gD} + 0.5\frac{V^2}{2g} + 1.0\frac{V^2}{2g}$$

$$= f\frac{l}{D}\frac{V^2}{2g} + 0.5\frac{V^2}{2g} + 1.0\frac{V^2}{2g}$$

$$= \frac{V^2}{2g}\left(f\frac{l}{D} + 0.5 + 1.0\right)$$

$$= \left(1.5 + f\frac{l}{D}\right)\frac{V^2}{2g}$$

$$= \left(1.5 + f\frac{l}{d}\right)\frac{V^2}{2g} \quad \leftarrow 문제에서는 D \to d로 표현$$

중요

배관의 마찰손실

주손실	부차적 손실
관로에 의한 마찰손실(직선원관 내의 손실)	① 관의 급격한 **확대**손실(관 단면의 급격한 확대손실) ② 관의 급격한 **축소**손실(유동 단면의 장애물에 의한 손실) ③ 관 부속품에 의한 손실(곡선부에 의한 손실)

답 ①

★★★
38 다음 그림에서 A, B점의 압력차[kPa]는? (단, A는 비중 1의 물, B는 비중 0.899의 벤젠이다.)

19.03.문24
18.03.문37
15.09.문26
10.03.문35

① 278.7
② 191.4
③ 23.07
④ 19.4

해설

(1) 기호
- γ_1 : 9.8kN/m³
- s_2 : 13.6(그림에 주어짐)
- s_3 : 0.899
- h_1 : 14cm = 0.14m(그림에 주어짐)(100cm=1m)
- h_2 : 15cm = 0.15m(그림에 주어짐)
- h_3 : 9cm = 0.09m(그림에 주어짐)

(2) 비중

$$s = \frac{\gamma}{\gamma_w}$$

여기서, s : 비중
γ : 어떤 물질(수은, 벤젠)의 비중량[kN/m³]
γ_w : 물의 비중량(9.8kN/m³)

수은의 **비중량** $\gamma_2 = s_2 \times \gamma_w$
$= 13.6 \times 9.8\text{kN/m}^3$
$= 133.28\text{kN/m}^3$

벤젠의 비중량 $\gamma_3 = s_3 \times \gamma_w$
$= 0.899 \times 9.8\text{kN/m}^3$
$= 8.8102\text{kN/m}^3$

(3) 압력차

$$P_A + \gamma_1 h_1 - \gamma_2 h_2 - \gamma_3 h_3 = P_B$$

$P_A - P_B = -\gamma_1 h_1 + \gamma_2 h_2 + \gamma_3 h_3$
$= -9.8\text{kN/m}^3 \times 0.14\text{m} + 133.28\text{kN/m}^3$
$\quad \times 0.15\text{m} + 8.8102\text{kN/m}^3 \times 0.09\text{m}$
$≒ 19.4\text{kN/m}^2$
$= 19.4\text{kPa}$

- 1N/m²=1Pa, 1kN/m²=1kPa이므로
  19.4kN/m²=19.4kPa
- 시차액주계=차압액주계

중요

시차액주계의 압력계산방법
다음 그림을 참고하여 점 A를 기준으로 내려가면 **더하고**, 올라가면 **빼면** 된다.

답 ④

★
39
12.03.문26
비중이 0.8인 액체가 한 변이 10cm인 정육면체 모양 그릇의 반을 채울 때 액체의 질량[kg]은?

① 0.4

② 0.8

③ 400

④ 800

해설

비중=0.8

(1) 기호

- s : 0.8
- 가로 : 10cm = 0.1m(100cm = 1m)
- 세로 : 10cm = 0.1m
- 채운 높이 : 5cm = 0.05m

$$\left(\text{그릇의 반을 채웠으므로 } \frac{10cm}{2} = 5cm\right)$$

- m : ?

(2) 비중

$$s = \frac{\gamma}{\gamma_w}$$

여기서, s : 비중

γ : 어떤 물질(액체)의 비중량[N/m³]

γ_w : 물의 비중량(9800N/m³)

액체의 비중량 γ는

$\gamma = s \times \gamma_w = 0.8 \times 9800N/m^3 = 7840N/m^3$

(3) 물체의 잠기는 무게(액체에서 구한 정육면체의 중량)

$$W = \gamma V$$

여기서, W : 물체의 잠기는 무게[N]

γ : 비중량[N/m³]

V : 물체가 잠긴 체적[m³]

물체의 잠기는 무게 W는

$W = \gamma V$

$= 7840N/m^3 \times (가로 \times 세로 \times 채운 높이)$

$= 7840N/m^3 \times (0.1m \times 0.1m \times 0.05m) = 3.92N$

(4) 무게

$$W = mg$$

여기서, W : 무게[N]

m : 질량[kg]

g : 중력가속도(9.8m/s²)

질량 m은

$$m = \frac{W}{g} = \frac{3.92N}{9.8m/s^2} = 0.4N \cdot s^2/m = 0.4kg$$

- $1N \cdot s^2/m = 1kg$ 이므로 $0.4N \cdot s^2/m = 0.4kg$

답 ①

★★★
40
17.09.문39
17.03.문31
16.10.문29
15.05.문40
14.09.문36
그림과 같이 수족관에 직경 3m의 투시경이 설치되어 있다. 이 투시경에 작용하는 힘[kN]은?

① 207.8

② 123.9

③ 87.1

④ 52.4

해설

(1) 기호

- D : 3m
- h : 3m(그림에 주어짐)
- F : ?

(2) 수평면에 작용하는 힘

$$F = \gamma hA = \gamma h\left(\frac{\pi D^2}{4}\right)$$

여기서, F : 수평면(투시경)에 작용하는 힘[N]

γ : 비중량(물의 비중량 9.8kN/m³)

h : 표면에서 투시경 중심까지의 수직거리[m]

A : 투시경의 단면적[m²]

D : 직경[m]

투시경에 작용하는 힘 F는

$$F = \gamma hA = \gamma h\left(\frac{\pi D^2}{4}\right)$$

$$= 9.8kN/m^3 \times 3m \times \frac{\pi \times (3m)^2}{4} = 207.8kN$$

답 ①

제3과목 소방관계법규

41
17.09.문41
15.09.문42
11.10.문60

소방시설 설치 및 관리에 관한 법령상 방염성능기준 이상의 실내 장식물 등을 설치해야 하는 특정소방대상물이 아닌 것은?

① 숙박이 가능한 수련시설
② 층수가 11층 이상인 아파트
③ 건축물 옥내에 있는 종교시설
④ 방송통신시설 중 방송국 및 촬영소

해설 소방시설법 시행령 30조
방염성능기준 이상 적용 특정소방대상물
(1) 층수가 **11층 이상**인 것(아파트는 제외 : 2026. 12. 1. 삭제) ← 보기 ②
(2) 체력단련장, 공연장 및 종교집회장
(3) 문화 및 집회시설
(4) 종교시설 ← 보기 ③
(5) 운동시설(수영장은 제외)
(6) 의료시설(종합병원, 정신의료기관)
(7) 의원, 조산원, 산후조리원
(8) 교육연구시설 중 합숙소
(9) 노유자시설
(10) **숙박**이 가능한 **수련시설** ← 보기 ①
(11) 숙박시설
(12) 방송국 및 촬영소 ← 보기 ④
(13) 다중이용업소(장례식장, 단란주점영업, 유흥주점영업, 노래연습장의 영업장 등)

② 아파트 → 아파트 제외

● 11층 이상 : '**고층건축물**'에 해당된다.

답 ②

42
18.09.문41
17.05.문42

화재의 예방 및 안전관리에 관한 법령상 불꽃을 사용하는 용접·용단 기구의 용접 또는 용단 작업장에서 지켜야 하는 사항 중 다음 (   ) 안에 알맞은 것은?

● 용접 또는 용단 작업자로부터 반경 (㉠)m 이내에 소화기를 갖추어 둘 것
● 용접 또는 용단 작업장 주변 반경 (㉡)m 이내에는 가연물을 쌓아두거나 놓아두지 말 것. 다만, 가연물의 제거가 곤란하여 방지포 등으로 방호조치를 한 경우는 제외한다.

① ㉠ 3, ㉡ 5
② ㉠ 5, ㉡ 3
③ ㉠ 5, ㉡ 10
④ ㉠ 10, ㉡ 5

해설 화재예방법 시행령 〔별표 1〕
보일러 등의 위치·구조 및 관리와 화재예방을 위하여 불의 사용에 있어서 지켜야 할 사항

구 분	기 준
불꽃을 사용하는 용접·용단 기구	① 용접 또는 용단 작업자로부터 반경 **5m** 이내에 **소화기**를 갖추어 둘 것 ② 용접 또는 용단 작업장 주변 반경 **10m** 이내에는 **가연물**을 쌓아두거나 놓아두지 말 것(단, 가연물의 제거가 곤란하여 방지포 등으로 방호조치를 한 경우는 제외)
	기억법 5소(**오소**서)

답 ③

43
17.05.문43

소방시설 설치 및 관리에 관한 법령상 화재위험도가 낮은 특정소방대상물 중 석재, 불연성 금속, 불연성 건축재료 등의 가공공장·기계조립공장 또는 불연성 물품을 저장하는 창고에 설치하여야 하는 소방시설은?

① 피난기구
② 비상방송설비
③ 연결송수관설비
④ 옥외소화전설비

해설 소방시설법 시행령 〔별표 6〕
소방시설을 설치하지 아니할 수 있는 특정소방대상물 및 소방시설의 범위

구 분	특정소방대상물	소방시설
화재위험도가 낮은 특정소방대상물	**석**재, **불**연성 **금**속, 불연성 건축재료 등의 가공공장·기계조립공장 또는 불연성 물품을 저장하는 창고	① 옥**외**소화전설비 ← 보기 ④ ② 연결살수설비 기억법 석불금외

중요

소방시설법 시행령 〔별표 6〕
소방시설을 설치하지 아니할 수 있는 소방시설의 범위
(1) **화재위험도**가 낮은 특정소방대상물
(2) 화재안전기준을 적용하기가 어려운 특정소방대상물
(3) 화재안전기준을 달리 적용하여야 하는 특수한 **용도·구조**를 가진 특정소방대상물
(4) **자체소방대**가 설치된 특정소방대상물

답 ④

44
19.03.문58
17.03.문54
16.10.문55
09.08.문43

소방기본법령에 따른 소방용수시설 급수탑 개폐밸브의 설치기준으로 맞는 것은?

① 지상에서 1.0m 이상 1.5m 이하
② 지상에서 1.2m 이상 1.8m 이하
③ 지상에서 1.5m 이상 1.7m 이하
④ 지상에서 1.5m 이상 2.0m 이하

해설 기본규칙 〔별표 3〕
소방용수시설별 설치기준

소화전	급수탑
• 65mm : 연결금속구의 구경	• 100mm : 급수배관의 구경 • 1.5~1.7m 이하 : 개폐밸브 높이 보기 ③ **기억법** 57탑(57층 탑)

답 ③

45 소방기본법령상 소방업무 상호응원협정 체결시 포함되어야 하는 사항이 아닌 것은?

19.04.문47
15.05.문55
11.03.문54

① 응원출동의 요청방법
② 응원출동 훈련 및 평가
③ 응원출동 대상지역 및 규모
④ 응원출동시 현장지휘에 관한 사항

해설 기본규칙 8조
소방업무의 상호응원협정
(1) 다음의 **소방활동**에 관한 사항
  ㉠ 화재의 경계·진압활동
  ㉡ 구조·구급업무의 지원
  ㉢ 화재조사활동
(2) **응원출동 대상지역** 및 **규모** 보기 ③
(3) **소요경비**의 **부담**에 관한 사항
  ㉠ 출동대원의 수당·식사 및 의복의 수선
  ㉡ 소방장비 및 기구의 정비와 연료의 보급
(4) **응원출동**의 **요청방법** 보기 ①
(5) **응원출동 훈련 및 평가** 보기 ②

④ 현장지휘는 해당 없음

답 ④

46 소방기본법령에 따라 주거지역·상업지역 및 공업지역에 소방용수시설을 설치하는 경우 소방대상물과의 수평거리를 몇 m 이하가 되도록 해야 하는가?

17.09.문56
10.05.문41

① 50
② 100
③ 150
④ 200

해설 기본규칙 〔별표 3〕
소방용수시설의 설치기준

거리기준	지 역
수평거리 **100m** 이하	• **공**업지역 • **상**업지역 • **주**거지역 **기억법** 주상공100(**주상공** 백지에 사인을 하시오.)
수평거리 **140m** 이하	• 기타지역

답 ②

47 소방시설 설치 및 관리에 관한 법률상 소방용품의 형식승인을 받지 아니하고 소방용품을 제조하거나 수입한 자에 대한 벌칙기준은?

19.09.문47
14.09.문58
07.09.문58

① 100만원 이하의 벌금
② 300만원 이하의 벌금
③ 1년 이하의 징역 또는 1천만원 이하의 벌금
④ 3년 이하의 징역 또는 3천만원 이하의 벌금

해설 3년 이하의 징역 또는 3000만원 이하의 벌금
(1) 화재안전조사 결과에 따른 조치명령 위반(화재예방법 50조)
(2) 소방시설관리업 무등록자(소방시설법 57조)
(3) 형식승인을 받지 않은 소방용품 제조·수입자(소방시설법 57조)
(4) 제품검사를 받지 않은 자(소방시설법 57조)
(5) 부정한 방법으로 전문기관의 지정을 받은 자(소방시설법 57조)

답 ④

48 위험물안전관리법령에 따라 위험물안전관리자를 해임하거나 퇴직한 때에는 해임하거나 퇴직한 날부터 며칠 이내에 다시 안전관리자를 선임하여야 하는가?

19.03.문59
18.03.문56
16.10.문54
16.03.문55
11.03.문56

① 30일
② 35일
③ 40일
④ 55일

해설 30일
(1) 소방시설업 등록사항 변경신고(공사업규칙 6조)
(2) **위험물안전관리자의 재선임**(위험물안전관리법 15조)
(3) 소방안전관리자의 재선임(화재예방법 시행규칙 14조)
(4) **도급계약 해지**(공사업법 23조)
(5) 소방시설공사 중요사항 변경시의 신고일(공사업규칙 12조)
(6) 소방기술자 실무교육기관 지정서 발급(공사업규칙 32조)
(7) 소방공사감리자 변경서류 제출(공사업규칙 15조)
(8) **승계**(위험물법 10조)
(9) 위험물안전관리자의 직무대행(위험물법 15조)
(10) 탱크시험자의 변경신고일(위험물법 16조)

답 ①

49 위험물안전관리법령상 정밀정기검사를 받아야 하는 특정·준특정옥외탱크저장소의 관계인은 특정·준특정옥외탱크저장소의 설치허가에 따른 완공검사합격확인증을 발급받은 날부터 몇 년 이내에 정밀정기검사를 받아야 하는가?

12.05.문54

① 9
② 10
③ 11
④ 12

해설 **위험물규칙 65조**
특정옥외탱크저장소의 구조안전점검기간

점검기간	조 건
• 11년 이내	최근의 정밀정기검사를 받은 날부터
• 12년 이내	완공검사합격확인증을 발급받은 날부터
• 13년 이내	최근의 정밀정기검사를 받은 날부터(연장신청을 한 경우)

🔖 비교

위험물규칙 68조 ②항
정기점검기록

특정옥외탱크저장소의 구조안전점검	기 타
25년	3년

답 ④

⭐ **50** 다음 소방시설 중 경보설비가 아닌 것은?

12.03.문47 ① 통합감시시설

② 가스누설경보기

③ 비상콘센트설비

④ 자동화재속보설비

해설 **소방시설법 시행령〔별표 1〕**
경보설비
(1) 비상경보설비 ─ 비상벨설비
　　　　　　　　└ 자동식 사이렌설비
(2) 단독경보형 감지기
(3) 비상방송설비
(4) 누전경보기
(5) 자동화재탐지설비 및 시각경보기
(6) 자동화재속보설비
(7) 가스누설경보기
(8) 통합감시시설

> ※ **경보설비** : 화재발생 사실을 통보하는 기계 · 기구 또는 설비

> ③ 비상콘센트설비 : 소화활동설비

🔖 비교

소방시설법 시행령〔별표 1〕
소화활동설비
화재를 진압하거나 인명구조활동을 위하여 사용하는 설비
(1) **연**결송수관설비
(2) **연**결살수설비
(3) **연**소방지설비
(4) **무**선통신보조설비
(5) **제**연설비
(6) **비**상**콘**센트설비

기억법 **3연무제비콘**

답 ③

⭐⭐ **51** 소방시설공사업법령에 따른 소방시설업의 등록 권자는?

16.03.문49
08.03.문56
① 국무총리　　　　② 소방서장

③ 시 · 도지사　　　④ 한국소방안전원장

해설 **시 · 도지사 등록**
(1) 소방시설관리업(소방시설법 29조)
(2) 소방시설업(공사업법 4조)
(3) 탱크안전성능시험자(위험물법 16조)

답 ③

⭐ **52** 화재의 예방 및 안전관리에 관한 법령상 정당한 사유 없이 화재의 예방조치에 관한 명령에 따르지 아니한 경우에 대한 벌칙은?

① 100만원 이하의 벌금

② 200만원 이하의 벌금

③ 300만원 이하의 벌금

④ 500만원 이하의 벌금

해설 **300만원 이하의 벌금**(화재예방법 50조)
화재의 **예**방조치명령 위반

기억법 **예2(예의)**

답 ③

⭐ **53** 위험물안전관리법령상 다음의 규정을 위반하여 위험물의 운송에 관한 기준을 따르지 아니한 자에 대한 과태료 기준은?

17.09.문43

> 위험물운송자는 이동탱크저장소에 의하여 위험물을 운송하는 때에는 행정안전부령으로 정하는 기준을 준수하는 등 당해 위험물의 안전확보를 위하여 세심한 주의를 기울여야 한다.

① 50만원 이하

② 100만원 이하

③ 200만원 이하

④ 500만원 이하

해설 **500만원 이하의 과태료**
(1) **화재** 또는 **구조 · 구급**이 필요한 상황을 **거짓**으로 알린 사람(기본법 56조)
(2) 화재, 재난 · 재해, 그 밖의 위급한 상황을 소방본부, 소방서 또는 관계행정기관에 알리지 아니한 관계인 (기본법 56조)
(3) 위험물의 임시저장 미승인(위험물법 39조)
(4) 위험물의 운반에 관한 세부기준 위반(위험물법 39조)
(5) 제조소 등의 지위 승계 거짓신고(위험물법 39조)

(6) **제조소** 등의 **점검결과**를 기록 · 보존하지 아니한 자
　(위험물법 39조)

(7) **위험물**의 **운송기준** 미준수자(위험물법 39조)

(8) 제조소 등의 폐지 허위신고(위험물법 39조)

답 ④

54 소방시설공사업법령상 소방공사감리를 실시함에 있어 용도와 구조에서 특별히 안전성과 보안성이 요구되는 소방대상물로서 소방시설물에 대한 감리를 감리업자가 아닌 자가 감리할 수 있는 장소는?

① 정보기관의 청사
② 교도소 등 교정관련시설
③ 국방 관계시설 설치장소
④ 원자력안전법상 관계시설이 설치되는 장소

해설 (1) **공사업법 시행령 8조** : 감리업자가 아닌 자가 감리할 수 있는 보안성 등이 요구되는 소방대상물의 시공장소 「원자력안전법」 제2조 제10호에 따른 관계시설이 설치되는 장소

(2) **원자력안전법 2조 10호** : "**관계시설**"이란 **원자로**의 **안전**에 **관계**되는 **시설**로서 **대통령령**으로 정하는 것을 말한다.

답 ④

55 [18.03.문41] 소방시설 설치 및 관리에 관한 법령상 소방시설 등에 대한 자체점검 중 종합점검 대상인 것은?

① 제연설비가 설치되지 않은 터널
② 스프링클러설비가 설치된 연면적이 5000m^{2}이고, 12층인 아파트
③ 물분무등소화설비가 설치된 연면적이 5000m^{2}인 위험물제조소
④ 호스릴방식의 물분무등소화설비만을 설치한 연면적 3000m^{2}인 특정소방대상물

해설 **소방시설법 시행규칙 〔별표 3〕**
소방시설 등 자체점검의 구분과 대상, 점검자의 자격

점검 구분	정 의	점검대상	점검자의 자격 (주된 인력)
작동 점검	소방시설 등을 인위적으로 조작하여 정상적으로 작동하는지를 점검하는 것	① 간이스프링클러설비 ② 자동화재탐지설비	① 관계인 ② 소방안전관리자로 선임된 **소방시설관리사 또는 소방기술사** ③ 소방시설관리업에 등록된 소방시설관리사 또는 **특급점검자**
		③ 간이스프링클러설비 또는 자동화재탐지설비가 미설치된 특정소방대상물	① 소방시설관리업에 등록된 기술인력 중 소방시설관리사 ② 소방안전관리자로 선임된 소방시설관리사 또는 소방기술사
	④ **작동점검**대상 제외 ㉠ 특정소방대상물 중 소방안전관리자를 선임하지 않는 대상 ㉡ **위험물제조소** 등 ㉢ **특급**소방안전관리대상물		
종합 점검	소방시설 등의 작동점검을 포함하여 소방시설 등의 설비별 주요 구성부품의 구조 기준이 관련법령에서 정하는 기준에 적합한지 여부를 점검하는 것 (1) 최초점검 : 특정소방대상물의 소방시설이 새로 설치되는 경우 건축물을 사용할 수 있게 된 날부터 **60일** 이내 점검하는 것 (2) 그 밖의 종합점검 : 최초점검을 제외한 종합점검	① 소방시설 등이 신설된 경우에 해당하는 특정소방대상물 ② **스프링클러설비**가 설치된 특정소방대상물 ③ **물분무등소화설비**(호스릴방식의 물분무등소화설비만을 설치한 경우는 제외)가 설치된 연면적 **5000m^2** 이상인 특정소방대상물(위험물제조소 등 제외) ④ 다중이용업의 영업장이 설치된 특정소방대상물로서 연면적이 **2000m^2** 이상인 것 ⑤ 제연설비가 설치된 터널 ⑥ 공공기관 중 연면적(터널 · 지하구의 경우 그 길이와 평균폭을 곱하여 계산된 값을 말한다)이 **1000m^2** 이상인 것으로서 옥내소화전설비 또는 자동화재탐지설비가 설치된 것(단, 소방대가 근무하는 공공기관 제외)	① 소방시설관리업에 등록된 기술인력 중 소방시설관리사 ② 소방안전관리자로 선임된 소방시설관리사 또는 소방기술사

① 설치되지 않은 → 설치된
② 스프링클러설비가 설치되면 종합점검 대상이므로 정답
③ 위험물제조소 → 위험물제조소 제외
④ 호스릴방식 → 호스릴방식 제외, 연면적 3000m^2 → 연면적 5000m^2 이상

답 ②

56
⭐⭐⭐

19.03.문56
18.04.문43
17.05.문48

소방기본법에 따라 화재 등 그 밖의 위급한 상황이 발생한 현장에서 소방활동을 위하여 필요한 때에는 그 관할구역에 사는 사람 또는 그 현장에 있는 사람으로 하여금 사람을 구출하는 일 또는 불을 끄는 등의 일을 하도록 명령할 수 있는 권한이 없는 사람은?

① 소방서장
② 소방대장
③ 시 · 도지사
④ 소방본부장

해설 **소방본부장 · 소방서장 · 소방대장**
(1) 소방활동 **종사**명령(기본법 24조) ← 질문
(2) **강제**처분 · 제거(기본법 25조)
(3) **피**난명령(기본법 26조)
(4) 댐 · 저수지 사용 등 위험시설 등에 대한 긴급조치(기본법 27조)

기억법 **소대종강피(소**방**대**의 **종강**파**티)**

용어

소방활동 종사명령
화재, 재난 · 재해, 그 밖의 위급한 상황이 발생한 현장에서 소방활동을 위하여 필요할 때에는 그 관할구역에 사는 사람 또는 그 현장에 있는 사람으로 하여금 사람을 구출하는 일 또는 불을 끄거나 불이 번지지 아니하도록 하는 일을 하게 할 수 있는 것

답 ③

57
⭐⭐⭐

15.03.문41
12.09.문44
11.03.문53

소방시설공사업법령에 따른 소방시설업 등록이 가능한 사람은?

① 피성년후견인
② 위험물안전관리법에 따른 금고 이상의 형의 집행유예를 선고받고 그 유예기간 중에 있는 사람
③ 등록하려는 소방시설업 등록이 취소된 날부터 3년이 지난 사람
④ 소방기본법에 따른 금고 이상의 실형을 선고받고 그 집행이 면제된 날부터 1년이 지난 사람

해설 **공사업법 5조**
소방시설업의 등록결격사유
(1) 피성년후견인
(2) 금고 이상의 실형을 선고받고 그 집행이 끝나거나 집행이 면제된 날부터 **2년**이 지나지 아니한 사람

(3) 금고 이상의 형의 집행유예를 선고받고 그 유예기간 중에 있는 사람
(4) 시설업의 등록이 취소된 날부터 **2년**이 지나지 아니한 자

③ 2년이 지났으므로 등록 가능

비교

소방시설법 30조
소방시설관리업의 등록결격사유
(1) 피성년후견인
(2) 금고 이상의 실형을 선고받고 그 집행이 끝나거나 집행이 면제된 날부터 **2년**이 지나지 아니한 사람
(3) 금고 이상의 형의 집행유예를 선고받고 그 유예기간 중에 있는 사람
(4) 관리업의 등록이 취소된 날부터 **2년**이 지나지 아니한 자

답 ③

58
⭐⭐⭐

16.03.문53
15.05.문44
13.06.문47

위험물안전관리법령상 제조소 등의 경보설비 설치기준에 대한 설명으로 틀린 것은?

① 제조소 및 일반취급소의 연면적이 $500m^2$ 이상인 것에는 자동화재탐지설비를 설치한다.
② 자동신호장치를 갖춘 스프링클러설비 또는 물분무등소화설비를 설치한 제조소 등에 있어서는 자동화재탐지설비를 설치한 것으로 본다.
③ 경보설비는 자동화재탐지설비 · 자동화재속보설비 · 비상경보설비(비상벨장치 또는 경종 포함) · 확성장치(휴대용 확성기 포함) 및 비상방송설비로 구분한다.
④ 지정수량의 10배 이상의 위험물을 저장 또는 취급하는 제조소 등(이동탱크저장소를 포함한다)에는 화재발생시 이를 알릴 수 있는 경보설비를 설치하여야 한다.

해설 (1) **위험물규칙** [별표 17]
제조소 등별로 설치하여야 하는 경보설비의 종류

구 분	경보설비	
① 연면적 $500m^2$ 이상인 것 ← 보기①	• 자동화재탐지설비	
② 옥내에서 지정수량의 100배 이상을 취급하는 것		
③ 지정수량의 10배 이상을 저장 또는 취급하는 것	• 자동화재탐지설비 • 비상경보설비 • 확성장치 • 비상방송설비	1종 이상

(2) 위험물규칙 42조
  ㉠ 자동신호장치를 갖춘 **스프링클러설비** 또는 **물분무등소화설비**를 설치한 제조소 등에 있어서는 자동화재탐지설비를 설치한 것으로 본다. ← 보기 ②
  ㉡ 경보설비는 **자동화재탐지설비 · 자동화재속보설비 · 비상경보설비**(비상벨장치 또는 경종 포함) · **확성장치**(휴대용 확성기 포함) 및 **비상방송설비**로 구분한다. ← 보기 ③
  ㉢ 지정수량의 **10배** 이상의 위험물을 저장 또는 취급하는 제조소 등(이동탱크저장소 제외)에는 화재발생시 이를 알릴 수 있는 경보설비를 설치하여야 한다. ← 보기 ④

④ (이동탱크저장소를 포함한다) → (이동탱크저장소를 제외한다)

답 ④

★
59 소방시설 설치 및 관리에 관한 법령상 건축허가 등의 관한 법률상 건축허가 등의 동의대상물이 아닌 것은?

17.09.문53

① 항공기격납고
② 연면적이 300m²인 공연장
③ 바닥면적이 300m²인 차고
④ 연면적이 300m²인 노유자시설

해설 **소방시설법 시행령 7조**
건축허가 등의 동의대상물
(1) 연면적 **400m²**(학교시설 : 100m², 수련시설 · 노유자시설 : 200m², 정신의료기관 · 장애인 의료재활시설 : 300m²) 이상
(2) **6층** 이상인 건축물
(3) 차고 · 주차장으로서 바닥면적 **200m²** 이상(**자동차 20대** 이상)
(4) **항공기격납고, 관망탑, 항공관제탑, 방송용 송수신탑**
(5) 지하층 또는 무창층의 바닥면적 **150m²**(공연장은 **100m²**) 이상
(6) **위험물저장** 및 **처리시설, 지하구**
(7) **결핵환자**나 **한센인**이 24시간 생활하는 **노유자시설**
(8) 전기저장시설, 풍력발전소
(9) 노인주거복지시설 · 노인의료복지시설 및 재가노인복지시설 · 학대피해노인 전용쉼터 · 아동복지시설 · 장애인거주시설
(10) 정신질환자 관련시설(종합시설 중 24시간 주거를 제공하지 아니하는 시설 제외)
(11) 조산원, 산후조리원, 의원(입원실이 있는 것)
(12) 노숙인자활시설, 노숙인재활시설 및 노숙인요양시설
(13) 요양병원(의료재활시설 제외)
(14) 공장 또는 창고시설로서 지정수량의 **750배** 이상의 특수가연물을 저장 · 취급하는 것
(15) 가스시설로서 지상에 노출된 탱크의 저장용량의 합계가 **100t** 이상인 것

기억법 2자(이자)

② 300m² → 400m²
연면적 300m²인 공연장은 지하층 및 무창층이 아니므로 연면적 400m² 이상이어야 건축허가 동의대상물이 된다.

답 ②

★★★
60 화재의 예방 및 안전관리에 관한 법률상 소방안전관리대상물의 소방안전관리자의 업무가 아닌 것은?

19.03.문51
15.03.문12
14.09.문52
14.09.문53
13.06.문48
08.05.문53

① 소방시설 공사
② 소방훈련 및 교육
③ 소방계획서의 작성 및 시행
④ 자위소방대의 구성 · 운영 · 교육

해설 **화재예방법 24조 ⑤항**
관계인 및 소방안전관리자의 업무

특정소방대상물 (관계인)	소방안전관리대상물 (소방안전관리자)
• 피난시설 · 방화구획 및 방화시설의 관리	• 피난시설 · 방화구획 및 방화시설의 관리
• 소방시설, 그 밖의 소방관련시설의 관리	• 소방시설, 그 밖의 소방관련시설의 관리
• **화기취급**의 감독	• **화기취급**의 감독
• 소방안전관리에 필요한 업무	• 소방안전관리에 필요한 업무
• 화재발생시 초기대응	• **소방계획서**의 작성 및 시행(대통령령으로 정하는 사항 포함)
	• **자위소방대** 및 **초기대응체계**의 구성 · 운영 · 교육
	• 소방훈련 및 교육
	• 소방안전관리에 관한 업무 수행에 관한 기록 · 유지
	• 화재발생시 초기대응

① 소방시설공사업자의 업무

용어

특정소방대상물	소방안전관리대상물
건축물 등의 규모 · 용도 및 수용인원 등을 고려하여 소방시설을 설치하여야 하는 소방대상물로서 대통령령으로 정하는 것	대통령령으로 정하는 특정소방대상물

답 ①

제 4 과목   **소방기계시설의 구조 및 원리**

★★★
61 물분무소화설비의 화재안전기준에 따른 물분무소화설비의 저수량에 대한 기준 중 다음 ( ) 안의 내용으로 맞는 것은?

19.04.문75
17.03.문77
16.03.문63
15.09.문74

절연유 봉입변압기는 바닥부분을 제외한 표면적을 합한 면적 1m²에 대하여 ( )L/min로 20분간 방수할 수 있는 양 이상으로 할 것

① 4　　　　　　② 8
③ 10　　　　　　④ 12

해설 **물분무소화설비**의 **수원**(NFPC 104 4조, NFTC 104 2.1)

소방대상물	토출량	비 고
컨베이어벨트 · 절연유 봉입변압기	10L/min · m²	–
특수가연물	10L/min · m²	최소 50m²
케이블트레이 · 덕트	12L/min · m²	–
차고 · 주차장	20L/min · m²	최소 50m²

답 ③

⭐⭐⭐
62 물분무소화설비의 화재안전기준에 따른 물분무
19.04.문75
16.03.문63
15.09.문74
소화설비의 설치장소별 1m²당 수원의 최소 저수
량으로 맞는 것은?

① 차고 : 30L/min×20분×바닥면적
② 케이블트레이 : 12L/min×20분×투영된 바닥면적
③ 컨베이어벨트 : 37L/min×20분×벨트부분의 바닥면적
④ 특수가연물을 취급하는 특정소방대상물 : 20L/min×20분×바닥면적

해설 **물분무소화설비**의 **수원**(NFPC 104 4조, NFTC 104 2.1)

특정소방대상물	토출량	비 고	방사시간
컨베이어벨트 · 절연유 봉입변압기	10L/min · m²	벨트부분의 바닥면적	
특수가연물	10L/min · m²	최소 50m² (바닥면적)	20분
케이블트레이 · 덕트	12L/min · m²	투영된 바닥면적	
차고 · 주차장	20L/min · m²	최소 50m² (바닥면적)	

① 30L/min → 20L/min
③ 37L/min → 10L/min
④ 20L/min → 10L/min

답 ②

⭐
63 피난기구를 설치하여야 할 소방대상물 중 피난
13.09.문69
기구의 2분의 1을 감소할 수 있는 조건이 아닌
것은?

① 주요구조부가 내화구조로 되어 있다.
② 특별피난계단이 2 이상 설치되어 있다.
③ 소방구조용(비상용) 엘리베이터가 설치되어 있다.
④ 직통계단인 피난계단이 2 이상 설치되어 있다.

해설 **피난기구**의 $\frac{1}{2}$ 을 감소할 수 있는 경우(NFPC 301 7조, NFTC 301 2.3.1.)
(1) 주요구조부가 **내화구조**로 되어 있을 것
(2) 직통계단인 **피난계단**이 2 이상 설치되어 있을 것
(3) 직통계단인 **특별피난계단**이 2 이상 설치되어 있을 것

답 ③

⭐⭐⭐
64 분말소화설비의 화재안전기준에 따라 분말소화
19.04.문69
18.03.문67
13.09.문77
약제의 가압용 가스용기에는 최대 몇 MPa 이하
의 압력에서 조정이 가능한 압력조정기를 설치
하여야 하는가?

① 1.5　　　　② 2.0
③ 2.5　　　　④ 3.0

해설 (1) **압력조정기(압력조정장치)**의 **압력**

할론소화설비	분말소화설비(분말소화약제)
2MPa 이하	**2.5**MPa 이하

기억법 분압25(분압이오.)

(2) **전자개방밸브 부착**

분말소화약제 가압용 가스용기	**이**산화탄소 · 분말 소화설비 전기식 기동장치
3병 이상 설치한 경우 **2**개 이상	**7**병 이상 개방시 **2**병 이상

기억법 이7(이치)

답 ③

⭐
65 분말소화설비의 화재안전기준상 차고 또는 주차
19.03.문75
장에 설치하는 분말소화설비의 소화약제는?

① 인산염을 주성분으로 한 분말
② 탄산수소칼륨을 주성분으로 한 분말
③ 탄산수소칼륨과 요소가 화합된 분말
④ 탄산수소나트륨을 주성분으로 한 분말

해설 **분말소화약제**

종별	소화약제	충전비 〔L/kg〕	적응 화재	비 고
제**1**종	중탄산나트륨 (NaHCO₃)	0.8	BC급	**식**용유 및 지방질유의 화재에 적합
제2종	중탄산칼륨 (KHCO₃)	1.0	BC급	–
제**3**종	인산암모늄 (NH₄H₂PO₄)		ABC급	**차**고 · **주**차장에 적합
제4종	중탄산칼륨+요소 (KHCO₃ +(NH₂)₂CO)	1.25	BC급	–

기억법 1식분(일식 분식)
3분 차주(삼보컴퓨터 **차주**)

① 인산암모늄=인산염

답 ①

66

연결살수설비의 화재안전기준에 따른 건축물에 설치하는 연결살수설비의 헤드에 대한 기준 중 다음 (   ) 안에 알맞은 것은?

18.04.문65
17.03.문73
15.03.문70
13.06.문73
10.03.문72

천장 또는 반자의 각 부분으로부터 하나의 살수헤드까지의 수평거리가 연결살수설비 전용헤드의 경우는 (㉠)m 이하, 스프링클러헤드의 경우는 (㉡)m 이하로 할 것. 다만, 살수헤드의 부착면과 바닥과의 높이가 (㉢)m 이하인 부분은 살수헤드의 살수분포에 따른 거리로 할 수 있다.

① ㉠ 3.7, ㉡ 2.3, ㉢ 2.1
② ㉠ 3.7, ㉡ 2.3, ㉢ 2.3
③ ㉠ 2.3, ㉡ 3.7, ㉢ 2.3
④ ㉠ 2.3, ㉡ 3.7, ㉢ 2.1

해설 **연결살수설비헤드**의 **수평거리**(NFPC 503 6조, NFTC 503 2.3.2.2)

연결살수설비 전용헤드	스프링클러헤드
3.7m 이하	**2.3m** 이하

살수헤드의 부착면과 바닥과의 높이가 **2.1m** 이하인 부분에 있어서는 살수헤드의 살수분포에 따른 거리로 할 수 있다.

(1) 연결살수설비에서 하나의 송수구역에 설치하는 **개방형** 헤드수는 **10개** 이하
(2) 연결살수설비에서 하나의 송수구역에 설치하는 **단구형 살수헤드**수도 **10개** 이하

비교
연소방지설비 헤드 간의 수평거리

연소방지설비 전용헤드	스프링클러헤드
2m 이하	1.5m 이하

답 ①

67

완강기의 형식승인 및 제품검사의 기술기준상 완강기의 최대사용하중은 최소 몇 N 이상의 하중이어야 하는가?

18.04.문69

① 800　　　　　② 1000
③ 1200　　　　　④ 1500

해설 **완강기**의 하중
(1) 250N 이상(최소사용하중)
(2) 750N
(3) 1500N 이상(최대사용하중)

중요
완강기의 **최대사용자수**

$$최대사용자수 = \frac{최대사용하중}{1500N}$$

답 ④

68

포소화설비의 화재안전기준에 따라 바닥면적이 180m²인 건축물 내부에 호스릴방식의 포소화설비를 설치할 경우 가능한 포소화약제의 최소필요량은 몇 L인가? (단, 호스접결구 : 2개, 약제농도 : 3%)

14.05.문80
04.05.문80

① 180
② 270
③ 650
④ 720

해설 (1) 기호
- N : 2개
- S : 3%=0.03
- Q : ?

(2) **옥내포소화전방식** 또는 **호스릴방식**(NFPC 105 8조, NFTC 105 2.5)

$Q = N \times S \times 6000$(바닥면적 200m² 이상)
$Q = N \times S \times 6000 \times 0.75$(바닥면적 200m² 미만)

여기서, Q : 포소화약제의 양[L]
　　　　N : 호스접결구수(최대 5개)
　　　　S : 포소화약제의 사용농도
포소화약제의 양 Q는
$Q = N \times S \times 6000 \times 0.75$
　 $= 2개 \times 0.03 \times 6000 \times 0.75 = 270L$

- 문제에서 바닥면적 180m²로 200m² 미만임

답 ②

69

옥외소화전설비의 화재안전기준에 따라 옥외소화전배관은 특정소방대상물의 각 부분으로부터 하나의 호스접결구까지의 수평거리가 최대 몇 m 이하가 되도록 설치하여야 하는가?

19.04.문73
15.03.문70
13.06.문74

① 25　　　　　② 35
③ 40　　　　　④ 50

해설 수평거리 및 보행거리

(1) 수평거리

구 분	설 명
수평거리 10m 이하	• 예상제연구역~배출구
수평거리 15m 이하	• 분말호스릴 • 포호스릴 • CO_2호스릴
수평거리 20m 이하	• 할론호스릴
수평거리 25m 이하	• 옥내소화전 방수구(호스릴 포함) • 포소화전 방수구 • 연결송수관 방수구(지하가, 지하층 바닥면적 3000m² 이상)
수평거리 40m 이하 ←	• 옥외소화전 방수구
수평거리 50m 이하	• 연결송수관 방수구(사무실)

(2) 보행거리

구 분	설 명
보행거리 20m 이하	소형소화기
보행거리 30m 이하	대형소화기 **기억법** 대3(대상을 받다.)

답 ③

★★★
70 스프링클러설비의 화재안전기준에 따라 연소할 우려가 있는 개구부에 드렌처설비를 설치한 경우 해당 개구부에 한하여 스프링클러헤드를 설치하지 아니할 수 있다. 관련 기준으로 틀린 것은?
17.05.문76
16.10.문80
13.03.문66
07.05.문63
04.09.문72
04.05.문77

① 드렌처헤드는 개구부 위측에 2.5m 이내마다 1개를 설치할 것
② 제어밸브는 특정소방대상물 층마다에 바닥면으로부터 0.5m 이상 1.5m 이하의 위치에 설치할 것
③ 드렌처헤드가 가장 많이 설치된 제어밸브에 설치된 드렌처헤드를 동시에 사용하는 경우에 각 헤드 선단의 방수압력은 0.1MPa 이상이 되도록 할 것
④ 드렌처헤드가 가장 많이 설치된 제어밸브에 설치된 드렌처헤드를 동시에 사용하는 경우에 각 헤드선단의 방수량은 80L/min 이상이 되도록 할 것

해설 설치높이

0.5~1m 이하	• **연**결송수관설비의 송수구 · 방수구 • **연**결살수설비의 송수구 • **소**화용수설비의 채수구 **기억법** 연소용 51(연소용 오일은 잘 탄다.)
0.8~1.5m 이하	• **제**어밸브(개폐표시형 밸브 및 수동조작부를 합한 것) • **유**수검지장치 • **일**제개방밸브 **기억법** 제유일 85(제가 유일하게 팔았어요.)
1.5m 이하	• **옥내**소화전설비의 방수구 • **호**스릴함 • **소**화기 **기억법** 옥내호소 5(옥내에서 호소하시오.)

② 0.5m 이상 1.5m 이하 → 0.8m 이상 1.5m 이하

답 ②

★
71 포소화설비의 화재안전기준상 차고 · 주차장에 설치하는 포소화전설비의 설치기준 중 다음 ( ) 안에 알맞은 것은? (단, 1개층의 바닥면적이 200m² 이하인 경우는 제외한다.)
17.05.문71

특정소방대상물의 어느 층에 있어서도 그 층에 설치된 포소화전방수구(포소화전방수구가 5개 이상 설치된 경우에는 5개)를 동시에 사용할 경우 각 이동식 포노즐 선단의 포수용액 방사압력이 (㉠)MPa 이상이고 (㉡)L/min 이상의 포수용액을 수평거리 15m 이상으로 방사할 수 있도록 할 것

① ㉠ 0.25, ㉡ 230 ② ㉠ 0.25, ㉡ 300
③ ㉠ 0.35, ㉡ 230 ④ ㉠ 0.35, ㉡ 300

해설 차고 · 주차장에 설치하는 **호스릴포소화설비** 또는 **포소화전설비**의 설치기준(NFPC 105 12조, NFTC 105 2.9.3)
(1) 특정소방대상물의 어느 층에 있어서도 그 층에 설치된 호스릴포방수구 또는 포소화전방수구(5개 이상 설치된 경우 **5개**)를 동시에 사용할 경우 각 이동식 포노즐 선단의 포수용액 방사압력이 **0.35MPa** 이상이고 **300L/min** 이상(1개층의 바닥면적이 **200m²** 이하인 경우에는 **230L/min** 이상)의 포수용액을 **수평거리 15m** 이상으로 방사할 수 있도록 할 것
(2) **저발포**의 포소화약제를 사용할 수 있는 것으로 할 것
(3) 호스릴 또는 호스를 호스릴포방수구 또는 포소화전방수구로 분리하여 비치하는 때에는 그로부터 **3m** 이내의 거리에 **호스릴함** 또는 **호스함**을 설치할 것
(4) 호스릴함 또는 호스함은 바닥으로부터 높이 **1.5m** 이하의 위치에 설치하고 그 표면에는 '**포호스릴함**(또는 포소화전함)'이라고 표시한 표지와 **적색**의 위치표시등을 설치할 것

(5) 방호대상물의 각 부분으로부터 하나의 호스릴포방수구까지의 **수평거리**는 15m 이하(**포소화전방수구**는 25m 이하)가 되도록 하고 호스릴 또는 호스의 길이는 방호대상물의 각 부분에 포가 유효하게 뿌려질 수 있도록 할 것

답 ④

⭐⭐⭐
72

19.09.문63
18.04.문64
16.10.문77
15.09.문77
11.03.문68

소화수조 및 저수조의 화재안전기준에 따라 소화용수설비에 설치하는 채수구의 수는 소요수량이 40m³ 이상 100m³ 미만인 경우 몇 개를 설치해야 하는가?

① 1 　　　　　② 2

③ 3 　　　　　④ 4

해설 **채수구의 수**(NFPC 402 4조, NFTC 402 2.1.3.2.1)

소화수조 소요수량	20~40m³ 미만	40~100m³ 미만	100m³ 이상
채수구의 수	1개	2개	3개

🌱 **용어**

채수구
소방대상물의 펌프에 의하여 양수된 물을 소방차가 흡입하는 구멍

✏️ **비교**

흡수관 투입구

소요수량	80m³ 미만	80m³ 이상
흡수관 투입구의 수	1개 이상	2개 이상

답 ②

⭐
73

화재조기진압용 스프링클러설비의 화재안전기준상 화재조기진압용 스프링클러설비 설치장소의 구조기준으로 틀린 것은?

① 창고 내의 선반의 형태는 하부로 물이 침투되는 구조로 할 것

② 천장의 기울기가 1000분의 168을 초과하지 않아야 하고, 이를 초과하는 경우에는 반자를 지면과 수평으로 설치할 것

③ 천장은 평평하여야 하며 철재나 목재트러스 구조인 경우, 철재나 목재의 돌출부분이 102mm를 초과하지 아니할 것

④ 해당 층의 높이가 10m 이하일 것. 다만, 3층 이상일 경우에는 해당층의 바닥을 내화구조로 하고 다른 부분과 방화구획할 것

해설 **화재조기진압용 스프링클러설비 설치장소의 구조기준**
(NFPC 103B 4조, NFTC 103B 2.1.1)

(1) 해당 층의 높이가 **13.7m** 이하일 것(단, **2층 이상**일 경우에는 해당층의 바닥을 **내화구조**로 하고 다른 부분과 **방화구획**할 것)

(2) 천장의 **기울기**가 $\dfrac{168}{1000}$ 을 초과하지 않아야 하고, 이를 초과하는 경우에는 반자를 지면과 **수평**으로 설치할 것

‖ 기울어진 천장의 경우 ‖

(3) 천장은 **평평**하여야 하며 철재나 목재트러스 구조인 경우, 철재나 목재의 돌출부분이 **102mm**를 초과하지 아니할 것

‖ 철재 또는 목재의 돌출치수 ‖

(4) 보로 사용되는 목재·콘크리트 및 철재 사이의 간격이 **0.9~2.3m** 이하일 것(단, 보의 간격이 **2.3m** 이상인 경우에는 화재조기진압용 스프링클러헤드의 동작을 원활히 하기 위하여 보로 구획된 부분의 천장 및 반자의 넓이가 **28m²**를 초과하지 아니할 것)

(5) 창고 내의 **선**반의 형태는 하부로 물이 침투되는 구조로 할 것

🔑 **기억법** 137 기168 평102선

④ 10m 이하 → 13.7m 이하, 3층 이상 → 2층 이상

답 ④

⭐
74

14.03.문69

난방설비가 없는 교육장소에 비치하는 소화기로 가장 적합한 것은? (단, 교육장소의 겨울 최저온도는 -15℃ 이다.)

① 화학포소화기 　　② 기계포소화기

③ 산알칼리소화기 　　④ ABC 분말소화기

해설 **소화기의 사용온도**(소화기 형식 36)

소화기의 종류	사용온도
• **분말** • **강화액**	**−20**~40℃ 이하
• 그 밖의 소화기	0~40℃ 이하

기억법 **분강-2(분강마이)**

• 난방설비가 없으므로 사용온도가 넓은 것이 정답!
 그러므로 **분말소화기** 또는 **강화액소화기**가 정답!

답 ④

⭐⭐⭐
75
17.09.문61
16.05.문68
12.05.문66
할론소화설비의 화재안전기준상 축압식 할론소화약제 저장용기에 사용되는 축압용 가스로서 적합한 것은?

① 질소   ② 산소
③ 이산화탄소   ④ 불활성 가스

해설 **할론소화약제의 저장용기 설치기준**(NFPC 107 4조, NFTC 107 2.1.2.1)

축압식 저장용기의 압력은 온도 20℃에서 **할론 1211**을 저장하는 것은 **1.1MPa** 또는 **2.5MPa**, **할론 1301**을 저장하는 것은 **2.5MPa** 또는 **4.2MPa**이 되도록 **질소가스**로 축압할 것

비교

분말소화설비
(1) **분말소화설비**의 **가압용·축압용 가스**

구 분	가압용 가스	축압용 가스
질소	40L/kg	10L/kg
이산화 탄소	20g/kg+배관의 청소에 필요한 양	20g/kg+배관의 청소에 필요한 양

(2) **분말소화설비**의 **청소용**(cleaning) 가스 : 질소, 이산화탄소

답 ①

⭐⭐⭐
76
16.10.문70
15.03.문80
10.05.문76
제연설비의 화재안전기준상 유입풍도 및 배출풍도에 관한 설명으로 맞는 것은?

① 유입풍도 안의 풍속은 25m/s 이하로 한다.
② 배출풍도는 석면재료와 같은 내열성의 단열재로 유효한 단열 처리를 한다.
③ 배출풍도와 유입풍도의 아연도금강판 최소 두께는 0.45mm 이상으로 하여야 한다.
④ 배출기 흡입측 풍도 안의 풍속은 15m/s 이하로 하고 배출측 풍속은 20m/s 이하로 한다.

해설 **제연설비의 풍속**(NFPC 501 8~10조, NFTC 501 2.5.5, 2.6.2.2, 2.7.1)

조 건	풍 속
• 예상제연구역의 공기유입 풍속	**5m/s** 이하
• 배출기의 흡입측 풍속	**15m/s** 이하
• 배출기의 **배출측** 풍속 • **유입풍도** 안의 풍속	**20m/s** 이하

기억법 **배2유(배이다 아파! 이유)**

🔖 용어

풍도
공기가 유동하는 덕트

답 ④

⭐⭐
77
16.10.문72
09.08.문75
소화수조 및 저수조의 화재안전기준에 따라 소화용수설비를 설치하여야 할 특정소방대상물에 있어서 유수의 양이 최소 몇 m³/min 이상인 유수를 사용할 수 있는 경우에 소화수조를 설치하지 아니할 수 있는가?

① 0.8   ② 1
③ 1.5   ④ 2

해설 소화용수설비를 설치하여야 할 특정소방대상물에 유수의 양이 **0.8m³/min** 이상인 유수를 사용할 수 있는 경우에는 소화수조를 설치하지 아니할 수 있다.

답 ①

⭐
78
소방시설 설치 및 관리에 관한 법률상 자동소화장치를 모두 고른 것은?

㉠ 분말자동소화장치 ㉡ 액체자동소화장치 ㉢ 고체에어로졸자동소화장치 ㉣ 공업용 주방자동소화장치 ㉤ 캐비닛형 자동소화장치

① ㉠, ㉡   ② ㉡, ㉢, ㉣
③ ㉠, ㉢, ㉤   ④ ㉠, ㉡, ㉢, ㉣, ㉤

해설 **소방시설법 시행령** 〔별표 1〕
자동소화장치
(1) **주**거용 주방자동소화장치
(2) **상**업용 주방자동소화장치
(3) **캐**비닛형 자동소화장치
(4) **가**스자동소화장치
(5) **분**말자동소화장치
(6) **고**체에어로졸자동소화장치

답 ③

★★★
79 이산화탄소 소화설비의 화재안전기준에 따른 이산화탄소 소화설비 기동장치의 설치기준으로 맞는 것은?

19.09.문61
17.05.문70
15.05.문63
12.03.문70
98.07.문73

① 가스압력식 기동장치 기동용 가스용기의 체적은 3L 이상으로 한다.
② 수동식 기동장치는 전역방출방식에 있어서 방호대상물마다 설치한다.
③ 수동식 기동장치의 부근에는 소화약제의 방출을 지연시킬 수 있는 비상스위치를 설치해야 한다.
④ 전기식 기동장치로서 5병의 저장용기를 동시에 개방하는 설비는 2병 이상의 저장용기에 전자개방밸브를 부착해야 한다.

해설 **이산화탄소 소화설비**의 **기동장치**
(1) 자동식 기동장치는 **자동화재탐지설비 감지기**의 작동과 **연동**
(2) 전역방출방식에 있어서 수동식 기동장치는 **방호구역**마다 설치
(3) 가스압력식 자동기동장치의 기동용 가스용기 체적은 **5L 이상**
(4) 수동식 기동장치의 조작부는 **0.8~1.5m** 이하 높이에 설치
(5) 전기식 기동장치는 **7병** 이상의 경우에 **2병** 이상이 전자개방밸브 설치
(6) 수동식 기동장치의 부근에는 **방출지연**을 위한 **비상스위치** 설치

① 3L → 5L
② 방호대상물 → 방호구역
④ 5병의 → 7병의

중요

이산화탄소 소화설비 가스압력식 기동장치	
구 분	기 준
비활성 기체 충전압력	6MPa 이상(21℃ 기준)
기동용 가스용기의 체적	**5L 이상**
기동용 가스용기 안전장치의 압력	내압시험압력의 0.8~ 내압시험압력 이하
기동용 가스용기 및 해당 용기에 사용하는 밸브의 견디는 압력	25MPa 이상

비교

분말소화설비 가스압력식 기동장치	
구 분	기 준
기동용 가스용기의 체적	1L 이상

답 ③

★★★
80 스프링클러설비의 화재안전기준에 따라 개방형 스프링클러설비에서 하나의 방수구역을 담당하는 헤드개수는 최대 몇 개 이하로 설치하여야 하는가?

19.03.문62
17.03.문78
16.05.문66
11.10.문62

① 30   ② 40
③ 50   ④ 60

해설 **개방형 설비**의 **방수구역**(NFPC 103 7조, NFTC 103 2.4.1)
(1) 하나의 방수구역은 **2개층**에 미치지 아니할 것
(2) 방수구역마다 **일제개방밸브**를 설치
(3) 하나의 방수구역을 담당하는 헤드의 개수는 **50개** 이하 (단, 2개 이상의 방수구역으로 나눌 경우에는 **25개** 이상)

기억법 5개(오골개)

(4) 표지는 '일제개방밸브실'이라고 표시한다.

답 ③

2020년 기사 제3회 필기시험

자격종목	종목코드	시험시간	형별	수험번호	성명
소방설비기사(기계분야)		**2시간**			

※ 답안카드 작성시 시험문제지 형별누락, 마킹착오로 인한 불이익은 전적으로 수험자의 귀책사유임을 알려드립니다.
※ 각 문항은 4지택일형으로 질문에 가장 적합한 보기 항을 선택하여 마킹하여야 합니다.

제1과목 소방원론

★★★
01 밀폐된 공간에 이산화탄소를 방사하여 산소의 체적농도를 12%가 되게 하려면 상대적으로 방사된 이산화탄소의 농도는 얼마가 되어야 하는가?

19.09.문10
15.05.문13
14.05.문07
13.09.문16
12.05.문14

① 25.40%

② 28.70%

③ 38.35%

④ 42.86%

유사문제부터
풀어보세요.
실력이 팍!팍!
올라갑니다.

해설 **이산화탄소의 농도**

$$CO_2 = \frac{21 - O_2}{21} \times 100$$

여기서, CO_2 : CO_2의 농도[%]
　　　　O_2 : O_2의 농도[%]

$$CO_2 = \frac{21 - O_2}{21} \times 100 = \frac{21 - 12}{21} \times 100 ≒ 42.86\%$$

🔧 **중요**

이산화탄소 소화설비와 관련된 식

$$CO_2 = \frac{방출가스량}{방호구역체적 + 방출가스량} \times 100$$
$$= \frac{21 - O_2}{21} \times 100$$

여기서, CO_2 : CO_2의 농도[%]
　　　　O_2 : O_2의 농도[%]

$$방출가스량 = \frac{21 - O_2}{O_2} \times 방호구역체적$$

여기서, O_2 : O_2의 농도[%]

답 ④

★★★
02 Halon 1301의 분자식은?

19.09.문07
17.03.문05
16.10.문08
15.03.문04
14.09.문04
14.03.문02

① CH_3Cl

② CH_3Br

③ CF_3Cl

④ CF_3Br

해설 **할론소화약제의 약칭 및 분자식**

종류	약칭	분자식
할론 1011	CB	CH_2ClBr
할론 104	CTC	CCl_4
할론 1211	BCF	$CF_2ClBr(CClF_2Br)$
할론 1301	BTM	**CF_3Br**
할론 2402	FB	$C_2F_4Br_2$

답 ④

★★★
03 화재의 종류에 따른 분류가 틀린 것은?

19.03.문08
17.09.문07
16.05.문19
15.09.문19
13.09.문07

① A급 : 일반화재

② B급 : 유류화재

③ C급 : 가스화재

④ D급 : 금속화재

해설 **화재의 종류**

구분	표시색	적응물질
일반화재(A급)	백색	• 일반가연물 • 종이류 화재 • 목재 · 섬유화재
유류화재(B급)	황색	• 가연성 액체 • 가연성 가스 • 액화가스화재 • 석유화재
전기화재(C급)	청색	• 전기설비
금속화재(D급)	무색	• 가연성 금속
주방화재(K급)	–	• 식용유화재

※ 요즘은 표시색의 의무규정은 없음

③ 가스화재 → 전기화재

답 ③

★★★
04 건축물의 내화구조에서 바닥의 경우에는 철근콘크리트의 두께가 몇 cm 이상이어야 하는가?

16.05.문05
14.05.문12

① 7

② 10

③ 12

④ 15

해설 **내화구조**의 **기준**

구 분	기 준
벽·바닥	철골·철근콘크리트조로서 두께가 **10cm** 이상인 것
기둥	철골을 두께 **5cm** 이상의 콘크리트로 덮은 것
보	두께 **5cm** 이상의 콘크리트로 덮은 것

기억법 **벽바내1**(**벽**을 **바**라보면 **내**일이 보인다.)

비교

방화구조의 **기준**

구조 내용	기 준
● **철망모르타르** 바르기	두께 **2cm** 이상
● 석고판 위에 시멘트모르타르를 바른 것 ● 석고판 위에 회반죽을 바른 것 ● 시멘트모르타르 위에 타일을 붙인 것	두께 **2.5cm** 이상
● 심벽에 흙으로 맞벽치기 한 것	모두 해당

답 ②

★★
05 소화약제인 IG-541의 성분이 아닌 것은?

19.09.문06
① 질소
② 아르곤
③ 헬륨
④ 이산화탄소

해설 **불활성기체 소화약제**

구 분	화학식
IG-01	● Ar(아르곤)
IG-100	● N_2(질소)
IG-541	● **N_2(질소) : 52%** ● **Ar(아르곤) : 40%** ● CO_2(이산화탄소) : 8% 기억법 NACO(내코) 5240
IG-55	● N_2(질소) : 50% ● Ar(아르곤) : 50%

③ 해당 없음

답 ③

★★★
06 다음 중 발화점이 가장 낮은 물질은?

19.09.문02
18.03.문07
15.09.문02
14.05.문05
12.09.문04
12.03.문01
① 휘발유
② 이황화탄소
③ 적린
④ 황린

해설 **물질의 발화점**

물질의 종류	발화점
● 황린	30~50℃
● 황화린 ● 이황화탄소	100℃
● 니트로셀룰로오스	180℃
● 적린	260℃
● 휘발유(가솔린)	300℃

답 ④

★★★
07 화재시 발생하는 연소가스 중 인체에서 헤모글로빈과 결합하여 혈액의 산소운반을 저해하고 두통, 근육조절의 장애를 일으키는 것은?

19.09.문17
14.03.문05
00.03.문04
① CO_2
② CO
③ HCN
④ H_2S

해설 **연소가스**

구 분	설 명
일산화탄소 (CO)	화재시 흡입된 일산화탄소(CO)의 화학적 작용에 의해 **헤모글로빈**(Hb)이 혈액의 산소운반작용을 저해하여 사람을 질식·사망하게 한다.
이산화탄소 (CO_2)	연소가스 중 **가장 많은 양**을 차지하고 있으며 가스 그 자체의 독성은 거의 없으나 다량이 존재할 경우 호흡속도를 증가시키고, 이로 인하여 화재가스에 혼입된 유해가스의 혼입을 증가시켜 위험을 가중시키는 가스이다.
암모니아 (NH_3)	나무, 페놀수지, 멜라민수지 등의 **질소 함유물**이 연소할 때 발생하며, 냉동시설의 **냉매**로 쓰인다.
포스겐 ($COCl_2$)	매우 독성이 강한 가스로서 소화제인 **사염화탄소**(CCl_4)를 화재시에 사용할 때도 발생한다.
황화수소 (H_2S)	**달**걀 썩는 냄새가 나는 특성이 있다. 기억법 **황달**
아크롤레인 ($CH_2=CHCHO$)	독성이 매우 높은 가스로서 **석유제품, 유지** 등이 연소할 때 생성되는 가스이다. 기억법 **유아석**

용어

유지(油脂)
들기름 및 지방을 통틀어 일컫는 말

답 ②

★★★
08 다음 중 연소와 가장 관련 있는 화학반응은?

13.03.문02
① 중화반응　　　② 치환반응
③ 환원반응　　　④ 산화반응

해설 **연소**(combustion) : 가연물이 공기 중에 있는 산소와 반응
하여 **열**과 **빛**을 동반하여 급격히 **산화반응**하는 현상

• **산화속도**는 가연물이 산소와 반응하는 속도이므
로 **연소속도**와 직접 관계된다.

답 ④

★
09 다음 중 고체 가연물이 덩어리보다 가루일 때 연
소되기 쉬운 이유로 가장 적합한 것은?

① 발열량이 작아지기 때문이다.
② 공기와 접촉면이 커지기 때문이다.
③ 열전도율이 커지기 때문이다.
④ 활성에너지가 커지기 때문이다.

해설 **가루**가 **연소**되기 **쉬운** 이유
고체가연물이 가루가 되면 **공기**와 **접촉면**이 커져서(넓어
져서) 연소가 더 잘 된다.

공기
가루

‖ 가루와 공기의 접촉 ‖

답 ②

★★★
10 이산화탄소 소화약제 저장용기의 설치장소에 대
한 설명 중 옳지 않는 것은?

19.04.문70
15.03.문74
12.09.문69
02.09.문63
① 반드시 방호구역 내의 장소에 설치한다.
② 온도의 변화가 적은 곳에 설치한다.
③ 방화문으로 구획된 실에 설치한다.
④ 해당 용기가 설치된 곳임을 표시하는 표지
를 한다.

해설 **이산화탄소 소화약제 저장용기 설치기준**
(1) 온도가 **40℃** 이하인 장소
(2) **방호구역 외**의 장소에 설치할 것
(3) 직사광선 및 빗물이 침투할 우려가 없는 곳
(4) 온도의 변화가 적은 곳에 설치
(5) **방화문**으로 구획된 실에 설치할 것
(6) 방호구역 내에 설치할 경우에는 피난 및 조작이 용
이하도록 **피난구 부근에 설치**

(7) 용기의 설치장소에는 해당 용기가 설치된 곳임을 표시
하는 표지할 것
(8) 용기 간의 간격은 점검에 지장이 없도록 **3cm 이상**의
간격 유지
(9) 저장용기와 집합관을 연결하는 연결배관에는 **체크밸
브** 설치

① 반드시 방호구역 내 → 방호구역 외

답 ①

★★★
11 질식소화시 공기 중의 산소농도는 일반적으로 약
몇 vol% 이하로 하여야 하는가?

19.09.문13
18.09.문19
17.05.문06
16.03.문08
15.03.문17
14.03.문19
11.10.문19
03.08.문11
① 25
② 21
③ 19
④ 15

해설 **소화**의 **형태**

구 분	설 명
냉각소화	① **점화원**을 냉각하여 소화하는 방법 ② **증**발잠열을 이용하여 열을 빼앗아 가연물의 온도를 떨어뜨려 화재를 진압하는 소화방법 ③ **다량**의 **물**을 뿌려 소화하는 방법 ④ 가연성 물질을 **발화점 이하**로 **냉각**하여 소화하는 방법 ⑤ **식용유화재**에 신선한 **야채**를 넣어 소화하는 방법 ⑥ 용융잠열에 의한 **냉각효과**를 이용하여 소화하는 방법 〔기억법〕 냉점증발
질식소화	① 공기 중의 **산소농도**를 <u>16%(10~15%)</u> 이하로 희박하게 하여 소화하는 방법 ② 산화제의 농도를 낮추어 연소가 지속될 수 없도록 소화하는 방법 ③ 산소공급을 차단하여 소화하는 방법 ④ 산소의 농도를 낮추어 소화하는 방법 ⑤ 화학반응으로 발생한 **탄산가스**에 의한 소화방법 〔기억법〕 질산
제거소화	**가연물**을 **제거**하여 소화하는 방법
부촉매 소화 (억제소화, 화학소화)	① **연쇄반응**을 **차단**하여 소화하는 방법 ② 화학적인 방법으로 화재를 억제하여 소화하는 방법 ③ **활성기**(free radical, 자유라디칼)의 **생성**을 **억제**하여 소화하는 방법 ④ 할론계 소화약제 〔기억법〕 부억(부엌)
희석소화	① 기체·고체·액체에서 나오는 분해가스나 증기의 농도를 낮춰 소화하는 방법 ② 불연성 가스의 **공기 중 농도**를 높여 소화하는 방법 ③ 불활성기체를 방출하여 연소범위 이하로 낮추어 소화하는 방법

중요

화재의 소화원리에 따른 소화방법

소화원리	소화설비
냉각소화	① 스프링클러설비 ② 옥내·외소화전설비
질식소화	① 이산화탄소 소화설비 ② 포소화설비 ③ 분말소화설비 ④ 불활성기체 소화약제
억제소화 (부촉매효과)	① 할론소화약제 ② 할로겐화합물 소화약제

답 ④

★★
12 소화효과를 고려하였을 경우 화재시 사용할 수 있는 물질이 아닌 것은?

19.09.문07
17.03.문05
16.10.문08
15.03.문08
14.09.문04
14.03.문02

① 이산화탄소
② 아세틸렌
③ Halon 1211
④ Halon 1301

해설 소화약제

(1) **이산화탄소 소화약제**

주성분	적응화재
이산화탄소(CO_2)	BC급

(2) **할론소화약제**의 약칭 및 **분자식**

종 류	약 칭	분자식
할론 1011	CB	CH_2ClBr
할론 104	CTC	CCl_4
할론 1211	BCF	$CF_2ClBr(CClF_2Br)$
할론 1301	BTM	CF_3Br
할론 2402	FB	$C_2F_4Br_2$

② 아세틸렌 : **가연성 가스**로서 화재시 사용불가

답 ②

★★★
13 다음 원소 중 전기음성도가 가장 큰 것은?

17.05.문20
15.03.문16
12.03.문04

① F
② Br
③ Cl
④ I

해설 할론소화약제

부촉매효과(소화능력) 크기	전기음성도(친화력, 결합력) 크기
I > Br > Cl > F	F > Cl > Br > I

• 전기음성도 크기=수소와의 결합력 크기

중요

할로겐족 원소

(1) 불소 : **F**
(2) 염소 : **Cl**
(3) 브롬(취소) : **Br**
(4) 요오드(옥소) : **I**

기억법 FClBrI

답 ①

★★★
14 화재하중의 단위로 옳은 것은?

19.07.문20
16.10.문18
15.09.문17
01.06.문06
97.03.문19

① kg/m^2
② $℃/m^2$
③ $kg \cdot L/m^3$
④ $℃ \cdot L/m^3$

해설 화재하중

(1) 가연물 등의 **연소시 건축물의 붕괴** 등을 고려하여 설계하는 하중
(2) 화재실 또는 화재구획의 **단위면적당 가연물의 양**
(3) 일반건물에서 가연성의 건축구조재와 **가연성 수용물의 양**으로서 건물화재시 발열량 및 화재위험성을 나타내는 용어
(4) 화재하중이 크면 단위면적당의 발열량이 크다.
(5) 화재하중이 같더라도 물질의 상태에 따라 가혹도는 달라진다.
(6) 화재하중은 화재구획실 내의 가연물 총량을 목재 중량당비로 환산하여 면적으로 나눈 수치이다.
(7) 건물화재에서 가열온도의 정도를 의미한다.
(8) 건물의 내화설계시 고려되어야 할 사항이다.
(9)
$$q = \frac{\Sigma G_t H_t}{HA} = \frac{\Sigma Q}{4500A}$$

여기서, q : 화재하중[kg/m^2] 또는 [N/m^3]
G_t : 가연물의 양[kg]
H_t : 가연물의 단위발열량[kcal/kg]
H : 목재의 단위발열량[kcal/kg]
(4500kcal/kg)
A : 바닥면적[m^2]
ΣQ : 가연물의 전체 발열량[kcal]

비교

화재가혹도
화재로 인하여 건물 내에 수납되어 있는 재산 및 건물 자체에 손상을 주는 능력의 정도

답 ①

★★★
15 제1종 분말소화약제의 주성분으로 옳은 것은?

19.03.문01
18.04.문06
17.09.문10
16.10.문06
16.05.문15
16.03.문09
15.09.문01
15.05.문08
14.09.문10

① $KHCO_3$
② $NaHCO_3$
③ $NH_4H_2PO_4$
④ $Al_2(SO_4)_3$

해설 **(1) 분말소화약제**

종 별	주성분	착색	적응화재	비 고
제1종	중탄산나트륨 ($NaHCO_3$)	백색	BC급	**식용유** 및 **지방질유**의 화재에 적합
제2종	중탄산칼륨 ($KHCO_3$)	담자색 (담회색)	BC급	–
제3종	제1인산암모늄 ($NH_4H_2PO_4$)	담홍색	ABC급	**차고·주차장**에 적합
제4종	중탄산칼륨 +요소 ($KHCO_3$+ $(NH_2)_2CO$)	회(백)색	BC급	–

기억법 **1식분(일식 분식)**
3분 차주(삼보컴퓨터 **차주)**

(2) 이산화탄소 소화약제

주성분	적응화재
이산화탄소(CO_2)	BC급

답 ②

★★★
16 탄화칼슘이 물과 반응시 발생하는 가연성 가스는?

19.03.문17
17.05.문09
11.10.문05
10.09.문12

① 메탄
② 포스핀
③ 아세틸렌
④ 수소

해설 **탄화칼슘**과 **물**의 **반응식**
$CaC_2 + 2H_2O \rightarrow Ca(OH)_2 + C_2H_2 \uparrow$
탄화칼슘 물 수산화칼슘 아세틸렌

답 ③

★★★
17 화재의 소화원리에 따른 소화방법의 적용으로 틀린 것은?

19.09.문13
18.09.문19
17.05.문06
16.03.문08
15.03.문17
14.03.문19
11.10.문19
03.08.문11

① 냉각소화 : 스프링클러설비
② 질식소화 : 이산화탄소 소화설비
③ 제거소화 : 포소화설비
④ 억제소화 : 할로겐화합물 소화설비

해설 **화재**의 **소화원리**에 따른 **소화방법**

소화원리	소화설비
냉각소화	① 스프링클러설비 ② 옥내·외소화전설비
질식소화	① 이산화탄소 소화설비 ② 포소화설비 ③ 분말소화설비 ④ 불활성기체 소화약제

억제소화 (부촉매효과)	① 할론소화약제 ② 할로겐화합물 소화약제
제거소화	물(봉상주수)

③ 포소화설비 → 물(봉상주수)

답 ③

★★★
18 공기의 평균 분자량이 29일 때 이산화탄소 기체의 증기비중은 얼마인가?

19.03.문18
16.03.문01
15.03.문05
14.09.문15
12.09.문18
07.05.문17

① 1.44
② 1.52
③ 2.88
④ 3.24

해설 **(1) 분자량**

원 소	원자량
H	1
C	12
N	14
O	16

이산화탄소(CO_2) : $12 + 16 \times 2 = 44$

(2) 증기비중

$$증기비중 = \frac{분자량}{29}$$

여기서, 29 : 공기의 평균 분자량[g/mol]

이산화탄소 증기비중 $= \dfrac{분자량}{29} = \dfrac{44}{29} \fallingdotseq 1.52$

비교

증기밀도

$$증기밀도 = \frac{분자량}{22.4}$$

여기서, 22.4 : 기체 1몰의 부피[L]

중요

이산화탄소의 물성

구 분	물 성
임계압력	72.75atm
임계온도	31.35℃(약 31.1℃)
3중점	−**56**.3℃(약 −56℃)
승화점(**비**점)	−**78**.5℃
허용농도	0.5%
증기비중	1.**5**29
수분	0.05% 이하(함량 99.5% 이상)

기억법 **이356, 이비78, 이증15**

답 ②

19 인화점이 20℃인 액체위험물을 보관하는 창고의 인화 위험성에 대한 설명 중 옳은 것은?

[12.05.문17]

① 여름철에 창고 안이 더워질수록 인화의 위험성이 커진다.
② 겨울철에 창고 안이 추워질수록 인화의 위험성이 커진다.
③ 20℃에서 가장 안전하고 20℃보다 높아지거나 낮아질수록 인화의 위험성이 커진다.
④ 인화의 위험성은 계절의 온도와는 상관없다.

해설

① 여름철에 창고 안이 더워질수록 액체위험물에 점도가 낮아져서 점화가 쉽게 될 수 있기 때문에 인화의 위험성이 커진다고 판단함이 합리적이다.

답 ①

20 위험물과 위험물안전관리법령에서 정한 지정수량을 옳게 연결한 것은?

[19.03.문06]
[16.05.문01]
[09.05.문57]

① 무기과산화물 − 300kg
② 황화린 − 500kg
③ 황린 − 20kg
④ 질산에스테르류 − 200kg

해설 위험물의 지정수량

위험물	지정수량
질산에스테르류	10kg
황린	20kg
• 무기과산화물 • 과산화나트륨	50kg
• 황화린 • 적린	100kg
트리니트로톨루엔	200kg
탄화알루미늄	300kg

① 300kg → 50kg
② 500kg → 100kg
④ 200kg → 10kg

답 ③

제 2 과목 소방유체역학

---

21 체적 0.1m³의 밀폐용기 안에 기체상수가 0.4615 kJ/kg · K인 기체 1kg이 압력 2MPa, 온도 250℃ 상태로 들어있다. 이때 이 기체의 압축계수(또는 압축성 인자)는?

[19.09.문33]
[15.05.문25]
[14.03.문35]
[10.09.문35]

① 0.578   ② 0.828
③ 1.21   ④ 1.73

해설 (1) 기호

- V : 0.1m³
- R : 0.4615kJ/kg · K=0.4615kN · m/kg · K
  (1kJ=1kN · m)
- m : 1kg
- P : 2MPa=2000kPa
  (1MPa=10^6Pa, 1kPa=10^3Pa이므로 1MPa=1000kPa)
  =2000kN/m²(1kPa=1kN/m²)
- T : 250℃=(273+250)K
- Z : ?

(2) 이상기체상태 방정식

$$PV=ZmRT$$

여기서, P : 압력[kPa] 또는 [kN/m²]
　　　　V : 부피[m³]
　　　　Z : 압축계수(압축성 인자)
　　　　m : 질량[kg]
　　　　R : 기체상수[kJ/kg · K]
　　　　T : 절대온도(273+℃)[K]

압축계수 Z는

$$Z=\frac{PV}{mRT}$$

$$=\frac{2000\text{kN/m}^2 \times 0.1\text{m}^3}{1\text{kg} \times 0.4615\text{kN} \cdot \text{m/kg} \cdot \text{K} \times (273+250)\text{K}}$$

$$≒0.828$$

답 ②

22 물의 체적탄성계수가 2.5GPa일 때 물의 체적을 1% 감소시키기 위해선 얼마의 압력[MPa]을 가하여야 하는가?

[19.04.문25]
[08.09.문21]
[05.03.문21]

① 20   ② 25
③ 30   ④ 35

해설 (1) 기호

- K : 2.5GPa=2500MPa(1GPa=10^9Pa, 1MPa=10^6Pa
  이므로 1GPa=1000MPa)
- $\Delta V/V$: 1%=0.01
- ΔP : ?

(2) 체적탄성계수

$$K=-\frac{\Delta P}{\Delta V/V}$$

여기서, K : 체적탄성계수[kPa]
　　　　ΔP : 가해진 압력[kPa]
　　　　$\Delta V/V$: 체적의 감소율

$$\Delta P=P_2-P_1, \ \Delta V=V_2-V_1$$

가해진 압력 ΔP는
$$-\Delta P=K \times \Delta V/V$$

$\Delta P = -K \times \Delta V / V$
$\quad = -2500\text{MPa} \times 0.01 = -25\text{MPa}$

• '−'는 누르는 방향을 나타내므로 여기서는 무시

답 ②

⭐ 23 안지름 40mm의 배관 속을 정상류의 물이 매분
19.03.문22 150L로 흐를 때의 평균유속[m/s]은?

① 0.99　　　　② 1.99

③ 2.45　　　　④ 3.01

해설 (1) **기호**

• D : 40mm=0.04m(1000mm=1m)
• Q : 150L/min=0.15m³/min=0.15m³/60s
  (1000L=1m³, 1min=60s)
• V : ?

(2) **유량**(flowrate, 체적유량, 용량유량)

$$Q = AV = \left(\frac{\pi D^2}{4}\right)V$$

여기서, Q : 유량[m³/s]
　　　　A : 단면적[m²]
　　　　V : 유속[m/s]
　　　　D : 직경(안지름)[m]

유속 V는

$$V = \frac{Q}{\dfrac{\pi D^2}{4}} = \frac{0.15\text{m}^3/60\text{s}}{\dfrac{\pi \times (0.04\text{m})^2}{4}} \fallingdotseq 1.99\text{m/s}$$

답 ②

⭐⭐⭐ 24 원심펌프를 이용하여 0.2m³/s로 저수지의 물을
18.09.문30 2m 위의 물탱크로 퍼올리고자 한다. 펌프의 효
17.05.문39
16.10.문37 율이 80%라고 하면 펌프에 공급해야 하는 동력
15.09.문30 [kW]은?
15.05.문36
11.10.문27

① 1.96　　　　② 3.14

③ 3.92　　　　④ 4.90

해설 (1) **기호**

• Q : 0.2m³/s=0.2m³ $\left|\dfrac{1}{60}\text{min}\right.$=(0.2×60)m³/min

  $\left(1\text{min}=60\text{s이므로 } 1\text{s}=\dfrac{1}{60}\text{min}\right)$

• H : 2m
• η : 80%=0.8
• P : ?

(2) **전동력**(전동기의 용량)

$$P = \frac{0.163QH}{\eta}K$$

여기서, P : 전동력[kW]
　　　　Q : 유량[m³/min]
　　　　H : 전양정[m]

K : 전달계수
η : 효율
전동력 P는

$$P = \frac{0.163QH}{\eta}K$$

$$= \frac{0.163 \times (0.2 \times 60)\text{m}^3/\text{min} \times 2\text{m}}{0.8}$$

$$= 4.89\text{kW} \fallingdotseq 4.9\text{kW}$$

• K : 주어지지 않았으므로 무시

답 ④

⭐ 25 원관에서 길이가 2배, 속도가 2배가 되면 손실
15.03.문21 수두는 원래의 몇 배가 되는가? (단, 두 경우 모
두 완전발달 난류유동에 해당되며, 관마찰계수
는 일정하다.)

① 동일하다.　　② 2배

③ 4배　　　　　④ 8배

해설 (1) **기호**

• l : 2배
• V : 2배
• H : ?

(2) **난류**(패닝의 법칙)

$$H = \frac{\Delta P}{\gamma} = \frac{2flV^2}{gD}$$

여기서, H : 손실수두[m]
　　　　ΔP : 압력손실[Pa]
　　　　γ : 비중량(물의 비중량 9800N/m³)
　　　　f : 관마찰계수
　　　　l : 길이[m]
　　　　V : 유속[m/s]
　　　　g : 중력가속도(9.8m/s²)
　　　　D : 내경[m]

손실수두 H는

$$H = \frac{2flV^2}{gD} \propto lV^2$$

$$H \propto lV^2$$

$$\propto 2\text{배} \times (2\text{배})^2 = 8\text{배}$$

답 ④

⭐⭐⭐ 26 펌프가 운전 중에 한숨을 쉬는 것과 같은 상태가
19.04.문22 되어 펌프 입구의 진공계 및 출구의 압력계 지침
18.03.문36
17.09.문35 이 흔들리고 송출유량도 주기적으로 변화하는
17.05.문37 이상현상을 무엇이라고 하는가?
16.10.문23
15.03.문35
14.05.문39 ① 공동현상(cavitation)
14.03.문32
② 수격작용(water hammering)

③ 맥동현상(surging)

④ 언밸런스(unbalance)

해설 **펌프의 현상**

용어	설명
공동현상 (cavitation)	펌프의 흡입측 배관 내의 물의 정압이 기존의 증기압보다 낮아져서 **기포**가 발생되어 물이 흡입되지 않는 현상 기억법 **공기**
수격작용 (water hammering)	① 배관 속의 물흐름을 급히 차단하였을 때 동압이 정압으로 전환되면서 일어나는 쇼크(shock)현상 ② 배관 내를 흐르는 유체의 유속을 급격하게 변화시키므로 압력이 상승 또는 하강하여 **관로의 벽면**을 **치는 현상**
서징현상 (surging, 맥동현상)	유량이 단속적으로 변하여 펌프 입출구에 설치된 **진공계 · 압력계**가 **흔**들리고 **진동**과 **소음**이 일어나며 펌프의 **토출유량**이 **변**하는 현상 기억법 **서흔(서른)**

• 토출유량=송출유량

답 ③

★★★
27 터보팬을 6000rpm으로 회전시킬 경우, 풍량은 0.5m³/min, 축동력은 0.049kW이었다. 만약 터보팬의 회전수를 8000rpm으로 바꾸어 회전시킬 경우 축동력[kW]은?

19.03.문34
18.09.문31
17.05.문29
16.05.문38
14.09.문23
11.06.문35
11.03.문35
05.09.문29
00.10.문61

① 0.0207　　　② 0.207
③ 0.116　　　④ 1.161

해설 **(1) 기호**

• N_1 : 6000rpm
• Q_1 : 0.5m³/min
• P_1 : 0.049kW
• N_2 : 8000rpm
• P_2 : ?

(2) 펌프의 상사법칙
　㉠ **유량**(송출량, 풍량)

$$Q_2 = Q_1 \left(\frac{N_2}{N_1}\right) \text{ 또는 } Q_2 = Q_1 \left(\frac{N_2}{N_1}\right)\left(\frac{D_2}{D_1}\right)^3$$

　㉡ **전양정**

$$H_2 = H_1 \left(\frac{N_2}{N_1}\right)^2 \text{ 또는 } H_2 = H_1 \left(\frac{N_2}{N_1}\right)^2\left(\frac{D_2}{D_1}\right)^2$$

　㉢ **축동력**

$$P_2 = P_1 \left(\frac{N_2}{N_1}\right)^3 \text{ 또는 } P_2 = P_1 \left(\frac{N_2}{N_1}\right)^3\left(\frac{D_2}{D_1}\right)^5$$

여기서, Q_1, Q_2 : 변화 전후의 유량(송출량, 풍량)[m³/min]
　　　　H_1, H_2 : 변화 전후의 전양정[m]
　　　　P_1, P_2 : 변화 전후의 축동력[kW]
　　　　N_1, N_2 : 변화 전후의 회전수(회전속도)[rpm]
　　　　D_1, D_2 : 변화 전후의 직경[m]

축동력 P_2는

$$P_2 = P_1 \left(\frac{N_2}{N_1}\right)^3$$

$$= 0.049\text{kW} \times \left(\frac{8000\,\text{r/min}}{6000\,\text{r/min}}\right)^3$$

$$= 0.116\text{kW}$$

용어
상사법칙
기하학적으로 유사하거나 같은 펌프에 적용하는 법칙

답 ③

☆
28 어떤 기체를 20℃에서 등온 압축하여 절대압력이 0.2MPa에서 1MPa로 변할 때 체적은 초기 체적과 비교하여 어떻게 변화하는가?

① 5배로 증가한다.
② 10배로 증가한다.
③ $\frac{1}{5}$ 로 감소한다.
④ $\frac{1}{10}$ 로 감소한다.

해설 **등온과정**
(1) 기호

• T : 20℃
• P_1 : 0.2MPa
• P_2 : 1MPa
• $\frac{V_2}{V_1}$: ?

(2) 압력과 비체적

$$\frac{P_2}{P_1} = \frac{v_1}{v_2}$$

여기서, P_1, P_2 : 변화 전후의 압력[kJ/m³] 또는 [kPa]
　　　　v_1, v_2 : 변화 전후의 비체적[m³/kg]

(3) 변형식

$$\frac{P_2}{P_1} = \frac{V_1}{V_2}$$

여기서, P_1, P_2 : 변화 전후의 압력[kJ/m³] 또는 [kPa]
　　　　V_1, V_2 : 변화 전후의 체적[m³]

$$\frac{V_2}{V_1} = \frac{P_1}{P_2} = \frac{0.2\text{MPa}}{1\text{MPa}} = \frac{1}{5}\left(\therefore \frac{1}{5} \text{로 감소}\right)$$

답 ③

⭐
29
19.03.문22

원관 속의 흐름에서 관의 직경, 유체의 속도, 유체의 밀도, 유체의 점성계수가 각각 D, V, ρ, μ로 표시될 때 층류흐름의 마찰계수(f)는 어떻게 표현될 수 있는가?

① $f = \dfrac{64\mu}{DV\rho}$

② $f = \dfrac{64\rho}{DV\mu}$

③ $f = \dfrac{64D}{V\rho\mu}$

④ $f = \dfrac{64}{DV\rho\mu}$

해설 (1) **관마찰계수(충류**일 때만 적용 가능)

$$f = \frac{64}{Re}$$

여기서, f : 관마찰계수
Re : 레이놀즈수

(2) **레이놀즈수**

$$Re = \frac{DV\rho}{\mu} = \frac{DV}{\nu}$$

여기서, Re : 레이놀즈수
D : 내경[m]
V : 유속[m/s]
ρ : 밀도[kg/m³]
μ : 점도[g/cm · s] 또는 [kg/m · s]
ν : 동점성계수$\left(\dfrac{\mu}{\rho}\right)$[cm²/s] 또는 [m²/s]

관마찰계수 f는

$$f = \frac{64}{Re} = \frac{64}{\dfrac{DV\rho}{\mu}} = \frac{64\mu}{DV\rho}$$

답 ①

⭐
30
11.10.문26

그림과 같이 매우 큰 탱크에 연결된 길이 100m, 안지름 20cm인 원관에 부차적 손실계수가 5인 밸브 A가 부착되어 있다. 관 입구에서의 부차적 손실계수가 0.5, 관마찰계수는 0.02이고, 평균 속도가 2m/s일 때 물의 높이 H[m]는?

① 1.48   ② 2.14
③ 2.81   ④ 3.36

해설 (1) **기호**

- L : 100m
- D : 20cm=0.2m(100cm=1m)
- K_1 : 5
- K_2 : 0.5
- f : 0.02
- V : 2m/s
- H : ?

(2) **속도수두**

$$H = \frac{V^2}{2g}$$

여기서, H : 속도수두[m]
V : 유속[m/s]
g : 중력가속도(9.8m/s²)

속도수두 H_1은

$$H_1 = \frac{V^2}{2g} = \frac{(2\text{m/s})^2}{2 \times 9.8\text{m/s}^2} ≒ 0.2\text{m}$$

(3) **등가길이**

$$L_e = \frac{KD}{f}$$

여기서, L_e : 등가길이[m]
K : 손실계수
D : 내경(지름)[m]
f : 마찰손실계수

원관 등가길이 L_{e1}은

$$L_{e1} = \frac{K_1 D}{f} = \frac{5 \times 0.2\text{m}}{0.02} = 50\text{m}$$

관 입구 등가길이 L_{e2}는

$$L_{e2} = \frac{K_2 D}{f} = \frac{0.5 \times 0.2\text{m}}{0.02} = 5\text{m}$$

- 상당길이=상당관길이=등가길이
- 관마찰계수=마찰손실계수

(4) **총 길이**

$$L_T = L + L_{e1} + L_{e2}$$

여기서, L_T : 총 길이[m]
L : 길이[m]
L_{e1} : 원관 등가길이[m]
L_{e2} : 관 입구 등가길이[m]

총 길이 L_T는
$L_T = L + L_{e1} + L_{e2} = 100\text{m} + 50\text{m} + 5\text{m} = 155\text{m}$

(5) **달시－웨버의 식**(Darcy-Weisbach formula, 층류)

$$H = \frac{\Delta p}{\gamma} = \frac{fLV^2}{2gD}$$

여기서, H : 마찰손실수두(전양정)[m]
Δp : 압력차[Pa] 또는 [N/m²]
γ : 비중량(물의 비중량 9800N/m³)
f : 관마찰계수
L : 길이(총 길이)[m]
V : 유속[m/s]

g : 중력가속도(9.8m/s^2)

D : 내경(지름)[m]

마찰손실수두 H_2는

$$H_2 = \frac{fL_TV^2}{2gD} = \frac{0.02 \times 155\text{m} \times (2\text{m/s})^2}{2 \times 9.8\text{m/s}^2 \times 0.2\text{m}} = 3.16\text{m}$$

(6) 물의 높이

$$H = H_1 + H_2$$

여기서, H : 물의 높이[m]

H_1 : 속도수두[m]

H_2 : 마찰손실수두[m]

물의 높이 H는

$H = H_1 + H_2 = 0.2\text{m} + 3.16\text{m} = 3.36\text{m}$

답 ④

31 마그네슘은 절대온도 293K에서 열전도도가 156W/m·K, 밀도는 1740kg/m^3이고, 비열이 1017J/kg·K일 때 열확산계수[m^2/s]는?

① 8.96×10^{-2} ② 1.53×10^{-1}

③ 8.81×10^{-5} ④ 8.81×10^{-4}

해설 (1) 기호

- T : 293K
- K : 156W/m·K=156J/s·m·K(1W=1J/s)
- ρ : 1740kg/m^3
- C : 1017J/kg·K
- σ : ?

(2) 열확산계수

$$\sigma = \frac{K}{\rho C}$$

여기서, σ : 열확산계수[m^2/s]

K : 열전도도(열전도율)[W/m·K]

ρ : 밀도[kg/m^3]

C : 비열[J/kg·K]

열확산계수 σ는

$\sigma = \frac{K}{\rho C}$

$= \dfrac{156\text{J/s·m·K}}{1740\text{kg/m}^3 \times 1017\text{J/kg·K}}$

$= 8.81 \times 10^{-5}\text{m}^2/\text{s}$

답 ③

32 그림과 같이 반지름이 1m, 폭(y방향) 2m인 곡면 AB에 작용하는 물에 의한 힘의 수직성분(z방향) F_z와 수평성분(x방향) F_x와의 비(F_z/F_x)는 얼마인가?

① $\dfrac{\pi}{2}$ ② $\dfrac{2}{\pi}$

③ 2π ④ $\dfrac{1}{2\pi}$

해설 (1) 수평분력

$$F_x = \gamma h A$$

여기서, F_x : 수평분력[N]

γ : 비중량(물의 비중량 9800N/m^3)

h : 표면에서 수문 중심까지의 수직거리[m]

A : 수문의 단면적[m^2]

$F_x = \gamma h A$

$= 9800\text{N/m}^3 \times 0.5\text{m} \times 2\text{m}^2$

$= 9800\text{N}$

- h : $\dfrac{1\text{m}}{2} = 0.5\text{m}$
- A : 가로(폭)×세로=2m×1m = 2m^2

(2) 수직분력

$$F_z = \gamma V$$

여기서, F_z : 수직분력[N]

γ : 비중량(물의 비중량 9800N/m^3)

V : 체적[m^3]

$F_z = \gamma V$

$= 9800\text{N/m}^3 \times \left(\dfrac{br^2}{2} \times \text{수문폭(각도)}\right)$

$= 9800\text{N/m}^3 \times \left(\dfrac{2\text{m} \times (1\text{m})^2}{2} \times \dfrac{\pi}{2}\right) = 15393\text{N}$

- b(폭) : 2m
- r(반경) : 1m
- 문제에서 $\dfrac{1}{4}$이므로 각도는 $90° = \dfrac{\pi}{2}$, 만약 $\dfrac{1}{2}$ 이라면 각도 $180° = \pi$

$\therefore \dfrac{F_z}{F_x} = \dfrac{15393\text{N}}{9800\text{N}} = 1.57 = \dfrac{\pi}{2}$

답 ①

33

18.04.문27
16.05.문34
13.03.문35
99.04.문32

대기압하에서 10℃의 물 2kg이 전부 증발하여 100℃의 수증기로 되는 동안 흡수되는 열량[kJ]은 얼마인가? (단, 물의 비열은 4.2kJ/kg · K, 기화열은 2250kJ/kg이다.)

① 756
② 2638
③ 5256
④ 5360

해설 (1) **기호**

- ΔT : (100−10)K=90K
- 온도차(ΔT)는 ℃ 또는 K 어느 단위로 계산하여도 같은 값이 나온다. 그러므로 어느 단위를 사용해도 관계없다.
  예 $K = (273+100) − (273+10) = 90K$
  ℃ $= 100 − 10 = 90$℃
- m : 2kg
- Q : ?
- C : 4.2kJ/kg · K
- r_2 : 2250kJ/kg

(2) **열량**

$$Q = r_1 m + mC\Delta T + r_2 m$$

여기서, Q : 열량[kJ]
r_1 : 융해열[kJ/kg]
r_2 : 기화열[kJ/kg]
m : 질량[kg]
C : 비열[kJ/kg · K]
ΔT : 온도차(273+℃)[K]

열량 $Q = mC\Delta T + r_2 m$
$= 2kg \times 4.2kJ/kg \cdot K \times 90K + 2250kJ/kg \times 2kg$
$= 5256kJ$

- 융해열은 없으므로 $r_1 m$은 무시

답 ③

34

16.03.문27
10.03.문34

경사진 관로의 유체흐름에서 수력기울기선의 위치로 옳은 것은?

① 언제나 에너지선보다 위에 있다.
② 에너지선보다 속도수두만큼 아래에 있다.
③ 항상 수평이 된다.
④ 개수로의 수면보다 속도수두만큼 위에 있다.

해설 **수력구배선**(HGL, 수력기울기선)
(1) 관로 중심에서의 위치수두에 압력수두를 더한 높이에 있는 선이다.
(2) 에너지선보다 항상 아래에 있다.
(3) 에너지선보다 속도수두만큼 아래에 있다.

- 속도구배선=속도기울기선

| 에너지선과 수력구배선(수력기울기선) |

답 ②

35

그림과 같이 폭(b)이 1m이고 깊이(h_0) 1m로 물이 들어있는 수조가 트럭 위에 실려 있다. 이 트럭이 7m/s²의 가속도로 달릴 때 물의 최대높이(h_2)와 최소높이(h_1)는 각각 몇 m인가?

① $h_1 = 0.643$m, $h_2 = 1.413$m
② $h_1 = 0.643$m, $h_2 = 1.357$m
③ $h_1 = 0.676$m, $h_2 = 1.413$m
④ $h_1 = 0.676$m, $h_2 = 1.357$m

해설 (1) **기호**

- b : 1m
- h_0 : 1m
- a : 7m/s²
- h_2 : ?
- h_1 : ?

(2) **높이**

$$y = \frac{ba}{g}$$

여기서, y : 높이[m]
b : 폭[m]
a : 가속도[m/s²]
g : 중력가속도(9.8m/s²)

높이 y는

$$y = \frac{ba}{g} = \frac{1\text{m} \times 7\text{m/s}^2}{9.8\text{m/s}^2} \fallingdotseq 0.714\text{m}$$

(3) 중심높이

$$y' = \frac{y}{2}$$

여기서, y' : 중심높이[m]
$\qquad\ \ y$: 높이[m]
중심높이 y'는

$$y' = \frac{y}{2} = \frac{0.714\text{m}}{2} = 0.357\text{m}$$

(4) 최소높이, 최대높이

$$h_1 = h_0 - y', \ h_2 = h_0 + y'$$

여기서, h_1 : 최소높이[m]
$\qquad\ \ h_2$: 최대높이[m]
$\qquad\ \ h_0$: 깊이[m]
$\qquad\ \ y'$: 중심높이[m]

최소높이 h_1은
$h_1 = h_0 - y' = 1\text{m} - 0.357\text{m} = 0.643\text{m}$
최대높이 h_2는
$h_2 = h_0 + y' = 1\text{m} + 0.357\text{m} = 1.357\text{m}$

답 ②

★★★
36 유체의 거동을 해석하는 데 있어서 비점성 유체
에 대한 설명으로 옳은 것은?

18.04.문32
06.09.문22
01.09.문28
98.03.문34

① 실제 유체를 말한다.
② 전단응력이 존재하는 유체를 말한다.
③ 유체 유동시 마찰저항이 속도기울기에 비례
하는 유체이다.
④ 유체 유동시 마찰저항을 무시한 유체를 말
한다.

해설 **비점성 유체**
(1) 이상유체
(2) 전단응력이 존재하지 않는 유체
(3) 유체 유동시 마찰저항을 무시한 유체

① 실제유체 → 이상유체
② 존재하는 → 존재하지 않는
③ 마찰저항이 속도기울기에 비례하는 → 마찰저항을
   무시한

🔊 **중요**

유체의 종류

종 류	설 명
실제유체	**점**성이 **있**으며, **압**축성인 유체
이상유체	점성이 없으며, **비압축성** 인 유체
압축성 유체	**기체**와 같이 체적이 변화 하는 유체
비압축성 유체	**액체**와 같이 체적이 변화 하지 않는 유체

기억법 **실점있압**(실점이 있는 사람만 **압**박해!)
기압(**기압**)

📋 **비교**

비압축성 유체
(1) 밀도가 압력에 의해 변하지 않는 유체
(2) 굴뚝둘레를 흐르는 **공기흐름**
(3) 정지된 자동차 주위의 **공기흐름**
(4) **체적탄성계수**가 큰 유체
(5) **액체**와 같이 체적이 변하지 않는 유체

답 ④

★★★
37 출구단면적이 0.0004m²인 소방호스로부터 25m/s
의 속도로 수평으로 분출되는 물제트가 수직으
로 세워진 평판과 충돌한다. 평판을 고정시키기
위한 힘(F)은 몇 N인가?

19.04.문32
13.06.문31
08.03.문32

① 150
② 200
③ 250
④ 300

해설 **(1) 기호**
• A : 0.0004m²
• V : 25m/s
• F : ?

(2) 유량

$$Q = AV$$

여기서, Q : 유량[m³/s]
$\qquad\ \ A$: 단면적[m²]
$\qquad\ \ V$: 유속[m/s]

(3) 평판에 작용하는 힘

$$F = \rho Q V$$

여기서, F : 힘[N]
ρ : 밀도(물의 밀도 $1000N \cdot s^2/m^4$)
Q : 유량[m^3/s]
V : 유속[m/s]

힘 F 는
$$F = \rho Q V$$
$$= \rho (AV) V (\because Q = AV)$$
$$= \rho A V^2$$
$$= 1000N \cdot s^2/m^4 \times 0.0004m^2 \times (25m/s)^2$$
$$= 250N$$

답 ③

★★★ 38

두 개의 가벼운 공을 그림과 같이 실로 매달아 놓았다. 두 개의 공 사이로 공기를 불어 넣으면 공은 어떻게 되겠는가?

19.09.문34
14.09.문26
97.10.문23

공기

① 파스칼의 법칙에 따라 벌어진다.
② 파스칼의 법칙에 따라 가까워진다.
③ 베르누이의 법칙에 따라 벌어진다.
④ 베르누이의 법칙에 따라 가까워진다.

해설 **베르누이법칙**에 의해 속도수두, 압력수두, 위치수두의 합은 일정하므로 2개의 공 사이에 기류를 불어 넣으면 공의 높이는 같아서 위치수두는 일정하므로 **속도**가 **증가**(속도수두 증가)하여 **압력**이 **감소**(압력수두 감소)하므로 2개의 공은 **가까워진다**.

 중요

베르누이방정식

$$\frac{V^2}{2g} + \frac{p}{\gamma} + Z = 일정$$

(속도수두)(압력수두)(위치수두)

여기서, V : 유속[m/s]
p : 압력[kPa]
Z : 높이[m]
g : 중력가속도($9.8m/s^2$)
γ : 비중량(물의 비중량 $9.8kN/m^3$)

답 ④

★★★ 39

다음 중 뉴턴(Newton)의 점성법칙을 이용하여 만든 회전원통식 점도계는?

19.03.문39
17.05.문20
06.05.문25
05.05.문21

① 세이볼트(Saybolt) 점도계
② 오스왈트(Ostwald) 점도계

③ 레드우드(Redwood) 점도계
④ 맥 마이클(Mac Michael) 점도계

해설 **점도계**

(1) 세관법
　㉠ **하겐-포아젤**(Hagen-Poiseuille)의 **법칙** 이용
　㉡ 세이볼트(Saybolt) 점도계
　㉢ 레드우드(Redwood) 점도계
　㉣ 엥글러(Engler) 점도계
　㉤ 바베이(Barbey) 점도계
　㉥ 오스트발트(Ostwald) 점도계(오스왈트 점도계)

(2) 회전원통법 (회전원통식)
　㉠ **뉴턴**(Newton)의 **점성법칙** 이용
　㉡ **스**토머(Stormer) 점도계
　㉢ **맥** 마이클(Mac Michael) 점도계

기억법 뉴점스맥

(3) 낙구법
　㉠ **스토크스**(Stokes)의 **법칙** 이용
　㉡ 낙구식 점도계

용어

점도계
점성계수를 측정할 수 있는 기기

답 ④

★★★ 40

그림과 같이 수은 마노미터를 이용하여 물의 유속을 측정하고자 한다. 마노미터에서 측정한 높이차(h)가 30mm일 때 오리피스 전후의 압력 [kPa] 차이는? (단, 수은의 비중은 13.6이다.)

17.09.문23
17.03.문29
13.03.문26
13.03.문37

① 3.4　　　② 3.7
③ 3.9　　　④ 4.4

해설 **(1) 기호**

- $h(R)$: 30mm=0.03m(1000mm=1m)
- s : 13.6
- ΔP : ?

(2) 비중

$$s = \frac{\gamma}{\gamma_w}$$

여기서, s : 비중
γ : 어떤 물질의 비중량[kN/m^3]
γ_w : 물의 비중량($9.8kN/m^3$)

수은의 비중량 $\gamma = \gamma_w s = 9.8\mathrm{kN/m^3} \times 13.6$
$$= 133.28\mathrm{kN/m^3}$$

(3) 어떤 물질의 압력차

$$\Delta P = p_2 - p_1 = R(\gamma - \gamma_w)$$

여기서, ΔP : U자관 마노미터의 압력차[Pa] 또는 [N/m²]
p_2 : 출구압력[Pa] 또는 [N/m²]
p_1 : 입구압력[Pa] 또는 [N/m²]
R : 마노미터 읽음[m]
γ : 어떤 물질의 비중량(수은의 비중량)[kN/m³]
γ_w : 물의 비중량(9.8kN/m³)

압력차 ΔP는

$\Delta P = R(\gamma - \gamma_w) = 0.03\mathrm{m} \times (133.28 - 9.8)\mathrm{kN/m^3}$
$\fallingdotseq 3.7\mathrm{kN/m^2}$
$= 3.7\mathrm{kPa}(\because\ 1\mathrm{kN/m^2} = 1\mathrm{kPa})$

답 ②

제3과목 소방관계법규

41 소방시설 설치 및 관리에 관한 법령상 단독경보형 감지기를 설치하여야 하는 특정소방대상물의 기준으로 옳은 것은?

18.03.문49
17.09.문60
10.03.문55
06.09.문61

① 연면적 400m² 미만의 유치원
② 연면적 600m² 미만의 숙박시설
③ 수련시설 내에 있는 합숙소 또는 기숙사로서 연면적 1000m² 미만인 것
④ 교육연구시설 내에 있는 합숙소 또는 기숙사로서 연면적 1000m² 미만인 것

해설 **소방시설법 시행령 〔별표 4〕**
단독경보형 감지기의 설치대상

연면적	설치대상
400m² 미만	• 유치원
2000m² 미만	• 교육연구시설 · 수련시설 내에 있는 **합숙소** 또는 **기숙사**
모두 적용	• 수련시설(숙박시설이 있는 것) • 연립주택 • 다세대주택

※ **단독경보형 감지기** : 화재발생상황을 단독으로 감지하여 자체에 내장된 음향장치로 경보하는 감지기

비교

단독경보형 감지기의 설치기준(NFPC 201 5조, NFTC 201 2.2.1)

(1) 각 실(이웃하는 실내의 바닥면적이 각각 **30m² 미만**이고 벽체의 상부의 전부 또는 일부가 개방되어 이웃하는 실내와 공기가 상호 유통되는 경우에는 이를 1개의 실로 본다)마다 설치하되, 바닥면적이 **150m²**를 초과하는 경우에는 **150m²**마다 1개 이상 설치할 것
(2) 최상층의 계단실의 **천장**(외기가 상통하는 계단실의 경우 제외)에 설치할 것
(3) 건전지를 주전원으로 사용하는 단독경보형 감지기는 정상적인 작동상태를 유지할 수 있도록 건전지를 교환할 것
(4) 상용전원을 주전원으로 사용하는 단독경보형 감지기의 **2차 전지**는 제품검사에 합격한 것을 사용할 것

답 ①

---

42 위험물안전관리법령상 위험물취급소의 구분에 해당하지 않는 것은?

15.09.문44
08.09.문45

① 이송취급소
② 관리취급소
③ 판매취급소
④ 일반취급소

해설 **위험물령 〔별표 3〕**
위험물취급소의 구분

구 분	설 명
주유 취급소	고정된 주유설비에 의하여 **자동차 · 항공기** 또는 **선박** 등의 연료탱크에 직접 주유하기 위하여 위험물을 취급하는 장소
판매 취급소	**점포**에서 위험물을 용기에 담아 판매하기 위하여 지정수량의 **40배** 이하의 위험물을 취급하는 장소 **기억법** 판4(판사 검사)
이송 취급소	배관 및 이에 부속된 설비에 의하여 위험물을 **이송**하는 장소
일반 취급소	주유취급소 · 판매취급소 · 이송취급소 이외의 장소

답 ②

---

43 소방시설 설치 및 관리에 관한 법률상 주택의 소유자가 설치하여야 하는 소방시설의 설치대상으로 틀린 것은?

① 다세대주택
② 다가구주택
③ 아파트
④ 연립주택

해설 **소방시설법 10조**
주택의 소유자가 설치하는 소방시설의 설치대상
(1) 단독주택
(2) 공동주택(아파트 및 기숙사 제외)
　　㉠ 연립주택
　　㉡ 다세대주택
　　㉢ 다가구주택

답 ③

44 화재의 예방 및 안전관리에 관한 법령상 1급 소방
19.03.문60
17.09.문55
16.03.문52
15.03.문60
13.09.문51
안전관리 대상물에 해당하는 건축물은?
① 지하구
② 층수가 15층인 공공업무시설
③ 연면적 15000m² 이상인 동물원
④ 층수가 20층이고, 지상으로부터 높이가 100m인 아파트

해설 **화재예방법 시행령 〔별표 4〕**
소방안전관리자를 두어야 할 특정소방대상물
(1) 특급 소방안전관리대상물 : 동식물원, 철강 등 불연성
물품 저장·취급창고, 지하구, 위험물제조소 등 제외
　㉠ **50층 이상**(지하층 제외) 또는 지상 **200m 이상 아파트**
　㉡ **30층 이상**(지하층 포함) 또는 지상 **120m 이상**(아파트 제외)
　㉢ 연면적 **10만m² 이상**(아파트 제외)
(2) 1급 소방안전관리대상물 : 동식물원, 철강 등 불연성
물품 저장·취급창고, 지하구, 위험물제조소 등 제외
　㉠ **30층 이상**(지하층 제외) 또는 지상 **120m 이상** 아파트
　㉡ 연면적 **15000m² 이상**인 것(아파트 제외)
　㉢ **11층 이상**(아파트 제외)
　㉣ 가연성 가스를 **1000t 이상** 저장·취급하는 시설
(3) 2급 소방안전관리대상물
　㉠ 지하구
　㉡ 가스제조설비를 갖추고 도시가스사업 허가를 받아야
하는 시설 또는 가연성 가스를 **100~1000t 미만** 저장·
취급하는 시설
　㉢ **옥내소화전설비·스프링클러설비·간이스프링
클러설비** 설치대상물
　㉣ **물분무등소화설비**(호스릴방식의 물분무등소화설비
만을 설치한 경우 제외) 설치대상물
　㉤ **공동주택**
　㉥ **목조건축물**(국보·보물)
(4) 3급 소방안전관리대상물 : **자동화재탐지설비** 설치대
상물

답 ②

45 위험물안전관리법령상 제조소의 기준에 따라 건
19.03.문50
08.05.문52
축물의 외벽 또는 이에 상당하는 공작물의 외측으
로부터 제조소의 외벽 또는 이에 상당하는 공작물
의 외측까지의 안전거리기준으로 틀린 것은? (단,
제6류 위험물을 취급하는 제조소를 제외하고, 건
축물에 불연재료로 된 방화상 유효한 담 또는 벽
을 설치하지 않은 경우이다.)
① 의료법에 의한 종합병원에 있어서는 30m 이상
② 도시가스사업법에 의한 가스공급시설에 있
어서는 20m 이상
③ 사용전압 35000V를 초과하는 특고압가공전
선에 있어서는 5m 이상
④ 문화재보호법에 의한 유형문화재와 기념물
중 지정문화재에 있어서는 30m 이상

해설 **위험물규칙 〔별표 4〕**
위험물제조소의 안전거리

안전거리	대 상
3m 이상	• 7~35kV 이하의 특고압가공전선
5m 이상	• 35kV를 초과하는 특고압가공전선
10m 이상	• 주거용으로 사용되는 것
20m 이상	• 고압가스 제조시설(용기에 충전하는 것 포함) • 고압가스 사용시설(1일 30m³ 이상 용적 취급) • 고압가스 저장시설 • 액화산소 소비시설 • 액화석유가스 제조·저장시설 • 도시가스 공급시설
30m 이상	• 학교 • 병원급 의료기관 • 공연장 ┐ 300명 이상 수용시설 • 영화상영관 ┘ • 아동복지시설 ┐ • 노인복지시설 │ • 장애인복지시설 │ • 한부모가족 복지시설 │ 20명 이상 • 어린이집 │ 수용시설 • 성매매 피해자 등을 위한 지원시설 │ • 정신건강증진시설 │ • 가정폭력 피해자 보호시설 ┘
50m 이상	◄• 유형문화재 • 지정문화재

① 30m → 50m

답 ④

★★
46 소방시설 설치 및 관리에 관한 법령상 지하가 중
11.10.문46 터널로서 길이가 1000m일 때 설치하지 않아도
되는 소방시설은?
① 인명구조기구   ② 옥내소화전설비
③ 연결송수관설비   ④ 무선통신보조설비

해설 **소방시설법 시행령 〔별표 4〕**
지하가 중 터널길이

터널길이	적용설비
500m 이상	• 비상조명등설비 • 비상경보설비 • 무선통신보조설비 • 비상콘센트설비
1000m 이상	• 옥내소화전설비 • 제연설비 • 자동화재탐지설비 • 연결송수관설비

① 1000m일 때 이므로 500m 이상, 1000m 이상
모두 해당된다.

🔊 중요

소방시설법 시행령 〔별표 4〕
인명구조기구의 설치장소
(1) 지하층을 포함한 **7층** 이상의 **관광호텔**[방열복, 방
화복(안전모, 보호장갑, 안전화 포함), 인공소생기,
공기호흡기]
(2) 지하층을 포함한 **5층** 이상의 **병원**[방열복, 방화복
(안전모, 보호장갑, 안전화 포함), 공기호흡기]

기억법 **5병(오병**이어의 기적)

(3) 공기호흡기를 설치하여야 하는 특정소방대상물
 ㉠ 수용인원 **100명** 이상인 **영화상영관**
 ㉡ 대규모점포
 ㉢ 지하역사
 ㉣ 지하상가
 ㉤ **이산화탄소 소화설비**(호스릴 이산화탄소 소화
   설비 제외)를 설치하여야 하는 특정소방대상물

답 ①

★★★
47 소방시설 설치 및 관리에 관한 법령상 스프링클
19.03.문48 러설비를 설치하여야 하는 특정소방대상물의 기
15.03.문56 준으로 틀린 것은? (단, 위험물 저장 및 처리 시
12.05.문51 설 중 가스시설 또는 지하구는 제외한다.)
① 복합건축물로서 연면적 3500m² 이상인 경
  우에는 모든 층
② 창고시설(물류터미널은 제외)로서 바닥면적
  합계가 5000m² 이상인 경우에는 모든 층
③ 숙박이 가능한 수련시설 용도로 사용되는
  시설의 바닥면적의 합계가 600m² 이상인
  것은 모든 층

④ 판매시설, 운수시설 및 창고시설(물류터미
  널에 한정)로서 바닥면적의 합계가 5000m²
  이상이거나 수용인원이 500명 이상인 경우
  에는 모든 층

해설 **스프링클러설비의 설치대상**

설치대상	조 건
① 문화 및 집회시설, 운 동시설 ② 종교시설	• 수용인원 : **100명** 이상 • 영화상영관 : 지하층 · 무창층 **500m²**(기타 1000m²) 이상 • 무대부 – 지하층 · 무창층 · **4층** 이상 **300m²** 이상 – 1~3층 **500m²** 이상
③ 판매시설 ④ 운수시설 ⑤ 물류터미널	• 수용인원 : **500명** 이상 • 바닥면적 합계 : **5000m²** 이상
⑥ 노유자시설 ⑦ 정신의료기관 ⑧ 수련시설(숙박 가능한 것) ⑨ 종합병원, 병원, 치과 병원, 한방병원 및 요 양병원(정신병원 제외) ⑩ 숙박시설	• 바닥면적 합계 **600m²** 이상
⑪ 지하층 · 무창층 · **4층** 이상	• 바닥면적 1000m² 이상
⑫ 창고시설(물류터미널 제외)	• 바닥면적 합계 : **5000m²** 이상- 전층
⑬ **지하가**(터널 제외)	• 연면적 1000m² 이상
⑭ 10m 넘는 랙크식 창고	• 연면적 1500m² 이상
⑮ 복합건축물 ──→ ⑯ 기숙사	• 연면적 **5000m²** 이상 : 전층
⑰ **6층** 이상	• 전층
⑱ 보일러실 · 연결통로	• 전부
⑲ 특수가연물 저장 · 취급	• 지정수량 **1000배** 이상
⑳ 발전시설	• 전기저장시설 : 전부

① 3500m² → 5000m²

답 ①

★★★
48 소방시설 설치 및 관리에 관한 법령상 1년 이하
19.03.문42 의 징역 또는 1천만원 이하의 벌금기준에 해당
18.04.문54 하는 경우는?
13.03.문48
12.05.문55
10.09.문49 ① 소방용품의 형식승인을 받지 아니하고 소방
  용품을 제조하거나 수입한 자
② 형식승인을 받은 소방용품에 대하여 제품검
  사를 받지 아니한 자
③ 거짓이나 그 밖의 부정한 방법으로 제품검사
  전문기관으로 지정을 받은 자
④ 소방용품에 대하여 형상 등의 일부를 변경한
  후 형식승인의 변경승인을 받지 아니한 자

해설 1년 이하의 징역 또는 1000만원 이하의 벌금
(1) 소방시설의 **자체점검** 미실시자(소방시설법 58조)
(2) **소방시설관리사증** 대여(소방시설법 58조)
(3) **소방시설관리업**의 등록증 또는 등록수첩 대여(소방시설법 58조)
(4) 제조소 등의 정기점검기록 허위작성(위험물법 35조)
(5) **자체소방대**를 두지 않고 제조소 등의 허가를 받은 자(위험물법 35조)
(6) **위험물 운반용기**의 검사를 받지 않고 유통시킨 자(위험물법 35조)
(7) 소방용품 형상 일부 변경 후 변경 미승인(소방시설법 58조)

┌─ **비교** ──────────────────────────
│ **소방시설법 57조**
│ 3년 이하의 징역 또는 3000만원 이하의 벌금(화재예방법 50조)
│ (1) 화재안전조사 결과에 따른 조치명령 위반
│ (2) 소방시설관리업 무등록자
│ (3) 형식승인을 받지 않은 소방용품 제조·수입자
│ (4) 제품검사를 받지 않은 자
│ (5) 부정한 방법으로 전문기관의 지정을 받은 자
└────────────────────────────────

①, ②, ③ : 3년 이하의 징역 또는 3000만원 이하의 벌금

답 ④

★★★ 49 소방기본법령상 소방대장의 권한이 아닌 것은?

19.04.문43
19.03.문56
18.04.문43
17.05.문48
16.03.문44
08.05.문54

① 화재현장에 대통령령으로 정하는 사람 외에는 그 구역에 출입하는 것을 제한할 수 있다.
② 화재진압 등 소방활동을 위하여 필요할 때에는 소방용수 외에 댐·저수지 등의 물을 사용할 수 있다.
③ 국민의 안전의식을 높이기 위하여 소방박물관 및 소방체험관을 설립하여 운영할 수 있다.
④ 불이 번지는 것을 막기 위하여 필요할 때에는 불이 번질 우려가 있는 소방대상물 및 토지를 일시적으로 사용할 수 있다.

해설 (1) 소방**대**장 : 소방활동**구**역의 설정(기본법 23조)

기억법 대구활(**대구**의 활동)

(2) **소**방본부장·**소**방서장·**소**방**대**장
　㉠ 소방활동 **종**사명령(기본법 24조)
　㉡ **강**제처분(기본법 25조)
　㉢ **피**난명령(기본법 26조)

㉣ 댐·저수지 사용 등 위험시설 등에 대한 긴급조치(기본법 27조)

기억법 소대종강피(**소방대**의 **종강파**티)

┌─ **비교** ──────────────────────────
│ **기본법 5조 ①항**
│ 살립과 운영
│
│ | 소방박물관 | 소방체험관 |
│ |---|---|
│ | 소방청장 | 시·도지사 |
└────────────────────────────────

답 ③

★★★ 50 위험물안전관리법령상 위험물시설의 설치 및 변경 등에 관한 기준 중 다음 ( ) 안에 들어갈 내용으로 옳은 것은?

19.09.문42
18.04.문49
17.05.문46
15.03.문55
14.05.문44
13.09.문60

┌──────────────────────────────
│ 제조소 등의 위치·구조 또는 설비의 변경 없이 당해 제조소 등에서 저장하거나 취급하는 위험물의 품명·수량 또는 지정수량의 배수를 변경하고자 하는 자는 변경하고자 하는 날의 (㉠)일 전까지 (㉡)이 정하는 바에 따라 (㉢)에게 신고하여야 한다.
└──────────────────────────────

① ㉠ : 1, ㉡ : 대통령령, ㉢ : 소방본부장
② ㉠ : 1, ㉡ : 행정안전부령, ㉢ : 시·도지사
③ ㉠ : 14, ㉡ : 대통령령, ㉢ : 소방서장
④ ㉠ : 14, ㉡ : 행정안전부령, ㉢ : 시·도지사

해설 위험물법 6조
제조소 등의 설치허가
(1) **설치허가자** : 시·도지사
(2) **설치허가 제외 장소**
　㉠ 주택의 난방시설(공동주택의 중앙난방시설은 제외)을 위한 **저장소** 또는 **취급소**
　㉡ 지정수량 **20배** 이하의 **농예용·축산용·수산용** 난방시설 또는 건조시설의 **저장소**
(3) **제조소 등의 변경신고** : 변경하고자 하는 날의 **1일** 전까지 시·도지사에게 **신고**(행정안전부령)

기억법 농축수2

┌─ **참고** ──────────────────────────
│ **시·도지사**
│ (1) 특별시장
│ (2) 광역시장
│ (3) 특별자치시장
│ (4) 도지사
│ (5) 특별자치도지사
└────────────────────────────────

답 ②

★★★
51 위험물안전관리법령상 허가를 받지 아니하고 당해 제조소 등을 설치하거나 그 위치·구조 또는 설비를 변경할 수 있으며, 신고를 하지 아니하고 위험물의 품명·수량 또는 지정수량의 배수를 변경할 수 있는 기준으로 옳은 것은?

19.09.문42
18.04.문49
17.05.문46
15.03.문55
14.05.문44
13.09.문60

① 축산용으로 필요한 건조시설을 위한 지정수량 40배 이하의 저장소
② 수산용으로 필요한 건조시설을 위한 지정수량 30배 이하의 저장소
③ 농예용으로 필요한 난방시설을 위한 지정수량 40배 이하의 저장소
④ 주택의 난방시설(공동주택의 중앙난방시설 제외)을 위한 저장소

해설 **문제 50 참조**

> ① 40배 → 20배
> ② 30배 → 20배
> ③ 40배 → 20배

답 ④

★★
52 소방시설공사업법령상 공사감리자 지정대상 특정소방대상물의 범위가 아닌 것은?

18.04.문51
14.09.문50

① 제연설비를 신설·개설하거나 제연구역을 증설할 때
② 연소방지설비를 신설·개설하거나 살수구역을 증설할 때
③ 캐비닛형 간이스프링클러설비를 신설·개설하거나 방호·방수 구역을 증설할 때
④ 물분무등소화설비(호스릴방식의 소화설비 제외)를 신설·개설하거나 방호·방수 구역을 증설할 때

해설 **공사업령 10조**
소방공사감리자 지정대상 특정소방대상물의 범위
(1) **옥내소화전설비**를 신설·개설 또는 **증설**할 때
(2) **스프링클러설비** 등(캐비닛형 간이스프링클러설비 제외)을 신설·개설하거나 방호·**방수구역을 증설**할 때
(3) **물분무등소화설비**(호스릴방식의 소화설비 제외)를 신설·개설하거나 방호·방수구역을 **증설**할 때
(4) **옥외소화전설비**를 신설·개설 또는 **증설**할 때
(5) **자동화재탐지설비**를 신설 또는 개설할 때
(6) **비상방송설비**를 신설 또는 개설할 때
(7) **통합감시시설**을 신설 또는 **개설**할 때
(8) **비상조명등**을 신설 또는 **개설**할 때
(9) **소화용수설비**를 신설 또는 **개설**할 때

(10) 다음의 **소화활동설비**에 대하여 시공할 때
　　⊙ 제연설비를 신설·개설하거나 제연구역을 증설할 때
　　ⓛ 연결송수관설비를 신설 또는 개설할 때
　　ⓒ 연결살수설비를 신설·개설하거나 송수구역을 증설할 때
　　ⓔ 비상콘센트설비를 신설·개설하거나 전용회로를 증설할 때
　　ⓜ 무선통신보조설비를 신설 또는 개설할 때
　　ⓗ 연소방지설비를 신설·개설하거나 살수구역을 증설할 때

> ③ 캐비닛형 간이스프링클러설비는 제외

답 ③

★★★
53 화재의 예방 및 안전관리에 관한 법령상 화재안전조사 결과 소방대상물의 위치 상황이 화재예방을 위하여 보완될 필요가 있을 것으로 예상되는 때에 소방대상물의 개수·이전·제거, 그 밖의 필요한 조치를 관계인에게 명령할 수 있는 사람은?

19.03.문56
18.04.문43
17.05.문48

① 소방서장
② 경찰청장
③ 시·도지사
④ 해당 구청장

해설 **화재예방법 14조**
화재안전조사 결과에 따른 조치명령
(1) **명령권자 : 소방청장, 소방본부장·소방서장(소방관서장)**
(2) **명령사항**
　⊙ **개수**명령
　ⓛ **이전**명령
　ⓒ **제거**명령
　ⓔ **사용**의 **금지** 또는 제한명령, 사용폐쇄
　ⓜ **공사**의 **정지** 또는 중지명령

🖐️ 중요

소방본부장·소방서장·소방대장
(1) 소방활동 **종**사명령(기본법 24조)
(2) **강**제처분·제거(기본법 25조)
(3) **피**난명령(기본법 26조)
(4) 댐·저수지 사용 등 위험시설 등에 대한 긴급조치
　(기본법 27조)

기억법 **소대종강피(소방대의 종강파티)**

🌱 용어

소방활동 종사명령
화재, 재난·재해, 그 밖의 위급한 상황이 발생한 현장에서 소방활동을 위하여 필요할 때에는 그 관할구역에 사는 사람 또는 그 현장에 있는 사람으로 하여금 사람을 구출하는 일 또는 불을 끄거나 불이 번지지 아니하도록 하는 일을 하게 할 수 있는 것

중요

화재예방법 18조
화재예방강화지구

지 정	지정요청	화재안전조사
시 · 도지사	소방청장	소방청장 · 소방본부장 또는 소방서장

※ **화재예방강화지구** : 화재발생 우려가 크거나 화재가 발생할 경우 피해가 클 것으로 예상되는 지역에 대하여 화재의 예방 및 안전관리를 강화하기 위해 지정 · 관리하는 지역

답 ①

---

54 소방기본법령상 시장지역에서 화재로 오인할 만한 우려가 있는 불을 피우거나 연막소독을 하려는 자가 신고를 하지 아니하여 소방자동차를 출동하게 한 자에 대한 과태료 부과 · 징수 권자는?

19.03.문56
18.04.문43
17.05.문48
17.05.문49

① 국무총리

② 시 · 도지사

③ 행정안전부장관

④ 소방본부장 또는 소방서장

해설 기본법 57조

연막소독 과태료 징수
(1) **20만원** 이하 **과태료**
(2) **소방본부장 · 소방서장**이 부과 · 징수

중요

기본법 19조
화재로 오인할 만한 불을 피우거나 연막소독시 신고지역
(1) **시장지역**
(2) **공장 · 창고**가 밀집한 지역
(3) **목조건물**이 밀집한 지역
(4) **위험물**의 **저장** 및 **처리시설**이 **밀집**한 지역
(5) **석유화학제품**을 생산하는 공장이 있는 지역
(6) 그 밖에 **시 · 도**의 **조례**로 정하는 지역 또는 장소

답 ④

---

55 다음 중 화재의 예방 및 안전관리에 관한 법령상 특수가연물에 해당하는 품명별 기준수량으로 틀린 것은?

15.09.문47
15.05.문49
14.03.문52
12.05.문60

① 사류 1000kg 이상

② 면화류 200kg 이상

③ 나무껍질 및 대팻밥 400kg 이상

④ 넝마 및 종이부스러기 500kg 이상

해설 화재예방법 시행령 〔별표 2〕
특수가연물

품 명		수 량
가연성 **액**체류		2m³ 이상
목재가공품 및 나무부스러기		10m³ 이상
면화류		200kg 이상
나무껍질 및 대팻밥		400kg 이상
넝마 및 종이부스러기		1000kg 이상
사류(絲類)		
볏짚류		
가연성 **고**체류		3000kg 이상
합성수지류	발포시킨 것	20m³ 이상
	그 밖의 것	3000kg 이상
석탄 · 목탄류		10000kg 이상

④ 500kg → 1000kg

※ **특수가연물** : 화재가 발생하면 그 확대가 빠른 물품

기억법
가액목면나 넝사볏가고 합석
2 1 2 4 　1 　3 　3 1

답 ④

---

56 소방시설공사업법상 소방시설공사 결과 소방시설의 하자발생시 통수를 받은 공사업자는 며칠 이내에 하자를 보수해야 하는가?

19.09.문59
14.05.문57
11.03.문55
07.05.문56

① 3

② 5

③ 7

④ 10

해설 공사업법 15조

소방시설의 하자보수기간 : 3일 이내

중요

3일
(1) **하**자보수기간(공사업법 15조)
(2) 소방시설업 **등**록증 **분**실 등의 **재발급**(공사업규칙 4조)

기억법
3하등분재(**상하**이에서 **동**생이 **분재**를 가져왔다.)

답 ①

57 다음 중 소방시설 설치 및 관리에 관한 법령상 소방시설관리업을 등록할 수 있는 자는?

15.09.문45
15.03.문41
12.09.문44

① 피성년후견인
② 소방시설관리업의 등록이 취소된 날부터 2년이 경과된 자
③ 금고 이상의 형의 집행유예를 선고받고 그 유예기간 중에 있는 자
④ 금고 이상의 실형을 선고받고 그 집행이 면제된 날부터 2년이 지나지 아니한 자

해설 **소방시설법 30조**
소방시설관리업의 등록결격사유
(1) 피성년후견인
(2) 금고 이상의 실형을 선고받고 그 집행이 끝나거나 집행이 면제된 날부터 **2년**이 지나지 아니한 사람
(3) 금고 이상의 형의 집행유예를 선고받고 그 유예기간 중에 있는 사람
(4) 관리업의 등록이 취소된 날부터 **2년**이 지나지 아니한 자

답 ②

58 소방시설 설치 및 관리에 관한 법령상 수용인원 산정방법 중 침대가 없는 숙박시설로서 해당 특정소방대상물의 종사자의 수는 5명, 복도, 계단 및 화장실의 바닥면적을 제외한 바닥면적이 158m²인 경우의 수용인원은 약 몇 명인가?

19.04.문51
18.09.문43
17.03.문57

① 37
② 45
③ 58
④ 84

해설 **소방시설법 시행령 〔별표 7〕**
수용인원의 산정방법

특정소방대상물		산정방법
• 숙박시설	침대가 있는 경우	종사자수 + 침대수
	침대가 없는 경우 →	종사자수 + $\dfrac{\text{바닥면적 합계}}{3m^2}$
• 강의실 • 교무실 • 상담실 • 실습실 • 휴게실		$\dfrac{\text{바닥면적 합계}}{1.9m^2}$
• 기타		$\dfrac{\text{바닥면적 합계}}{3m^2}$
• 강당 • 문화 및 집회시설, 운동시설 • 종교시설		$\dfrac{\text{바닥면적 합계}}{4.6m^2}$

• 소수점 이하는 **반올림**한다.

기억법 수반(수반! 동반!)

숙박시설(침대가 없는 경우)
= 종사자수 + $\dfrac{\text{바닥면적 합계}}{3m^2}$
= 5명 + $\dfrac{158m^2}{3m^2}$ = 58명

답 ③

59 소방시설공사업법령상 소방시설공사의 하자보수 보증기간이 3년이 아닌 것은?

17.05.문51
16.10.문56
15.05.문59
15.03.문52
12.05.문59

① 자동소화장치
② 무선통신보조설비
③ 자동화재탐지설비
④ 간이스프링클러설비

해설 **공사업령 6조**
소방시설공사의 하자보수 보증기간

보증기간	소방시설
2년	① 유도등·유도표지·피난기구 ② 비상조명등·비상경보설비·비상방송설비 ③ 무선통신보조설비
3년	① 자동소화장치 ② 옥내·외소화전설비 ③ 스프링클러설비·간이스프링클러설비 ④ 물분무등소화설비·상수도소화용수설비 ⑤ 자동화재탐지설비·소화활동설비

기억법 유비 조경방무피2

② 2년

답 ②

60 국민의 안전의식과 화재에 대한 경각심을 높이고 안전문화를 정착시키기 위한 소방의 날은 몇월 며칠인가?

① 1월 19일
② 10월 9일
③ 11월 9일
④ 12월 19일

해설 **소방기본법 7조**
소방의 날 제정과 운영 등
(1) 소방의 날 : **11월 9일**
(2) 소방의 날 행사에 관하여 필요한 사항 : **소방청장** 또는 **시·도지사**

답 ③

제 4 과목 — 소방기계시설의 구조 및 원리

★★★
61 다음 중 스프링클러설비에서 자동경보밸브에 리타딩챔버(retarding chamber)를 설치하는 목적으로 가장 적절한 것은?

19.09.문79
15.05.문79
12.09.문68
11.10.문65
98.07.문68

① 자동으로 배수하기 위하여
② 압력수의 압력을 조절하기 위하여
③ 자동경보밸브의 오보를 방지하기 위하여
④ 경보를 발하기까지 시간을 단축하기 위하여

해설 **리타딩챔버**의 **역할**
(1) **오**작동(오보) 방지
(2) 안전밸브의 역할
(3) 배관 및 압력스위치의 손상보호

기억법 오리(오리 꽥!꽥!)

답 ③

★★★
62 구조대의 형식승인 및 제품검사의 기술기준상 수직강하식 구조대의 구조기준 중 틀린 것은?

19.03.문74
16.10.문73
15.05.문76
01.06.문61

① 구조대는 연속하여 강하할 수 있는 구조이어야 한다.
② 구조대는 안전하고 쉽게 사용할 수 있는 구조이어야 한다.
③ 입구틀 및 취부틀의 입구는 지름 40cm 이하의 구체가 통과할 수 있는 것이어야 한다.
④ 구조대의 포지는 외부포지와 내부포지로 구성하되, 외부포지와 내부포지의 사이에 충분한 공기층을 두어야 한다.

해설 **수직강하식 구조대**의 **구조**(구조대 형식 17조)
(1) 구조대는 안전하고 쉽게 사용할 수 있는 구조이어야 한다.
(2) 구조대의 포지는 **외부포지**와 **내부포지**로 구성하되, 외부포지와 내부포지의 사이에 충분한 **공기층**을 두어야 한다(건물 내부의 별실에 설치하는 것은 외부포지 설치제외 가능).
(3) 입구틀 및 취부틀의 입구는 지름 **50cm 이상**의 구체가 통과할 수 있는 것이어야 한다.
(4) 구조대는 **연속**하여 **강하**할 수 있는 구조이어야 한다.
(5) 포지는 사용할 때 **수직방향**으로 현저하게 늘어나지 아니하여야 한다.
(6) **포지·지지틀·취부틀**, 그 밖의 부속장치 등은 견고하게 부착되어야 한다.

③ 40cm 이하 → 50cm 이상

구조대
(1) **수직강하식 구조대**
  ㉠ 본체에 적당한 간격으로 협축부를 마련하여 피난자가 안전하게 활강할 수 있도록 만든 구조
  ㉡ 소방대상물 또는 기타 장비 등에 **수직**으로 설치하여 사용하는 구조대

진입로프
안전커버
입구 금구
협축부
자루 본체
출구
출구로프
안전용 추

‖ 수직강하식 ‖

(2) **경사강하식 구조대** : 소방대상물에 비스듬하게 고정시키거나 설치하여 사용자가 **미끄럼식**으로 내려올 수 있는 구조대

답 ③

★★
63 분말소화설비의 화재안전기준상 분말소화설비의 가압용 가스로 질소가스를 사용하는 경우 질소가스는 소화약제 1kg마다 최소 몇 L 이상이어야 하는가? (단, 질소가스의 양은 35℃에서 1기압의 압력상태로 환산한 것이다.)

19.03.문63
18.03.문67

① 10   ② 20
③ 30   ④ 40

해설 **가압식**과 **축압식**의 **설치기준**(NFPC 108 5조, NFTC 108 2.2.4)
35℃에서 1기압의 압력상태로 환산한 것

구 분\n사용\n가스	가압식\n(가압용 가스)	축압식
질소(N₂)	**40L/kg** 이상	10L/kg 이상
이산화탄소(CO₂)	20g/kg+배관청소 필요량 이상	20g/kg+배관청소 필요량 이상

※ 배관청소용 가스는 별도의 용기에 저장한다.

답 ④

64 도로터널의 화재안전기준상 옥내소화전설비 설치기준 중 괄호 안에 알맞은 것은?

> 가압송수장치는 옥내소화전 2개(4차로 이상의 터널인 경우 3개)를 동시에 사용할 경우 각 옥내소화전의 노즐선단에서의 방수압력은 (㉠)MPa 이상이고 방수량은 (㉡)L/min 이상이 되는 성능의 것으로 할 것

① ㉠ 0.1, ㉡ 130   ② ㉠ 0.17, ㉡ 130
③ ㉠ 0.25, ㉡ 350   ④ ㉠ 0.35, ㉡ 190

해설 **도로터널**의 **옥내소화전설비 설치기준**(NFPC 603 6조, NFTC 603 2.2)
가압송수장치는 옥내소화전 **2개(4차로 이상의 터널인 경우 3개)**를 동시에 사용할 경우 각 옥내소화전의 노즐선단에서의 방수압력은 **0.35MPa 이상**이고 방수량은 **190L/min 이상**이 되는 성능의 것으로 할 것(단, 하나의 옥내소화전을 사용하는 노즐선단에서의 방수압력이 **0.7MPa**을 초과할 경우에는 호스접결구의 **인입측**에 감압장치 설치)

답 ④

65 물분무소화설비의 화재안전기준상 110kV 초과 154kV 이하의 고압 전기기기와 물분무헤드 사이의 이격거리는 최소 몇 cm 이상이어야 하는가?

19.04.문61
17.03.문74
15.09.문79
14.09.문78
12.09.문79

① 110   ② 150
③ 180   ④ 210

해설 **물분무헤드**의 **이격거리**(NFPC 104 10조, NFTC 104 2.7.2)

전압	거리
66kV 이하	**70**cm 이상
66kV 초과 **77**kV 이하	**80**cm 이상
77kV 초과 **110**kV 이하	**110**cm 이상
110kV 초과 **154**kV 이하 →	**150**cm 이상
154kV 초과 **181**kV 이하	**180**cm 이상
181kV 초과 **220**kV 이하	**210**cm 이상
220kV 초과 **275**kV 이하	**260**cm 이상

기억법	66 → 70
	77 → 80
	110 → 110
	154 → 150
	181 → 180
	220 → 210
	275 → 260

답 ②

66 분말소화설비의 화재안전기준상 분말소화설비의 배관으로 동관을 사용하는 경우에는 최고사용압력의 최소 몇 배 이상의 압력에 견딜 수 있는 것을 사용하여야 하는가?

16.03.문78
15.03.문78
10.03.문75

① 1
② 1.5
③ 2
④ 2.5

해설 **분말소화설비**의 **배관**(NFPC 108 9조, NFTC 108 2.6.1)
(1) **전용**
(2) **강관** : 아연도금에 의한 배관용 탄소강관(단, **축압식 분말소화설비**에 사용하는 것 중 20℃에서 압력이 **2.5~4.2MPa 이하**인 것은 **압력배관용 탄소강관**(KS D 3562) 중 이음이 없는 스케줄 **40** 이상의 것 사용)
(3) **동관** : 고정압력 또는 최고사용압력의 **1.5배** 이상의 압력에 견딜 것
(4) **밸브류** : **개폐위치** 또는 **개폐방향**을 표시한 것
(5) **배관의 관부속 및 밸브류** : 배관과 동등 이상의 강도 및 내식성이 있는 것
(6) 주밸브~헤드까지의 배관의 분기 : **토너먼트방식**
(7) 저장용기 등~배관의 굴절부까지의 거리 : 배관 내경의 20배 이상

내경의 20배 이상

| 배관의 이격거리 |

답 ②

67 소화기의 형식승인 및 제품검사의 기술기준상 A급 화재용 소화기의 능력단위 산정을 위한 소화능력시험의 내용으로 틀린 것은?

15.05.문62
09.08.문70

① 모형 배열시 모형 간의 간격은 3m 이상으로 한다.
② 소화는 최초의 모형에 불을 붙인 다음 1분 후에 시작한다.
③ 소화는 무풍상태(풍속 0.5m/s 이하)와 사용상태에서 실시한다.
④ 소화약제의 방사가 완료된 때 잔염이 없어야 하며, 방사완료 후 2분 이내에 다시 불타지 아니한 경우 그 모형은 완전히 소화된 것으로 본다.

해설 **A급 화재용 소화기의 능력단위 산정을 위한 소화능력시험**

(1) 모형 배열시 모형 간의 간격은 **3m** 이상으로 한다.
(2) 소화약제의 방사가 완료된 때 **잔염**이 없어야 하며, 방사완료 후 **2분** 이내에 다시 불타지 아니한 경우 그 모형은 완전히 소화된 것으로 본다.
(3) 소화능력시험은 **목재**를 대상으로 실시
(4) 소화기를 조작하는 자는 적합한 **작업복**(안전모, 내열성의 얼굴가리개 및 방화복, 장갑 등)을 착용
(5) 소화기의 소화능력시험은 **무풍상태**(풍속 **0.5m/s** 이하)와 사용상태에서 실시

② B급 화재용 소화기의 소화능력시험

답 ②

★★★
68
19.03.문64
17.09.문66
17.05.문68
15.03.문77
09.05.문63

상수도소화용수설비의 화재안전기준상 소화전은 특정소방대상물의 수평투영면의 각 부분으로부터 몇 m 이하가 되도록 설치하여야 하는가?

① 70
② 100
③ 140
④ 200

해설 **상수도소화용수설비의 설치기준**
소화전은 특정소방대상물의 수평투영면의 각 부분으로부터 **140m** 이하가 되도록 설치할 것

기억법 옥15

답 ③

★★★
69
19.03.문70
18.04.문78
17.09.문72
17.03.문67
16.10.문67
16.05.문79
15.05.문78
10.03.문63

물분무소화설비의 화재안전기준상 차고 또는 주차장에 설치하는 배수설비의 기준 중 다음 괄호 안에 알맞은 것은?

차량이 주차하는 바닥은 배수구를 향하여 ( ) 이상의 기울기를 유지할 것

① $\dfrac{1}{1000}$

② $\dfrac{2}{100}$

③ $\dfrac{1}{100}$

④ $\dfrac{1}{500}$

해설 **기울기**

구 분	설 명
$\dfrac{1}{100}$ 이상	연결살수설비의 수평주행배관
$\dfrac{2}{100}$ 이상	물분무소화설비의 배수설비
$\dfrac{1}{250}$ 이상	습식·부압식 설비 외 설비의 가지배관
$\dfrac{1}{500}$ 이상	습식·부압식 설비 외 설비의 수평주행배관

답 ②

★
70
18.03.문69

포소화설비의 화재안전기준상 포헤드의 설치기준 중 다음 괄호 안에 알맞은 것은?

압축공기포소화설비의 분사헤드는 천장 또는 반자에 설치하되 방호대상물에 따라 측벽에 설치할 수 있으며 유류탱크 주위에는 바닥면적 (㉠)m²마다 1개 이상, 특수가연물 저장소에는 바닥면적 (㉡)m²마다 1개 이상으로 당해 방호대상물의 화재를 유효하게 소화할 수 있도록 할 것

① ㉠ 8, ㉡ 9
② ㉠ 9, ㉡ 8
③ ㉠ 9.3, ㉡ 13.9
④ ㉠ 13.9, ㉡ 9.3

해설 **포헤드의 설치기준**(NFPC 105 12조, NFTC 105 2.9.2)
압축공기포소화설비의 분사헤드는 천장 또는 반자에 설치하되 방호대상물에 따라 측벽에 설치할 수 있으며 유류탱크 주위에는 바닥면적 **13.9m²**마다 1개 이상, **특수가연물** 저장소에는 바닥면적 **9.3m²**마다 1개 이상으로 당해 방호대상물의 화재를 유효하게 소화할 수 있도록 할 것

방호대상물	방호면적 1m²에 대한 1분당 방출량
특수가연물	2.3L
기타의 것	1.63L

답 ④

71 제연설비의 화재안전기준상 배출구 설치시 예상제연구역의 각 부분으로부터 하나의 배출구까지의 수평거리는 최대 몇 m 이내가 되어야 하는가?

19.04.문73
15.03.문70
13.06.문74

① 5 　　　　　② 10
③ 15 　　　　　④ 20

해설 수평거리 및 보행거리
(1) 수평거리

구 분	설 명
수평거리 10m 이하	• 예상제연구역~배출구
수평거리 15m 이하	• 분말호스릴 • 포호스릴 • CO₂호스릴
수평거리 20m 이하	• 할론호스릴
수평거리 25m 이하	• 옥내소화전 방수구(호스릴 포함) • 포소화전 방수구 • 연결송수관 방수구(지하가, 지하층 바닥면적 3000m² 이상)
수평거리 40m 이하	• 옥외소화전 방수구
수평거리 50m 이하	• 연결송수관 방수구(사무실)

(2) 보행거리

구 분	설 명
보행거리 20m 이하	소형소화기
보행거리 30m 이하	대형소화기

기억법 대3(대상을 받다.)

답 ②

72 스프링클러설비의 화재안전기준상 스프링클러헤드를 설치하는 천장·반자·천장과 반자 사이·덕트·선반 등의 각 부분으로부터 하나의 스프링클러헤드까지의 수평거리 기준으로 틀린 것은? (단, 성능이 별도로 인정된 스프링클러헤드를 수리계산에 따라 설치하는 경우는 제외한다.)

17.09.문75
16.10.문71
12.05.문76

① 무대부에 있어서는 1.7m 이하
② 공동주택(아파트) 세대 내의 거실에 있어서는 3.2m 이하
③ 특수가연물을 저장 또는 취급하는 장소에 있어서는 2.1m 이하
④ 특수가연물을 저장 또는 취급하는 랙크식 창고의 경우에는 1.7m 이하

해설 수평거리(R)(NFPC 103 10조, NFTC 103 2.7.3)

설치장소	설치기준
무대부·특수가연물 (특수가연물을 저장한 랙크식 창고 포함)	수평거리 1.7m 이하
기타구조	수평거리 2.1m 이하
내화구조	수평거리 2.3m 이하
랙크식 창고	수평거리 2.5m 이하
공동주택(**아**파트) 거실	수평거리 3.2m 이하

기억법 무기내랙아(무기 내려놔 아!)

③ 2.1m → 1.7m

답 ③

73 이산화탄소 소화설비의 화재안전기준상 전역방출방식의 이산화탄소 소화설비의 분사헤드 방사압력은 저압식인 경우 최소 몇 MPa 이상이어야 하는가?

15.09.문62
(산업)

① 0.5 　　　　　② 1.05
③ 1.4 　　　　　④ 2.0

해설 전역방출방식의 이산화탄소 소화설비 분사헤드의 방사압력

저압식	고압식
1.05MPa	2.1MPa

답 ②

74 완강기의 형식승인 및 제품검사의 기술기준상 완강기 및 간이완강기의 구성으로 적합한 것은?

15.09.문64
98.03.문70

① 속도조절기, 속도조절기의 연결부, 하부지지장치, 연결금속구, 벨트
② 속도조절기, 속도조절기의 연결부, 로프, 연결금속구, 벨트
③ 속도조절기, 가로봉 및 세로봉, 로프, 연결금속구, 벨트
④ 속도조절기, 가로봉 및 세로봉, 로프, 하부지지장치, 벨트

해설 완강기 및 간이완강기의 구성
(1) **조**속기(속도조절기)
(2) **로**프
(3) **벨**트
(4) **후**크(속도조절기의 연결부)
(5) 연결금속구

기억법 조로벨후

중요

조속기
(1) 피난자의 **체중**에 의해 강하속도를 조절하는 것으로서 **속도조절기**라고 부른다.
(2) 피난자가 그 강하속도를 조절할 수 없다.

기억법 체조

답 ②

★★★
75 스프링클러설비의 화재안전기준상 스프링클러설비의 교차배관에서 분기되는 지점을 기점으로 한쪽 가지배관에 설치되는 헤드의 개수는 최대 몇 개 이하인가? (단, 방호구역 안에서 칸막이 등으로 구획하여 헤드를 증설하는 경우와 격자형 배관방식을 채택하는 경우는 제외한다.)

19.09.문74
17.05.문69
15.09.문73
09.03.문75

① 8　　　　② 10
③ 12　　　　④ 15

해설 **스프링클러설비**
한쪽 가지배관에 설치되는 헤드의 개수는 **8개** 이하로 한다.

| 가지배관의 헤드개수 |

비교

연결살수설비
연결살수설비에서 하나의 송수구역에 설치하는 개방형 헤드의 수는 **10개** 이하로 한다.

답 ①

★★★
76 제연설비의 화재안전기준상 제연설비의 설치장소 기준 중 하나의 제연구역의 면적은 최대 몇 m² 이내로 하여야 하는가?

19.09.문72
14.05.문69
13.06.문76
13.03.문63

① 700　　　　② 1000
③ 1300　　　　④ 1500

해설 **제연구역**의 **구획**(NFPC 501 4조, NFTC 501 2.1.1)
(1) 1제연구역의 면적은 **1000m²** 이내로 할 것
(2) 거실과 통로는 **상호제연 구획**할 것
(3) 통로상의 제연구역은 보행중심선의 길이가 **60m**를 초과하지 않을 것

(4) 1제연구역은 직경 **60m** 원 내에 들어갈 것
(5) 1제연구역은 **2개** 이상의 층에 미치지 않을 것

기억법 제10006(충북 **제천**에 **육교** 있음)
2개제(이게 제목이야!)

답 ②

★★★
77 옥내소화전설비의 화재안전기준상 배관의 설치기준 중 다음 괄호 안에 알맞은 것은?

19.09.문67
18.09.문68
17.05.문65
16.10.문79
15.09.문72
11.10.문72
02.03.문62

연결송수관설비의 배관과 겸용할 경우의 주배관은 구경 (㉠)mm 이상, 방수구로 연결되는 배관의 구경은 (㉡)mm 이상의 것으로 하여야 한다.

① ㉠ 80, ㉡ 65　　② ㉠ 80, ㉡ 50
③ ㉠ 100, ㉡ 65　　④ ㉠ 125, ㉡ 80

해설 **옥내소화전설비**(NFPC 102 6조, NFTC 102 2.3)

배관	구경	비고
가지배관	40mm 이상	호스릴 : 25mm 이상
주배관 중 수직배관	50mm 이상	호스릴 : 32mm 이상
연결송수관설비 **겸용** 주배관	100mm 이상	방수구로 연결되는 배관의 구경 : 65mm 이상

답 ③

★★★
78 이산화탄소 소화설비의 화재안전기준상 저압식 이산화탄소 소화약제 저장용기에 설치하는 안전밸브의 작동압력은 내압시험압력의 몇 배에서 작동해야 하는가?

19.03.문67
18.04.문62
16.03.문77
15.03.문74
12.09.문69

① 0.24~0.4　　② 0.44~0.6
③ 0.64~0.8　　④ 0.84~1

해설 **이산화탄소 소화설비**의 **저장용기**(NFPC 106 4조, NFTC 106 2.1.2)

자동냉동장치	2.1MPa, -18℃ 이하	
압력경보장치	2.3MPa 이상 1.9MPa 이하	
선택밸브 또는 **개폐밸브**의 **안전장치**	내압시험압력의 **0.8배** 기억법 선개안내08	
저장용기	고압식	25MPa 이상
	저압식	3.5MPa 이상
안전밸브	내압시험압력의 **0.64~0.8배**	
봉판	내압시험압력의 0.8~내압시험압력	
충전비	고압식	1.5~1.9 이하
	저압식	1.1~1.4 이하

답 ③

79 소화기구 및 자동소화장치의 화재안전기준상 노유자시설은 당해 용도의 바닥면적 얼마마다 능력단위 1단위 이상의 소화기구를 비치해야 하는가?

19.04.문79
18.09.문79
17.03.문63
16.05.문65
15.09.문78
14.03.문71
05.03.문72

① 바닥면적 30m²마다
② 바닥면적 50m²마다
③ 바닥면적 100m²마다
④ 바닥면적 200m²마다

해설 **특정소방대상물별 소화기구의 능력단위기준**(NFTC 101 2.1.1.2)

특정소방대상물	소화기구의 능력단위	건축물의 주요구조부가 내화구조이고, 벽 및 반자의 실내에 면하는 부분이 불연재료·준불연재료 또는 난연재료로 된 특정소방대상물의 능력단위
• **위**락시설 **기억법** 위3(위상)	바닥면적 **30m²**마다 1단위 이상	바닥면적 **60m²**마다 1단위 이상
• **공**연장 • **집**회장 • **관람**장 및 **문**화재 • **의**료시설·**장**례식장 **기억법** 5공연장 문의 집관람 (손오공 연장 문의 집관람)	바닥면적 **50m²**마다 1단위 이상	바닥면적 **100m²**마다 1단위 이상
• **근**린생활시설 • **판**매시설 • **숙**박시설 • **노유자시설** • **전**시장 • 공동**주**택 • **업**무시설 • **방**송통신시설 • 공장·**창**고 • **항**공기 및 자동**차** 관련 시설 및 **관광**휴게시설 **기억법** 근판숙노전 주업방차창 1항관광(근 판숙노전 주 업방차창 일 본항 관광)	바닥면적 **100m²**마다 1단위 이상	바닥면적 **200m²**마다 1단위 이상
• 그 밖의 것	바닥면적 **200m²**마다 1단위 이상	바닥면적 **400m²**마다 1단위 이상

답 ③

80 포소화설비의 화재안전기준상 전역방출방식 고발포용 고정포방출구의 설치기준으로 옳은 것은? (단, 해당 방호구역에서 외부로 새는 양 이상의 포수용액을 유효하게 추가하여 방출하는 설비가 있는 경우는 제외한다.)

16.10.문76
07.03.문62

① 개구부에 자동폐쇄장치를 설치할 것
② 바닥면적 600m²마다 1개 이상으로 할 것
③ 방호대상물의 최고부분보다 낮은 위치에 설치할 것
④ 특정소방대상물 및 포의 팽창비에 따른 종별에 관계없이 해당 방호구역의 관포체적 1m³에 대한 1분당 포수용액 방출량은 1L 이상으로 할 것

해설 **전역방출방식**의 **고발포용 고정포방출구**(NFPC 105 12조, NFTC 105 2.9.4)
(1) 개구부에 **자동폐쇄장치**를 설치할 것
(2) 고발포용 고정포방출구는 바닥면적 **500m²**마다 1개 이상으로 할 것
(3) 고발포용 고정포방출구는 방호대상물의 **최고부분보다 높은 위치**에 설치할 것
(4) 해당 방호구역의 관포체적 1m³에 대한 1분당 포수용액 방출량은 특정소방대상물 및 포의 팽창비에 따라 달라진다.

> ② 600m² → 500m²
> ③ 낮은 → 높은
> ④ 따른 종별에 관계없이 → 따라

답 ①

2020. 9. 26 시행

‖2020년 기사 제4회 필기시험‖

자격종목	종목코드	시험시간	형별	수험번호	성명
소방설비기사(기계분야)		**2시간**			

※ 답안카드 작성시 시험문제지 형별누락, 마킹착오로 인한 불이익은 전적으로 수험자의 귀책사유임을 알려드립니다.
※ 각 문항은 4지택일형으로 질문에 가장 적합한 보기 항을 선택하여 마킹하여야 합니다.

제1과목　　소방원론

01

피난시 하나의 수단이 고장 등으로 사용이 불가능하더라도 다른 수단 및 방법을 통해서 피난할 수 있도록 하는 것으로 2방향 이상의 피난통로를 확보하는 피난대책의 일반원칙은?

16.10.문14
14.03.문07

① Risk-down 원칙
② Feed back 원칙
③ Fool-proof 원칙
④ Fail-safe 원칙

해설 Fail safe와 Fool proof

용 어	설 명
페일 세이프 (fail safe)	• 한 가지 피난기구가 고장이 나도 다른 수단을 이용할 수 있도록 고려하는 것(한 가지가 고장이 나도 다른 수단을 이용하는 원칙) • **두 방향**의 피난동선을 항상 확보하는 원칙
풀 프루프 (fool proof)	• 피난경로는 **간단명료**하게 한다. • 피난구조설비는 **고정식 설비**를 위주로 설치한다. • 피난수단은 **원시적 방법**에 의한 것을 원칙으로 한다. • 피난통로를 **완전불연화**한다. • 막다른 복도가 없도록 계획한다. • 간단한 **그림**이나 **색채**를 이용하여 표시한다.

기억법 풀그색 간고원

용어

피드백제어(feedback control)
출력신호를 입력신호로 되돌려서 **입력**과 **출력**을 비교함으로써 **정확한 제어**가 가능하도록 한 제어

답 ④

02

열분해에 의해 가연물 표면에 유리상의 메타인산 피막을 형성하여 연소에 필요한 산소의 유입을 차단하는 분말약제는?

17.05.문10

① 요소
② 탄산수　소칼륨
③ 제1인산암모늄
④ 탄산수소나트륨

해설 제3종 분말(제1인산암모늄)의 열분해 생성물
(1) H_2O(물)
(2) NH_3(암모니아)
(3) P_2O_5(오산화인)
(4) **HPO_3(메타인산)** : 산소 차단

중요

분말소화약제

종별	분자식	착색	적응화재	비 고
제1종	중탄산나트륨 ($NaHCO_3$)	백색	BC급	**식용유** 및 **지방질유**의 화재에 적합
제2종	중탄산칼륨 ($KHCO_3$)	담자색 (담회색)	BC급	–
제3종	제1인산암모늄 ($NH_4H_2PO_4$)	담홍색	ABC급	**차고 · 주차장**에 적합
제4종	중탄산칼륨 +요소 ($KHCO_3$+ $(NH_2)_2CO$)	회(백)색	BC급	

답 ③

03

공기 중의 산소의 농도는 약 몇 vol%인가?

16.03.문19

① 10
② 13
③ 17
④ 21

해설 공기의 구성 성분

구성성분	비 율
산소	21vol%
질소	78vol%
아르곤	1vol%

중요

공기 중 산소농도

구 분	산소농도
체적비(부피백분율, vol%)	약 21vol%
중량비(중량백분율, wt%)	약 23wt%

• 일반적인 산소농도라 함은 '**체적비**'를 말한다.

답 ④

★★★
04 일반적인 플라스틱 분류상 열경화성 플라스틱에 해당하는 것은?

18.03.문03
13.06.문15
10.09.문07
06.05.문20

① 폴리에틸렌
② 폴리염화비닐
③ 페놀수지
④ 폴리스티렌

해설 **합성수지**의 화재성상

열**가**소성 수지	열경화성 수지
• PVC수지	• 페놀수지
• **폴**리에틸렌수지	• 요소수지
• **폴**리스티렌수지	• 멜라민수지

기억법 **열가P폴**

• 수지=플라스틱

용어

열가소성 수지	열경화성 수지
열에 의해 변형되는 수지	열에 의해 변형되지 않는 수지

답 ③

★★★
05 자연발화 방지대책에 대한 설명 중 틀린 것은?

18.04.문02
16.10.문05
16.03.문14
15.05.문19
15.03.문09
14.09.문00
14.09.문17
12.03.문09
10.03.문13

① 저장실의 온도를 낮게 유지한다.
② 저장실의 환기를 원활히 시킨다.
③ 촉매물질과의 접촉을 피한다.
④ 저장실의 습도를 높게 유지한다.

해설 (1) **자연발화의 방지법**
  ㉠ **습**도가 높은 곳을 **피**할 것(건조하게 유지할 것)
  ㉡ 저장실의 온도를 낮출 것
  ㉢ 통풍이 잘 되게 할 것(**환기**를 원활히 시킨다)
  ㉣ 퇴적 및 수납시 열이 쌓이지 않게 할 것(**열축적 방지**)
  ㉤ 산소와의 접촉을 차단할 것(**촉매물질**과의 접촉을 피한다)
  ㉥ **열전도성**을 좋게 할 것

기억법 **자습피**

(2) **자연발화 조건**
  ㉠ 열전도율이 작을 것
  ㉡ 발열량이 클 것
  ㉢ 주위의 온도가 높을 것
  ㉣ 표면적이 넓을 것

답 ④

★★★
06 공기 중에서 수소의 연소범위로 옳은 것은?

17.03.문03
16.03.문13
15.09.문14
13.06.문04
09.03.문02

① 0.4~4vol%
② 1~12.5vol%
③ 4~75vol%
④ 67~92vol%

해설 (1) **공기 중의 폭발한계**(**암기**천하 로 나와야 한다.)

가 스	하한계[vol%]	상한계[vol%]
아세틸렌(C_2H_2)	2.5	81
수소(H_2)	**4**	**75**
일산화탄소(CO)	12.5	74
암모니아(NH_3)	15	28
메탄(CH_4)	5	15
에탄(C_2H_6)	3	12.4
프로판(C_3H_8)	2.1	9.5
부탄(C_4H_{10})	**1**.8	**8**.4

기억법 **수475**(**수사** 후 **치료**하세요.)
부18(부자의 일반적인 팔자)

(2) **폭발한계**와 같은 의미
  ㉠ 폭발범위   ㉡ 연소한계
  ㉢ 연소범위   ㉣ 가연한계
  ㉤ 가연범위

답 ③

★★★
07 탄산수소나트륨이 주성분인 분말소화약제는?

19.03.문01
18.04.문06
17.09.문10
16.10.문06
16.10.문10
16.05.문15
16.03.문09
16.03.문11
15.05.문08

① 제1종 분말
② 제2종 분말
③ 제3종 분말
④ 제4종 분말

해설 **분말소화약제**

종 별	분자식	착 색	적응화재	비 고
제**1**종	**탄산수소나트륨**($NaHCO_3$)	백색	BC급	**식용유** 및 **지방질유**의 화재에 적합
제2종	탄산수소칼륨($KHCO_3$)	담자색(담회색)	BC급	–
제**3**종	제1인산암모늄($NH_4H_2PO_4$)	담홍색	ABC급	**차고 · 주차장**에 적합
제4종	탄산수소칼륨+요소($KHCO_3$ + $(NH_2)_2CO$)	회(백)색	BC급	–

기억법 1식분 (일식 분식)
3분 차주 (삼보컴퓨터 **차주**)

답 ①

★★★
08 불연성 기체나 고체 등으로 연소물을 감싸 산소공급을 차단하는 소화방법은?

19.09.문13
18.09.문19
17.05.문06
16.03.문08
15.03.문17
14.03.문19
11.10.문19
11.03.문02
03.08.문11

① 질식소화
② 냉각소화
③ 연쇄반응차단소화
④ 제거소화

해설 **소화**의 **형태**

구 분	설 명
냉각소화	① **점화원**을 냉각하여 소화하는 방법 ② **증발잠열**을 **이용**하여 열을 빼앗아 가연물의 온도를 떨어뜨려 화재를 진압하는 소화방법 ③ **다량**의 **물**을 뿌려 소화하는 방법 ④ 가연성 물질을 **발화점 이하**로 **냉각**하여 소화하는 방법 ⑤ **식용유화재**에 신선한 **야채**를 넣어 소화하는 방법 ⑥ 용융잠열에 의한 **냉각효과**를 이용하여 소화하는 방법 **기억법** 냉점증발
질식소화	① 공기 중의 **산소농도**를 16%(10~15%) 이하로 희박하게 하여 소화하는 방법 ② 산화제의 농도를 낮추어 연소가 지속될 수 없도록 소화하는 방법 ③ **산소공급**을 **차단**하여 소화하는 방법 ④ 산소의 농도를 낮추어 소화하는 방법 ⑤ 화학반응으로 발생한 **탄산가스**에 의한 소화방법 **기억법** 질산
제거소화	**가연물**을 **제거**하여 소화하는 방법
부촉매 소화 (억제소화, 화학소화)	① **연쇄반응**을 **차단**하여 소화하는 방법 ② 화학적인 방법으로 화재를 억제하여 소화하는 방법 ③ **활성기**(free radical, 자유라디칼)의 **생성**을 **억제**하여 소화하는 방법 ④ 할론계 소화약제 **기억법** 부억(부엌)
희석소화	① 기체·고체·액체에서 나오는 분해가스나 증기의 농도를 낮춰 소화하는 방법 ② 불연성 가스의 **공기** 중 **농도**를 높여 소화하는 방법 ③ 불활성체를 방출하여 연소범위 이하로 낮추어 소화하는 방법

중요

화재의 **소화원리**에 따른 **소화방법**

소화원리	소화설비
냉각소화	① 스프링클러설비 ② 옥내·외소화전설비
질식소화	① 이산화탄소 소화설비 ② 포소화설비 ③ 분말소화설비 ④ 불활성기체 소화약제
억제소화 (부촉매효과)	① 할론소화약제 ② 할로겐화합물 소화약제

답 ①

★★★
09 증발잠열을 이용하여 가연물의 온도를 떨어뜨려 화재를 진압하는 소화방법은?

16.05.문13
13.09.문13

① 제거소화
② 억제소화
③ 질식소화
④ 냉각소화

해설 문제 8 참조

④ 냉각소화 : **증발잠열** 이용

답 ④

★★★
10 화재발생시 인간의 피난특성으로 틀린 것은?

18.04.문03
16.05.문03
11.10.문09
12.05.문15
10.09.문11

① 본능적으로 평상시 사용하는 출입구를 사용한다.
② 최초로 행동을 개시한 사람을 따라서 움직인다.
③ 공포감으로 인해서 빛을 피하여 어두운 곳으로 몸을 숨긴다.
④ 무의식 중에 발화장소의 반대쪽으로 이동한다.

해설 **화재발생시** 인간의 **피난 특성**

구 분	설 명
귀소본능	• **친숙한 피난경로**를 선택하려는 행동 • 무의식 중에 평상시 사용하는 출입구나 통로를 사용하려는 행동
지광본능	• **밝은 쪽**을 지향하는 행동 • 화재의 공포감으로 인하여 **빛**을 따라 외부로 달아나려고 하는 행동
퇴피본능	• 화염, 연기에 대한 공포감으로 발화의 **반대 방향**으로 이동하려는 행동
추종본능	• 많은 사람이 달아나는 방향으로 쫓아가려는 행동 • 화재시 최초로 행동을 개시한 사람을 따라 전체가 움직이려는 행동

좌회본능	•**좌측통행**을 하고 **시계반대방향**으로 회전하려는 행동
폐쇄공간 지향본능	•가능한 **넓은 공간**을 찾아 **이동**하다가 위험성이 높아지면 의외의 좁은 공간을 찾는 본능
초능력 본능	•비상시 **상상도 못할 힘**을 내는 본능
공격본능	•**이상심리현상**으로서 구조용 헬리콥터를 부수려고 한다든지 무차별적으로 주변사람과 구조인력 등에게 공격을 가하는 본능
패닉 (panic) 현상	•인간의 비이성적인 또는 부적합한 **공포반응행동**으로서 무모하게 높은 곳에서 뛰어내리는 행위라든지, 몸이 굳어서 움직이지 못하는 행동

③ 공포감으로 인해서 빛을 따라 외부로 달아나려는 경향이 있다.

답 ③

★★ 11

17.05.문16
12.09.문07

공기와 할론 1301의 혼합기체에서 할론 1301에 비해 공기의 확산속도는 약 몇 배인가? (단, 공기의 평균분자량은 29, 할론 1301의 분자량은 149이다.)

① 2.27배 ② 3.85배
③ 5.17배 ④ 6.46배

해설 그레이엄의 확산속도법칙

$$\frac{V_B}{V_A} = \sqrt{\frac{M_A}{M_B}}$$

여기서, V_A, V_B : 확산속도[m/s]

$\begin{cases} V_A : 공기의 \ 확산속도[m/s] \\ V_B : 할론 \ 1301의 \ 확산속도[m/s] \end{cases}$

M_A, M_B : 분자량

$\begin{cases} M_A : 공기의 \ 분자량 \\ M_B : 할론 \ 1301의 \ 분자량 \end{cases}$

$\frac{V_B}{V_A} = \sqrt{\frac{M_A}{M_B}}$ 는 $\boxed{\frac{V_A}{V_B} = \sqrt{\frac{M_B}{M_A}}}$ 로 쓸 수 있으므로

$\therefore \frac{V_A}{V_B} = \sqrt{\frac{M_B}{M_A}} = \sqrt{\frac{149}{29}} = 2.27배$

답 ①

★★★ 12

17.09.문15
15.03.문16
12.05.문20
12.03.문04

다음 원소 중 할로겐족 원소인 것은?

① Ne
② Ar
③ Cl
④ Xe

해설 할로겐족 원소(할로겐원소)
(1) 불소 : F
(2) 염소 : Cl
(3) 브롬(취소) : Br
(4) 요오드(옥소) : I

기억법 FCIBrI

답 ③

★★★ 13

17.05.문15
14.09.문02
10.03.문11

건물 내 피난동선의 조건으로 옳지 않은 것은?

① 2개 이상의 방향으로 피난할 수 있어야 한다.
② 가급적 단순한 형태로 한다.
③ 통로의 말단은 안전한 장소이어야 한다.
④ 수직동선은 금하고 수평동선만 고려한다.

해설 피난동선의 특성
(1) 가급적 **단순형태**가 좋다.
(2) **수평동선**과 **수직동선**으로 구분한다.
(3) 가급적 **상호 반대방향**으로 다수의 출구와 연결되는 것이 좋다.
(4) 어느 곳에서도 2개 이상의 방향으로 피난할 수 있으며, 그 말단은 화재로부터 안전한 장소이어야 한다.

④ 수직동선과 수평동선을 모두 고려해야 한다.

※ **피난동선** : 복도·통로·계단과 같은 피난전용의 통행구조

답 ④

★★★ 14

14.05.문18
14.03.문11
13.06.문17
11.06.문11

실내화재에서 화재의 최성기에 돌입하기 전에 다량의 가연성 가스가 동시에 연소되면서 급격한 온도상승을 유발하는 현상은?

① 패닉(Panic)현상
② 스택(Stack)현상
③ 파이어볼(Fire Ball)현상
④ 플래쉬오버(Flash Over)현상

해설 플래시오버(flash over) : 순발연소
(1) 폭발적인 착화현상
(2) 폭발적인 **화재확대현상**
(3) 건물화재에서 발생한 가연성 가스가 일시에 인화하여 화염이 **충**만하는 단계
(4) 실내의 가연물이 연소됨에 따라 생성되는 가연성 가스가 실내에 누적되어 **폭**발적으로 연소하여 실 전체가 순간적으로 불길에 싸이는 현상
(5) **옥내화재**가 서서히 진행하여 열이 축적되었다가 일시에 화염이 크게 발생하는 상태
(6) **다량**의 **가연성 가스**가 동시에 연소되면서 **급격**한 온도상승을 유발하는 현상
(7) 건축물에서 한순간에 폭발적으로 화재가 확산되는 현상

기억법 플확충 폭급

• 플래시오버＝플래쉬오버

비교

(1) **패닉(panic)현상**
인간의 비이성적인 또는 부적합한 **공포반응행동**으로서 무모하게 높은 곳에서 뛰어내리는 행위라든지, 몸이 굳어서 움직이지 못하는 행동

(2) **굴뚝효과(stack effect)**
㉠ 건물 내외의 **온도차**에 따른 공기의 흐름현상이다.
㉡ 굴뚝효과는 **고층건물**에서 주로 나타난다.
㉢ 평상시 건물 내의 기류분포를 지배하는 중요 요소이며 화재시 **연기**의 **이동**에 큰 영향을 미친다.
㉣ 건물 외부의 온도가 내부의 온도보다 높은 경우 저층부에서는 내부에서 외부로 공기의 흐름이 생긴다.

(3) **블레비(BLEVE)＝블레이브(BLEVE)현상**
과열상태의 탱크에서 내부의 액화가스가 분출하여 기화되어 폭발하는 현상
㉠ 가연성 액체
㉡ 화구(fire ball)의 형성
㉢ 복사열의 대량 방출

답 ④

★★★ 15 과산화수소와 과염소산의 공통성질이 아닌 것은?

19.09.문44
16.03.문05
15.05.문05
11.10.문03
07.09.문18

① 산화성 액체이다.
② 유기화합물이다.
③ 불연성 물질이다.
④ 비중이 1보다 크다.

해설 위험물령〔별표 1〕
위험물

유 별	성 질	품 명
제**1**류	**산**화성 **고**체	• 아염소산염류 • 염소산염류(**염소산나트륨**) • 과염소산염류 • 질산염류 • 무기과산화물 기억법 **1산고염나**
제2류	가연성 고체	• **황화**린 • **적**린 • **유**황 • **마**그네슘 기억법 **황화적유마**
제3류	자연발화성 물질 및 금수성 물질	• **황**린 • **칼**륨 • **나**트륨 • **알**칼리토금속 • **트**리에틸알루미늄 기억법 **황칼나알트**

제4류	인화성 액체	• 특수인화물 • 석유류(벤젠) • 알코올류 • 동식물유류
제5류	자기반응성 물질	• 유기과산화물 • 니트로화합물 • 니트로소화합물 • 아조화합물 • 질산에스테르류(셀룰로이드)
제6류	산화성 액체	• **과염소산** • **과산화수소** • 질산

중요

제6류 위험물의 공통성질
(1) 대부분 비중이 **1보다 크다.**
(2) **산화성 액체**이다.
(3) **불연성 물질**이다.
(4) 모두 **산소**를 함유하고 있다.
(5) 유기화합물과 혼합하면 산화시킨다.

② 모두 제6류 위험물로서 유기화합물과 혼합하면 산화시킨다.

답 ②

★★★ 16 화재를 소화하는 방법 중 물리적 방법에 의한 소화가 아닌 것은?

17.05.문12
15.09.문15
14.05.문13
13.03.문12
11.03.문16

① 억제소화
② 제거소화
③ 질식소화
④ 냉각소화

해설
물리적 방법에 의한 소화	화학적 방법에 의한 소화
• 질식소화 • 냉각소화 • 제거소화	• 억제소화

① 억제소화 : 화학적 방법

중요

소화방법

소화방법	설 명
냉각소화	• 다량의 물 등을 이용하여 **점화원**을 **냉각**시켜 소화하는 방법 • 다량의 물을 뿌려 소화하는 방법
질식소화	• 공기 중의 **산소농도**를 16%(10~15%) 이하로 희박하게 하여 소화하는 방법
제거소화	• 가연물을 제거하여 소화하는 방법

화학소화 (부촉매효과)	• 연쇄반응을 차단하여 소화하는 방법 (=억제작용)
희석소화	• 고체 · 기체 · 액체에서 나오는 **분해가스**나 **증기**의 **농도**를 낮추어 연소를 중지시키는 방법
유화소화	• 물을 무상으로 방사하여 유류 표면에 **유화층**의 막을 형성시켜 공기의 접촉을 막아 소화하는 방법
피복소화	• 비중이 공기의 **1.5배** 정도로 무거운 소화약제를 방사하여 가연물의 구석구석까지 침투 · 피복하여 소화하는 방법

답 ①

★★★
17 물과 반응하여 가연성 기체를 발생하지 않는 것은?

18.04.문13
15.05.문03
13.03.문03
12.09.문17

① 칼륨
② 인화아연
③ 산화칼슘
④ 탄화알루미늄

해설 분진폭발을 일으키지 않는 물질
물과 반응하여 가연성 기체를 발생하지 않는 것
(1) **시**멘트
(2) **석**회석
(3) **탄**산칼슘($CaCO_3$)
(4) **생**석회(CaO)=**산화칼슘**

기억법 분시석탄생

답 ③

★★★
18 목재건축물의 화재진행과정을 순서대로 나열한 것은?

19.04.문01
11.06.문07
01.09.문02
99.04.문04

① 무염착화－발염착화－발화－최성기
② 무염착화－최성기－발염착화－발화
③ 발염착화－발화－최성기－무염착화
④ 발염착화－최성기－무염착화－발화

해설 목조건축물의 화재진행상황

• 최성기=성기=맹화
• 진화=소화

답 ①

★★
19 다음 물질을 저장하고 있는 장소에서 화재가 발생하였을 때 주수소화가 적합하지 않은 것은?

16.03.문20
07.09.문05

① 적린
② 마그네슘 분말
③ 과염소산칼륨
④ 유황

해설 **주수소화**(물소화)시 **위험**한 **물질**

구 분	현 상
• 무기과산화물	**산소** 발생
• **금**속분 • **마**그네슘(마그네슘 분말) • 알루미늄 • 칼륨 • 나트륨 • 수소화리튬	**수소** 발생
• 가연성 액체의 유류화재	**연소면**(화재면) 확대

기억법 금마수

※ **주수소화** : 물을 뿌려 소화하는 방법

답 ②

★★★
20 다음 중 가연성 가스가 아닌 것은?

17.03.문07
16.10.문03
16.03.문04
14.05.문10
12.09.문08
11.10.문02

① 일산화탄소
② 프로판
③ 아르곤
④ 메탄

해설 **가연성 가스**와 **지연성 가스**

가연성 가스	지연성 가스(**조**연성 가스)
• **수**소 • **메**탄 • **일**산화탄소 • **천**연가스 • **부**탄 • **에**탄 • **암**모니아 • **프**로판	• **산**소 • **공**기 • **염**소 • **오**존 • **불**소

기억법 조산공 염오불

기억법 가수일천 암부 메에프

③ 아르곤 : 불연성 가스

용어

가연성 가스	지연성 가스(조연성 가스)
물질 자체가 연소하는 것	자기 자신은 연소하지 않지만 연소를 도와주는 가스

답 ③

제 2 과목 소방유체역학

21

[17.09.문22]

그림과 같이 수조의 밑부분에 구멍을 뚫고 물을 유량 Q로 방출시키고 있다. 손실을 무시할 때 수위가 처음 높이의 1/2로 되었을 때 방출되는 유량은 어떻게 되는가?

① $\dfrac{1}{\sqrt{2}}Q$ ② $\dfrac{1}{2}Q$

③ $\dfrac{1}{\sqrt{3}}Q$ ④ $\dfrac{1}{3}Q$

해설 (1) **유량**

$$Q = AV \cdots\cdots\cdots\cdots\cdots ㉠$$

여기서, Q : 유량[m³/s]
　　　　A : 단면적[m²]
　　　　V : 유속[m/s]

(2) **유속**(토리첼리의 식)

$$V = \sqrt{2gh} \cdots\cdots\cdots\cdots\cdots ㉡$$

여기서, V : 유속[m/s]
　　　　g : 중력가속도(9.8m/s²)
　　　　h : 높이[m]

㉠식에 ㉡식을 대입하면

$$Q = AV = A\sqrt{2gh} \propto \sqrt{h}$$

$$Q \propto \sqrt{h} = \sqrt{\frac{1}{2}} = \frac{1}{\sqrt{2}}$$

∴ 수위가 처음 높이의 $\dfrac{1}{2}$로 되면 $\boxed{Q' = \dfrac{1}{\sqrt{2}}Q}$ 가

된다.

답 ①

22

[12.09.문30]

다음 중 등엔트로피 과정은 어느 과정인가?

① 가역단열 과정 ② 가역등온 과정
③ 비가역단열 과정 ④ 비가역등온 과정

해설 **엔트로피**(ΔS)

가역단열 과정	비가역단열 과정
$\Delta S = 0$	$\Delta S > 0$

● 등엔트로피 과정 = 가역단열 과정($\Delta S = 0$)

답 ①

23

[19.09.문31]
[15.05.문21]
[08.09.문30]

비중이 0.95인 액체가 흐르는 곳에 그림과 같이 피토튜브를 직각으로 설치하였을 때 h가 150mm, H가 30mm로 나타났다. 점 1위치에서의 유속 [m/s]은?

① 0.8 ② 1.6
③ 3.2 ④ 4.2

해설 (1) **기호**

● s : 0.95
● h : 150mm=0.15m(1000mm=1m)
● H : 30mm=0.03m(1000mm=1m)
● V : ?

(2) **피토관**(pitot tube)

$$V = C_V\sqrt{2gH}$$

여기서, V : 유속[m/s]
　　　　C_V : 속도계수
　　　　g : 중력가속도(9.8m/s²)
　　　　H : 높이[m]

유속 V는

$$V = C_V\sqrt{2gH} = \sqrt{2 \times 9.8\,\text{m/s}^2 \times 0.03\,\text{m}} = 0.76 ≒ 0.8$$

● h : 적용할 필요 없음
● C_V : 주어지지 않았으므로 무시
● s : 이 문제에서 비중은 적용되지 않음
● 피토튜브=피토관

답 ①

24

[14.03.문22]

어떤 밀폐계가 압력 200kPa, 체적 0.1m³인 상태에서 100kPa, 0.3m³인 상태까지 가역적으로 팽창하였다. 이 과정이 $P-V$선도에서 직선으로 표시된다면 이 과정 동안에 계가 한 일[kJ]은?

① 20 ② 30
③ 45 ④ 60

해설 (1) **기호**

● P_1 : 200kPa
● V_1 : 0.1m³
● P_2 : 100kPa
● V_2 : 0.3m³
● $_1W_2$: ?

(2) 일

$$_1W_2 = \int_1^2 PdV = P(V_2 - V_1)$$

여기서, $_1W_2$: 상태가 1에서 2까지 변화할 때의 일[kJ]
P : 압력[kPa]
dV, $(V_2 - V_1)$: 체적변화[m³]
일 $_1W_2 = P(V_2 - V_1)$

$$= \frac{(200+100)\text{kPa}}{2}(0.3-0.1)\text{m}^3$$
$$= 30\text{kPa} \cdot \text{m}^3$$
$$= 30\text{kJ}$$

- P : 문제에서 직선으로 표시되므로 평균값 적용

$$P = \frac{(200+100)\text{kPa}}{2}$$

- 1kJ=1kPa · m³

답 ②

★★★ 25 유체에 관한 설명으로 틀린 것은?

16.10.문28
14.09.문40
00.10.문40

① 실제유체는 유동할 때 마찰로 인한 손실이 생긴다.
② 이상유체는 높은 압력에서 밀도가 변화하는 유체이다.
③ 유체에 압력을 가하면 체적이 줄어드는 유체는 압축성 유체이다.
④ 전단력을 받았을 때 저항하지 못하고 연속적으로 변형하는 물질을 유체라 한다.

해설 실제유체 vs 이상유체

실제유체	이상유체
• 점성이 있으며, 압축성인 유체	• 점성이 없으며, 비압축성인 유체
• 유동시 마찰이 존재하는 유체	• 밀도가 변화하지 않는 유체

용어

유체와 압축성 유체

구 분	설 명
유체	전단력을 받았을 때 저항하지 못하고 연속적으로 변형하는 물질이다.
압축성 유체	유체에 압력을 가하면 체적이 줄어드는 유체이다.

답 ②

★ 26 대기압에서 10℃의 물 10kg을 70℃까지 가열할 경우 엔트로피 증가량[kJ/K]은? (단, 물의 정압비열은 4.18kJ/kg · K이다.)

① 0.43
② 8.03
③ 81.3
④ 2508.1

해설 (1) 기호

- T_1 : 10℃=(273+10)K
- m : 10kg
- T_2 : 70℃=(273+70)K
- ΔS : ?
- C_p : 4.18kJ/kg · K

(2) 엔트로피 증가량

$$\Delta S = C_p m \ln \frac{T_2}{T_1}$$

여기서, ΔS : 엔트로피 증가량[kJ/K]
C_p : 정압비열[kJ/kg · K]
m : 질량[kg]
T_1 : 변화 전 온도(273+℃)K
T_2 : 변화 후 온도(273+℃)K

엔트로피 증가량 ΔS는

$$\Delta S = C_p m \ln \frac{T_2}{T_1}$$
$$= 4.18\text{kJ/kg} \cdot \text{K} \times 10\text{kg} \times \ln \frac{(273+70)\text{K}}{(273+10)\text{K}}$$
$$\fallingdotseq 8.03\text{kJ/K}$$

답 ②

★ 27 물속에 수직으로 완전히 잠긴 원판의 도심과 압력 중심 사이의 최대거리는 얼마인가? (단, 원판의 반지름은 R이며, 이 원판의 면적 관성모멘트는 $I_{xc} = \pi R^4/4$이다.)

① $\frac{R}{8}$
② $\frac{R}{4}$
③ $\frac{R}{2}$
④ $\frac{2R}{3}$

해설 (1) 기호

- $I_{xc} = \frac{\pi R^4}{4}$[m⁴]
- $y_p - \bar{y}$: ?

(2) 도심과 압력 중심 사이의 거리

$$y_p - \bar{y} = \frac{I_{xc}}{AR}$$

여기서, y_p : 압력 중심의 거리[m]
$\bar{y}$: 도심의 거리[m]
I_{xc} : 면적 관성모멘트[m⁴]
A : 단면적[m²]
R : 반지름[m]

도심과 압력 중심 사이의 거리 $y_p - \bar{y}$는

$$y_p - \bar{y} = \frac{I_{xc}}{AR} = \frac{\frac{\pi R^4}{4}}{\pi R^2 \times R} = \frac{\pi R^4}{4\pi R^3} = \frac{R}{4}\text{[m]}$$

답 ②

28

19.04.문33
15.05.문29
15.05.문30
12.09.문35

점성계수가 0.101N · s/m², 비중이 0.85인 기름이 내경 300mm, 길이 3km의 주철관 내부를 0.0444m³/s의 유량으로 흐를 때 손실수두[m]는?

① 7.1
② 7.7
③ 8.1
④ 8.9

해설 **(1) 기호**

- μ : 0.101N · s/m²
- s : 0.85
- D : 300mm=0.3m(1000mm=1m)
- L : 3km=3000m(1km=1000m)
- Q : 0.0444m³/s
- H : ?

(2) 유량

$$Q = AV = \left(\frac{\pi}{4}D^2\right)V$$

여기서, Q : 유량[m³/s]
　　　　A : 단면적[m²]
　　　　V : 유속[m/s]
　　　　D : 직경(내경)[m]

유속 V는

$$V = \frac{Q}{A} = \frac{Q}{\frac{\pi}{4}D^2} = \frac{0.0444m^3/s}{\frac{\pi}{4}\times(0.3m)^2} ≒ 0.628m/s$$

(3) 비중

$$s = \frac{\rho}{\rho_w}$$

여기서, s : 비중
　　　　ρ : 어떤 물질의 밀도(기름의 밀도)[kg/m³]
　　　　ρ_w : 표준물질의 밀도(물의 밀도 1000kg/m³)

기름의 밀도 ρ는

$$\rho = s \cdot \rho_w = 0.85\times1000kg/m^3 = 850kg/m^3$$
$$= 850N \cdot s^2/m^4 (1kg/m^3 = 1N \cdot s^2/m^4)$$

(4) 레이놀즈수

$$Re = \frac{DV\rho}{\mu}$$

여기서, Re : 레이놀즈수
　　　　D : 내경(직경)[m]
　　　　V : 유속[m/s]
　　　　ρ : 밀도[kg/m³]
　　　　μ : 점성계수(점도)[kg/m · s] 또는 [N · s/m²]

레이놀즈수 Re는

$$Re = \frac{DV\rho}{\mu}$$
$$= \frac{0.3m\times0.628m/s\times850N \cdot s^2/m^4}{0.101N \cdot s/m^2} ≒ 1585.5$$

(5) 관마찰계수

$$f = \frac{64}{Re}$$

여기서, f : 관마찰계수
　　　　Re : 레이놀즈수

관마찰계수 f는

$$f = \frac{64}{Re} = \frac{64}{1585.5} ≒ 0.04$$

(6) 마찰손실(손실수두)

$$H = \frac{fLV^2}{2gD}$$

여기서, H : 마찰손실[m]
　　　　f : 관마찰계수
　　　　L : 길이[m]
　　　　V : 유속[m/s]
　　　　g : 중력가속도(9.8m/s²)
　　　　D : 내경[m]

마찰손실 H는

$$H = \frac{fLV^2}{2gD} = \frac{0.04\times3000m\times(0.628m/s)^2}{2\times9.8m/s^2\times0.3m} = 8.048m$$
$$≒ 8.1m$$

답 ③

 29

16.10.문34
09.05.문40

그림과 같은 곡관에 물이 흐르고 있을 때 계기압력으로 P_1이 98kPa이고, P_2가 29.42kPa이면 이 곡관을 고정시키는 데 필요한 힘[N]은? (단, 높이차 및 모든 손실은 무시한다.)

① 4141
② 4314
③ 4565
④ 4744

해설 **(1) 기호**

- P_1 : 98kPa=98kN/m²(1kPa=1kN/m²)
- P_2 : 29.42kPa=29.42kN/m²(1kPa=1kN/m²)
- F : ?
- D_1 : 200mm=0.2m(1000mm=1m)
- D_2 : 100mm=0.1m(1000mm=1m)

(2) 비압축성 유체

$$\frac{V_1}{V_2} = \frac{A_2}{A_1} = \left(\frac{D_2}{D_1}\right)^2$$

여기서, V_1, V_2 : 유속[m/s]
　　　　A_1, A_2 : 단면적[m²]
　　　　D_1, D_2 : 직경[m]

$$V_2 = \left(\frac{D_1}{D_2}\right)^2 \times V_1 = \left(\frac{0.2m}{0.1m}\right)^2 \times V_1 = 4V_1$$

(3) 베르누이 방정식

$$\frac{V_1^2}{2g} + \frac{P_1}{\gamma} + Z_1 = \frac{V_2^2}{2g} + \frac{P_2}{\gamma} + Z_2$$

여기서, V : 유속[m/s]

P : 압력[N/m²]

Z : 높이[m]

g : 중력가속도(9.8m/s²)

γ : 비중량(물의 비중량 9.8kN/m³)

단서에서 **높이차**를 **무시**하라고 하였으므로

$$\frac{V_1^2}{2g} + \frac{P_1}{\gamma} = \frac{V_2^2}{2g} + \frac{P_2}{\gamma}$$

$$\frac{V_1^2}{2 \times 9.8 \text{m/s}^2} + \frac{98\text{kN/m}^2}{9.8\text{kN/m}^3} = \frac{(4\text{V}_1)^2}{2 \times 9.8\text{m/s}^2} + \frac{29.42\text{kN/m}^2}{9.8\text{kN/m}^3}$$

$$\frac{V_1^2}{2 \times 9.8\text{m/s}^2} + 10\text{m} = \frac{16\,V_1^2}{2 \times 9.8\text{m/s}^2} + 3.002\text{m}$$

$$10\text{m} - 3.002\text{m} = \frac{16\,V_1^2}{2 \times 9.8\text{m/s}^2} - \frac{V_1^2}{2 \times 9.8\text{m/s}^2}$$

$$6.998\text{m} = \frac{15\,V_1^2}{2 \times 9.8\text{m/s}^2}$$

$6.998 \times (2 \times 9.8) = 15\,V_1^2$ ← 계산편의를 위해 단위 생략

$137.16 = 15\,V_1^2$

$15\,V_1^2 = 137.16$

$$V_1^2 = \frac{137.16}{15}$$

$$V_1 = \sqrt{\frac{137.16}{15}} = 3.023\text{m/s}$$

$V_2 = 4\,V_1 = 4 \times 3.023\text{m/s} = 12.092\text{m/s}$

(4) 유량

$$Q = AV$$

여기서, Q : 유량[m³/s]

A : 단면적[m²]

V : 유속[m/s]

유량 Q_1 는

$$Q_1 = A_1 V_1 = \left(\frac{\pi D_1^2}{4}\right) V_1$$

$$= \left(\frac{\pi}{4} \times 0.2^2\right)\text{m}^2 \times 3.023\text{m/s} \fallingdotseq 0.0949\text{m}^3/\text{s}$$

(5) 힘

$$F = P_1 A_1 - P_2 A_2 + \rho Q(V_1 - V_2)$$

여기서, F : 힘[N]

P : 압력[N/m²]

A : 단면적[m²]

ρ : 밀도(물의 밀도 1000N · s²/m⁴)

Q : 유량[m³/s]

V : 유속[m/s]

$$F = P_1 A_1 - P_2 A_2 + \rho Q_1 (V_1 - V_2)$$ 에서

힘의 방향을 고려하여 재정리하면

$F = P_1 A_1 + P_2 A_2 - \rho Q_1 (-V_2 - V_1)$

$$= 98000\text{N/m}^2 \times \left(\frac{\pi}{4} \times 0.2^2\right)\text{m}^2 + 29420\text{N/m}^2$$

$$\times \left(\frac{\pi}{4} \times 0.1^2\right)\text{m}^2 - 1000\text{N} \cdot \text{s}^2/\text{m}^4 \times 0.0949\text{m}^3/\text{s}$$

$$\times (-12.092 - 3.023)\text{m/s}$$

$\fallingdotseq 4744\text{N}$

답 ④

★★★
30 물의 체적을 5% 감소시키려면 얼마의 압력[kPa]을 가하여야 하는가? (단, 물의 압축률은 $5 \times 10^{-10}\text{m}^2/\text{N}$이다.)

19.09.문27
16.03.문37
15.09.문31
14.05.문36
11.06.문23
10.09.문36

① 1
② 10^2
③ 10^4
④ 10^5

해설 (1) 기호

- $\dfrac{\Delta V}{V}$: 5% = 0.05
- ΔP : ?
- β : $5 \times 10^{-10}\text{m}^2/\text{N}$

(2) 압축률

$$\beta = \frac{1}{K}$$

여기서, β : 압축률[1/Pa]

K : 체적탄성계수[Pa]

체적탄성계수 K는

$$K = \frac{1}{\beta} = \frac{1}{5 \times 10^{-10}\text{m}^2/\text{N}}$$

$$= 2000000000\text{N/m}^2 = 2000000\text{kN/m}^2$$

$$= 2000000\text{kPa}(1\text{kN/m}^2 = 1\text{kPa})$$

(3) 체적탄성계수

$$K = -\frac{\Delta P}{\dfrac{\Delta V}{V}}$$

여기서, K : 체적탄성계수[kPa]

ΔP : 가해진 압력[kPa]

$\dfrac{\Delta V}{V}$: 체적의 감소율

- −는 압력의 방향을 나타내는 것으로 특별한 의미를 갖지 않아도 된다.

가해진 압력 ΔP는

$$\Delta P = K \times \frac{\Delta V}{V}$$

$$= 2000000\text{kPa} \times 0.05 = 100000\text{kPa} = 10^5\text{kPa}$$

중요

체적탄성계수
(1) 체적탄성계수는 **압력**의 차원을 가진다.
(2) 체적탄성계수가 큰 기체는 압축하기가 **어렵다.**
(3) 체적탄성계수의 **역수**를 압축률이라고 한다.
(4) 이상기체를 등온압축시킬 때 체적탄성계수는 **절대압력**과 같은 값이다.

답 ④

31 ★★★
15.03.문26
12.09.문36
10.05.문32

옥내소화전에서 노즐의 직경이 2cm이고, 방수량이 0.5m³/min라면 방수압(계기압력)[kPa]은?

① 35.18   ② 351.8
③ 566.4   ④ 56.64

해설 (1) **기호**

- D : 2cm=20mm(1cm=10mm)
- Q : 0.5m³/min=500L/min(1m³=1000L)
- P : ?

(2) **방수량**

$$Q=0.653D^2\sqrt{10P}=0.6597CD^2\sqrt{10P}$$

여기서, Q : 방수량[L/min]
D : 구경(직경)[mm]
P : 방수압(계기압력)[MPa]
C : 유량계수(노즐의 흐름계수)

$Q=0.653D^2\sqrt{10P}$

$Q^2=(0.653D^2\sqrt{10P})^2$ ← 양변에 제곱을 함

$Q^2=0.4264D^4\times10P$

$\dfrac{Q^2}{0.4264D^4}=10P$

$\dfrac{Q^2}{10\times0.4264D^4}=P$

$\dfrac{Q^2}{4.264D^4}=P$

$P=\dfrac{Q^2}{4.264D^4}=\dfrac{(500\text{L/min})^2}{4.264\times(20\text{mm})^4}$

$=0.3664\text{MPa}=366.4\text{kPa}$

- 1MPa=10⁶Pa, 1kPa=10³Pa이므로 1MPa=1000kPa

∴ 근사값인 351.8kPa이 정답

답 ②

32 ★★
14.03.문36
10.05.문30

공기 중에서 무게가 941N인 돌이 물속에서 500N이라면 이 돌의 체적[m³]은? (단, 공기의 부력은 무시한다.)

① 0.012   ② 0.028
③ 0.034   ④ 0.045

해설 (1) **기호**

- $G_공$: 941N
- $G_물$: 500N
- V : ?

(2) **부력**

$$F_B=\gamma V$$

여기서, F_B : 부력[N]
γ : 비중량(물의 비중량 9800N/m³)
V : 물체가 잠긴 체적[m³]

부력 $F_B=G_공-G_물=941\text{N}-500\text{N}=441\text{N}$

$F_B=\gamma V$ 에서

돌의 체적 V 는

$V=\dfrac{F_B}{\gamma}=\dfrac{441\text{N}}{9800\text{N/m}^3}=0.045\text{m}^3$

답 ④

33 ★★★
17.09.문23
17.03.문29
13.03.문26
13.03.문37

그림과 같이 비중이 0.8인 기름이 흐르고 있는 관에 U자관이 설치되어 있다. A점에서의 계기압력이 200kPa일 때 높이 h[m]는 얼마인가? (단, U자관 내의 유체의 비중은 13.6이다.)

① 1.42   ② 1.56
③ 2.43   ④ 3.20

해설 (1) **기호**

- s : 0.8
- s' : 13.6
- ΔP : 200kPa=200kN/m²(1kPa=1kN/m²)
- $R(h)$: ?

(2) **비중**

$$s=\dfrac{\gamma}{\gamma_w}$$

여기서, s : 비중
γ : 어떤 물질의 비중량[kN/m³]
γ_w : 물의 비중량(9.8kN/m³)

비중량 $\gamma=s\times\gamma_w=0.8\times9.8\text{kN/m}^3=7.84\text{kN/m}^3$

비중량 $\gamma'=s'\times\gamma_w=13.6\times9.8\text{kN/m}^3$

$=133.28\text{kN/m}^3$

(3) **압력차**

$$\Delta P=p_2-p_1=R(\gamma-\gamma_w)$$

여기서, ΔP : U자관 마노미터의 압력차[Pa] 또는 [N/m²]
p_2 : 출구압력[Pa] 또는 [N/m²]
p_1 : 입구압력[Pa] 또는 [N/m²]
R : 마노미터 읽음[m]
γ : 어떤 물질의 비중량[N/m³]
γ_w : 물의 비중량(9800N/m³)

압력차 $\Delta P=R(\gamma-\gamma_w)$를 문제에 맞게 변형하면 다음과 같다.

$\Delta P = R(\gamma' - \gamma)$

높이(마노미터 읽음) R는

$$R = \frac{\Delta P}{\gamma' - \gamma} = \frac{200 \text{kN/m}^2}{(133.28 - 7.84) \text{kN/m}^3} = 1.59 \text{m}$$

∴ 근사값인 1.56m가 정답

답 ②

34 열전달면적이 A이고 온도차가 10℃, 벽의 열
[17.09.문29] 전도율이 10W/m · K, 두께 25cm인 벽을 통한 열
류량은 100W이다. 동일한 열전달면적에서 온도
차가 2배, 벽의 열전도율이 4배가 되고 벽의
두께가 2배가 되는 경우 열류량〔W〕은 얼마인가?

① 50　　　　　　② 200
③ 400　　　　　　④ 800

해설 (1) 기호

- $(T_2 - T_1)$: 10℃
- k : 10W/m · K
- l : 25cm=0.25m(100cm=1m)
- $\mathring{q}$: 100W
- $\mathring{q}'$: ?

(2) **전도 열전달**

$$\mathring{q} = \frac{kA(T_2 - T_1)}{l}$$

여기서, $\mathring{q}$: 열전달량〔W〕
　　　　k : 열전도율〔W/m · K〕
　　　　A : 단면적〔m²〕
　　　　$(T_2 - T_1)$: 온도차〔℃〕 또는 〔K〕
　　　　l : 두께〔m〕

- 열전달량=열전달률=열류량
- 열전도율=열전달계수

열전달면적 A는

$$A = \frac{\mathring{q}l}{k(T_2 - T_1)} = \frac{100 \text{W} \times 0.25 \text{m}}{10 \text{W/m} \cdot \text{K} \times 10 \text{℃}}$$

$$= \frac{100 \text{W} \times 0.25 \text{m}}{10 \text{W/m} \cdot \text{K} \times 10 \text{K}} = 0.25 \text{m}^2$$

- 온도차는 ℃로 나타내던지 K로 나타내던지 계산해 보면 값은 같다. 그러므로 여기서는 단위를 일치시키기 위해 K로 쓰기로 한다.

$(T_2 - T_1)' = 2(T_2 - T_1) = 2 \times 10 \text{℃} = 20 \text{℃}$
$k' = 4k = 4 \times 10 \text{W/m} \cdot \text{K} = 40 \text{W/m} \cdot \text{K}$

$l' = 2l = 2 \times 0.25 \text{m} = 0.5 \text{m}$

열류량 $\mathring{q}'$는

$$\mathring{q}' = \frac{k'A(T_2 - T_1)'}{l'}$$

$$= \frac{40 \text{W/m} \cdot \text{K} \times 0.25 \text{m}^2 \times 20 \text{℃}}{0.5 \text{m}}$$

$$= \frac{40 \text{W/m} \cdot \text{K} \times 0.25 \text{m}^2 \times 20 \text{K}}{0.5 \text{m}} = 400 \text{W}$$

답 ③

★★★
35 지름 40cm인 소방용 배관에 물이 80kg/s로 흐
[19.09.문32] 르고 있다면 물의 유속〔m/s〕은?
[19.03.문25]
[17.05.문30]　① 6.4
[17.03.문37]
[16.03.문40]　② 0.64
[15.09.문22]
[11.06.문33]　③ 12.7
[10.03.문36]
(산업)　　④ 1.27

해설 (1) 기호

- D : 40cm=0.4m(100cm=1m)
- $\overline{m}$: 80kg/s
- V : ?

(2) **질량유량**(mass flowrate)

$$\overline{m} = AV\rho = \left(\frac{\pi D^2}{4}\right)V\rho$$

여기서, $\overline{m}$: 질량유량〔kg/s〕
　　　　A : 단면적〔m²〕
　　　　V : 유속〔m/s〕
　　　　ρ : 밀도(물의 밀도 **1000kg/m³**)
　　　　D : 직경〔m〕

유속 V는

$$V = \frac{\overline{m}}{\frac{\pi D^2}{4}\rho} = \frac{80 \text{kg/s}}{\frac{\pi \times (0.4 \text{m})^2}{4} \times 1000 \text{kg/m}^3} = 0.64 \text{m/s}$$

답 ②

★
36 지름이 400mm인 베어링이 400rpm으로 회전
[16.05.문36] 하고 있을 때 마찰에 의한 손실동력〔kW〕은? (단,
베어링과 축 사이에는 점성계수가 0.049N · s/m²
인 기름이 차 있다.)

① 15.1　　　　　　② 15.6
③ 16.3　　　　　　④ 17.3

해설 **(1) 기호**

- D : 400mm=0.4m(1000mm=1m)
- N : 400rpm
- P : ?
- μ : 0.049N·s/m^2
- L : 1m(그림에 주어짐)
- C : 0.25mm=0.00025m(1000mm=1m)(그림에 주어짐)

(2) 속도

$$V = \frac{\pi DN}{60}$$

여기서, V : 속도[m/s]
　　　　D : 직경[m]
　　　　N : 회전수[rpm]

속도 V는

$$V = \frac{\pi DN}{60} = \frac{\pi \times 0.4\text{m} \times 400\text{rpm}}{60} ≒ 8.38\text{m/s}$$

(3) 힘

$$F = \mu \frac{V}{C}A = \mu \frac{V}{C}\pi DL$$

여기서, F : 힘[N]
　　　　μ : 점성계수[N·s/m^2]
　　　　V : 속도[m/s]
　　　　C : 틈새간격[m]
　　　　A : 면적[m^2]($=\pi DL$)
　　　　D : 직경[m]
　　　　L : 길이[m]

힘 F는
$$F = \mu \frac{V}{C}\pi DL$$

$$= 0.049\text{N·s/m}^2 \times \frac{8.38\text{m/s}}{0.00025\text{m}} \times \pi \times 0.4\text{m} \times 1\text{m}$$

$$≒ 2064\text{N}$$

(4) 손실동력

$$P = FV$$

여기서, P : 손실동력[kW]
　　　　F : 힘[N]
　　　　V : 속도[m/s]

손실동력 P는
$P = FV = 2064\text{N} \times 8.38\text{m/s} ≒ 17300\text{N·m}$
$\qquad = 17300\text{J/s} (1\text{J}=1\text{N·m})$
$\qquad = 17300\text{W} (1\text{W}=1\text{J/s})$
$\qquad = 17.3\text{kW} (1\text{kW}=1000\text{W})$

답 ④

★
37 12층 건물의 지하 1층에 제연설비용 배연기를
16.10.문38 설치하였다. 이 배연기의 풍량은 500m^3/min이고, 풍압이 290Pa일 때 배연기의 동력[kW]은? (단, 배연기의 효율은 60%이다.)

① 3.55
② 4.03
③ 5.55
④ 6.11

해설 **(1) 기호**

- Q : 500m^3/min
- P_T : 290Pa $= \dfrac{290\text{Pa}}{101325\text{Pa}} \times 10332\text{mmH}_2\text{O}$
  　　　　$≒ 29.57\text{mmH}_2\text{O}$

> **표준대기압**
> 1atm=760mmHg
> 　　　=1.0332kg$_f$/cm^2
> 　　　=10.332mH$_2$O(mAq)
> 　　　=14.7PSI(lb$_f$/in^2)
> 　　　=101.325kPa(kN/m^2)
> 　　　=1013mbar

> 101.325kPa=101325Pa=10.332mH$_2$O=10332mmH$_2$O

- P : ?
- η : 60%=0.6

(2) 축동력(배연기동력)

$$P = \frac{P_T Q}{102 \times 60\eta}$$

여기서, P : 축동력[kW]
　　　　P_T : 전압(풍압)[mmAq] 또는 [mmH$_2$O]
　　　　Q : 풍량[m^3/min]
　　　　η : 효율

축동력 P는
$$P = \frac{P_T Q}{102 \times 60\eta} = \frac{29.57\text{mmH}_2\text{O} \times 500\text{m}^3/\text{min}}{102 \times 60 \times 0.6}$$
$$= 4.026 ≒ 4.03\text{kW}$$

🌱 **용어**

축동력
전달계수(K)를 고려하지 않은 동력

답 ②

★
38 다음 중 배관의 출구측 형상에 따라 손실계수가
18.04.문40 가장 큰 것은?

㉠ 돌출 출구	
㉡ 사각모서리 출구	
㉢ 둥근 출구	

① ㉠
② ㉡
③ ㉢
④ 모두 같다.

해설 ④ 출구측 손실계수는 형상에 관계없이 **모두 같다.**

비교

입구측 손실계수

입구 유동조건	손실계수
잘 다듬어진 모서리(많이 둥근 모서리)	0.04
약간 둥근 모서리(조금 둥근 모서리)	0.2
날카로운 모서리(직각 모서리, 사각 모서리)	0.5
돌출 입구	0.8

답 ④

★★★
39 원관 내에 유체가 흐를 때 유동의 특성을 결정하는 가장 중요한 요소는?

18.03.문22
14.05.문35
12.03.문28
07.09.문30
06.09.문26
06.05.문37
03.05.문25

① 관성력과 점성력
② 압력과 관성력
③ 중력과 압력
④ 압력과 점성력

해설 레이놀즈수
원관 내에 유체가 흐를 때 유동의 특성을 결정하는 가장 중요한 요소

요소의 물리적 의미

명 칭	물리적 의미	비 고
레이놀즈 (Reynolds)수	**관**성력 **점**성력	–
프루드 (Froude)수	관성력 중력	–
마하 (Mach)수	관성력 압축력	$\dfrac{V}{C}$ 여기서, V : 유속[m/s] C : 음속[m/s]
코우시스 (Cauchy)수	관성력 탄성력	$\dfrac{\rho V^2}{k}$ 여기서, ρ : 밀도[N·s²/m⁴] k : 탄성계수[Pa] 또는 [N/m²] V : 유속[m/s]
웨버 (Weber)수	관성력 표면장력	–
오일러 (Euler)수	압축력 관성력	–

기억법 레관점

답 ①

★
40 토출량이 1800L/min, 회전차의 회전수가 1000rpm인 소화펌프의 회전수를 1400rpm으로 증가시키면 토출량은 처음보다 얼마나 더 증가되는가?

16.10.문35

① 10%
② 20%
③ 30%
④ 40%

해설 (1) 기호

- Q_1 : 1800L/min
- N_1 : 1000rpm
- N_2 : 1400rpm
- Q_2 : ?

(2) 유량, 양정, 축동력

㉠ 유량

$$Q_2 = Q_1\left(\frac{N_2}{N_1}\right) \text{ 또는 } Q_2 = Q_1\left(\frac{N_2}{N_1}\right)\left(\frac{D_2}{D_1}\right)^3$$

㉡ 양정(수두)

$$H_2 = H_1\left(\frac{N_2}{N_1}\right)^2 \text{ 또는 } H_2 = H_1\left(\frac{N_2}{N_1}\right)^2\left(\frac{D_2}{D_1}\right)^2$$

㉢ 축동력

$$P_2 = P_1\left(\frac{N_2}{N_1}\right)^3 \text{ 또는 } P_2 = P_1\left(\frac{N_2}{N_1}\right)^3\left(\frac{D_2}{D_1}\right)^5$$

여기서, Q_2 : 변경 후 유량[m³/min] 또는 [L/min]
Q_1 : 변경 전 유량[m³/min] 또는 [L/min]
H_2 : 변경 후 양정[m]
H_1 : 변경 전 양정[m]
P_2 : 변경 후 축동력[kW]
P_1 : 변경 전 축동력[kW]
N_2 : 변경 후 회전수[rpm]
N_1 : 변경 전 회전수[rpm]
D_2 : 변경 후 관경[mm]
D_1 : 변경 전 관경[mm]

변경 후 유량(토출량) Q_2는

$$Q_2 = Q_1\left(\frac{N_2}{N_1}\right)$$
$$= 1800\text{L/min} \times \left(\frac{1400\text{rpm}}{1000\text{rpm}}\right)$$
$$= 2520\text{L/min}$$

$$\frac{Q_2}{Q_1} = \frac{2520\text{L/min}}{1800\text{L/min}} = 1.4 = 140\%(\therefore\ 40\%\ 증가)$$

답 ④

제3과목 소방관계법규

41
[17.09.문42]

위험물안전관리법령상 위험물 중 제1석유류에 속하는 것은?

① 경유 　　　　 ② 등유
③ 중유 　　　　 ④ 아세톤

해설 **위험물령** 〔별표 1〕
제4류 위험물

성질	품명		지정수량	대표물질
인화성 액체	특수인화물		50L	• 디에틸에테르 • 이황화탄소
	제1 석유류	비수용성	200L	• 휘발유 • 콜로디온
		수용성	**4**00L	• **아세톤** 기억법 **수4**
	알코올류		400L	• 변성알코올
	제2 석유류	비수용성	1000L	• 등유 • 경유
		수용성	2000L	• 아세트산
	제3 석유류	비수용성	2000L	• 중유 • 클레오소트유
		수용성	4000L	• 글리세린
	제4석유류		6000L	• 기어유 • 실린더유
	동식물유류		10000L	• 아마인유

① 제2석유류
② 제2석유류
③ 제3석유류

답 ④

42
[16.05.문55]
[12.05.문45]

소방시설 설치 및 관리에 관한 법령상 소방시설 등의 자체점검 중 종합점검을 받아야 하는 특정소방대상물 대상 기준으로 틀린 것은?

① 제연설비가 설치된 터널
② 스프링클러설비가 설치된 특정소방대상물
③ 공공기관 중 연면적이 1000m² 이상인 것으로서 옥내소화전설비 또는 자동화재탐지설비가 설치된 것(단, 소방대가 근무하는 공공기관은 제외한다.)
④ 호스릴방식의 물분무등소화설비만이 설치된 연면적 5000m² 이상인 특정소방대상물(단, 위험물제조소 등은 제외한다.)

해설 **소방시설법 시행규칙** 〔별표 3〕
소방시설 등 자체점검의 구분과 대상, 점검자의 자격

점검구분	정의	점검대상	점검자의 자격 (주된 인력)
작동점검	소방시설 등을 인위적으로 조작하여 정상적으로 작동하는지를 점검하는 것	① 간이스프링클러설비 ② 자동화재탐지설비	① 관계인 ② 소방안전관리자로 선임된 **소방시설관리사 또는 소방기술사** ③ 소방시설관리업에 등록된 소방시설관리사 또는 **특급점검자**
		③ 간이스프링클러설비 또는 자동화재탐지설비가 미설치된 특정소방대상물	① 소방시설관리업에 등록된 기술인력 중 소방시설관리사 ② 소방안전관리자로 선임된 소방시설관리사 또는 소방기술사
	④ **작동점검**대상 **제외** 　㉠ 특정소방대상물 중 소방안전관리자를 선임하지 않는 대상 　㉡ **위험물제조소** 등 　㉢ **특급**소방안전관리대상물		
종합점검	소방시설 등의 작동점검을 포함하여 소방시설 등의 설비별 주요구성부품의 구조기준이 관련법령에서 정하는 기준에 적합한지 여부를 점검하는 것 (1)최초점검 : 특정소방대상물의 소방시설이 새로 설치되는 경우 건축물을 사용할 수 있게 된 날부터 60일 이내 점검하는 것 (2)그 밖의 종합점검 : 최초점검을 제외한 종합점검	① 소방시설등이 신설된 경우에 해당하는 특정소방대상물 ② **스프링클러설비**가 설치된 특정소방대상물 ③ **물분무등소화설비**(호스릴방식의 물분무등소화설비만을 설치한 경우는 제외)가 설치된 연면적 **5000m²** 이상인 특정소방대상물(위험물제조소 등 제외) 보기 ④ ④ 다중이용업의 영업장이 설치된 특정소방대상물로서 연면적이 2000m² 이상인 것 ⑤ 제연설비가 설치된 터널 ⑥ 공공기관 중 연면적(터널·지하구의 경우 그 길이와 평균폭을 곱하여 계산된 값을 말한다)이 **1000m²** 이상인 것으로서 옥내소화전설비 또는 자동화재탐지설비가 설치된 것(단, 소방대가 근무하는 공공기관 제외)	① 소방시설관리업에 등록된 기술인력 중 소방시설관리사 ② 소방안전관리자로 선임된 소방시설관리사 또는 소방기술사

④ 호스릴방식의 물분무등소화설비만을 설치한 경우는 제외

답 ④

★★ 43
18.03.문55
11.03.문44

소방시설 설치 및 관리에 관한 법령상 소방시설이 아닌 것은?

① 소방설비
② 경보설비
③ 방화설비
④ 소화활동설비

해설 소방시설법 2조
정의

용어	뜻
소방시설	**소화설비, 경보설비, 피난구조설비, 소화용수설비**, 그 밖에 **소화활동설비**로서 **대통령령**으로 정하는 것
소방시설 등	**소방시설**과 **비상구**, 그 밖에 소방 관련 시설로서 **대통령령**으로 정하는 것
특정소방대상물	건축물 등의 규모·용도 및 수용인원 등을 고려하여 **소방시설**을 **설치**하여야 하는 소방대상물로서 **대통령령**으로 정하는 것
소방용품	소방시설 등을 구성하거나 소방용으로 사용되는 **제품** 또는 **기기**로서 **대통령령**으로 정하는 것

③ 해당 없음

답 ③

★★★ 44
19.03.문56
18.04.문43
17.05.문48

소방기본법상 소방대장의 권한이 아닌 것은 어느 것인가?

① 소방활동을 할 때에 긴급한 경우에는 이웃한 소방본부장 또는 소방서장에게 소방업무의 응원을 요청할 수 있다.

② 화재, 재난·재해, 그 밖의 위급한 상황이 발생한 현장에서 소방활동을 위하여 필요할 때에는 그 관할구역에 사는 사람 또는 그 현장에 있는 사람으로 하여금 사람을 구출하는 일 또는 불을 끄거나 불이 번지지 아니하도록 하는 일을 하게 할 수 있다.

③ 사람을 구출하거나 불이 번지는 것을 막기 위하여 필요할 때에는 화재가 발생하거나 불이 번질 우려가 있는 소방대상물 및 토지를 일시적으로 사용하거나 그 사용의 제한 또는 소방활동에 필요한 처분을 할 수 있다.

④ 소방활동을 위하여 긴급하게 출동할 때에는 소방자동차의 통행과 소방활동에 방해가 되는 주차 또는 정차된 차량 및 물건 등을 제거하거나 이동시킬 수 있다.

해설 (1) 소방**대**장 : 소방**활동구**역의 설정(기본법 23조)

기억법 대구활(**대구**의 **활**동)

(2) **소**방본부장·**소**방서장·소방**대**장
ⓐ 소방활동 **종**사명령(기본법 24조) ← **보기 ②**
ⓑ **강**제처분(기본법 25조) ← **보기 ③, ④**
ⓒ **피**난명령(기본법 26조)
ⓓ 댐·저수지 사용 등 위험시설 등에 대한 긴급조치(기본법 27조)

기억법 소대종강피(**소방대**의 **종강파**티)

비교

소방본부장·소방서장(기본법 11조)
소방업무의 응원 요청

① 소방본부장, 소방서장의 권한

답 ①

★★★ 45
19.09.문43
16.03.문47
07.09.문41

위험물안전관리법령상 제조소 등이 아닌 장소에서 지정수량 이상의 위험물을 취급할 수 있는 경우에 대한 기준으로 맞는 것은? (단, 시·도의 조례가 정하는 바에 따른다.)

① 관할 소방서장의 승인을 받아 지정수량 이상의 위험물을 60일 이내의 기간 동안 임시로 저장 또는 취급하는 경우

② 관할 소방대장의 승인을 받아 지정수량 이상의 위험물을 60일 이내의 기간 동안 임시로 저장 또는 취급하는 경우

③ 관할 소방서장의 승인을 받아 지정수량 이상의 위험물을 90일 이내의 기간 동안 임시로 저장 또는 취급하는 경우

④ 관할 소방대장의 승인을 받아 지정수량 이상의 위험물을 90일 이내의 기간 동안 임시로 저장 또는 취급하는 경우

해설 **90일**
(1) 소방시설업 **등**록신청 자산평가액·기업진단보고서 **유**효기간(공사업규칙 2조)
(2) 위험물 임시저장·취급 기준(위험물법 5조)

기억법 등유9(**등유 구**해와!)

① 60일 → 90일
② 소방대장 → 소방서장, 60일 → 90일
④ 소방대장 → 소방서장

중요

위험물법 5조
임시저장 승인 : 관할소방서장

답 ③

46 ★★
15.05.문41
13.09.문54

위험물안전관리법령상 제4류 위험물별 지정수량 기준의 연결이 틀린 것은?

① 특수인화물－50리터
② 알코올류－400리터
③ 동식물류－1000리터
④ 제4석유류－6000리터

해설 **위험물령 〔별표 1〕**
제4류 위험물

성 질	품 명		지정수량	대표물질
인화성 액체	특수인화물		50L	• 디에틸에테르 • 이황화탄소
	제1 석유류	비수용성	200L	• 휘발유 • 콜로디온
		수용성	400L	• 아세톤
	알코올류		400L	• 변성알코올
	제2 석유류	비수용성	1000L	• 등유 • 경유
		수용성	2000L	• 아세트산
	제3 석유류	비수용성	2000L	• 중유 • 클레오소트유
		수용성	4000L	• 글리세린
	제4석유류		6000L	• 기어유 • 실린더유
	동식물유류		10000L	• 아마인유

③ 1000리터 → 10000리터

답 ③

47 ★★★
19.09.문50
17.09.문49
16.05.문53
13.09.문56

화재의 예방 및 안전관리에 관한 법률상 화재예방강화지구의 지정권자는?

① 소방서장   ② 시·도지사
③ 소방본부장   ④ 행정자치부장관

해설 **화재예방법 18조**
화재예방강화지구의 지정
(1) **지정권자** : **시** · 도지사
(2) 지정지역
  ㉠ **시장**지역
  ㉡ **공장** · **창고** 등이 밀집한 지역
  ㉢ **목조건물**이 밀집한 지역
  ㉣ 노후 · 불량 건축물이 밀집한 지역
  ㉤ **위험물**의 **저장** 및 **처리시설**이 **밀집**한 지역
  ㉥ **석유화학제품**을 생산하는 공장이 있는 지역
  ㉦ **소방시설** · **소방용수시설** 또는 **소방출동로**가 **없는** 지역
  ㉧ 「**산업입지 및 개발에 관한 법률**」에 따른 산업단지
  ㉨ **소방청장** · **소방본부장** 또는 **소방서장(소방관서장)**이 화재예방강화지구로 지정할 필요가 있다고 인정하는 지역

※ **화재예방강화지구** : 화재발생 우려가 크거나 화재가 발생할 경우 피해가 클 것으로 예상되는 지역에 대하여 화재의 예방 및 안전관리를 강화하기 위해 지정 · 관리하는 지역

기억법 화강시

답 ②

48 ★★★
19.04.문53
17.03.문41
17.03.문55
15.09.문48
15.03.문58
14.05.문41
12.09.문52

위험물안전관리법령상 관계인이 예방규정을 정하여야 하는 위험물을 취급하는 제조소의 지정수량 기준으로 옳은 것은?

① 지정수량의 10배 이상
② 지정수량의 100배 이상
③ 지정수량의 150배 이상
④ 지정수량의 200배 이상

해설 **위험물령 15조**
예방규정을 정하여야 할 제조소 등

배 수	제조소 등
10배 이상	• **제조소** • **일**반취급소
100배 이상	• 옥**외**저장소
150배 이상	• 옥**내**저장소
200배 이상	• 옥외**탱**크저장소
모두 해당	• 이송취급소 • 암반탱크저장소

기억법	1	제일
	0	외
	5	내
	2	탱

※ **예방규정** : 제조소 등의 화재예방과 화재 등 재해발생시의 비상조치를 위한 규정

답 ①

49 ★
17.09.문45
(산업)

소방시설 설치 및 관리에 관한 법령상 주택의 소유자가 소방시설을 설치하여야 하는 대상이 아닌 것은?

① 아파트   ② 연립주택
③ 다세대주택   ④ 다가구주택

해설 **소방시설법 10조**
주택의 소유자가 설치하는 소방시설의 설치대상
(1) 단독주택
(2) 공동주택(아파트 및 기숙사 제외) : **연립주택**, 다세대주택, 다가구주택

답 ①

★★ 50

15.09.문51
10.09.문48

소방시설공사업법령상 정의된 업종 중 소방시설업의 종류에 해당되지 않는 것은?

① 소방시설설계업　② 소방시설공사업
③ 소방시설정비업　④ 소방공사감리업

해설 **공사업법 2조**
소방시설업의 종류

소방시설 설계업	소방시설 공사업	소방공사 감리업	방염처리업
소방시설공사에 기본이 되는 **공사계획 · 설계도면 · 설계설명서 · 기술계산서** 등을 작성하는 영업	설계도서에 따라 소방시설을 **신설 · 증설 · 개설 · 이전 · 정비**하는 영업	소방시설공사에 관한 발주자의 권한을 대행하여 소방시설공사가 **설계도서**와 관계법령에 따라 **적법**하게 **시공**되는지를 확인하고, 품질 · 시공 관리에 대한 **기술지도**를 하는 영업	방염대상물품에 대하여 **방염처리**하는 영업

답 ③

★★★ 51

19.04.문50
17.03.문50
14.09.문54
11.06.문50
09.03.문56

소방시설 설치 및 관리에 관한 법령상 특정소방대상물로서 숙박시설에 해당되지 않는 것은?

① 오피스텔
② 일반형 숙박시설
③ 생활형 숙박시설
④ 근린생활시설에 해당하지 않는 고시원

해설 **소방시설법 시행령 〔별표 2〕**
업무시설
(1) 주민자치센터(동사무소)
(2) 경찰서
(3) 소방서
(4) 우체국
(5) 보건소
(6) 공공도서관
(7) 국민건강보험공단
(8) 금융업소 · 오피스텔 · 신문사
(9) 변전소 · 양수장 · 정수장 · 대피소 · 공중화장실

　① 오피스텔 : 업무시설

👉 **중요**
숙박시설
(1) 일반형 숙박시설
(2) 생활형 숙박시설
(3) 고시원

답 ①

★ 52

11.03.문57

소방기본법령상 특수가연물의 저장 및 취급기준을 2회 위반한 경우 과태료 부과기준은?

① 50만원
② 100만원
③ 150만원
④ 200만원

해설 **기본령 〔별표 3〕**
과태료의 부과기준

위반사항	과태료금액
① 소방용수시설 · 소화기구 및 설비 등의 설치명령을 위반한 자	1회 위반시 : 50 2회 위반시 : 100 3회 위반시 : 150 4회 이상 위반시 : 200
② 불의 사용에 있어서 지켜야 하는 사항을 위반한 자	
㉠ 위반행위로 말미암아 화재가 발생한 경우	1회 위반시 : 100 2회 위반시 : 150 3회 이상 위반시 : 200
㉡ 위반행위로 말미암아 화재가 발생한 경우 외의 경우	1회 위반시 : 50 2회 위반시 : 100 3회 위반시 : 150 4회 이상 위반시 : 200
③ 특수가연물의 저장 및 취급의 기준을 위반한 자	1회 위반시 : 20 2회 위반시 : 50 3회 이상 위반시 : 100
④ 화재 또는 구조 · 구급이 필요한 상황을 거짓으로 알린 자	1회 위반시 : 200 2회 위반시 : 400 3회 이상 위반시 : 500
⑤ 소방활동구역 출입제한을 위반한 자	100
⑥ 한국소방안전원 또는 이와 유사한 명칭을 사용한 경우	200

답 ①

★★★ 53

19.09.문41
19.04.문51
18.09.문43
17.03.문57
15.09.문67

소방시설 설치 및 관리에 관한 법령상 수용인원 산정방법 중 다음과 같은 시설의 수용인원은 몇 명인가?

숙박시설이 있는 특정소방대상물로서 종사자 수는 5명, 숙박시설은 모두 2인용 침대이며 침대수량은 50개이다.

① 55　　　　② 75
③ 85　　　　④ 105

해설 **소방시설법 시행령〔별표 7〕**
수용인원의 산정방법

특정소방대상물		산정방법
• 숙박 시설	침대가 있는 경우 ⟶	종사자수 + 침대수
	침대가 없는 경우	종사자수 + $\dfrac{바닥면적\ 합계}{3m^2}$
• 강의실　　• 교무실 • 상담실　　• 실습실 • 휴게실		$\dfrac{바닥면적\ 합계}{1.9m^2}$
• 기타		$\dfrac{바닥면적\ 합계}{3m^2}$
• 강당 • 문화 및 집회시설, 운동시설 • 종교시설		$\dfrac{바닥면적\ 합계}{4.6m^2}$

- **소수점 이하는 반올림**한다.

기억법 **수반(수반! 동반!)**

숙박시설(침대가 있는 경우)
= 종사자수 + 침대수 = 5명 + (2인용 × 50개) = 105명

답 ④

★★★
54

19.03.문42
18.04.문54
13.03.문48
12.05.문55
10.09.문49

소방시설 설치 및 관리에 관한 법률상 소방시설 등에 대한 자체점검을 하지 아니하거나 관리업자 등으로 하여금 정기적으로 점검하게 하지 아니한 자에 대한 벌칙기준으로 옳은 것은?

① 6개월 이하의 징역 또는 1000만원 이하의 벌금
② 1년 이하의 징역 또는 1000만원 이하의 벌금
③ 3년 이하의 징역 또는 1500만원 이하의 벌금
④ 3년 이하의 징역 또는 3000만원 이하의 벌금

해설 **1년 이하의 징역 또는 1000만원 이하의 벌금**
(1) 소방시설의 **자체점검** 미실시자(소방시설법 58조)
(2) **소방시설관리사증** 대여(소방시설법 58조)
(3) **소방시설관리업**의 등록증 또는 등록수첩 대여(소방시설법 58조)
(4) 제조소 등의 정기점검기록 허위작성(위험물법 35조)
(5) **자체소방대**를 두지 않고 제조소 등의 허가를 받은 자(위험물법 35조)
(6) **위험물 운반용기**의 검사를 받지 않고 유통시킨 자(위험물법 35조)
(7) 제조소 등의 긴급사용정지 위반자(위험물법 35조)
(8) 영업정지처분 위반자(공사업법 36조)
(9) **거짓 감리자**(공사업법 36조)
(10) 공사감리자 미지정자(공사업법 36조)
(11) 소방시설 설계 · 시공 · 감리 하도급자(공사업법 36조)
(12) 소방시설공사 재하도급자(공사업법 36조)
(13) 소방시설업자가 아닌 자에게 **소방시설공사** 등을 도급한 관계인(공사업법 36조)

답 ②

★★★
55

19.09.문50
17.09.문49
16.05.문53
13.09.문56

화재의 예방 및 안전관리에 관한 법률상 화재예방강화지구의 지정대상이 아닌 것은? (단, 소방청장 · 소방본부장 또는 소방서장이 화재예방강화지구로 지정할 필요가 있다고 인정하는 지역은 제외한다.)

① 시장지역
② 농촌지역
③ 목조건물이 밀접한 지역
④ 공장 · 창고가 밀집한 지역

해설 **화재예방법 18조**
화재예방강화지구의 지정
(1) **지정권자 : 시 · 도지사**
(2) **지정지역**
　㉠ **시장지역**
　㉡ **공장 · 창고** 등이 밀집한 지역
　㉢ **목조건물**이 밀집한 지역
　㉣ 노후 · 불량 건축물이 밀집한 지역
　㉤ **위험물**의 저장 및 **처리시설**이 **밀집**한 지역
　㉥ **석유화학제품**을 생산하는 공장이 있는 지역
　㉦ **소방시설 · 소방용수시설** 또는 **소방출동로**가 **없는** 지역
　㉧ 「**산업입지 및 개발에 관한 법률**」에 따른 산업단지
　㉨ **소방청장 · 소방본부장** 또는 **소방서장(소방관서장)**이 화재예방강화지구로 지정할 필요가 있다고 인정하는 지역

기억법 **화강시**

② 해당 없음

※ **화재예방강화지구** : 화재발생 우려가 크거나 화재가 발생할 경우 피해가 클 것으로 예상되는 지역에 대하여 화재의 예방 및 안전관리를 강화하기 위해 지정 · 관리하는 지역

답 ②

★★★
56

15.09.문47
15.05.문49
14.03.문52
12.05.문60

화재의 예방 및 안전관리에 관한 법령상 특수가연물의 품명과 지정수량 기준의 연결이 틀린 것은?

① 사류 − 1000kg 이상
② 볏짚류 − 3000kg 이상
③ 석탄 · 목탄류 − 10000kg 이상
④ 합성수지류 중 발포시킨 것 − 20m³ 이상

해설 **화재예방법 시행령〔별표 2〕**
특수가연물

품 명	수 량
가연성 **액**체류	$2m^3$ 이상
목재가공품 및 나무부스러기	$10m^3$ 이상
면화류	$200kg$ 이상
나무껍질 및 대팻밥	$400kg$ 이상

넝마 및 종이부스러기		
사류(絲類)		1000kg 이상
볏짚류		
가연성 **고**체류		3000kg 이상
합성수지류	발포시킨 것	20m³ 이상
	그 밖의 것	3000kg 이상
석탄·목탄류		10000kg 이상

② 3000kg 이상 → 1000kg 이상

• **특수가연물** : 화재가 발생하면 그 확대가 빠른 물품

기억법 가액목면나 넝사볏가고 합석
2 1 2 4 1 3 3 1

답 ②

57 소방기본법령상 소방안전교육사의 배치대상별 배치기준으로 틀린 것은?
13.09.문46
① 소방청 : 2명 이상 배치
② 소방서 : 1명 이상 배치
③ 소방본부 : 2명 이상 배치
④ 한국소방안전원(본회) : 1명 이상 배치

해설 기본령 〔별표 2의 3〕
소방안전교육사의 배치대상별 배치기준

배치대상	배치기준
소방서	• 1명 이상
한국소방안전원	• 시·도지부 : 1명 이상 • 본회 : **2명** 이상
소방본부	• 2명 이상
소방청	• 2명 이상
한국소방산업기술원	• 2명 이상

④ 1명 이상 → 2명 이상

답 ④

58 화재의 예방 및 안전관리에 관한 법령상 관리의 권원이 분리된 특정소방대상물이 아닌 것은?
18.03.문59
16.03.문42
06.03.문60
① 판매시설 중 도매시장 및 소매시장
② 전통시장
③ 지하층을 제외한 층수가 7층 이상인 복합건축물
④ 복합건축물로서 연면적이 30000m² 이상인 것

해설 화재예방법 35조, 화재예방법 시행령 35조
관리의 권원이 분리된 특정소방대상물
(1) **복합건축물**(지하층을 제외한 **11층** 이상 또는 연면적 3만m² 이상인 건축물)
(2) **지하가**
(3) **도매시장, 소매시장, 전통시장**

③ 7층 → 11층

답 ③

59 소방시설공사업법상 도급을 받은 자가 제3자에게 소방시설공사의 시공을 하도급한 경우에 대한 벌칙기준으로 옳은 것은? (단, 대통령령으로 정하는 경우는 제외한다.)
19.03.문42
18.04.문54
13.03.문48
12.05.문55
10.09.문49
① 100만원 이하의 벌금
② 300만원 이하의 벌금
③ 1년 이하의 징역 또는 1000만원 이하의 벌금
④ 3년 이하의 징역 또는 1500만원 이하의 벌금

해설 1년 이하의 징역 또는 1000만원 이하의 벌금
(1) 소방시설의 **자체점검** 미실시자(소방시설법 58조)
(2) **소방시설관리사증** 대여(소방시설법 58조)
(3) **소방시설관리업**의 등록증 또는 등록수첩 대여(소방시설법 58조)
(4) 제조소 등의 정기점검기록 허위작성(위험물법 35조)
(5) **자체소방대**를 두지 않고 제조소 등의 허가를 받은 자(위험물법 35조)
(6) **위험물 운반용기**의 검사를 받지 않고 유통시킨 자(위험물법 35조)
(7) 제조소 등의 긴급사용정지 위반자(위험물법 35조)
(8) 영업정지처분 위반자(공사업법 36조)
(9) **거짓 감리자**(공사업법 36조)
(10) 공사감리자 미지정자(공사업법 36조)
(11) 소방시설 설계·시공·감리 하도급자(공사업법 36조)
(12) 소방시설공사 재하도급자(공사업법 36조)
(13) 소방시설업자가 아닌 자에게 **소방시설공사** 등을 도급한 관계인(공사업법 36조)

답 ③

60 소방시설 설치 및 관리에 관한 법령상 정당한 사유없이 피난시설 방화구획 및 방화시설의 관리에 필요한 조치명령을 위반한 경우 이에 대한 벌칙기준으로 옳은 것은?
11.10.문55
① 200만원 이하의 벌금
② 300만원 이하의 벌금
③ 1년 이하의 징역 또는 1000만원 이하의 벌금
④ 3년 이하의 징역 또는 3000만원 이하의 벌금

해설 **소방시설법 57조**
3년 이하의 징역 또는 3000만원 이하의 벌금
(1) **소방시설관리업** 무등록자
(2) **형식승인**을 받지 않은 소방용품 제조·수입자
(3) **제품검사**를 받지 않은 자
(4) **부정한 방법**으로 전문기관의 지정을 받은 자
(5) **피난시설, 방화구획** 및 방화시설의 관리에 따른 **명령**을 정당한 사유없이 **위반**한 자

답 ④

제 4 과목 소방기계시설의 구조 및 원리

★★★
61 상수도소화용수설비의 화재안전기준에 따라 호칭지름 75mm 이상의 수도배관에 호칭지름 100mm 이상의 소화전을 접속한 경우 상수도소화용수설비 소화전의 설치기준으로 맞는 것은?

19.09.문66
19.04.문74
19.03.문69
17.03.문64
14.03.문63
07.03.문70

① 특정소방대상물의 수평투영면의 각 부분으로부터 80m 이하가 되도록 설치할 것
② 특정소방대상물의 수평투영면의 각 부분으로부터 100m 이하가 되도록 설치할 것
③ 특정소방대상물의 수평투영면의 각 부분으로부터 120m 이하가 되도록 설치할 것
④ 특정소방대상물의 수평투영면의 각 부분으로부터 140m 이하가 되도록 설치할 것

해설 **상수도소화용수설비**의 **기준**(NFPC 401 4조, NFTC 401 2.1)
(1) 호칭지름

수도배관	소화전
75mm 이상	**100**mm 이상

(2) 소화전은 소방자동차 등의 진입이 쉬운 **도로변** 또는 **공지**에 설치하여야 한다.
(3) 소화전은 특정소방대상물의 수평투영면의 각 부분으로부터 **140m** 이하가 되도록 설치하여야 한다.

기억법 수75(**수**지침으로 **치료**), 소1(**소**일거리)

답 ④

★★★
62 분말소화설비의 화재안전기준에 따른 분말소화설비의 배관과 선택밸브의 설치기준에 대한 내용으로 틀린 것은?

16.03.문78
15.03.문78
10.03.문75

① 배관은 겸용으로 설치할 것
② 선택밸브는 방호구역 또는 방호대상물마다 설치할 것

③ 동관은 고정압력 또는 최고사용압력의 1.5배 이상의 압력에 견딜 수 있는 것을 사용할 것
④ 강관은 아연도금에 따른 배관용 탄소강관이나 이와 동등 이상의 강도·내식성 및 내열성을 가진 것을 사용할 것

해설 **분말소화설비**의 **배관**(NFPC 108 9조, NFTC 108 2.6.1)
(1) **전용**
(2) **강관**: 아연도금에 의한 배관용 탄소강관이나 이와 동등 이상의 강도·내식성 및 내열성을 가진 것을 사용할 것
(3) **동관**: 고정압력 또는 최고사용압력의 **1.5배** 이상의 압력에 견딜 것
(4) **밸브류**: **개폐위치** 또는 **개폐방향**을 표시한 것
(5) **배관의 관부속** 및 **밸브류**: 배관과 동등 이상의 강도 및 내식성이 있는 것
(6) 주밸브~헤드까지의 배관의 분기: **토너먼트방식**
(7) **선택밸브**: 방호구역 또는 방호대상물마다 설치
(8) 저장용기 등~배관의 굴절부까지의 거리: 배관 내경의 **20배** 이상

| 배관의 이격거리 |

① 겸용 → 전용

답 ①

★
63 피난기구의 화재안전기준에 따라 숙박시설·노유자시설 및 의료시설로 사용되는 층에 있어서는 그 층의 바닥면적이 몇 m² 마다 피난기구를 1개 이상 설치해야 하는가?

13.06.문68

① 300 ② 500
③ 800 ④ 1000

해설 **피난기구**의 **설치대상**(NFPC 301 5조, NFTC 301 2.1.3)

조 건	설치대상
500m²마다 1개 이상	숙박시설·노유자시설·의료시설
800m²마다 1개 이상	위락시설·문화 및 집회시설·운동시설·판매시설, 복합용도의 층
1000m²마다 1개 이상	그 밖의 용도의 층
각 세대마다 1개 이상	아파트 등

답 ②

64
[17.05.문61]
다음 설명은 미분무소화설비의 화재안전기준에 따른 미분무소화설비 기동장치의 화재감지기 회로에서 발신기 설치기준이다. ( ) 안에 알맞은 내용은? (단, 자동화재탐지설비의 발신기가 설치된 경우는 제외한다.)

- 조작이 쉬운 장소에 설치하고, 스위치는 바닥으로부터 0.8m 이상 (㉠)m 이하의 높이에 설치할 것
- 소방대상물의 층마다 설치하되, 당해 소방대상물의 각 부분으로부터 하나의 발신기까지의 수평거리가 (㉡)m 이하가 되도록 할 것
- 발신기의 위치를 표시하는 표시등은 함의 상부에 설치하되, 그 불빛은 부착면으로부터 15° 이상의 범위 안에서 부착지점으로부터 (㉢)m 이내의 어느 곳에서도 쉽게 식별할 수 있는 적색등으로 할 것

① ㉠ 1.5, ㉡ 20, ㉢ 10
② ㉠ 1.5, ㉡ 25, ㉢ 10
③ ㉠ 2.0, ㉡ 20, ㉢ 15
④ ㉠ 2.0, ㉡ 25, ㉢ 15

해설 미분무소화설비 발신기의 **설치기준**(NFPC 104A 12조, NFTC 104A 2.9.1.8)
(1) 조작이 쉬운 장소에 설치하고, 스위치는 바닥으로부터 **0.8~1.5m** 이하의 높이에 설치할 것
(2) **소방대상물**의 **층**마다 설치하되, 해당 **소방대상물**의 각 부분으로부터 **수평거리**가 **25m** 이하가 되도록 할 것(단, 복도 또는 별도로 구획된 실로서 **보행거리**가 **40m** 이상일 경우에는 추가 설치)
(3) 발신기의 위치를 표시하는 **표시등**은 함의 **상부**에 설치하되, 그 불빛은 부착면으로부터 **15° 이상**의 범위 안에서 부착지점으로부터 **10m** 이내의 어느 곳에도 쉽게 식별할 수 있는 **적색등**으로 할 것

| 표시등의 식별범위

답 ②

65
[17.03.문65]
[10.09.문65]
소화기구 및 자동소화장치의 화재안전기준에 따른 캐비닛형 자동소화장치 분사헤드의 설치높이 기준은 방호구역의 바닥으로부터 얼마이어야 하는가?

① 최소 0.1m 이상 최대 2.7m 이하
② 최소 0.1m 이상 최대 3.7m 이하
③ 최소 0.2m 이상 최대 2.7m 이하
④ 최소 0.2m 이상 최대 3.7m 이하

해설 캐비닛형 **자동소화장치 분사헤드**의 **설치기준**(NFPC 101 4조, NFTC 101 2.1.2)
(1) 분사헤드의 설치높이는 방호구역의 바닥으로부터 **최소 0.2m 이상 최대 3.7m** 이하일 것
(2) 화재감지기는 방호구역 내의 **천장** 또는 **옥내**에 면하는 부분에 설치
(3) 방호구역 내의 **화재감지기**의 감지에 따라 작동되도록 할 것
(4) 화재감지기의 회로는 **교차회로방식**으로 설치
(5) **개구부** 및 **통기구**(환기장치 포함)를 설치한 것에 있어서는 약제가 방사되기 전에 해당 개구부 및 통기구를 **자동**으로 폐쇄할 수 있도록 할 것
(6) 작동에 지장이 없도록 견고하게 고정
(7) 구획된 장소의 **방호체적 이상**을 방호할 수 있는 소화성능이 있을 것

답 ④

66
[16.10.문68]
할로겐화합물 및 불활성기체 소화설비의 화재안전기준에 따른 할로겐화합물 및 불활성기체 소화설비의 수동식 기동장치의 설치기준에 대한 설명으로 틀린 것은?

① 5kg 이상의 힘을 가하여 기동할 수 있는 구조로 할 것
② 전기를 사용하는 기동장치에는 전원표시등을 설치할 것
③ 기동장치의 방출용 스위치는 음향경보장치와 연동하여 조작될 수 있는 것으로 할 것
④ 해당 방호구역의 출입구 부근 등 조작을 하는 자가 쉽게 피난할 수 있는 장소에 설치할 것

해설 할로겐화합물 및 불활성기체 소화설비 수동식 기동장치의 설치기준(NFPC 107A 8조, NFTC 107A 2.5.1)
(1) **방호구역**마다 설치
(2) 해당 방호구역의 **출입구 부근** 등 조작을 하는 자가 쉽게 피난할 수 있는 장소에 설치
(3) 기동장치의 조작부는 바닥으로부터 **0.8~1.5m 이하**의 위치에 설치하고, 보호판 등에 따른 **보호장치**를 설치
(4) 기동장치에는 가깝고 보기 쉬운 곳에 "**할로겐화합물 및 불활성기체 소화설비 기동장치**"라는 표지를 할 것
(5) 전기를 사용하는 기동장치에는 **전원표시등**을 설치
(6) 기동장치의 방출용 스위치는 음향경보장치와 **연동**하여 조작될 수 있는 것으로 할 것
(7) **5kg 이하**의 힘을 가하여 기동할 수 있는 구조로 설치

① 5kg 이상 → 5kg 이하

할로겐화합물 및 불활성기체 소화설비 자동식 기동장치의 설치기준(NFPC 107A 8조, NFTC 107A 2.5.5)
(1) 자동식 기동장치에는 **수동식** 기동장치를 함께 설치할 것
(2) **기계식, 전기식** 또는 **가스압력식**에 따른 방법으로 기동하는 구조로 설치할 것

답 ①

★★ 67

17.03.문73
14.03.문62

지하구의 화재안전기준에 따라 연소방지설비의 살수구역은 환기구 등을 기준으로 환기구 사이의 간격으로 최대 몇 m 이내마다 1개 이상의 방수헤드를 설치하여야 하는가?

① 150
② 200
③ 350
④ 700

해설 **연소방지설비 헤드**의 **설치기준**(NFPC 605 8조, NFTC 605 2.4.2)
(1) **천장** 또는 **벽면**에 설치하여야 한다.
(2) 헤드 간의 수평거리

스프링클러헤드	연소방지설비 전용헤드
1.5m 이하	**2m** 이하

(3) 소방대원의 출입이 가능한 환기구·작업구마다 지하구의 양쪽 방향으로 살수헤드를 설정하되, 한쪽 방향의 살수구역의 길이는 **3m** 이상으로 할 것(단, 환기구 사이의 간격이 **700m**를 초과할 경우에는 700m 이내마다 살수구역을 설정하되, 지하구의 구조를 고려하여 방화벽을 설치한 경우에는 제외)

기억법 연방70

답 ④

★ 68

17.09.문63

구조대의 형식승인 및 제품검사의 기술기준에 따른 경사강하식 구조대의 구조에 대한 설명으로 틀린 것은?

① 구조대 본체는 강하방향으로 봉합부가 설치되어야 한다.
② 연속하여 활강할 수 있는 구조로 안전하고 쉽게 사용할 수 있어야 한다.
③ 땅에 닿을 때 충격을 받는 부분에는 완충장치로서 받침포 등을 부착하여야 한다.
④ 입구틀 및 취부틀의 입구는 지름 50cm 이상의 구체가 통과할 수 있어야 한다.

해설 **경사강하식 구조대**의 **기준**(구조대 형식 3조)
(1) 구조대 본체는 **강하방향**으로 **봉합부 설치 금지**
(2) 손잡이는 출구 부근에 좌우 각 **3개** 이상 균일한 간격으로 견고하게 부착
(3) 구조대 본체의 끝부분에는 길이 **4m** 이상, 지름 **4mm** 이상의 유도선을 부착하여야 하며, 유도선 끝에는 중량 **3N**(300g) 이상의 모래주머니 등 설치
(4) 본체의 포지는 **하부지지장치**에 인장력이 균등하게 걸리도록 부착하여야 하며 하부지지장치는 쉽게 조작 가능

(5) 입구틀 및 취부틀의 입구는 지름 **50cm** 이상의 구체가 통과할 수 있을 것
(6) 구조대 본체의 활강부는 낙하방지를 위해 포를 **2중구조**로 하거나 망목의 변의 길이가 **8cm** 이하인 망 설치(단, 구조상 낙하방지의 성능을 갖고 있는 구조대의 경우는 제외)
(7) 연속하여 활강할 수 있는 구조로 안전하고 쉽게 사용할 수 있을 것
(8) 땅에 닿을 때 충격을 받는 부분에는 완충장치로서 받침포 등 부착

① 설치되어야 한다. → 설치되지 아니하여야 한다.

경사강하식 구조대

답 ①

★ 69

18.03.문79

스프링클러설비의 화재안전기준에 따른 습식 유수검지장치를 사용하는 스프링클러설비 시험장치의 설치기준에 대한 설명으로 틀린 것은?

① 유수검지장치에서 가장 먼 가지배관의 끝으로부터 연결하여 설치해야 한다.
② 시험배관의 끝에는 물받이통 및 배수관을 설치하여 시험 중 방사된 물이 바닥에 흘러내리지 않도록 해야 한다.
③ 화장실과 같은 배수처리가 쉬운 장소에 시험배관을 설치한 경우에는 물받이통 및 배수관을 생략할 수 있다.
④ 시험장치 배관의 구경은 25mm 이상으로 하고, 그 끝에 개폐밸브 및 개방형 헤드 또는 스프링클러헤드와 동등한 방수성능을 가진 오리피스를 설치할 것

해설 **습식 유수검지장치** 또는 **건식 유수검지장치**를 사용하는 **스프링클러설비**와 **부압식 스프링클러설비**에 **동장치**를 시험할 수 있는 시험장치 설치기준(NFPC 103 8조, NFTC 103 2.5.12)
(1) 습식 스프링클러설비 및 부압식 스프링클러설비에 있어서는 유수검지장치 2차측 배관에 연결하여 설치하고 건식 스프링클러설비인 경우 유수검지장치에서 가장 먼 거리에 위치한 가지배관의 끝으로부터 연결하여 설치할 것. 유수검지장치 2차측 설비의 내용적이 2840L를 초과하는 건식 스프링클러설비의 경우 시험장치 개폐밸브를 완전 개방 후 1분 이내에 물이 방사되어야 한다.
(2) 시험장치 배관의 구경은 25mm 이상으로 하고, 그 끝에 개폐밸브 및 개방형 헤드 또는 스프링클러헤드와 동등한 방수성능을 가진 오리피스를 설치할 것. 이 경우 개방형 헤드는 반사판 및 프레임을 제거한 오리피스만으로 설치할 수 있다.
(3) 시험배관의 끝에는 **물받이통** 및 **배수관**을 설치하여 시험 중 방사된 물이 바닥에 흘러내리지 아니하도록 할 것(단, **목욕실·화장실** 또는 그 밖의 곳으로서 배수처리가 쉬운 장소에 시험배관을 설치한 경우는 제외)

① **건식** 스프링클러설비에 대한 설명

답 ①

★★★
70 화재조기진압용 스프링클러설비의 화재안전기
19.03.문68
18.04.문70
준에 따라 가지배관을 배열할 때 천장의 높이가
9.1m 이상 13.7m 이하인 경우 가지배관 사이의
거리기준으로 맞는 것은?

① 3.1m 이하

② 2.4m 이상 3.7m 이하

③ 6.0m 이상 8.5m 이하

④ 6.0m 이상 9.3m 이하

해설 화재조기진압용 스프링클러설비 가지배관의 배열기준

천장높이	가지배관 헤드 사이의 거리
9.1m 미만	**2.4~3.7m** 이하
9.1~13.7m 이하	**3.1m** 이하

🔊 중요

화재조기진압용 **스프링클러헤드**의 **적합기준**(NFPC
103B 10조, NFTC 103B 2.7)
(1) 헤드 하나의 방호면적은 **6.0~9.3m²** 이하로 할 것
(2) 가지배관의 헤드 사이의 거리는 천장의 높이가 **9.1m**
미만인 경우에는 **2.4~3.7m** 이하로, **9.1~13.7m**
이하인 경우에는 **3.1m** 이하로 할 것
(3) 헤드의 반사판은 천장 또는 반자와 평행하게 설
치하고 저장물의 최상부와 **914mm** 이상 확보되
도록 할 것
(4) **하향식 헤드**의 반사판의 위치는 천장이나 반자
아래 **125~355mm** 이하일 것
(5) **상향식 헤드**의 감지부 중앙은 천장 또는 반자와
101~152mm 이하이어야 하며, 반사판의 위치
는 스프링클러배관의 윗부분에서 최소 **178mm** 상
부에 설치되도록 할 것
(6) 헤드와 벽과의 거리는 헤드 상호 간 거리의 $\frac{1}{2}$을
초과하지 않아야 하며 최소 **102mm** 이상일 것
(7) 헤드의 작동온도는 **74℃** 이하일 것(단, 헤드 주
위의 온도가 38℃ 이상의 경우에는 그 온도에서
의 화재시험 등에서 헤드작동에 관하여 공인기
관의 시험을 거친 것을 사용할 것)

답 ①

★
71 옥내소화전설비의 화재안전기준에 따라 옥내소화
13.09.문68
전 방수구를 반드시 설치하여야 하는 곳은?

① 식물원

② 수족관

③ 수영장의 관람석

④ 냉장창고 중 온도가 영하인 냉장실

해설 옥내소화전 방수구 설치제외 장소(NFPC 102 11조, NFTC 102 2.8)
(1) 냉장창고 중 온도가 영하인 **냉장실** 또는 냉동창고의
냉동실
(2) 고온의 **노**가 설치된 장소 또는 물과 격렬하게 **반응**
하는 **물품**의 저장 또는 취급 장소
(3) **발전소ㆍ변전소** 등으로서 전기시설이 설치된 장소
(4) **식물원ㆍ수족관ㆍ목욕실ㆍ수영장**(관람석 부분 제외)
또는 그 밖의 이와 비슷한 장소
(5) **야외음악당ㆍ야외극장** 또는 그 밖의 이와 비슷한
장소

기억법 방관(수수방관)

답 ③

★
72 스프링클러설비의 화재안전기준에 따른 특정
15.05.문64
소방대상물의 방호구역 층마다 설치하는 폐쇄
형 스프링클러설비 유수검지장치의 설치높이
기준은?

① 바닥으로부터 0.8m 이상 1.2m 이하

② 바닥으로부터 0.8m 이상 1.5m 이하

③ 바닥으로부터 1.0m 이상 1.2m 이하

④ 바닥으로부터 1.0m 이상 1.5m 이하

해설 설치높이

0.5~1m 이하	0.8~1.5m 이하	1.5m 이하
● **연**결송수관설비의 송수구ㆍ방수구 ● **연**결살수설비의 송수구 ● 물분무소화설비의 송수구 ● **소**화용수설비의 채수구	● **제**어밸브(수동식 개방밸브) ● **유**수검지장치 ● **일**제개방밸브	● **옥내**소화전설비의 방수구 ● **호**스릴함 ● **소**화기(투척용 소화기 포함)
기억법 연소용 51 (연소용 오일은 잘 탄다.)	**기억법** 제유일 85 (제가 유일하게 팔 았어요.)	**기억법** 옥내호소 5 (옥내에서 호소하 시오.)

🔊 중요

폐쇄형 설비의 **방호구역** 및 **유수검지장치**(NFPC 103 6조,
NFTC 103 2.3)
(1) 하나의 방호구역의 바닥면적은 **3000m²**를 초과
하지 않을 것
(2) 하나의 방호구역에는 1개 이상의 유수검지장치를
설치할 것
(3) 하나의 방호구역은 **2개층**에 미치지 아니하도
록 하되, 1개층에 설치되는 스프링클러헤드의
수가 **10개 이하**인 경우에는 **3개층** 이내
(4) 유수검지장치를 실내에 설치하거나 보호용 철망 등
으로 구획하여 바닥으로부터 **0.8m 이상 1.5m 이하**
의 위치에 설치하되, 그 실 등에는 개구부가 가로
0.5m 이상 세로 **1m** 이상의 출입문을 설치하고 그
출입문 상단에 "유수검지장치실"이라고 표시한 표
지를 설치할 것[단, 유수검지장치를 기계실(공조용
기계실 포함) 안에 설치하는 경우에는 별도의 실
또는 보호용 철망을 설치하지 않고 기계실 출입문 상단
에 "유수검지장치실"이라고 표시한 표지 설치가능]

답 ②

★★★
73

18.04.문72
16.03.문64
15.09.문76
15.05.문80
12.05.문64
11.03.문64

포소화설비의 화재안전기준에 따른 용어 정의 중 다음 (   ) 안에 알맞은 내용은?

(   ) 프로포셔너방식이란 펌프와 발포기의 중간에 설치된 벤투리관의 벤투리작용과 펌프 가압수의 포소화약제 저장탱크에 대한 압력에 따라 포소화약제를 흡입·혼합하는 방식을 말한다.

① 라인
② 펌프
③ 프레져
④ 프레져사이드

해설 **포소화약제**의 혼합장치
(1) **펌프 프로포셔너방식**(펌프 혼합방식)
　㉠ 펌프 토출측과 흡입측에 바이패스를 설치하고, 그 바이패스의 도중에 설치한 어댑터(adaptor)로 펌프 토출측 수량의 일부를 통과시켜 공기포 용액을 만드는 방식
　㉡ 펌프의 **토출관**과 **흡입관** 사이의 배관 도중에 설치한 흡입기에 펌프에서 토출된 물의 일부를 보내고 **농도조정밸브**에서 조정된 포소화약제의 필요량을 포소화약제 탱크에서 펌프 흡입측으로 보내어 약제를 혼합하는 방식

기억법 **펌농**

‖ 펌프 프로포셔너방식 ‖

(2) **프레져 프로포셔너방식**(차압 혼합방식)
　㉠ 가압송수관 도중에 공기포 소화원액 혼합조(P.P.T)와 혼합기를 접속하여 사용하는 방법
　㉡ **격막방식 휨탱크**를 사용하는 에어휨 혼합방식
　㉢ 펌프와 발포기의 중간에 설치된 벤투리관의 **벤투리작용**과 펌프 가압수의 **포소화약제 저장탱크**에 대한 압력에 의하여 포소화약제를 흡입·혼합하는 방식

‖ 프레져 프로포셔너방식 ‖

(3) **라인 프로포셔너방식**(관로 혼합방식)
　㉠ 급수관의 배관 도중에 포소화약제 흡입기를 설치하여 그 흡입관에서 소화약제를 흡입하여 혼합하는 방식
　㉡ 펌프와 발포기의 중간에 설치된 **벤투리관**의 **벤투리작용**에 의하여 포소화약제를 흡입·혼합하는 방식

기억법 **라벤벤**

‖ 라인 프로포셔너방식 ‖

(4) **프레져사이드 프로포셔너방식**(압입 혼합방식)
　㉠ 소화원액 가압펌프(압입용 펌프)를 별도로 사용하는 방식
　㉡ 펌프 **토출관**에 압입기를 설치하여 포소화약제 **압입용 펌프**로 포소화약제를 압입시켜 혼합하는 방식

기억법 **프사압**

‖ 프레져사이드 프로포셔너방식 ‖

(5) **압축공기포 믹싱챔버방식** : 포수용액에 공기를 강제로 주입시켜 **원거리 방수**가 가능하고 물 사용량을 줄여 **수손피해**를 **최소화**할 수 있는 방식

‖ 압축공기포 믹싱챔버방식 ‖

답 ③

★★★
74

17.03.문71
16.05.문72
13.03.문68

소화기구 및 자동소화장치의 화재안전기준에 따른 수동으로 조작하는 대형소화기 B급의 능력단위기준은?

① 10단위 이상
② 15단위 이상
③ 20단위 이상
④ 25단위 이상

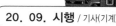

해설 **소화능력단위**에 의한 **분류**(소화기 형식 3조)

소화기 분류		능력단위
소형소화기		1단위 이상
대형소화기	A급	10단위 이상
	B급	**20**단위 이상

기억법 대2B(데이빗!)

답 ③

★★★
75
16.10.문64
12.09.문67
11.06.문78

포소화설비의 화재안전기준에 따른 포소화설비의 포헤드 설치기준에 대한 설명으로 틀린 것은?

① 항공기격납고에 단백포 소화약제가 사용되는 경우 1분당 방사량은 바닥면적 1m²당 6.5L 이상 방사되도록 할 것

② 특수가연물을 저장·취급하는 소방대상물에 단백포 소화약제가 사용되는 경우 1분당 방사량은 바닥면적 1m²당 6.5L 이상 방사되도록 할 것

③ 특수가연물을 저장·취급하는 소방대상물에 합성계면활성제포 소화약제가 사용되는 경우 1분당 방사량은 바닥면적 1m²당 8.0L 이상 방사되도록 할 것

④ 포헤드는 특정소방대상물의 천장 또는 반자에 설치하되, 바닥면적 9m²마다 1개 이상으로 하여 해당 방호대상물의 화재를 유효하게 소화할 수 있도록 할 것

해설 **소방대상물별 약제저장량**(소화약제 기준)(NFPC 105 12조, NFTC 105 2.9.2)

소방대상물	포소화약제의 종류	방사량
차고·주차장·항공기격납고	• 수성막포	3.7L/m²분
	• 단백포	6.5L/m²분
	• 합성계면활성제포	8.0L/m²분
특수가연물 저장·취급소	• 수성막포 • 단백포 • 합성계면활성제포	6.5L/m²분

③ 8.0L → 6.5L

🔔 중요

헤드의 설치개수

구 분		헤드개수
포워터 스프링클러헤드		8m²/개
포헤드		9m²/개
압축공기 포소화설비	특수가연물 저장소	9.3m²/개
	유류탱크 주위	13.9m²/개

기억법 포헤9

답 ③

★★
76
19.04.문73
13.06.문74

소화기구 및 자동소화장치의 화재안전기준에 따라 대형소화기를 설치할 때 특정소방대상물의 각 부분으로부터 1개의 소화기까지의 보행거리가 최대 몇 m 이내가 되도록 배치하여야 하는가?

① 20 ② 25
③ 30 ④ 40

해설 **수평거리 및 보행거리**
(1) **수평거리**

구 분	설 명
수평거리 10m 이하	• 예상제연구역~배출구
수평거리 15m 이하	• 분말호스릴 • 포호스릴 • CO_2호스릴
수평거리 20m 이하	• 할론호스릴
수평거리 25m 이하	• 옥내소화전 방수구(호스릴 포함) • 포소화전 방수구 • 연결송수관 방수구(지하가, 지하층 바닥면적 3000m² 이상)
수평거리 40m 이하	• 옥외소화전 방수구
수평거리 50m 이하	• 연결송수관 방수구(사무실)

(2) **보행거리**

구 분	설 명
보행거리 20m 이하	소형소화기
보행거리 30m 이하	**대**형소화기

기억법 대3(**대**상을 받다.)

답 ③

★★★
77
19.04.문77
17.09.문66
17.05.문68
15.03.문77
12.05.문74
09.05.문63

소화수조 및 저수조의 화재안전기준에 따라 소화수조의 채수구는 소방차가 최대 몇 m 이내의 지점까지 접근할 수 있도록 설치하여야 하는가?

① 1 ② 2
③ 4 ④ 5

해설 **소화용수설비의 설치기준**(NFPC 402 4~5조, NFTC 402 2.1.1, 2.2)
(1) 소화수조의 깊이가 **4.5m** 이상일 경우 가압송수장치를 설치할 것
(2) 소화수조는 소방펌프자동차(소방차)가 채수구로부터 **2m** 이내의 지점까지 접근할 수 있는 위치에 설치할 것
(3) 소화수조가 **옥상** 또는 옥탑부분에 설치된 경우에는 지상에 설치된 채수구에서의 압력 **0.15MPa** 이상 되도록 할 것

기억법 옥15

답 ②

★★ 78

18.04.문74
17.05.문75

미분무소화설비의 화재안전기준에 따른 용어정의 중 다음 ( ) 안에 알맞은 것은?

> "미분무"란 물만을 사용하여 소화하는 방식으로 최소설계압력에서 헤드로부터 방출되는 물입자 중 99%의 누적체적분포가 (㉠)μm 이하로 분무되고 (㉡)급 화재에 적응성을 갖는 것을 말한다.

① ㉠ 400, ㉡ A, B, C

② ㉠ 400, ㉡ B, C

③ ㉠ 200, ㉡ A, B, C

④ ㉠ 200, ㉡ B, C

해설 미분무소화설비의 **용어정의**(NFPC 104A 3조, NFTC 104A 1.7)

용어	설명
미분무 소화설비	가압된 물이 헤드 통과 후 **미세**한 **입자**로 분무됨으로써 소화성능을 가지는 설비를 말하며, **소화력을 증가**시키기 위해 **강화액** 등을 첨가할 수 있다.
미분무	물만을 사용하여 소화하는 방식으로 최소설계압력에서 헤드로부터 방출되는 물입자 중 **99%**의 누적체적분포가 **400μm** 이하로 분무되고 **A, B, C급 화재**에 적응성을 갖는 것
미분무 헤드	**하나 이상**의 **오리피스**를 가지고 미분무소화설비에 사용되는 헤드

답 ①

★ 79

17.05.문74

분말소화설비의 화재안전기준에 따라 분말소화약제 저장용기의 설치기준으로 맞는 것은?

① 저장용기의 충전비는 0.5 이상으로 할 것

② 제1종 분말(탄산수소나트륨을 주성분으로 한 분말)의 경우 소화약제 1kg당 저장용기의 내용적은 1.25L일 것

③ 저장용기에는 저장용기의 내부압력이 설정압력으로 되었을 때 주밸브를 개방하는 정압작동장치를 설치할 것

④ 저장용기에는 가압식은 최고사용압력 2배 이하, 축압식은 용기의 내압시험압력의 1배 이하의 압력에서 작동하는 안전밸브를 설치할 것

해설 분말소화약제 저장용기의 설치기준(NFPC 108 4조, NFTC 108 2.1.2)

(1) 저장용기에는 **가압식**은 **최고사용압력의 1.8배 이하**, **축압식**은 용기의 **내압시험압력의 0.8배 이하**의 압력에서 작동하는 **안전밸브**를 설치 ← 보기 ④

(2) 저장용기에는 저장용기의 내부압력이 설정압력으로 되었을 때 주밸브를 개방하는 **정압작동장치**를 설치 ← 보기 ③

(3) 저장용기의 **충전비**는 **0.8 이상**으로 할 것 ← 보기 ①

(4) 저장용기 및 배관에는 잔류소화약제를 처리할 수 있는 **청소장치**를 설치

(5) 축압식의 분말소화설비는 사용압력의 범위를 표시한 **지시압력계**를 설치

‖ 저장용기의 내용적 ‖

소화약제의 종별	소화약제 1kg당 저장용기의 내용적
제1종 분말(탄산수소나트륨을 주성분으로 한 분말)	0.8L ← 보기 ②
제2종 분말(탄산수소칼륨을 주성분으로 한 분말)	1L
제3종 분말(인산염을 주성분으로 한 분말)	1L
제4종 분말(탄산수소칼륨과 요소가 화합된 분말)	1.25L

① 0.5 → 0.8
② 1.25L → 0.8L
④ 2배 → 1.8배, 1배 → 0.8배

답 ③

★ 80

05.09.문69

할론소화설비의 화재안전기준에 따른 할론 1301 소화약제의 저장용기에 대한 설명으로 틀린 것은?

① 저장용기의 충전비는 0.9 이상 1.6 이하로 할 것

② 동일 집합관에 접속되는 용기의 충전비는 같도록 할 것

③ 저장용기의 개방밸브는 안전장치가 부착된 것으로 하며 수동으로 개방되지 않도록 할 것

④ 축압식 용기의 경우에는 20℃에서 2.5MPa 또는 4.2MPa의 압력이 되도록 질소가스로 축압할 것

해설 **할론소화약제 저장용기의 설치기준**(NFPC 107 4조, NFTC 107 2.1.2)

구 분		할론 1301	할론 1211	할론 2402
저장압력		2.5MPa 또는 4.2MPa	1.1MPa 또는 2.5MPa	-
방사압력		0.9MPa	0.2MPa	0.1MPa
충전비	가압식	0.9~1.6 이하	0.7~1.4 이하	0.51~0.67 미만
	축압식			0.67~2.75 이하

(1) 축압식 저장용기의 압력은 온도 20℃에서 **할론 1211** 을 저장하는 것은 **1.1MPa** 또는 **2.5MPa**, **할론 1301** 을 저장하는 것은 **2.5MPa** 또는 **4.2MPa**이 되도록 **질소가스**로 축압할 것

(2) 저장용기의 충전비는 **할론 2402**를 저장하는 것 중 **가압식** 저장용기는 **0.51 이상 0.67 미만**, **축압식** 저장용기는 **0.67 이상 2.75 이하**, **할론 1211**은 **0.7 이상 1.4 이하**, **할론 1301**은 **0.9 이상 1.6 이하**로 할 것

(3) 할론소화약제 저장용기의 개방밸브는 **전기식·가스 압력식** 또는 **기계식**에 따라 자동으로 개방되고 **수 동**으로도 개방되는 것으로서 안전장치가 부착된 것 으로 할 것

(4) 동일 집합관에 접속되는 용기의 충전비는 같도록 할 것

③ 개방되지 않도록 할 것 → 개방되도록 할 것

답 ③

입냄새 예방수칙

- **식사 후에는 반드시 이를 닦는다.**
  식후 입 안에 낀 음식찌꺼기는 20분이 지나면 부패하기 시작.

- **음식은 잘 씹어 먹는다.**
  침의 분비가 활발해져 입안이 깨끗해지고 소화 작용을 도와 위장에서 가스가 발산하는 것을 막을 수 있다.

- **혀에 낀 설태를 닦아 낸다.**
  설태는 썩은 달걀과 같은 냄새를 풍긴다. 1일 1회 이상 타월이나 가제 등으로 닦아 낼 것.

- **대화를 많이 한다.**
  혀 운동이 되면서 침 분비량이 늘어 구강내 자정작용이 활발해진다.

- **스트레스를 다스려라.**
  긴장과 피로가 누적되면 침의 분비가 줄어들어 입냄새의 원인이 된다.

- **과음, 과식을 피하고 규칙적인 식습관을 갖는다.**

찾아보기